建筑结构非线性分析与设计系列丛书

建筑结构非线性分析百问百答

杨志勇　主编

中国建筑工业出版社

图书在版编目（CIP）数据

建筑结构非线性分析百问百答/杨志勇主编 . 一北京：中国建筑工业出版社，2022.9（2023.11重印）
（建筑结构非线性分析与设计系列丛书）
ISBN 978-7-112-27660-8

Ⅰ.①建… Ⅱ.①杨… Ⅲ.①建筑结构—非线性结构分析—问题解答 Ⅳ.①TU311.41-44

中国版本图书馆 CIP 数据核字（2022）第 130412 号

本书为"建筑结构非线性分析与设计系列丛书"分册之一，汇集了百余篇基于 SAU-SG 进行复杂超限结构非线性分析的文章，以问答的形式讲述，贴近工程实践，具有很好的行业技术引领价值。主要内容包括：建模、参数与地震波选取；计算原理与方法；计算效率提升；建筑结构性能评价方法；复杂超限工程非线性分析案例；减震结构非线性分析与设计；隔震结构非线性分析与设计；钢结构非线性直接分析设计。SAUSG 一直以推动建筑结构非线性分析领域的技术进步为目标，不断分享性能化设计方法、非线性分析技术及特色结构分析设计案例。

本书可供结构设计工程师及高等学校土木工程专业师生参考使用。

责任编辑：辛海丽
责任校对：李辰馨

建筑结构非线性分析与设计系列丛书
建筑结构非线性分析百问百答
杨志勇　主编

*

中国建筑工业出版社出版、发行（北京海淀三里河路9号）
各地新华书店、建筑书店经销
北京龙达新润科技有限公司制版
建工社（河北）印刷有限公司印刷

*

开本：787毫米×1092毫米　1/16　印张：28¾　字数：697千字
2022年9月第一版　　2023年11月第二次印刷
定价：98.00 元
ISBN 978-7-112-27660-8
（39682）

序

    近十几年来，非线性分析技术在我国建筑结构领域获得了比较快速的发展，在复杂超限工程中得到了较普遍的应用，为我们分析结构在大震作用下的性能提供了重要的技术手段。

    建研数力团队研发的 SAUSG 软件，借鉴学习国外先进通用非线性分析软件技术，抓住最新计算机硬件发展带来的创新机会，实现了精细网格非线性有限元法与 CPU＋GPU 异构并行计算技术的结合，推动了建筑结构非线性分析技术的普及应用。

    作为专注于非线性仿真这一细分领域的技术团队，建研数力的工程师们能够不断开拓创新。近五年来，他们几乎每周都会通过公众号发布一篇技术性文章，这些文章围绕非线性仿真分析的理论学习体会、软件使用经验、实际分析案例和常见工程问题，与广大同行进行探讨交流。这些探讨，一方面对软件发展起到了很好的促进作用，另一方面，相信对广大结构工程师和科研人员也起到了一定的帮助和启发作用。此次他们精选了其中 100 余篇技术文章，整理汇总成为本书，是一次很好的技术总结。

    专注做好一件事情不容易，但长期坚持就一定会有收获。作为 SAUSG 软件从稚嫩起步、一步步发展到今天的见证人，我很荣幸为本书作序。希望建研数力技术团队秉持初心，持续努力，为推动我国建筑结构非线性仿真技术的发展贡献力量。

2022 年 6 月

前　　言

　　长期坚持做一件事情很难，"SAUSG 非线性仿真"微信公众号的技术周刊从 2017 年推出，已经坚持撰写了 5 年，积累了近 200 篇技术文章。本书由编委精选了其中 100 余篇，整理汇总而成。

　　非线性仿真是建筑结构专业的前沿技术领域之一，它就像一扇大门，打开以后可以为建筑结构专业的进步提供实质性的技术基础。几十年来，国内外的专家、学者在建筑结构非线性分析领域积累了大量的理论研究与工程实践成果，包括混凝土、钢筋（钢材）的本构关系模型，梁、柱、楼板、剪力墙、连梁以及减隔震装置等的有限单元模型，建筑结构动力、静力非线性分析方法以及非线性分析与模型试验的对比研究等。同时，我们应该注意到，建筑结构非线性分析仍然存在一些不足：

　　（1）与建筑结构非线性状态相关的科研成果众多，但在工程实践中获得的应用相对有限；

　　（2）对于多数建筑结构而言，"三水准抗震设防、两阶段设计方法"只进行第一阶段基于线弹性内力的承载力设计，保证"大震不倒"的第二阶段设计只在少量复杂超限结构中开展；

　　（3）即使在少量工程中进行保证"大震不倒"的第二阶段设计，一般也只按照相关标准的规定进行变形验算，通过非线性分析了解建筑结构抗震性能的深入程度明显不足；

　　（4）建筑结构的非线性分析具有方法复杂、参数敏感、计算量大以及缺乏评价标准等问题，建筑结构非线性分析结果的可信度仍然存在广泛质疑；

　　（5）现有建筑结构标准基本上仍以线弹性假定为前提制定，即使涉及非线性分析相关内容，也规定得比较散乱，缺乏系统性，难以明确地对结构工程师进行权威指导。

　　建筑结构是非线性的，线弹性假定的每一次突破都会对建筑结构的技术进步起到明确的帮助作用，正是基于这样的初心，SAUSG 自 2014 年推出以来，即定位于"专注非线性仿真"，通过 8 年多的努力也确实在一定程度上推动了我国建筑结构领域非线性分析技术的普及和推广，这件事还应该坚持做下去。

　　本书中的技术文章具有如下两个特点：

　　（1）直接面向工程实践。SAUSG 团队总结并通过软件实现了建筑结构非线性分析的经典方法以及近年来的一些优秀科研成果，本书是对如何将这些方法应用于具体工程实践的一次比较系统的经验总结。

　　（2）启发继续科学研究。本书提出了很多建筑结构非线性分析相关理论和实践的科学问题，具有较强的继续科学研究价值，相信可以为高等院校教师、研究生和科研人员提供一些专业启发。

本书包含建筑结构非线性分析方法、基于非线性分析的建筑结构性能评价方法、复杂工程非线性分析经验分享、减震结构非线性分析与设计、隔震结构非线性分析与设计以及钢结构非线性直接分析设计等内容。由于涵盖范围比较广泛，不少问题和实现方法具有一定研究性质以及编者的能力水平有限，难免存在错误和不足，请专家、学者和广大结构工程师们多批评指正。

刘春明、侯晓武、乔保娟、贾苏、邱海、孙磊、卞媛媛、李邦等人参与了本书技术文章撰写与整理工作，杨志勇进行了技术文章的选题、审定和点评工作。

目 录

第1章 建模、参数与地震波选取

1.1 弹塑性分析几何模型剖析，以 SAUSG 为例

作者：贾苏
发布时间：2017 年 7 月 12 日

问题：很多新手在用 SAUSG 进行弹塑性分析的时候，对于分析模型会很困惑：小震设计时结构只有墙、柱、梁、楼板这些构件，而到了弹塑性分析阶段，SAUSG 里会多出来边缘构件、连梁纵筋等其他一些构件，为什么？

1. 小震设计和大震验算

我国结构抗震设计采用的是"三水准抗震设防，两阶段抗震设计"，其中"两阶段抗震设计"是指第一阶段的承载力设计和第二阶段的弹塑性变形验算（当然对大多数结构，可只进行第一阶段设计，而通过概念设计和抗震构造措施来满足第二阶段的设计要求）。第一阶段即对应我们常说的小震设计（或中震设计），第二阶段则是在已经得到了结构设计模型的基础上，采用弹塑性方法对结构进行大震的变形验算。

在进行小震设计的时候，事先并不知道结构的配筋情况，所以我们建立的 PKPM 模型不包含结构的配筋信息，软件在计算过程中首先得到构件的内力，再根据构件的内力进行设计得到构件的配筋情况，在计算构件内力的时候没有考虑钢筋这一部分刚度对结构的影响（事实上钢筋对结构刚度的影响也基本可以忽略）。

大震弹塑性验算就不一样了，弹塑性验算需要考虑构件的损伤和屈服，如果没有纵筋、箍筋或边缘构件的帮助，脆弱的混凝土早就被震得稀碎了。所以，在进行弹塑性分析之前，需要给每根构件定义好钢筋配置情况（这在小震设计的时候是完全没必要的）（图 1.1-1），弹塑性分析得到的结果只是基于当前配筋下的验算结果。

图 1.1-1 钢筋三维效果图

2. SAUSG 几何模型

知道了为什么要考虑钢筋，接下来我们再看一下 SAUSG 中具体是怎么考虑这些密密麻麻的钢筋（包括型钢）作用的。

1）梁

SAUSG 中梁构件采用纤维素模型，即将构件截面根据不同材料（混凝土、纵筋、型钢等）剖分为尺寸不等的纤维素，用来考虑构件的拉、压、弯等力学特性（图 1.1-2）。

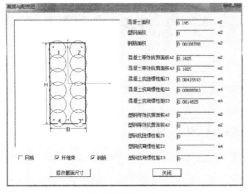
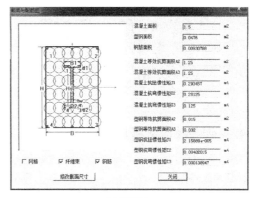

(a) 钢筋混凝土梁   (b) 型钢梁

图 1.1-2 梁截面纤维划分

2）柱

与梁构件类似，SAUSG 中柱构件同样采用纤维素模型，将构件截面根据不同材料（混凝土、纵筋、型钢等）剖分为尺寸不等的纤维素，用来考虑构件的拉、压、弯等力学特性（图 1.1-3）。而箍筋和钢管混凝土的约束效应则是采用清华大学钱稼茹教授[1] 和韩林海教授[2] 提出的本构模型来考虑。

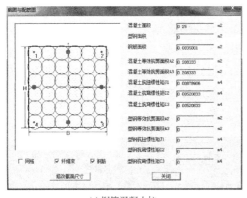
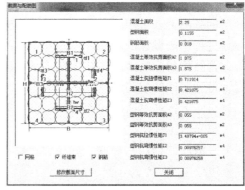

(a) 钢筋混凝土柱   (b) 型钢柱

图 1.1-3 柱截面纤维划分

3）剪力墙

剪力墙构件的组成较为复杂，对于普通的钢筋混凝土剪力墙，要由墙身和边缘构件两部分组成。剪力墙墙身为二维壳元，采用分层壳单元模拟，分层壳单元包含钢筋层（水平分布筋和竖向分布筋）以及混凝土层，二者之间通过共节点模拟不同构件和材料的共同作用。边缘构件采用一维单元模拟，软件自动将边缘构件钢筋等面积转化为箱形截面的型钢，分布在墙身的对应位置。对于钢板剪力墙，同样可以采用分层壳单元模拟，把其中的钢筋层转换为钢板层即可（图 1.1-4）。

(a) L 形剪力墙平面模型

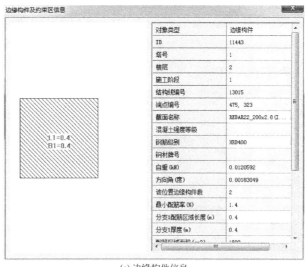

(b) 墙柱信息　　　　　　　　　　　　　　(c) 边缘构件信息

图 1.1-4　L 形剪力墙（墙身端部为边缘构件）

4）墙梁

墙梁一般用于模拟剪力墙连梁以及转换梁等截面跨高比较小的梁构件，其组成与剪力墙类似，采用二维分层壳单元和一维连梁纵筋两部分组合模拟，墙梁底筋和面筋等面积转换为箱形截面进行模拟（图 1.1-5）。

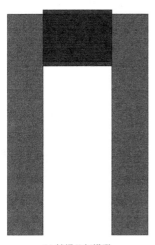

(a) 墙梁几何模型　　　　　　　(b) 墙梁信息　　　　　　　(c) 配筋信息

图 1.1-5　墙梁参数定义

5）楼板

楼板的墙梁几何模型模拟则较为简单，采用分层壳单元模拟即可，钢筋层和混凝土层各司其职（图 1.1-6）。

6）一般连接

对于较为复杂的连接构件，例如消能器、隔震支座、索等，SAUSG 也提供了各种不同的连接构件供各种工程使用，如图 1.1-7 所示。对于各种连接构件的物理属性参见《SAUSG 用户手册》9.4 节介绍（打开 SAUSG 主界面按 F1）。

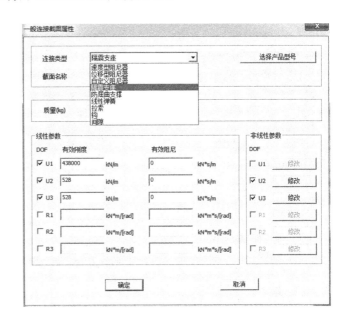

图 1.1-6　楼板参数定义　　　　　　图 1.1-7　一般连接参数定义

3. 小结

基于以上构件和单元，SAUSG 基本可以完成大部分结构工程比较接近真实的模拟分析工作，在准确建模的基础上，通过划分网格分析计算即可完成结构的大震弹塑性验算工作（图 1.1-8）。

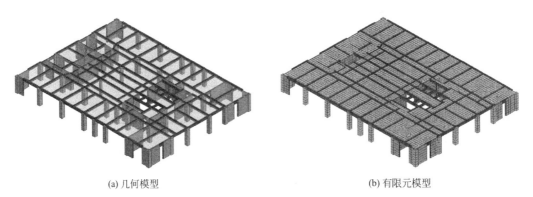

(a) 几何模型　　　　　　　　　　(b) 有限元模型

图 1.1-8　SAUSG 非线性分析模型

参考文献：

[1] 钱稼茹，等. 普通箍筋约束混凝土柱的中心受压性能 [J]. 清华大学学报，2002，42 (10)：1369-1373.
[2] 韩林海. 钢管混凝土结构-理论与实践 [M]. 2 版 . 北京：科学出版社，2007.

　　点评：建筑结构的线弹性设计模型与非线性仿真分析模型区别很大。线弹性设计模型一般不考虑钢筋，这种简化对结构刚度和内力影响通常在 5％ 工程精度之内；非线性分析时必须考虑钢筋作用，但也没有必要追求施工图级别的配筋精度，通常采用设计钢筋乘以 1.1 倍左右的超配放大系数即可。

1.2　模型周期对不上，先看这几项

作者：侯晓武

发布时间：2017 年 8 月 25 日

　　问题：经常有工程师咨询，SAUSG 模型周期与 SATWE 周期对不上，是什么原因，该如何解决？针对这个问题，结合实际的工程模型，对于各种可能的影响因素进行了总结和分析，希望能够对大家的工作有所帮助。本文发表在《建筑结构》2017 年上半年增刊上，如果想要了解详细内容，可以查看原文。

　　1. 前言

　　《建筑抗震设计规范》GB 50011—2010 第 3.10.4 条要求结构弹塑性分析模型与弹性分析模型在弹性阶段的计算结果要基本一致，主要目的是保证弹性分析模型和弹塑性分析模型的一致性。目前一般将周期作为模型一致性判别的主要依据。周期是结构固有特性之一，与结构的质量和刚度有关。对于单质点体系而言，结构周期可按式(1.2-1)计算：

$$T = 2\pi \sqrt{\frac{m}{k}} \tag{1.2-1}$$

式中　T——结构周期；

　　　m——结构质量；

　　　k——结构刚度。

　　从式(1.2-1) 可以看出，周期的平方与质量成正比，与刚度成反比。下文首先探讨模型周期对比的质量影响因素和刚度影响因素。本文中弹性模型采用 PMCAD 建立并在 SATWE 中进行分析，而弹塑性模型采用 SAUSG 进行分析。

　　2. 质量影响因素

　　模型对比时，应首先对比模型质量，如果模型质量不一致，则周期对比将失去意义。软件计算时，模型质量一般包括两部分：一部分是结构的自重，包括梁、板、柱、墙的重量，还有一部分是由构件上的恒荷载和活荷载转换的质量。恒荷载质量和活荷载质量转换时，一般按照重力荷载代表值进行转换，即 1 倍恒荷载＋0.5 倍活荷载。因而当质量不一致时，应重点查看构件有无丢失，构件的材料（重度）和截面是否一致，恒荷载、活荷载是否一致以及重力加速度设置是否一致等。

　　还有两点需要特别说明：

　　(1) 要重点关注楼板自重。因为在 PMCAD 中建模时，通常将楼板自重作为恒荷载考虑，即将楼板自重作为恒荷载的一部分输入到楼板上，此时不必再计算楼板自重。而大多数分析软件中会默认计算所有构件的自重，如果不对楼板荷载进行处理，会导致楼板自重重复计算，以致结构质量偏大很多。

（2）如果弹性模型和弹塑性模型质量相差较大，还应重点关注地下室部分的质量。在弹性分析模型中，一般将地下室作为结构的一部分进行建模。在生成弹塑性分析模型时，如果结构嵌固端在地下室顶板位置，一般会删除地下室而仅考虑地上部分。此时弹塑性分析的模型相较弹性模型，质量会偏小。

3. 刚度影响因素

在结构质量基本一致的前提下，再去检查结构刚度和周期。下文将重点讨论结构嵌固部位、刚性楼板假定、中梁刚度放大系数、钢筋考虑与否、连梁模拟方式以及连梁刚度折减系数等因素对结构刚度和周期的影响。

以某剪力墙结构为例，如图 1.2-1 所示，地下 1 层，地上 47 层，地面以上结构高度为 141.7m。设防烈度为 7 度（0.10g），Ⅱ 类场地，设计地震分组为第三组。

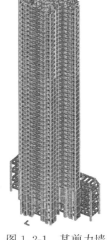

图 1.2-1　某剪力墙结构模型

1）结构嵌固部位

对于含有地下室的结构，嵌固部位的选取对于结构的周期有较大影响。实际工程结构应根据地下室设置的情况合理选择嵌固端。对于在基础顶部和地下室顶板设置嵌固端两种情况，后者相较于前者，相当于结构的高度降低，结构的刚度增加而导致结构的周期变小。

采用不同的土层参数 m 时，$m=0$ 表示地下室顶板处无约束，$m=-3$ 表示地下室顶板无水平位移。随着 m 值增加，地下室约束增强，结构周期变小。在进行弹塑性分析时，如果在地下室顶板位置进行嵌固，一般删除地下室，而仅考虑地上部分。为研究地下室考虑与否对周期的影响，在 SATWE 中删除地下室，并与考虑地下室的情况进行对比。考虑地下室且在地下室顶板位置嵌固（$m=-3$）与删除地下室两种情况，结构基本周期仍有 4% 左右的误差。主要由于对地下室顶板进行嵌固时，仅结构周端节点无水平变形，中间节点不受影响；删除地下室后，首层底部所有节点嵌固，结构刚度增加而周期变小。

2）刚性楼板假定及中梁刚度放大系数

对于结构整体指标，如周期、振型、楼层剪力、层间位移角等计算时，一般考虑刚性楼板假定。刚性楼板假定是假定楼板平面内刚度无限大，而楼板平面外刚度为 0。采用该假定以后，每层楼板内部所有节点仅具有三个相同的自由度 D_x、D_y 和 θ_z，这样可以有效地减少结构自由度，提高计算效率。对于复杂楼板、楼板开洞、狭长楼面，转换层楼板等特殊情况，楼板会发生较大变形，刚性楼板假定不再适用。

由于考虑刚性楼板假定时，无法考虑楼板的平面外刚度，因而可以通过中梁（边梁）刚度放大系数来考虑楼板对于框架梁的刚度贡献。进行结构弹塑性分析时，一般不考虑中梁和边梁的刚度放大系数。对梁刚度放大后，结构整体刚度将增加，结构周期将减小。

采用第 1 节中所用模型，在 SATWE 中分别考虑和不考虑中梁（边梁）刚度放大系数，计算结构前 10 阶振型，考虑中梁刚度放大系数以后，结构前三阶周期分别减小

4.07%，5.79%和5.4%。

采用第1节模型，按照刚性板和弹性板计算。考虑刚性楼板假定时，楼板无面外刚度，导致整体结构刚度偏小，结构周期偏大。结构前三阶周期偏差分别为3.52%，3.12%和1.66%。

在弹性分析时，为提高计算效率，一般考虑刚性楼板假定以减少自由度。而在弹塑性分析时楼板有多种处理方法：①与弹性分析类似，考虑刚性楼板假定；②不考虑刚性楼板假定，按照弹性板进行分析；③考虑楼板弹塑性。楼板考虑方式的差异会影响结构的基本周期。根据上文分析，对于后两种情况，会导致弹塑性模型基本周期相较弹性分析模型偏小。

3）钢筋考虑与否

结构分析和设计的基本流程如下：首先对结构中的梁、柱、板、墙等构件进行建模，然后不考虑钢筋贡献，仅考虑构件中混凝土部分刚度计算的刚度矩阵，而后计算结构在恒荷载、活荷载、地震作用以及风荷载作用下的内力和响应，最后考虑荷载组合进行构件设计，得到构件的配筋。对结构进行弹塑性分析时，由于要准确考虑部分构件在地震作用下发生钢筋屈服或混凝土损伤，内力重分布后真实的受力状态，因而需要考虑结构中各构件的配筋数据进行分析。考虑钢筋以后，由于钢筋的弹性模量远大于混凝土的弹性模量，截面刚度会增加，导致结构刚度变大，结构周期减小。

采用第1节模型，在SATWE中进行分析和设计后，接力SATWE数据可以自动生成SAUSG模型。模型除包含几何模型信息外，还包含各种构件的配筋信息。保留钢筋信息，将该模型保存为模型1，同时将其另存为模型2，并删除构件中的钢筋数据，这样模型1和模型2的区别为是否考虑钢筋数据。模型1与模型2前10阶振型的周期误差在2.62%～4.73%之间。前三阶振型的周期误差分别为4.73%，3.15%和4.41%。

4）连梁模拟方式

在SATWE中对连梁进行建模时，一般有两种方式：一种是采用梁单元进行模拟，另一种是通过对剪力墙开洞形成连梁，即采用壳单元进行模拟。采用壳单元模拟连梁时不存在连接上的问题，而采用梁单元模拟连梁时，软件一般对剪力墙与框架梁的平面内进行特殊处理，以防止连接刚度过小导致结构分析误差过大。另外，采用梁单元模拟连梁时，结构侧向刚度低于采用壳单元模拟连梁的情况，导致结构的周期偏大。跨高比越大，两种方式模拟连梁得到的周期偏差越大。

仍然采用第1节中模型数据，由于SAUSG导入SATWE模型数据之后，会首先进行预处理。模型预处理时对于采用框架梁方式建立的连梁，有"梁转墙梁"的选项。通过设置该选项，可以很方便地获得采用梁单元和壳单元两种方式模拟连梁的模型。相较于采用梁单元模拟连梁的情况，采用壳单元模拟连梁时，结构前10阶周期减小了4.92%～12.32%。结构前3阶基本周期分别减小了5.74%，4.92%和10.44%。

一般认为，采用壳单元模拟连梁时，由于无需对连梁和剪力墙连接位置进行特殊处理，因而可以得到比较精确的结果。

另外，在进行弹塑性分析时，一般采用纤维模型模拟梁、柱单元，但纤维模型无法准确模拟梁单元的受剪破坏，可能导致连梁在大震作用下无明显损伤，无法体现大震时连梁作为主要耗能构件的真实耗能情况。而采用非线性分层壳单元可以准确捕捉到连梁的损伤状况，因而弹塑性分析时，为准确考虑连梁的塑性耗能状态，推荐采用壳单元模拟连梁。

5）连梁刚度折减系数

在 SATWE 中进行小震弹性分析时，一般全楼设置统一的连梁刚度折减系数。该参数将影响剪力墙结构或框架-剪力墙结构中连梁的刚度，进而影响结构的周期。进行大震弹塑性分析时，连梁作为主要的耗能构件，通过连梁的损伤耗能可以保护主要构件在地震作用下不受损坏，因而需要模拟连梁真实的受力状态，一般不对连梁刚度进行折减。

随着连梁刚度折减系数增加，结构整体刚度增大，周期变小。从规范允许的最小值 0.5 到连梁刚度不进行折减，第一振型周期从 4.1484s 降为 4.0332s，降低了 2.8% 左右。

4. 结论

本文对弹性和弹塑性分析模型质量和周期对比的一些关键影响因素进行了研究。在质量对比时，除关注材料、截面、荷载、重力加速度等因素是否一致外，还应重点关注两个内容：一是楼板自重是否作为恒荷载的一部分添加到楼板上；二是是否考虑结构地下室部分质量。这两部分由于弹性和弹塑性分析模型考虑方式的差异可能导致质量相差较大。

在结构质量基本一致的前提下对比结构基本周期。刚性楼板假定、中梁刚度放大系数以及连梁刚度折减系数等弹性分析时通常考虑的假定和刚度调整系数，在弹塑性分析时一般不予考虑，而按照真实的情况模拟，建议在进行模型对比时弹性分析模型中也不考虑这些参数。弹塑性分析中所考虑的钢筋数据在进行弹性分析时不予考虑，结构嵌固端的选取，剪力墙连梁采用梁单元或者壳单元模拟等因素，对于结构周期也有较大的影响。如果结构周期不一致，可以从上述因素中查找原因，在保证参数一致的基础上进行对比。

点评：结构工程师应具备判断软件计算结果是否正确的能力，采用不同软件进行结果比较是验证软件正确性的好方法。弹性设计软件与非线性仿真分析软件得到的结构基本周期应该接近，但不会相同，原因正如本文所述。正确理解结构分析与设计的前提假定，才能更好地把握分析和设计结果。

1.3　关于动力分析工况设置这件小事

作者：贾苏

发布时间：2017 年 9 月 1 日

问题：SAUSG 大震弹塑性分析与小震弹性反应谱分析的工况设置有哪些不同？

1. 前言

随着软件功能丰富，许多新老用户在工况设置方面存在诸多疑问，本文将对动力分析工况设置中每个参数的含义和设置方法进行介绍（图 1.3-1）。

2. 弹性、弹塑性、部分弹塑性

弹性——弹性时程分析；弹塑性——弹塑性时程分析；部分弹塑性——根据用户设置的构件性能，保持部分构件为弹性进行弹塑性分析。一般动力弹塑性分析中，根据需要选择弹性或弹塑性即可，特殊情况下才需进行部分弹塑性分析。

3. 楼板弹性

设置楼板性能，勾选表示按照弹性楼板计算，不勾选表示按照弹塑性楼板计算，可以计算出楼板损伤情况。对于一些具有连体、大开洞楼板、凹凸不规则的结构，罕遇地震作

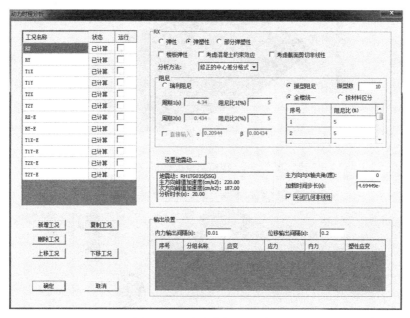

图 1.3-1　动力分析工况设置

用下结构楼板可能发生损伤，需考虑楼板弹塑性（不勾选该选项）。对于平面规则结构可不考虑楼板弹塑性，对计算结果影响不大。另外，无论是否考虑楼板弹塑性，均需对楼板划分网格计算，不会影响结构计算自由度数量，对计算效率影响不大，因此一般建议均不勾选此选项（图 1.3-2～图 1.3-4）。

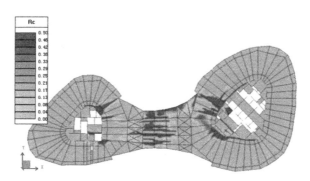

图 1.3-2　连体楼板损伤

4. 考虑混凝土约束效应

一般来说，纤维单元模型仅考虑了竖向钢筋（纵筋等）和混凝土纤维对构件承载力的贡献，而横向钢筋（箍筋等）可通过约束混凝土的横向变形，提高轴向抗压承载力。勾选表示考虑混凝土箍筋约束效应对混凝土轴向承载力的提高作用（仅对一维构件有效，暂不支持二维构件），不勾选表示不考虑（图 1.3-5）。

5. 考虑截面剪切非线性

勾选表示构件面外力学性能按照非线性计算，不勾选表示构件面外按照弹性计算。一维构件（梁、柱）的"面外"指垂直于轴向的两个方向，二维构件（剪力墙、楼板、墙

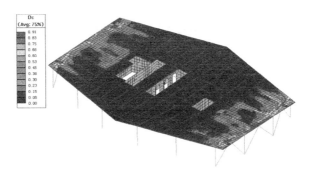

图 1.3-3　腰桁架引起楼板损伤

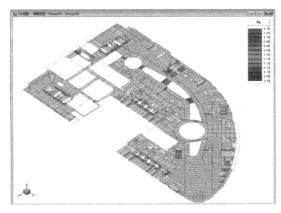

图 1.3-4　平面大开洞引起楼板损伤

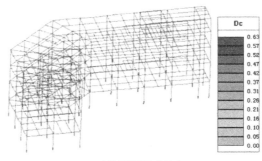

(a) 不考虑箍筋约束效应

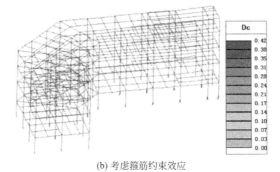

(b) 考虑箍筋约束效应

图 1.3-5　是否考虑箍筋约束效应损伤对比

梁）的"面外"指平面法线方向。由于 SAUSG 弹塑性分析中，连梁一般按照壳单元模拟，可充分考虑构件拉、压、弯、剪等力学行为，而其他构件一般不考虑构件面外的非线性行为，建议不勾选该选项。

6. 分析方法

SAUSG 中提供了多种时程分析方法，其中修正的中心差分格式和王杜显式格式为显式计算方法，同时适用于弹性和弹塑性时程分析，隐式 Newmark 法和振型叠加法仅用于弹性时程分析。

在小震时程分析时（地震波基底剪力判定或跟 SATWE 时程分析对比等计算需要下），可采用振型叠加法计算，但在计算前需确保振型数足够，即两方向振型参与质量系数达到 90％ 以上，在 SAUSG 中可通过模型目录下的 Ultimate_Total_Eta.dat 文件查看结构振型参与质量。

在大震弹性时程分析和大震弹塑性时程分析时，建议均采用修正中心差分格式，方便进行弹性和弹塑性计算结构对比。需要注意的是，采用修正中心差分格式计算时不需要保证振型参与质量系数达到 90％ 以上，一般取 10～15 阶振型即可。

其他计算方法可根据需要灵活采用，在此不再赘述。

7. 阻尼

SAUSG 中提供了两种阻尼模型：瑞利阻尼和振型阻尼。建议采用振型阻尼计算，振型数量一般取 10～15 阶，对于特别复杂结构可适当增加，阻尼比按照小震阻尼比输入（对于大震的附加阻尼比和减隔震构件的阻尼比，软件会自动根据构件非线性情况考虑），一般取 0.05，当然对于混合结构也可以选择按材料区分输入。

对于瑞利阻尼，SAUSG 的处理方式与其他显式分析软件（如 ABAQUS）的处理方式相同，仅考虑质量阻尼作用，忽略了刚度阻尼贡献。瑞利阻尼的表达形式为 $C = \alpha M + \beta K$，α、β 分别为质量阻尼系数和刚度阻尼系数。如果考虑刚度阻尼，一般会使显式积分时间步长减小 1～2 个数量级，整体计算时间会增加几十倍，因而一般不予考虑。忽略刚度阻尼以后，阻尼矩阵仅与质量矩阵有关，由于质量矩阵为对角阵，因而阻尼矩阵也为对角阵，可以很方便地进行方程组解耦求解。所带来的问题是会导致阻尼计算偏小，计算偏于安全，这一点在低烈度区结构上表现较为明显，但是计算效率显著高于振型阻尼算法，对于高烈度区结构如果要提高计算效率，也可采用瑞利阻尼算法。

8. 设置地震动

可根据需要在软件地震波库中选择合适的地震波进行分析，同时也可以自己导入地震波，地震波导入方式可参见"SAUSG 非线性仿真"微信公众号往期技术文章"常见问题解答"中的问题 13，在此不再赘述。

9. 主方向与 X 轴夹角

一般地震动成组出现，即包含主方向、次方向和竖向三条地震波。按照规范要求，弹塑性计算中需进行双向地震或三向地震加载（图 1.3-6）。主方向与 X 轴夹角即为主方向地震波与结构 X 轴的夹角。若输入为 0，则主方向地震波加载在结构 X 向，相应的次方向地震波加载在结构 Y 向；若输入为 90，则主方向地震波加载在结构 Y 向，相应的次方向地震波加载在结构 X 向；如果输入为其他角度，例如 30，则主方向地震波加载方向与结构 X 向夹角为 30°，此方向地震波加载方向与结构 X 向夹角为 120°。

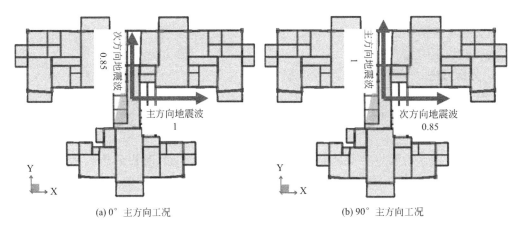

(a) 0°主方向工况　　　　　　　　　　(b) 90°主方向工况

图 1.3-6　双向地震作用方向示意图

10. 加载时间步长

加载时间步长为显式分析每一增量步的时间步长（注意该步长不同于地震波时间间隔）。该数值由最大频率分析得到并由结构网格质量控制。为了保证计算效率，一般加载时间步长需大于 5×10^{-5}，若计算结果显示小于 1×10^{-5}，需对模型进行修改，详见"SAUSG 非线性仿真"微信公众号往期技术文章"按我说，SAUSG 还能算得更快"。该数值由软件自动计算得到，一般不需要用户干预。若在计算中出现"时间步长数据可能不合理"提示时，用户可返回到工况定义中，查看该数值是否正确。

11. 关闭几何非线性

该选项用来决定是否考虑几何非线性。勾选表示时程计算过程中不考虑结构几何非线性，不勾选表示考虑结构几何非线性。对于特别复杂的结构，例如高度≥300m、大跨度空间结构、穿层柱结构，建议不勾选该选项。

12. 输出设置

定义结构计算结果的相关输出参数，一般按照默认参数即可（图 1.3-7）。由于软件默认不输出单元应力应变（硬盘占用空间较大），如果用户需要输出某些构件的应力应变等数据，需在计算之前定义构件分组，并设置输出变量，参见"SAUSG 非线性仿真"微信公众号往期技术文章"常见问题解答"中的问题 9。

输出设置				
内力输出间隔(s): 0.01		位移输出间隔(s): 0.2		
序号	分组名称	应变	应力	内力	塑性应变
1	CBD	✓	✓	✓	✓
2	Link_Default	✓	✓	✓	✓

图 1.3-7　输出参数设置

点评：计算参数设置对非线性分析结果影响较大，应根据分析目的和工程特殊性设定

相关计算参数。本文对 SAUSG 非线性动力分析工况设置参数进行了比较详细的总结,很贴近工程实践。

1.4　SAUSG 大模型转动流畅是怎么做到的

作者:乔保娟

发布时间:2017 年 9 月 6 日

问题:SAUSG 大模型转动流畅是怎么做到的?

1. 前言

与普通机械 CAD 相比,建筑结构有限元分析软件具有两个特点:

(1)几何对象体量大,通常包含数以百万的几何实体(构件、单元等);

(2)对图形渲染效率要求高,用户期望建筑结构的三维模型能够实时显示、旋转、平移、缩放和捕捉等交互操作流畅。这就对图形渲染技术提出了很高的要求。

OpenGL 是行业领域中最为广泛接纳的 2D/3D 图形 API,是一个功能强大,调用方便的底层图形库,它独立于窗口系统和操作系统,具有良好的可移植性,在专业图形处理、科学计算等高端应用领域应用广泛。与传统的 GDI 绘图相比,OpenGL 具有以下优势:

(1)充分利用显卡的硬件加速功能。OpenGL 的硬件加速由显卡厂商在硬件中实现的,在安装了显卡厂商提供的显卡驱动程序后,OpenGL 程序就会有"加速"的效果。

(2)强大的模型绘制功能。使用 OpenGL 可以很方便地绘制点、线、多边形、曲线以及三维实体等元素。在利用 OpenGL 函数库绘图时,不用考虑图形显示的基本细节,可以加快开发速度。

(3)方便的选择反馈功能。

(4)通过光照处理能表达出物体三维特性的功能,具有很强的立体感。

(5)提供着色器编程模型。

可见,OpenGL 比 GDI 更适合有限元三维图形系统的开发,是当前开发有限元分析软件前、后处理图形系统的理想选择。本文将探讨 OpenGL 图形渲染技术在大规模复杂结构非线性分析软件 SAUSG 前、后处理中的应用。

2. SAUSG 架构

SAUSG 基于 MFC 创建,程序模块化设计,采用面向对象的数据结构,具有良好的可移植性和扩展性。SAUSG 代码分层隔离,包括数据交换层、数据及逻辑层、绘图层、界面控制层四个层次。

(1)数据交换层:输入输出文件,接口等;

(2)数据及逻辑层:与业务有关的功能和数据定义,由细到粗分级封装,使数据结构和程序逻辑清晰,易于跟踪;

(3)绘图层:绘图封装库;

(4)界面控制层:用户交互操作,消息处理,对话框形式的数据输入,报表显示等。

本文讨论的基于 OpenGL 的图形渲染技术即封装在绘图层中。

3. 三维模型绘图流程

在设置好像素格式、光源参数(光源性质、光源位置)、颜色模式(索引、RGBA)等

OpenGL 参数之后，SAUSG 根据建筑结构梁、柱、板、墙、消能器、隔振支座等各类构件的几何位置及截面尺寸，计算出绘制三维模型构件图元顶点在世界坐标系中的坐标。世界坐标系中的坐标经过视图（模型）变换、投影变换和视口变换后转为屏幕坐标，这样建筑结构的三维模型图便显示在计算机屏幕上了。建筑结构三维模型绘图流程如图 1.4-1 所示。

4. 图形显示关键技术

1）凹多边形板的绘制

OpenGL 中认为合法的多边形必须是凸多边形，凹多边形、自交多边形、带孔的多边形等非凸多边形在 OpenGL 中绘制会出现出乎意料的结果。为了正确显示凹多边形板、墙，SAUSG 采用GLU 库中多边形网格化对象 GLUtesselator，对凹

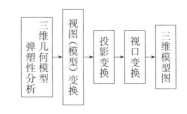

图 1.4-1 建筑结构三维模型绘图流程

多边形进行网格化，将它们分解成一组简单的、能够进行渲染的 OpenGL 多边形。网格化实际上是在把顶点传入 OpenGL 管线之前，先将其传到网格化对象，网格化对象处理完后，再把处理后的顶点传入 OpenGL 渲染管线。对凹多边形网格化显示，仅是图形显示上的处理，不会拆分构件，对建筑结构的三维模型没有任何影响。

2）背面剔除

在 SAUSG 前处理中，绘制建筑结构三维模型图时，为了加快绘图速度，采用了OpenGL 深度测试剔除背面功能。屏幕的深度缓存默认值为 1（最远），颜色缓存则被初始化为背景颜色。所有的碎片处理完之后，它们的 Z 值与缓存中的值比较。如果 Z 值比缓存中对应的 Z 值小，那么碎片的 Z 值和颜色值就会被写入缓存中。否则，认为正准备输出显示的碎片被其他物体（碎片）挡住了，直接忽略。这种算法不会受到碎片处理顺序的影响。

3）alpha 混合

在 SAUSG 后处理中，在显示位移、应力、应变、内力和损伤等弹塑性时程分析结果云图时，为了方便用户观察整体结构的计算结果分布，提供了透明显示功能。透明显示时，软件对三维模型云图进行了 alpha 混合处理。RGBA 颜色模式中包含一个 alpha 值，即透明度。alpha 值的范围为 [0，1]，0 代表完全透明，1 代表不透明。经过 alpha 混合处理后，透过建筑结构构件可以看到它后面的构件的弹塑性时程分析结果云图。alpha 混合与背面剔除是互斥的，不能同时存在。混合公式如下：

$$c = \alpha_s c_s + (1 - \alpha_s) c_d \tag{1.4-1}$$

式中　c——最终显示颜色；

c_s——原颜色；

α_s——原透明度（alpha）；

c_d——目的位置颜色（背景颜色），三个颜色通道（RGB）独自进行混合。

混合公式中，碎片顺排序很重要，它们必须是从"后面"到"前面"的顺序，最大深度的最先处理。

4）平移、旋转和缩放

实时平移、旋转和缩放是查看三维有限元模型时必不可少的操作。在 GDI 绘图中，实现这 3 个操作比较困难，而且容易造成屏幕闪烁。在 OpenGL 绘图时，只需对视点位

置和参考点位置进行简单的变换操作就可以实现。

在 SAUSG 中，平移需要同时改变视点和参考点的位置。旋转和平移类似，只是保持参考点不变，并保持视点和参考点的距离不变。如果旋转中心不是模型的几何中心，旋转后应该重新计算裁剪平面，以避免模型被裁剪。缩放只需要改变视景体的大小即可实现。窗口缩放算法是用鼠标在屏幕上拖出矩形框，将此框内的图形放大到整个屏幕，具体做法是，首先将矩形框的中心点对应的物体点移动到屏幕中心点，再计算图形放大倍数，以宽度方向放大倍数为准。

将视点、参考点的移动距离和缩放比例等与鼠标操作关联起来，就可以实现鼠标操作的实时平移、旋转和缩放。

5. 三维模型捕捉技术

在有限元建模软件中，很多时候都需要用户和图形对象之间进行交互操作，如用鼠标选择模型中的一个节点查看或修改该点的荷载和约束信息，或者选择一个梁柱构件查看或修改截面、材料等信息。OpenGL 提供了选择机制，为用户拾取对象提供了方便。

在选择模式下，SAUSG 根据鼠标的位置在 OpenGL 中定义一个狭长的视景体，像一条垂直于屏幕的细长射线，在绘制一个对象之前对其命名，OpenGL 将落在这个视景体内的对象名称存储在一个堆栈里，即选择缓冲区。选择缓冲区包括多条拾取记录，每条拾取记录由 4 部分组成：对象名称的个数，对象的最小 z 坐标（z_{min}），对象的最大 z 坐标（z_{max}）和对象名称。遍历缓冲区中的所有记录，综合考虑 z_{min}、z_{max} 及图元结构类型（可由图元名称得到）对图元进行排序。若捕捉单个图元，则排序后的第一个图元将被选中；若框选一组图元，则选择缓冲区中的所有图元都被选中。

6. 后处理结果云图显示技术

有限元结果的云图显示直观明了，用户通过观察单元颜色即可快速了解计算结果的数值分布，判断结构薄弱部位，十分方便。OpenGL 本身具有颜色均匀过渡的能力，使彩色云图的绘制变得十分简单。生成彩色云图，首先建立各节点的结果值与颜色值的对应关系；然后，将最大值和最小值之间分成若干段，分别对应不同的颜色，采用线性插值可求得其他量值对应的颜色值。由于应力、损伤等计算结果是单元中心的值，需要用体积加权的方法转换成单元节点上的值，然后求出其颜色值。

但 OpenGL 多边形自动颜色过渡填充功能必然会带来一个问题，OpenGL 的颜色平均为 RGB 值的平均，得到的颜色与计算结果平均后对应的颜色有偏差。比如，图 1.4-2 中 A 点颜色为（255，0，0），C 点颜色为（0，255，0），E 点颜色为（0，0，255），OpenGL 自动计算的 B 点颜色为（A＋C）/2=（127，127，0），D 点颜色为（C＋E）/2=（0，127，127），F 点颜色为（D＋B）/2=（63，127，63），而 F 点颜色的正确值应为（0，255，0），也即 C 点颜色，这就需要对颜色进行修正，将 F 点拉到 C 点。

该部分采用了着色器编程技术，在输出图形

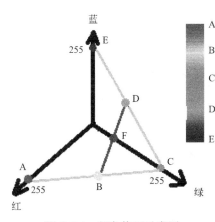

图 1.4-2　颜色修正示意图

时，由显卡 GPU 修正每个像素的颜色，由于采用了 GPU 并行，图形显示效率很高，修正颜色前后效果对比如图 1.4-3 所示。

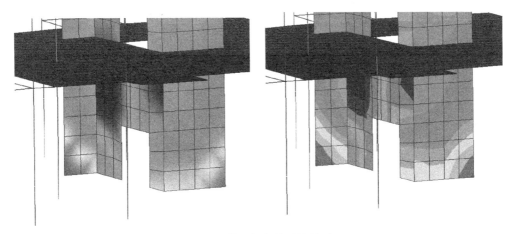

图 1.4-3　修正颜色前后效果对比

7. 工程实例

某大底盘多塔结构，47 层，高 168.7m，四个塔楼均为框架核心筒结构，平面尺寸分别为 58.7m×41.9m，52.1m×41.2m，58m×26.4m 和 58m×26.4m。模型包括框架梁 66319 个，框架柱 8360 个，边缘构件 9107 个，连梁 4473 个，剪力墙 8601 个，楼板 26156 个。采用单元细分尺寸 0.8m，单元最小尺寸 0.6m 进行网格划分，共有节点 922416 个，梁单元 380789 个，三角形壳单元 29964 个，四边形壳单元 853628 个。某建筑结构三维模型实体图如图 1.4-4 所示，弹塑性动力时程分析损伤云图如图 1.4-5 所示。

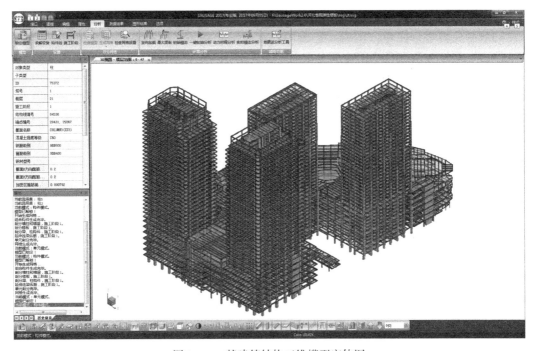

图 1.4-4　某建筑结构三维模型实体图

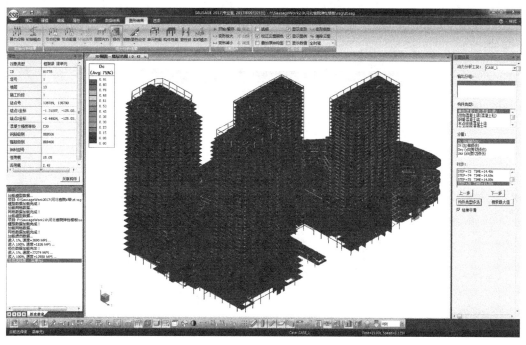

图 1.4-5　某建筑结构弹塑性动力时程分析损伤云图

该结构三维模型在构件实体显式模式下，旋转、平移和缩放重绘速率为 35.2fps（每秒传输帧数）。单元显式模式下，旋转、平移和缩放重绘速率 11.7fps。后处理细分单元显示损伤云图时，重绘速率为 5.6fps。可见，在 SAUSG 中，大规模复杂结构在三维模型旋转、平移和缩放时，图形重绘速率高，用户操作体验是很流畅的。

该结构捕捉刷新速率为 149.6fps，可见，在 SAUSG 中，捕捉效率是相当高的，达到了实时捕捉的效果。

点评：这篇文章对软件开发者具有一定的参考意义。建筑结构非线性仿真分析软件要做到"准""快""专"，才能真正走向实用，SAUSG 一直在这些方面持续努力。

1.5　通过一个细节，看看 SAUSG 为什么受欢迎

作者：邱海

发布时间：2017 年 10 月 20 日

问题：如何充分挖掘 SAUSG 的最大价值？

1. 前言

SAUSG 2017 版本发布已有半年时间，SAUSG 的铁粉们对这个版本赞赏有加。2017 版本新增了很多功能，包括：更丰富的接口功能、Ribbon 风格界面、消能器组件建模、一般连接滞回曲线、部分弹塑性计算、考虑梁和壳单元剪切非线性等。本文通过一个新增功能细节，来说明如何充分挖掘 SAUSG 的最大价值。

2. SAUSG 很早就有的分量

钢筋（钢材）塑性发展程度（后面简称"塑性程度"）这一分量在 SAUSG 中其实并

不陌生。早在 SAUSG 2016 版本的新功能——"性能评价标准"中就已提到了此分量。图 1.5-1 中标识的部分分别为梁柱和墙板的塑性程度，即对应的钢筋（钢材）的应变与屈服应变的比值。

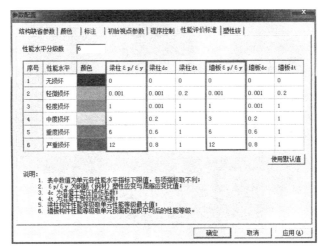

图 1.5-1　梁柱和墙板的塑性程度对应的钢筋（钢材）的应变与屈服应变的比值

不过，在 SAUSG 2017 版本之前，塑性程度一直与混凝土损伤一起作为性能评价的一个控制分量没有直接给出。在 SAUSG 2017 版本后处理显示中，则单独增加了塑性程度分量，那么这功能主要有什么用呢？告诉你，作用可真不小！

3. 抗震结构中的应用

在抗震结构中，工程师除了关注混凝土损伤外，考察钢筋（钢材）塑性应变的分布情况也是不可或缺的。SAUSG 2016 版本虽然提供了钢筋（钢材）塑性应变的显示功能，但是由于不同牌号的钢筋（钢材）屈服应变是不同的，所以虽然已经给出了具体数值，但是往往还不够直观，工程师复核时需要按每个钢筋等级一一核对。而且，如果钢筋（钢材）不屈服，那么塑性应变的结果就是 0！并且这种情况不在少数，所以经常有用户质疑，塑性应变结果为什么显示的全是 0？

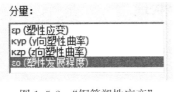

图 1.5-2　"钢筋塑性应变"菜单下点选对应的分量

基于这两种情况，SAUSG 2017 版本增加了钢筋（钢材）塑性程度分量的显示，可以直接在"钢筋塑性应变"菜单下点选对应的分量，如图 1.5-2 所示。

这样，首先大家可以看到五颜六色的云图，而不是单一的 0。除了好看，还告诉了工程师每个构件的钢筋（钢材）是否屈服以及在到达屈服的路上走了多远。其次，工程师不用再根据数值换算屈服了多少了，结果直接对应性能评价中的屈服程度分量。原塑性应变的现实功能继续保留，两个功能结合使用充分反映钢筋的塑性发展情况，如图 1.5-3 所示。

4. 减震结构中的应用

与钢筋塑性发展程度类似，在减震结构中，也可根据消能器的变形，定义金属屈服型消能器的屈服程度。如采用 BRB 的减震结构中，BRB 通常会起到钢撑的作用，小震、中

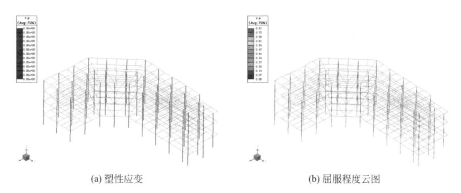

(a) 塑性应变　　　　　　　　　(b) 屈服程度云图

图 1.5-3　柱子钢筋塑性应变及屈服程度云图

震不发挥耗能作用，大震屈服耗能。通过查看 BRB 屈服程度可以知道布置 BRB 是否达到耗能效果及 BRB 耗能储备能力。

通过查看分组结果→单元应力应变查看相对变形及屈服程度，一般连接局部坐标系下的相对变形及屈服程度如图 1.5-4 所示。其中 D_x、D_y 及 D_z 即为一般连接局部坐标系下的相对变形，D_{x_0}、D_{y_0} 及 D_{z_0} 即为对应三个方向的屈服程度。

如图 1.5-5（a）所示的框架结构，其中椭圆圈处构件为 BRB。图 1.5-5（b）即为中震下 BRB 的屈服情况，可见所有构件均未屈服，起到了很好的支撑作

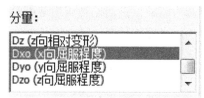

图 1.5-4　一般连接局部坐标系下的相对变形及屈服程度分量

用。当然，这里纯 BRB 的减震结构也可通过能量图查看附加阻尼比为 0 得到相同的结论。只是附加阻尼比为 0 是整体参数，不能揭示消能器具体的屈服程度。

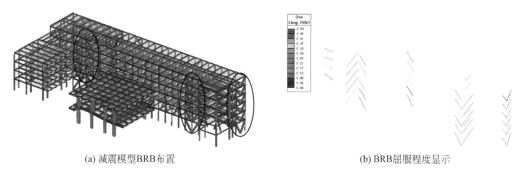

(a) 减震模型BRB布置　　　　　　　　(b) BRB屈服程度显示

图 1.5-5　减震模型 BRB 布置及 BRB 屈服程度显示

5. 总结

走心的小改动，往往会带来意想不到的大收获。发挥一个优秀的工程师的想象力和探索精神，通过 SAUSG 你会对所设计的建筑结构有更深入的认识。

点评：SAUSG 创新性地提供了很多建筑结构非线性分析数据后处理功能，充分发掘这些功能可以为结构工程师深入了解自己所设计的建筑结构提供帮助。

1.6 转模型超实用秘籍

作者：贾苏

发布时间：2018 年 3 月 23 日

问题：将设计软件模型转入 SAUSG 需要注意哪些问题？

1. 前言

目前 SAUSG 提供了包括 SATWE、PMSAP、Gen、ETABS 在内的常用软件的模型接口。一个准确的分析模型是进行弹塑性分析的基础，同时还显著影响非线性分析的计算效率。今天我们来聊聊转模型的那些事。

预处理对话框中的各参数（图 1.6-1）见 SAUSG 用户手册，简要介绍如下。

梁最大配筋率：若梁构件配筋大于该值（如超筋梁），强行取梁配筋为该值。

框架梁转墙梁最小截面高度：若梁截面高度大于该高度，无论具有连梁属性与否，一律转为墙梁。该功能常用于截面较高的转换梁。

短线控制长度：除墙边长外，若线段长度小于该值，即进行节点合并处理，同时消除短线。

短墙控制长度：若墙边长小于该值，则消除短墙。通常是将墙合并到相邻墙中。

按配筋分割梁：指将梁沿长度方向分为三段，各段配筋分别取为左支座处配筋、跨中处配筋及右支座处配筋。

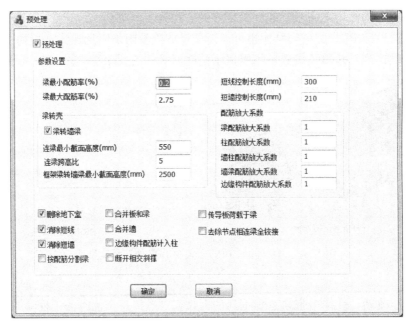

图 1.6-1　SAUSG 模型预处理参数

为了提高软件操作的便利性，预处理的默认参数已经适用于大部分结构，按照默认参数基本能够完成 90% 的模型导入。但是有些时候，导入的模型可能会出现一些问题，下面将以几个实例介绍使用软件过程中可能遇到的模型转换问题以及相应的处理方法。

2. 构件偏心对齐

有些考虑了构件偏心对齐的模型在导入 SAUSG 时会出现如图 1.6-2（b）中的情况，梁构件歪歪扭扭。这是由于 SAUSG 接口在转入 SATWE 模型时未识别构件的偏轴情况，而是以构件中线为基准读入构件，导致外框筒柱中心与梁中心不在同一条直线上，核心筒区域由于梁和剪力墙中心线重合而得出正常模型。

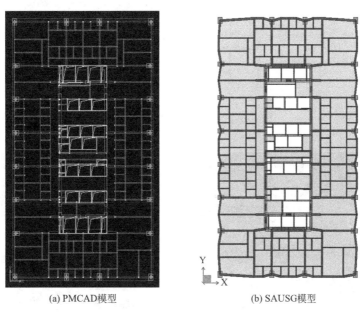

(a) PMCAD模型　　　　　　　　　　(b) SAUSG模型

图 1.6-2　分析模型比较（取消偏心前）

解决方法是取消异常构件的偏轴距离（通过 PMCAD 的 "单参修改" 功能，方便起见可以全楼都取消），重新导入模型，如图 1.6-3 所示。

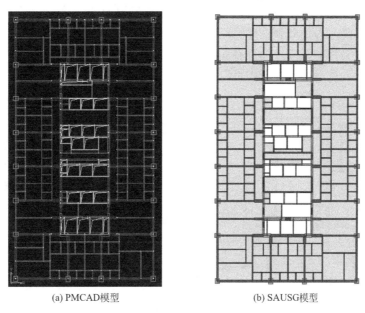

(a) PMCAD模型　　　　　　　　　　(b) SAUSG模型

图 1.6-3　分析模型比较（取消偏心后）

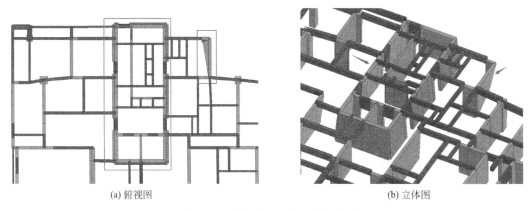

(a) 俯视图   (b) 立体图

图 1.6-4   SAUSG 剪力墙（改进前）

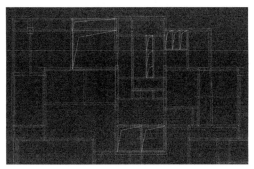 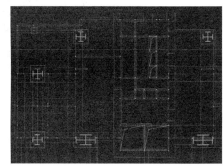

(a) 本层结构   (b) 上一层结构

图 1.6-5   PMCAD 楼层布置

3. 剪力墙畸形

从图 1.6-4、图 1.6-5 可以看出，原模型中垂直建模的剪力墙变为了斜墙，甚至有些剪力墙发生了扭曲，为什么会这样呢？还是返回到 PMCAD，我们发现本层和上一层结构构件（包括剪力墙和框架柱）均存在偏心对齐情况，导致节点错位。在 PMCAD 中取消构件的偏心对齐后重新导入模型则可以得到正常的 SAUSG 模型，如图 1.6-6 所示。

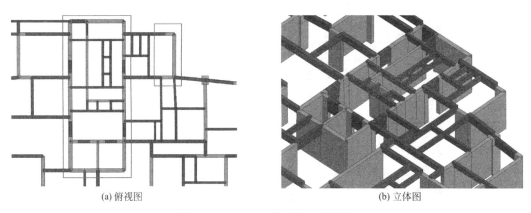

(a) 俯视图   (b) 立体图

图 1.6-6   SAUSG 剪力墙（改进后）

4. 悬空结构点

检查发现模型存在"悬空结构点"，双击错误可以定位错误位置，发现模型上下层构件节点错开，如图 1.6-7 所示。当然，我们可以通过"移动节点"使节点重合，避免计算错误。

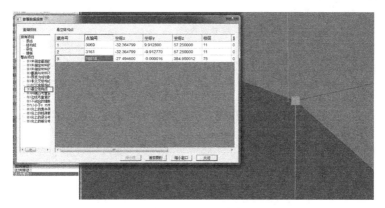

图 1.6-7　悬空节点

但是，作为"较真"的工程师，我们还是回到 PMCAD 中，找到对应构件。查看构件属性发现构件的两端节点号均为 85，而下一层对应的节点号应该为 86，由于局部微小的建模错误导致模型连接错误，对应地修改 2 端节点号为 86 即可解决该问题（图 1.6-8）。

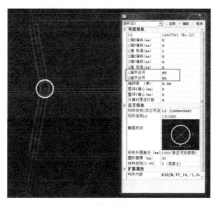
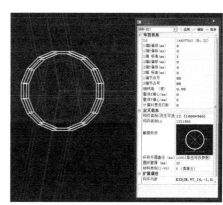

(a) 修改前　　　　　　　　　　　　　　　　(b) 修改后

图 1.6-8　PMCAD 模型修改

5. 周期异常

对图 1.6-9 所示模型进行模态分析，发现结构周期极大。检查模型周期振型，发现模型第 74、75 层斜撑变形很大。查看结构几何模型，发现斜撑中部存在一个节点两边均点铰，导致节点缺少约束，形成机构。

修改方法有两种，可视情况采用。方法一，如果斜撑构件与楼面边梁共同受力，可通过移动节点使斜撑与楼面梁相交，如图 1.6-10(a)；方法二，如果斜撑构件与楼面边梁不共同受力，可以取消斜撑中部节点两边铰接，限制节点自由度，如图 1.6-10(b)。修改后重新计算则可得到正确的振型计算结果（图 1.6-11）。

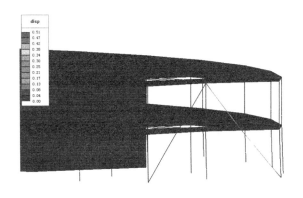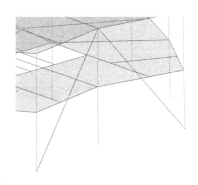

图 1.6-9 斜撑建模问题

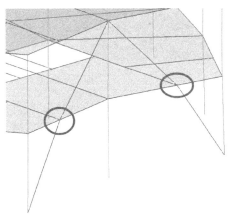

(a) 方法一

(b) 方法二

图 1.6-10 斜撑模型修改方法

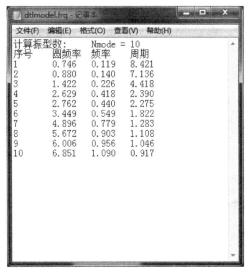

(a) 修改前

(b) 修改后

图 1.6-11 修改前后结构周期对比

6. 转换结构

框支转换结构是使用较多的结构体系，也是非线性计算比较复杂的结构类型。由于转换构件梁柱节点内梁构件抗剪较难计算，通常习惯把节点内的梁构件采用刚性杆模拟，由于SAUSG接口无法领会这种建模意图，导致刚性杆转成普通的钢筋混凝土梁，如图1.6-12(b)所示，引起弹塑性分析结果异常。

(a) PMCAD模型　　(b) SAUSG模型(改进前)　　(c) SAUSG模型(改进后)

图1.6-12　转换结构模型示意图

对于这种情况，建议将刚性杆转为框支梁的实际截面进行模拟，这样可以直接在SAUSG中生成采用壳单元模拟的框支梁，使模拟结果更加合理，如图1.6-12(c)所示。

7. 连梁连接异常

如图1.6-13所示，连梁上端节点与剪力墙上端节点脱开。观察PMCAD模型可以发现，剪力墙洞口宽度为6200mm，而周围两节点距离为6400mm，导致连梁右端存在一段200mm长的剪力墙，由于预处理参数中短墙最小距离为210mm，导致节点合并过程中出错。

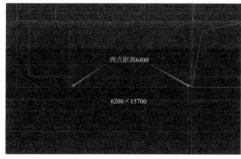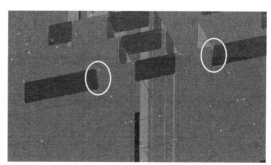

(a) PMCAD模型　　　　(b) SAUSG模型(改进前)

图1.6-13　连梁连接异常示意图

我们将预处理中的"短墙控制长度"改为190mm，则可以解决上述问题，如图1.6-14所示。

8. 删除地下室

在进行SAUSG弹塑性分析的时候，是否删除地下室根据结构的嵌固端来确定。如果结构的嵌固端在首层，则可以直接选择"删除地下室"；如果嵌固端不在首层，则不应该删除地下室，在SAUSG中将嵌固端以下楼层删除，再进行其他分析计算，如图1.6-15所示。

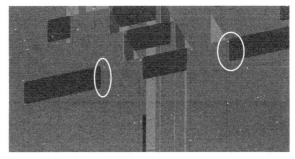

(a) 预处理参数修改　　　　　　　　　(b) SAUSG模型(改进后)

图 1.6-14　连梁连接改进

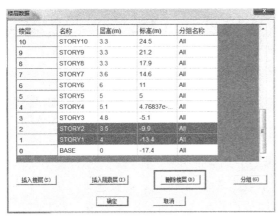
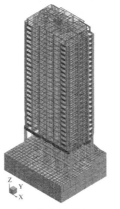
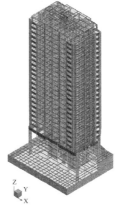

(a) 删除地下室方式　　　　(b) 模型(删除前)　　　(c) 模型(删除后)

图 1.6-15　删除地下室示意图

9. 楼板配筋错误

在采用 SATWE 接口导入模型的时候，楼板钢筋级别可能是错误的。由于 SATWE 计算形成的 PDB 数据文件中没有楼板配筋数据，导致 SAUSG 读入时会将楼板配筋统一设置为 HPB300，对于一些项目需要对楼板钢筋材料进行修改，如图 1.6-16 所示。

楼板钢筋批量修改方法为：首先选择全楼楼板，属性→按构件→板，然后修改楼板材料属性，属性→构件→板→材料，在修改材料对话框中设置正确的钢筋级别，注意"型钢牌号"一项设置为空，如图 1.6-17 所示。

10. 总结

简单总结模型转换注意要点如下：

（1）取消构件偏轴可以解决大部分模型转换异常问题；

（2）"检查模型"可以帮助我们及时发现模型问题，对于错误提示应该仔细检查，有错则改；

（3）模态分析出现极大的周期可通过查看振型云图定位异常构件；

（4）框支转换结构需要仔细校核构件传力路径，避免本质性错误；

（5）构件连接异常一般是由节点合并导致的，可通过调整"短墙控制长度"和"短线控制长度"解决，也可以通过手工合并节点解决；

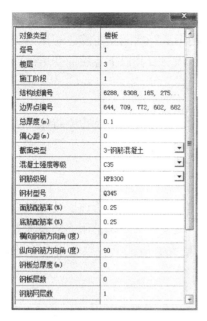

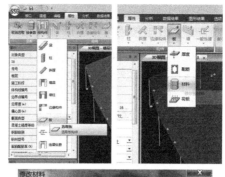

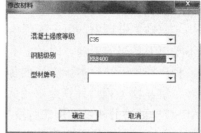

图 1.6-16　楼板参数查看
图 1.6-17　楼板参数修改

（6）是否删除地下室由结构的计算嵌固端决定。

点评：虽然 SAUSG 已经详细地考虑了各种情况，大部分结构可以"一键"从设计模型转成非线性仿真分析模型，但是少量复杂结构仍需要用户干预才能得到正确的非线性分析模型。如果非线性分析结果出现异常，应首先想到是否模型存在问题，本文对相关经验进行了系统总结。

1.7　模拟施工对非线性分析结果的影响

作者：贾苏

发布时间：2018 年 7 月 6 日

问题：结构非线性分析得到的层间位移角这么大，是什么原因造成的？

1. 前言

在弹塑性时程分析中，施工阶段的模拟容易被忽略掉。对于复杂结构，施工模拟对结构整体变形和构件内力影响较大，需要进行准确计算。模拟施工分析实际上是进行结构静力荷载（恒、活荷载）的加载分析，得到结构在正常使用阶段的一个内力状态，在此基础上再进行地震加载。本文中所讲的模拟施工实际上是恒、活荷载加载过程。

2. 常用模拟施工计算方法

常用的施工阶段加载方式有一次性加载、模拟施工加载 1、模拟施工加载 2 和模拟施工加载 3。

1）一次性加载

顾名思义，采用一次性加载方式计算结构竖向变形，一次性形成结构整体刚度矩阵并同时施加全结构竖向荷载。

2）模拟施工加载 1

模拟施工加载 1 采用整体刚度分层加载的方式，只用形成一次刚度矩阵，相比模拟施工加载 3 计算效率大大提高，但是其假定某一层加载时，该层及其以下各层的变形受以上各层刚度影响，明显与实际不符。

3）模拟施工加载 2

模拟施工加载 2 计算方法与模拟施工加载 1 基本相同，但是在分析过程中将竖向构件的轴向刚度放大 10 倍，削弱了竖向荷载按刚度的重分配，计算结果较接近手算结果，在进行基础设计时较为合理。

4）模拟施工加载 3

在结构实际施工过程中，由于逐层找平，在某一层加载时，可以认为该层及其以下各层的变形不受以上各层的影响，同时也不影响以上各层。刚度和荷载均采用逐层叠加方式计算，是一种比较接近结构实际变形的加载方式。缺点是要根据施工阶段形成 n 个不同的刚度矩阵，解 n 次方程，计算效率较低。

3. SAUSG 非线性分析中的施工阶段模拟

在弹塑性分析中，如果不准确考虑结构的施工模拟可能会对计算结果造成较大影响。SAUSG 中采用分段刚度矩阵组装、分段加载的模拟施工方式（模拟施工加载 3）。可以方便地进行模拟施工设置，按照楼层进行模型施工加载 3 的施工方式定义，如图 1.7-1 所示，也可以通过定义构件集实现复杂的模拟施工，如图 1.7-2 所示。

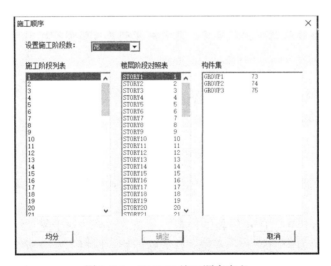

图 1.7-1　SAUSG 施工顺序定义

对于一些特殊的结构形式，准确进行模拟施工有可能影响到计算结果的正确性。下面我们举几个例子。

4. 核心筒偏置结构

某超高层结构，结构总高度为 160m，核心筒偏置，如图 1.7-3 所示，分别采用模拟施工加载 3 和一次性加载计算，结构变形如图 1.7-4 所示。采用一次性加载，结构顶部水平向位移达到 0.12m，是模拟施工加载的 4.7 倍，估算静力荷载下结构整体层间位移角为 0.12/160＝1/1333，导致结构最终整体变形计算不准确。

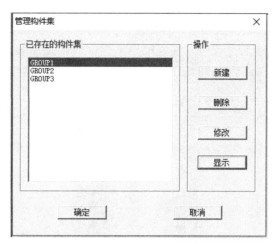

图 1.7-2 SAUSG 构件集定义

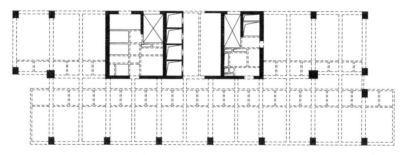

图 1.7-3 核心筒偏置结构标准层平面图

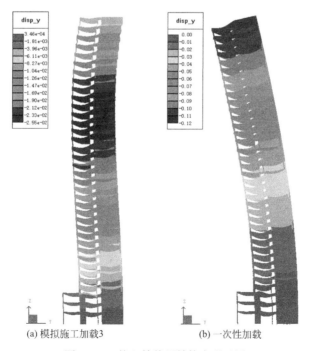

(a) 模拟施工加载3   (b) 一次性加载

图 1.7-4 核心筒偏置结构变形云图

5. 加强层结构

对于超高层结构，在结构避难层布置伸臂桁架和腰桁架是提高结构抗侧刚度的常用手段（图 1.7-5）。在实际施工过程中，加强层桁架构件通常是后装的。可通过单独定义桁架构件的施工阶段实现构件后装的施工效果（图 1.7-6）。

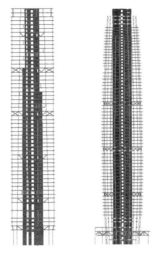

图 1.7-5　腰桁架和伸臂桁架结构

(a) 构件集定义

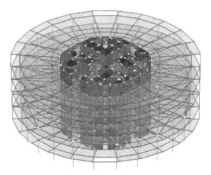

(b) 腰桁架三维模型图

(c) 施工顺序定义

图 1.7-6　复杂施工阶段定义

不同施工形式结构桁架构件内力差别如图 1.7-7 所示，一次性加载下构件轴力达到 2200kN，远超构件实际内力。

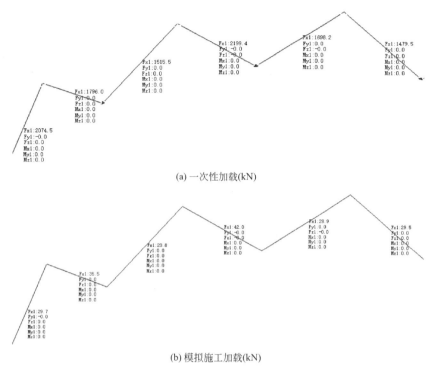

(a) 一次性加载(kN)

(b) 模拟施工加载(kN)

图 1.7-7 桁架构件内力对比

6. 桁架结构

桁架结构在大跨度结构中应用较多，由多根小截面杆件组成，具有较大的抗弯刚度，其上下弦杆和腹杆共同受力。简单按照分层模拟施工可能引起静力分析结果异常，如图 1.7-8 所示，在下弦杆的施工阶段中，荷载全部由下弦承担，导致变形过大。将两层合并为一个施工阶段后重新计算，构件变形正常。

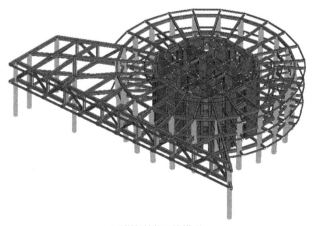

(a) 桁架结构三维模型

图 1.7-8 桁架结构施工模拟（一）

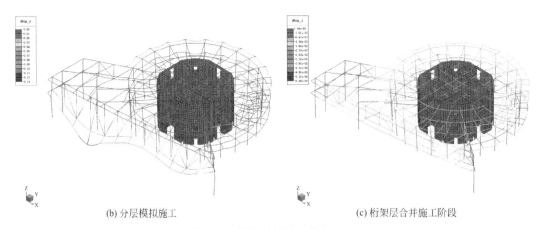

(b) 分层模拟施工   (c) 桁架层合并施工阶段

图 1.7-8　桁架结构施工模拟（二）

7. 总结

施工阶段模拟对结构非线性分析结果具有一定影响，希望引起大家注意：

（1）施工阶段模拟对结构初始状态的变形和内力有重要影响，准确进行模拟施工对于得到结构弹塑性分析的初始状态尤为重要；

（2）复杂结构尤其要关注其实际施工加载过程，分层模拟施工也并不一定准确，SAUSG 可以实现构件级的施工模拟。

点评：对一些特殊结构形式，能否正确模拟施工次序对非线性分析结果影响很大，要引起足够重视。

1.8　SAUSG 中的任意复杂截面实现

作者：刘春明

发布时间：2021 年 9 月 26 日

问题：有异形和复杂截面的建筑结构如何进行大震弹塑性分析？

1. 前言

SAUSG 在复杂结构中获得了广泛的应用。在钢结构和超高层混合结构中，经常会出现不规则形状的巨柱或斜撑截面。这些复杂截面构件一般起到重要的传力途径作用，一旦出现损伤破坏或失稳，将产生十分严重的后果。在弹性分析中，主流软件使用截面面积、惯性矩、剪切惯性矩等进行分析，能够得到构件的弹性受力状态和设计结果。进行非线性动力分析时，为了准确获得这些关键构件的应力、应变特性，准确评估中、大震下结构的受力状态和损伤发展过程，一般需要使用复杂纤维截面模型进行仿真模拟。

SAUSG 对于复杂截面按钢材、混凝土、钢筋等不同材料自动划分纤维网格，并按各纤维的非线性本构关系积分计算得到截面性质。对于常见的复杂截面，SAUSG 可以外部导入复杂截面并进一步进行纤维划分，提供任意形状截面组合功能，支持开洞截面。

2. 复杂截面示例

图 1.8-1 截面来自某钢结构工程，包含两个钢管与一矩形组合复杂钢截面，导入 SAUSG 时根据用户控制参数自动进行了精细纤维划分。可以看出 SAUSG 与 MIDAS 的

面积、惯性矩等复杂截面基本属性保持一致。

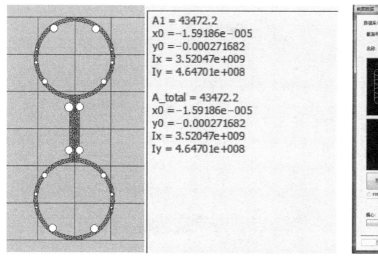

(a) SAUSG   (b) MIDAS

图 1.8-1 复杂钢截面纤维划分

3. 工程应用

图 1.8-2 为某超高层结构分析模型局部，承受重力的柱截面很大，工程中采用了钢管混凝土巨柱，另由于结构平面形状不规则，为保证外立面效果，柱截面为非规则形状。

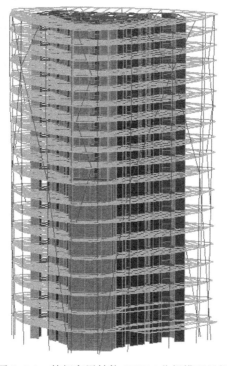

图 1.8-2 某超高层结构 PKPM 分析模型局部

其中一复杂钢管混凝土组合巨柱截面的 SAUSG 截面纤维划分如图 1.8-3 所示，由内部混凝土和多道钢板组合而成。

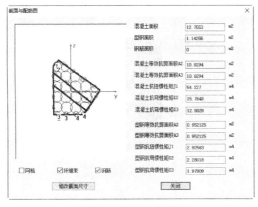 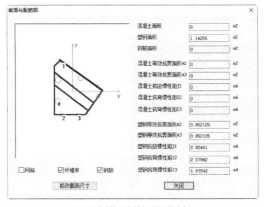

(a) 钢纤维和混凝土纤维划分   (b) 钢板截面属性及纤维划分

图 1.8-3   SAUSG 复合巨柱截面

弹性分析设计时，一般将复杂截面折算为一种材料作为一般截面，为比较，分别建立多个钢和混凝土截面进行对比，可以看出钢和混凝土部分的截面属性保持一致，SAUSG 纤维网格划分是合理的。

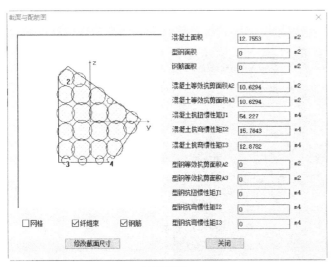

(a) SAUSG   (b) PKPM

图 1.8-4   混凝土部分截面属性

将 PKPM 模型导入 SAUSG，如图 1.8-4 所示，结构总质量 PKPM 为 107051t，SAUSG 为 110517t，保持一致。进行模态分析对比，前三阶周期 PKPM 为 0.89s、0.87s、0.76s，SAUSG 为 0.86s、0.84s、0.75s，振型方向也保持一致（前 2 阶为平动，第 3 阶扭转为主，如图 1.8-5 所示）。

4. 结论

SAUSG 支持混凝土、钢，以及任意组合的复杂截面形式，可以方便地导入 PKPM、

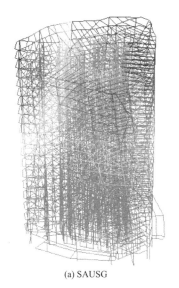

(a) SAUSG　　　　　　　　　　　(b) PKPM

图 1.8-5　第 3 阶扭转振型图

MIDAS 等设计软件模型，在此基础上使用 SAUSG 进行大震动力非线性分析，可以仿真体现巨柱和巨型支撑等复杂构件的损伤及破坏状态，为结构的性能化设计提供支持。

点评：实际工程中存在任意复杂截面时，如果大震弹塑性分析进行截面等效，则可能造成非线性分析结果的失真。SAUSG 具备精细模拟任意复杂截面进行非线性分析的能力。

1.9　关于地震动，你该知道的几件事

作者：侯晓武

发布时间：2018 年 8 月 7 日

问题：选择地震动的要点有哪些？

1. EPA 与 PGA

（1）PGA 为最大峰值加速度，是指地震动加速度时程的最大值，如表 1.9-1 所示；EPA 为有效峰值加速度，对此各个国家定义方法有所区别：美国 ATC3-06 规范中取地震动转换的 5% 阻尼比的加速度反应谱在周期 0.1～0.5s 之间的平均值除以 2.5 的放大系数；而我国规范中一般是取地震动转换的 5% 阻尼比的加速度反应谱在周期 0.2s 处的谱值除以 2.25 的放大系数。

$$EPA = \frac{\alpha_{\max}}{\beta} \tag{1.9-1}$$

地震动加速度峰值　　　　　　　　　　　　　　　表 1.9-1

地震影响	6 度(0.05g)	7 度(0.10g)	7 度(0.15g)	8 度(0.20g)	8 度(0.30g)	9 度(0.40g)
$\alpha_{\max}$	0.28	0.50	0.72	0.90	1.20	1.40
规范规定	125	220	310	400	510	620
公式计算	122	218	314	392	523	610

（2）地震动峰值加速度 PGA 所处位置一般为高频振动，对于反应谱的影响不显著，对于结构物的影响也不显著，因而才会提出有效峰值的概念。

（3）《建筑抗震设计规范》GB 50011—2010（以下简称《抗规》）第 5.1.2 条条文说明中也强调，加速度的有效峰值 EPA 按照《抗规》表 5.1.2-2 中所列地震动加速度最大值采用。

（4）PGA 一般情况下大于 EPA，但也存在少数情况下 PGA 小于 EPA。

（5）目前动力弹塑性分析一般都是按照 PGA 进行调幅。

（6）目前 SAUSG 中提供了两种峰值加速度调幅方式（图 1.9-1）。

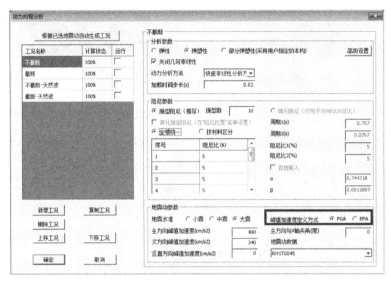

图 1.9-1　峰值加速度定义方式

2. 特征周期

（1）特征周期是指抗震设计用的地震影响系数曲线中，反映地震震级、震中距和场地类型等因素的下降段起始点对应的周期值。场地类别越高（场地越软），T_g 越大；地震震级越大、震中距离越远，T_g 越大。

（2）为了考虑不同场地类型对于地震动的影响，软件中将地震动按照特征周期的不同进行分类，以方便选波。

（3）特征周期的一般计算方法：$T_g = 2\pi \dfrac{EPA}{EPV}$

EPA 上文已经介绍过，EPV 为有效峰值速度，美国 ATC3-06 中采用地震动转换的 5% 阻尼比的速度反应谱在周期 0.5～2.0s 范围内的平均值，再除以 2.5 的放大系数。

（4）《抗规》第 5.1.4 条，计算罕遇地震作用时，特征周期应增加 0.05s。由此可见，小震和大震的特征周期应该有所区别，因而小震和大震应该采用不同的地震动。

3. 有效持续时间

（1）地震作用下结构的破坏可以分为瞬时破坏和累积破坏。如果地震动强度特别大，结构可能一瞬间倒塌破坏。如果地震动强度不是特别大，结构从最开始的局部破裂到结构倒塌需要一定的时间，结构需要反复振动。因而持续时间对于结构破坏有影响。

（2）有效持续时间可以通过绝对值或相对值来定义。美国规范按照绝对值定义，$a = 0.05g$ 或 $a = 0.1g$。我国规范通过相对值定义。无论是根据绝对值或是相对值定义，都认为小于该值的地震动对于结构破坏影响不大。

（3）《抗规》第 5.1.2 条条文说明：从首次达到地震动时程曲线最大峰值的 10% 那一点算起，到最后一点达到最大峰值的 10% 为止。

（4）《抗规》规定，有效持续时间一般为结构基本周期的 5~10 倍。

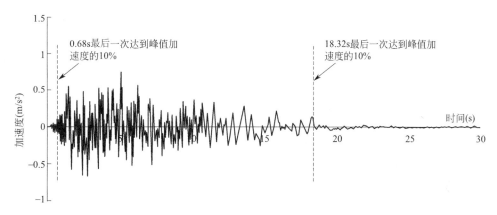

图 1.9-2　RH1TG045 地震波时程

如图 1.9-2 所示，地震动为 RH1TG045，地震动长度为 30s。根据有效持续时间定义，该地震动的有效持续时间为 17.64s。假设某结构基本周期小于 3s，则该地震动基本能够满足要求。如果结构基本周期超过 3s，则该地震动有效持续时间较短，采用该地震动进行分析时，结构无法进行足够有效时间长度的振动。

（5）弹塑性时程分析所需时间跟地震动的长度成正比，因而选择时长较短的地震动或者对地震动进行人为截断有助于节省计算时间。

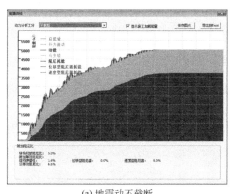

(a) 地震动不截断

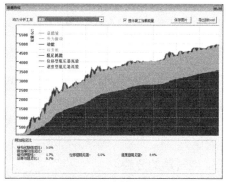

(b) 地震动截断

图 1.9-3　某结构 RH1TG045 地震波能量图

仍然以 RH1TG045 为例，从某结构动力弹塑性分析的能量图（图 1.9-3）可以看出，如果不截断地震动，总的输入能量约为 5000kJ，18.6s 以后各种能量基本趋于稳定。截断地震动以后，总的输入能量与此基本相同。因而可以认为一般情况下按照规范有效持续时间定义将地震动截断对于分析结果影响不大。

4. 频谱特性

（1）地震动是振幅和频率不断变化的随机振动，频谱特性主要反映地震动与频率之间的关系，可以为傅里叶谱、反应谱和功率谱等；可以用多种变量表征地震动的频谱特性，如不同频率处对应的谱值。

（2）地震动具有较强的离散性，不同的地震动对结构的影响差别较大，所以才会出现选波的问题。

（3）《抗规》条文说明中要求，对应于结构主要振型的周期点上，多条地震动转换反应谱的平均值与规范反应谱相差应不大于 20%，即为"波要靠谱"。

（4）SAUSG 中给出了前三阶振型对应的规范反应谱与地震动转化反应谱谱值的对比，如图 1.9-4 所示。

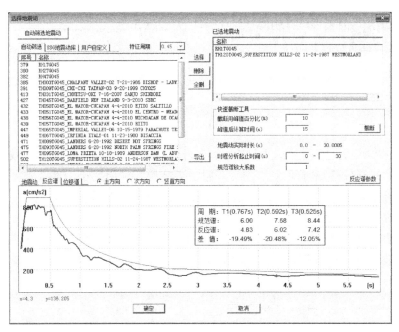

图 1.9-4　规范反应谱与地震动反应谱对比

（5）对于常规结构，主要振型一般可取结构的前两阶。这两阶振型分别对应结构 X 方向和 Y 方向振动的主振型。

（6）对于大跨度结构，结构前两阶振型不一定是结构的主要振型，结构高阶振型的影响可能更大。

5. 地震动的分量

（1）地震动记录可以为位移、速度和加速度，现有的天然地震动记录一般是地震时由强震加速度仪在地表附近记录的加速度时程，该记录包含三个相互垂直方向，即一个竖直方向和两个水平方向。

（2）《抗规》第 5.1.2 条条文说明，当结构采用双向或三向地震波输入时，其加速度最大值通常按照 1（水平 1）：0.85（水平 2）：0.65（竖向）的比例进行调整。

（3）常规结构分析一般采用双向加载，分别将整体坐标系 X 方向或 Y 方向作为主方向，另外一个方向作为次方向，主方向峰值加速度按照规范要求选用，另外一个方向取为主方向峰值加速度的 0.85 倍。

（4）双向加载时，应将两个水平方向地震动记录中对于结构反应影响更大的一条地震动作为主方向地震动。简单的判别原则如下：可以将两个水平地震动记录分别单独施加到结构上，做单向地震动作用下的弹性时程分析，根据基底剪力最大进行判别。

（5）地震动可能来自任意方向，因而应该考虑地震作用的最不利方向。如果结构中存在斜交抗侧力构件，一般应该考虑与其平行的方向。

（6）9 度区的高层建筑，结构中存在大跨度、长悬臂的构件或者大跨度空间结构，计算时还应考虑竖向地震，峰值加速度一般取为主方向峰值加速度的 0.65 倍。

点评：本文总结了如何确定地震动选取峰值加速度、地震动持时及频谱特性问题。

1.10　时程分析选波实用攻略

作者：贾苏

发布时间：2018 年 12 月 26 日

问题：再给说说非线性分析的选波问题？

1. 为什么要选波

地震波的三要素：幅值（Magnitude）、频谱（Spectrum）和持时（Duration）。我们进行结构地震计算的常用方法：基底剪力法和振型分解反应谱法（CQC），仅仅考虑了地震作用的幅值和频谱两个因素的影响，而忽略了持时对地震作用的影响。

《建筑抗震设计规范》GB 50011—2010（以下简称《抗规》）第 5.1.2 条第 3 款规定：特别不规则的建筑、甲类建筑和表 5.1.2-1（表 1.10-1）所列高度范围的高层建筑，应采用时程分析法进行多遇地震作用下的补充计算。

采用时程分析的房屋高度范围　　　　　　　　　　　　　表 1.10-1

烈度、场地类别	房屋高度范围（m）
8 度 I、II 类场地和 7 度	>100
8 度 III、IV 类场地	>80
9 度	>60

由表 1.10-1 可知，不仅仅是超限结构，对于一些不规则结构或较高结构也需要进行时程分析。

2. 选波条件

地震波和反应谱是特殊和一般的关系。由于采用不同地震波计算得到的结果可能相差很大，在进行时程分析时所采用的地震波需要满足一定的条件。

《抗规》第 5.1.2 条第 3 款规定：

当取三组加速度时程曲线输入时，计算结果宜取时程法的包络值和振型分解反应谱法的较大值；当取七组及七组以上的时程曲线时，计算结果可取时程法的平均值和振型分解反应谱法的较大值。

采用时程分析法时，应按建筑场地类别和设计地震分组选用实际强震记录和人工模拟的加速度时程曲线，其中实际强震记录的数量不应少于总数的 2/3，多组时程曲线的平均地震影响系数曲线应与振型分解反应谱法所采用的地震影响系数曲线在统计意义上相符，其加速度时程的最大值可按表 5.1.2-2 采用。弹性时程分析时，每条时程曲线计算所得结构底部剪力不应小于振型分解反应谱法计算结果的 65%，多条时程曲线计算所得结构底部剪力的平均值不应小于振型分解反应谱法计算结果的 80%。

《抗规》第 5.1.2 条条文说明：

所谓"在统计意义上相符"指多组时程波的平均地震影响系数曲线与振型分解反应谱法所用的地震影响系数曲线相比，在对应于结构主要振型的周期点上相差不大于 20%。计算结果在结构主方向的平均底部剪力一般不会小于振型分解反应谱法计算结果的 80%，每条地震波输入的计算结果不会小于 65%。从工程角度考虑，这样可以保证时程分析结果满足最低安全要求。但计算结果也不能太大，每条地震波输入不大于 135%，平均不大于 120%。

输入的地震加速度时程曲线的有效持续时间，一般从首次达到该时程曲线最大峰值的 10% 那一点算起，到最后一点达到最大峰值的 10% 为止；不论是实际的强震记录还是人工模拟波形，有效持续时间一般为结构基本周期的 5～10 倍，即结构顶点的位移可按基本周期往复 5～10 次。

简而言之，时程分析要搞清楚以下两个问题：

1）需要选多少条波？

一般三组或七组，对于楼层剪力和层间位移角，三组时取包络，七组时取平均。

2）每条波要满足什么条件？

（1）地震波影响反应谱与规范谱在结构主要周期点上不大于 20%；（保证动力特性相符）

（2）地震波时程计算得到的结构基底剪力不小于 CQC 法的 65%，一般不大于 135%，多条波平均值不小于 80%，一般也不大于 120%；（保证地震波强度）

（3）地震波有效持时为结构基本周期的 5～10 倍。（保证有效作用时间）

3. 选波方法

在以前选波较为困难，需要工程师收集一定数量的地震波并通过不断地筛选得到合适的地震波，或者向地震局或设计单位购买地震波。

随着结构软件的发展，现在选波则容易了很多，目前一些常用结构软件都提供了丰富的地震波库和自动选波功能，例如 PKPM 和 SAUSG 提供的自动选波工具，见图 1.10-1。

在使用过程中建议采用如图 1.10-2 所示流程进行选波，流程并不复杂，但是在使用过程中需要注意几个问题：

（1）选波开始前要先进行静力和模态分析，并保证计算结果正常，以便软件根据计算结果进行选波。若模态分析结果异常需要先对模型进行改正，保证结果正常后再进行自动选波。

（2）"动力弹性时程分析"这一步十分重要，建议不要省略。因为自动选波软件在计算基底剪力时为了提高计算效率会采用简化算法，例如 SAUSG 自动选波工具在计算地震波基底剪力时采用的是基于地震波反应谱的 CQC 法，用来筛选的基底剪力值与实际时程方法计算得到的基底剪力可能存在差异，因此需要我们采用常规时程分析方法（振型叠加法或中心差分算法）进行验证，确保地震波合理。

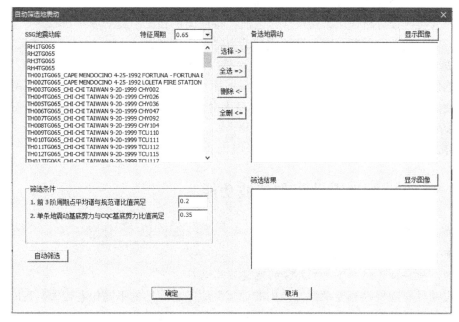

图 1.10-1　SAUSG 自动选波工具

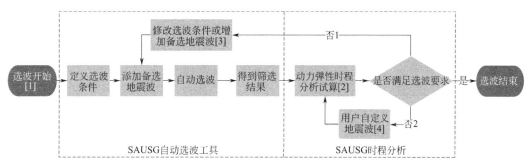

图 1.10-2　选波流程

（3）当筛选出来的地震波不满足选波要求，或者数量不足时，需要修改选波条件或者增大选波范围，一般可以采用以下方法：

①候选地震波根据场地类别从对应特征周期里面选择，例如Ⅱ类场地第一组工程，选择 0.35s 特征周期的地震波作为候选波；若选波困难，可增加临近特征周期的地震波作为备选，例如 0.35s 的波选不到的话可到 0.3s 或 0.4s 的波库中试试运气。

②根据规范要求，基底剪力一定要满足。在选波困难时可适当放松地震波反应谱和规范谱的差异的要求，放松时也尽量满足结构第一周期点差异不太大。

（4）若采用以上方法仍选不到合适的地震波，则需要用户自己导入地震波，可以从 PEER 网站（http：//peer. berkeley. edu/）下载地震波，如果是长周期结构可以采用一些典型的长周期地震波计算。SAUSG 用户自定义地震波操作十分方便，对各软件地震波库或 PEER 网站格式地震波均适用。

其他需要注意的问题：

（1）地震波分为三向波，包含主方向、次方向和竖向；

（2）大震时程分析采用大震反应谱选波，特征周期相比小震增加 0.05s；

（3）若对地震波截断，需保证地震波动力特性变化不大。

4. 总结

正确使用 SAUSG 自动选波工具和地震波库可为 90% 的结构提供一个便捷的选波途径，方便用户进行时程分析；但地震波本身十分复杂，以上仅从规范要求的角度进行分析，涉及地震工程学等内容，本文并未涉及。

点评：SAUSG 提供了方便的大震非线性动力分析自动选波工具。

1.11 SAUSG 的地震动库和选波功能

作者：刘春明

发布时间：2020 年 3 月 12 日

问题：能详细介绍一下 SAUSG 的地震波库吗？

地震动具有随机性和复杂性，结构的地震反应随地震动的不同相差较大，有时可能高达几倍甚至极端情况下十几倍之多。根据地震工程学对强震记录的分析以及结构动力学多年来的研究表明，作为设计指标的地震动参数，至少应包括强度（振幅）、频谱和持续时间这三个主要因素，一般称为地震动三要素。这三个要素主要决定了地震作用下结构的抗震性能外部作用的主要特征。

我国《建筑抗震设计规范》GB 50011—2010（以下简称《抗规》）对于地震动的使用也体现了这三个要素。《抗规》第 5.1.2 条第 3 款规定：

特别不规则的建筑、甲类建筑和表 5.1.2-1 所列高度范围的高层建筑，应采用时程分析法进行多遇地震下的补充计算；当取三组加速度时程曲线输入时，计算结果宜取时程法的包络值和振型分解反应谱法的较大值；当取七组及七组以上的时程曲线时，计算结果可取时程法的平均值和振型分解反应谱法的较大值。

采用时程分析法时，应按建筑场地类别和设计地震分组选用实际强震记录和人工模拟的加速度时程曲线，其中实际强震记录的数量不应少于总数的 2/3，多组时程曲线的平均地震影响系数曲线应与振型分解反应谱法所采用的地震影响系数曲线在统计意义上相符，其加速度时程的最大值可按《抗规》表 5.1.2-2 采用。弹性时程分析时，每条时程曲线计算所得结构底部剪力不应小于振型分解反应谱法计算结果的 65%，多条时程曲线计算所得结构底部剪力的平均值不应小于振型分解反应谱法计算结果的 80%。

SAUSG 收集整理了根据场地特征周期和一些地方规范规程中的强震记录，按场地特征周期归纳整理了地震波库。场地特征周期包括 0.25、0.30、0.35、0.40、0.45、0.55、0.65、0.75、0.90、1.10。场地特征周期的分类根据《抗规》GB 50011—2010 表 5.1.4-2 中给出，如图 1.11-1 所示。

波库中也加入了上海市《建筑抗震设计规程》DGJ 08—9—2013，上海地区以软土地基为主，场地特征周期较大，上海市规程规定对于 8 度场地Ⅲ类和Ⅳ类时，附加周期分别增加 0.08 和 0.2，因此波库中增加了 1.10 的分类。

在浏览波库时，对于地震波库中选中的一条地震动，可以显示地震动加速度反应谱和位

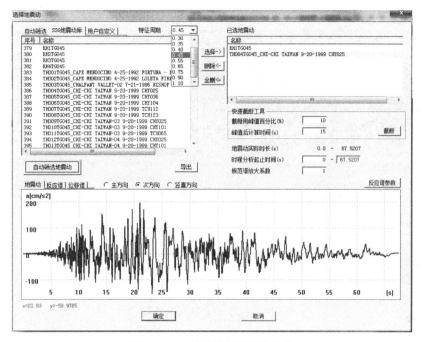

图 1.11-1 场地特征周期的分类

移反应谱，如图 1.11-2 所示。在图中也显示出规范对应的反应谱，并给出在结构主要周期点上的差异。规范规定要取足够时长的地震动，在地震动对话框中可以指定起止时间，也可以快速截断地震波，满足峰值的百分比要求并延续一段时间。计算的地震动反应谱与起止时间有关，随时截断而实时重新计算谱。规范规定地震波的有效持续时间不宜小于建筑结构基本自振周期的 5 倍和 15s。分析时时间步长一般按 0.005s，中间按插值取值。

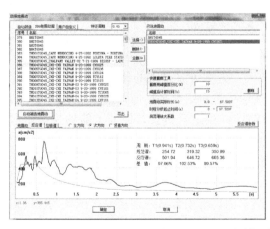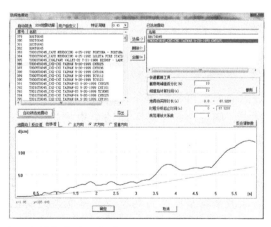

图 1.11-2 地震动加速度反应谱与位移反应谱

在弹塑性时程分析过程中，地震动的选择对结果影响非常重要。选择地震动主要考虑振幅、频谱、持时的影响。在 SAUSG 中，提供了自动选波功能。点击自动筛选地震动按钮，打开选波功能如图 1.11-3 所示。

首先从波库中选取一定数量的候选地震波，在选波时可以区分小震、中震和大震，在

大震时场地周期 T_g 要增加 $0.05\mathrm{s}$。程序自动会按选择条件下的规范反应谱进行选波。

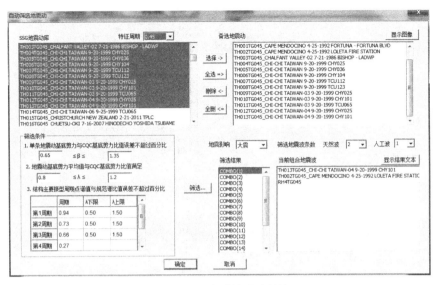

图 1.11-3　自动筛选地震波

在结构主要振型周期点谱值与规范谱比值误差不超过百分比中，程序默认将当前模型前 6 阶自振周期填入用于判断，默认前三阶有效。单条地震动基底剪力与 CQC 基底剪力误差默认是 35%，可以由用户调整上下限。对于平均值同样可以调整上下限，默认为 20%。这样可以保证单条的限制值条件宽一些，多条平均值条件严一些。对于强震记录和人工波候选列表可以分别指定筛选条件，规范规定 3 条波为 2 条天然波，1 条人工波，对于 7 条波为 5 条天然波，2 条人工波。当输入地震加速度时程少于 7 条时，取地震作用效应包络值；当输入地震加速度时程不少于 7 条时，可取地震作用效应平均值。

选波过程中平均值的选择涉及组合数，如果候选波数目比较多，则生成的组合数非常多，比如 10 个数选取 5 个数，则组合数为 C(10,5)＝(10×9×8×7×6)/(5×4×3×2×1)＝252；如果从 100 个中选取 5 个，则相应的组合数 C(100,5)＝(100×99×98×97×96)/(5×4×3×2×1)＝75287520，组合数非常大，更多条波带来的计算时间更长。为了提高效率，首先按单条波的条件进行筛选，筛选后再进行组合平均值筛选，如果组合数目过多，则程序按单条平均结果更接近的波选取前 100 条组合进行，保证了能够快速地选波，从优化后的算法效果看出选波效率得到较大提高。

筛选中的地震结果文本显示如图 1.11-4 所示，用于查看结果与对比。结果中给出了每条备选波的谱与规范谱在主要周期点的对比，单条波基底剪力与反应谱基底剪力对比，多条波平均基底剪力与反应谱基底剪力对比，用于用户选用合适的地震动。该算例反应谱基底剪力结果与 SATWE 的反应谱基底剪力比较接近。

前面叙述的选波所进行的都是弹性分析，弹塑性分析的基底剪力由于有部分结构构件进入非线性阶段，与弹性的结果又有所不同。弹性的大震、小震基底剪力之比一般为 6 倍。按照常见的经验，因为刚度退化，非线性分析时大震、小震基底剪力之比为 3～5 倍，但是并不是绝对的差别。如果地震强度比较大，结构进入弹塑性的构件比较多，如 8 度区相对柔的结构，数值会小一些。对于 6 度区，数值会大一些，有时候会达到 7、8 倍以上。

```
selectwave.txt - 记事本
文件(F) 编辑(E) 格式(O) 查看(V) 帮助(H)
程序自动筛选地震波组合计算结果文件
主分量峰值加速度(cm/s2):                          400
次分量峰值加速度(cm/s2):                          400
竖向分量峰值加速度(cm/s2):                           0
振型分解法X方向基底剪力(kN):                    27017.2
振型分解法Y方向基底剪力(kN):                    33575.0
待筛选的波总条数:                                  15
筛选出的符合规范要求的数:                            7

每条地震波的基底剪力与振型分解法基底剪力分析对比结果
计算公式: βi= Vw/VCQC
Vw表示每条波的基底剪力, VCQC表示CQC基底剪力
下标x表示x方向, y表示y方向
波编号  波名称                                                        Vwx        βix       Vwy       βiy    满足要求
0      振型分解法                                                    27017.2                33575.0
381    "RH3TG045"                                                 21047.9     0.78     26669.0    0.79    满足
382    "RH4TG045"                                                 25474.8     0.94     34498.6    1.03    满足
383    "TH001TG045_CAPE MENDOCINO 4-25-1992 FORTUNA - FORTUNA BLVD"  39930.2   1.48     40867.7    1.22    否
384    "TH002TG045_CAPE MENDOCINO 4-25-1992 LOLETA FIRE STATION"   24959.9     0.92     25686.0    0.77    满足
385    "TH003TG045_CHALFANT VALLEY-02 7-21-1986 BISHOP - LADWP"    24710.2     0.91     36538.3    1.09    满足
386    "TH004TG045_CHI-CHI TAIWAN 9-20-1999 CHY025"               44484.5     1.65     40999.4    1.22    否
387    "TH005TG045_CHI-CHI TAIWAN 9-20-1999 CHY036"               47473.1     1.76     64785.1    1.93    否
388    "TH006TG045_CHI-CHI TAIWAN 9-20-1999 CHY104"               54386.4     2.01     69505.9    2.07    否
389    "TH007TG045_CHI-CHI TAIWAN 9-20-1999 TCU112"               45785.9     1.69     39437.7    1.17    否
390    "TH008TG045_CHI-CHI TAIWAN 9-20-1999 TCU123"               42213.1     1.56     42501.6    1.27    否
391    "TH009TG045_CHI-CHI TAIWAN-03 9-20-1999 CHY025"            44509.0     1.65     33695.3    1.00    否
392    "TH010TG045_CHI-CHI TAIWAN-03 9-20-1999 CHY101"            27159.8     1.01     32093.4    0.96    否
393    "TH011TG045_CHI-CHI TAIWAN-03 9-20-1999 TCU065"            23163.1     0.86     17197.8    0.51    否
394    "TH012TG045_CHI-CHI TAIWAN-04 9-20-1999 CHY025"            28349.1     1.05     38124.4    1.14    否
395    "TH013TG045_CHI-CHI TAIWAN-04 9-20-1999 CHY101"            22678.9     0.84     23031.3    0.69    否
```

```
每条地震波的反应谱与规范谱在结构主要振型的周期点上的分析对比结果
计算公式: ni= αw/αc
αw表示每条波反应谱的谱值, αc表示规范谱的谱值。单位 cm/s2
波编号  波名称                                                        T1      谱值n1      T2      谱值n2      T3      谱值n3   满足要求
381    "RH3TG045"                                                 380.82    0.76    486.23    0.77    462.82    0.67    满足
382    "RH4TG045"                                                 464.76    0.93    643.90    1.03    449.82    0.94    满足
383    "TH001TG045_CAPE MENDOCINO 4-25-1992 FORTUNA - FORTUNA BLVD"  771.78  1.54    781.23    1.24    746.24    1.09    否
384    "TH002TG045_CAPE MENDOCINO 4-25-1992 LOLETA FIRE STATION"   462.01    0.92    419.81    0.67    449.02    0.65    满足
385    "TH003TG045_CHALFANT VALLEY-02 7-21-1986 BISHOP - LADWP"    406.70    0.81    651.07    1.04    610.37    0.89    满足
386    "TH004TG045_CHI-CHI TAIWAN 9-20-1999 CHY025"               865.83    1.73    804.44    1.28    1007.36   1.47    否
387    "TH005TG045_CHI-CHI TAIWAN 9-20-1999 CHY036"               925.03    1.85    1263.38   2.01    1040.62   1.51    否
388    "TH006TG045_CHI-CHI TAIWAN 9-20-1999 CHY104"               1074.01   2.15    1378.01   2.20    1325.97   1.93    否
389    "TH007TG045_CHI-CHI TAIWAN 9-20-1999 TCU112"               879.69    1.76    738.78    1.18    827.95    1.21    否
390    "TH008TG045_CHI-CHI TAIWAN 9-20-1999 TCU123"               822.96    1.65    818.37    1.30    874.82    1.27    否
391    "TH009TG045_CHI-CHI TAIWAN-03 9-20-1999 CHY025"            858.63    1.72    642.97    1.02    715.38    1.04    否
392    "TH010TG045_CHI-CHI TAIWAN-03 9-20-1999 CHY101"            468.06    0.94    607.17    0.97    774.51    1.13    否
393    "TH011TG045_CHI-CHI TAIWAN-03 9-20-1999 TCU065"            443.30    0.89    316.23    0.50    319.91    0.47    否
394    "TH012TG045_CHI-CHI TAIWAN-04 9-20-1999 CHY025"            534.27    1.07    717.82    1.14    929.30    1.35    否
395    "TH013TG045_CHI-CHI TAIWAN-04 9-20-1999 CHY101"            362.82    0.73    401.27    0.64    500.11    0.73    满足
```

```
地震波组合平均基底剪力、结构主要振型的周期点反应谱分析对比结果(最多只显示前100个组合)
计算公式: λ= Va/VCQC
Va表示地震波组合平均基底剪力, VCQC表示CQC基底剪力
下标x表示x方向, y表示y方向
计算公式: n= αa/αc
αa表示地震波组合的平均反应谱值, αc表示规范谱的谱值
组合号  包含的波名称                                                    Vax        λx       Vay        λy
0      规范值                                                       27017.2     1      33575.0     1
1      395 "TH013TG045_CHI-CHI TAIWAN-04 9-20-1999 CHY101"         24371.2    0.90     27738.6    0.83
       384 "TH002TG045_CAPE MENDOCINO 4-25-1992 LOLETA FIRE STATION"
       382 "RH4TG045"
2      395 "TH013TG045_CHI-CHI TAIWAN-04 9-20-1999 CHY101"         23628.9    0.87     27264.6    0.81
       392 "TH010TG045_CHI-CHI TAIWAN-03 9-20-1999 CHY101"
       381 "RH3TG045"
3      395 "TH013TG045_CHI-CHI TAIWAN-04 9-20-1999 CHY101"         25104.5    0.93     29874.4    0.89
       392 "TH010TG045_CHI-CHI TAIWAN-03 9-20-1999 CHY101"
       382 "RH4TG045"
4      395 "TH013TG045_CHI-CHI TAIWAN-04 9-20-1999 CHY101"         22812.4    0.84     28746.2    0.86
       385 "TH003TG045_CHALFANT VALLEY-02 7-21-1986 BISHOP - LADWP"
       381 "RH3TG045"
5      395 "TH013TG045_CHI-CHI TAIWAN-04 9-20-1999 CHY101"         24288.0    0.90     31356.1    0.93
       385 "TH003TG045_CHALFANT VALLEY-02 7-21-1986 BISHOP - LADWP"
       382 "RH4TG045"
6      395 "TH013TG045_CHI-CHI TAIWAN-04 9-20-1999 CHY101"         24025.3    0.89     29275.0    0.87
       394 "TH012TG045_CHI-CHI TAIWAN-04 9-20-1999 CHY025"
       381 "RH3TG045"
7      395 "TH013TG045_CHI-CHI TAIWAN-04 9-20-1999 CHY101"         25500.9    0.94     31884.8    0.95
       394 "TH012TG045_CHI-CHI TAIWAN-04 9-20-1999 CHY025"
       382 "RH4TG045"
8      384 "TH002TG045_CAPE MENDOCINO 4-25-1992 LOLETA FIRE STATION"  24389.2  0.90     28149.5    0.84
       392 "TH010TG045_CHI-CHI TAIWAN-03 9-20-1999 CHY101"
       381 "RH3TG045"
9      384 "TH002TG045_CAPE MENDOCINO 4-25-1992 LOLETA FIRE STATION"  25864.8  0.96     30759.3    0.92
       392 "TH010TG045_CHI-CHI TAIWAN-03 9-20-1999 CHY101"
       382 "RH4TG045"
```

图 1.11-4 地震结果文本显示

要根据实际情况判断。

SAUSG 除了提供地震波库以及自动选波功能外，还提供了相应的工具用于生成人工波、分析地震波以及对地震波进行调整。

点评：规范反应谱是软件自动选波的基本依据，可以较好地保证地震作用概率。

第 2 章　计算原理与方法

2.1　弹塑性分析没那么复杂

作者：贾苏

发布时间：2011 年 2 月 21 日

问题：弹塑性分析很复杂，普通结构工程师能做好吗？

1. 前言

"三水准抗震设防，两阶段抗震设计"是我国现阶段的基本抗震设计思想。对建筑结构进行罕遇地震作用下的弹塑性阶段变形验算即与"大震不倒"的第三水准设防目标相对应。相比于弹性分析，弹塑性分析经常让工程师摸不着头脑。其实不然，掌握了几个概念，弹塑性分析也没有那么复杂。

2. 弹塑性分析与弹性分析的区别

弹塑性分析与弹性分析的区别主要在三个方面：计算模型、材料本构、计算方式，如表 2.1-1、图 2.1-1 和图 2.1-2 所示。

弹塑性分析与弹性分析对比　　　　　　　　　表 2.1-1

分析类别	弹性分析	弹塑性分析
计算模型	不考虑钢筋	钢筋＋混凝土
材料本构	线弹性	非线性
计算方法	静力、CQC 等	显示或隐式积分

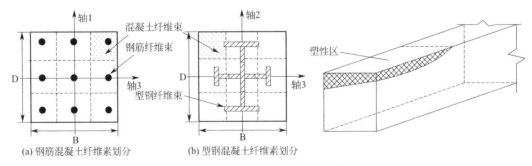

(a) 钢筋混凝土纤维素划分　　　(b) 型钢混凝土纤维素划分

图 2.1-1　弹塑性分析模型示意图

弹塑性分析计算模型采用钢筋（型钢）＋混凝土的组合模型，考虑钢筋与混凝土材料的共同作用对结构性能的影响。材料本构关系为非线性本构，不仅考虑材料的弹性模量，

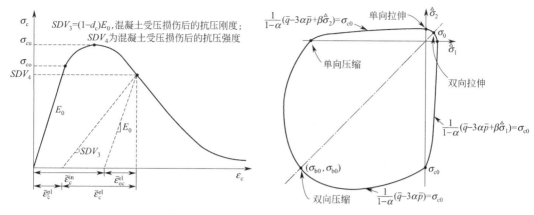

图 2.1-2　混凝土本构关系及损伤示意图

还考虑材料的屈服、强化、损伤、破坏等特性。弹塑性动力时程分析采用显式或隐式积分方式计算。

3. 弹塑性分析地震动加载条件

弹塑性动力时程分析采用地震波加载，一般超限审查中采用双向或三向地震波加载，主方向地震波峰值一般根据《高层建筑混凝土结构技术规程》JGJ 3—2010（以下简称《高规》）表 4.3.5（表 2.1-2）设定，主方向为水平方向的工况三个方向地震动比值一般为 1：0.85：0.65（一般以 X 或 Y 向为主方向，特殊情况下还需增加斜交方向工况）。对于特殊结构还需进行竖向地震为主工况分析，三向比例一般为 0.4：0.4：1。地震动参数设置如图 2.1-3 所示。

时程分析时输入地震加速度的最大值（cm/s²）　　　　表 2.1-2

设防烈度	6 度	7 度	8 度	9 度
多遇地震	18	35(55)	70(110)	140
设防地震	50	100(150)	200(300)	400
罕遇地震	125	220(310)	400(510)	620

注：7、8 度时括号内数值分别用于设计基本地震加速度为 0.15g 和 0.30g 的地区，此处 g 为重力加速度。

4. 弹塑性分析软件

目前常用的弹塑性分析软件主要有 ABAQUS、PERFORM-3D、SAUSG、ETABS、MIDAS、EPDA、GSNAP 等。各种软件分析模型及分析方法均有所差别，如表 2.1-3 所示。

各种软件分析模型及分析方法对比　　　　表 2.1-3

单元类型	ABAQUS	PERFORM-3D	SAUSG	ETABS	MIDAS	EPDA	GSNAP
梁柱单元	纤维束单元	塑性铰单元或纤维束单元	纤维束单元	塑性铰单元	塑性铰单元	纤维束单元	纤维束单元
剪力墙单元	壳单元损伤模型	纤维束单元	壳单元损伤模型	—	纤维束单元	弹塑性墙元模型	弹塑性墙元模型

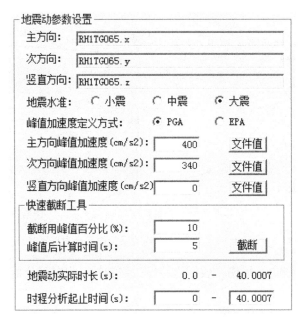

图 2.1-3　地震动参数设置

5. 弹塑性分析结果评价

弹塑性分析结果主要包括结构整体性能和构件性能两部分。结构整体性能包括结构弹塑性耗能机制、层间位移角、顶点位移时程、结构层剪力、基底剪力时程等。结构最大层间位移角一般需满足《建筑抗震设计规范》GB 50011—2010 表 5.5.5（表 2.1-4）的规定，结构弹塑性基底剪力一般为小震计算结果的 3～6 倍。

弹塑性层间位移角限值　　　　　　　　　　　　　　　　　　　　　表 2.1-4

结构类型	$[\theta_p]$
单层钢筋混凝土柱排架	1/30
钢筋混凝土框架	1/50
底部框架砌体房屋中的框架-抗震墙	1/100
钢筋混凝土框架-抗震墙、板柱-抗震墙、框架-核心筒	1/100
钢筋混凝土抗震墙、筒中筒	1/120
多、高层钢结构	1/50

构件性能主要包括结构各种构件混凝土损伤情况、钢筋和钢材塑性应变情况以及特殊构件变形情况等，以此判断结构是否满足性能设计要求。构件的损坏主要以混凝土的受压、受拉损伤因子及钢材（钢筋）的塑性应变程度作为评定标准，并与《高规》表 3.11.2（表 2.1-5）中构件的损坏程度对应。构件损伤判定方法如图 2.1-4 所示。

各性能水准结构预期的震后性能状况　　　　　　　　　　　　　　表 2.1-5

结构抗震性能水准	宏观损坏程度	损坏部位			继续使用的可能性
		关键构件	普通竖向构件	耗能构件	
1	完好、无损坏	无损坏	无损坏	无损坏	不需修理即可继续使用

续表

结构抗震性能水准	宏观损坏程度	损坏部位			继续使用的可能性
		关键构件	普通竖向构件	耗能构件	
2	基本完好、轻微损坏	无损坏	无损坏	轻微损坏	稍加修理即可继续使用
3	轻度损坏	轻微损坏	轻微损坏	轻度损坏、部分中度损坏	一般修理后可继续使用
4	中度损坏	轻度损坏	部分构件中度损坏	中度损坏、部分比较严重损坏	修复或加固后可继续使用
5	比较严重损坏	中度损坏	部分构件比较严重损坏	比较严重损坏	需排险大修

注："关键构件"是指该构件的失效可能引起结构的连续破坏或危及生命安全的严重破坏；"普通竖向构件"是指"关键构件"之外的竖向构件；"耗能构件"包括框架梁、剪力墙连梁及耗能支撑等。

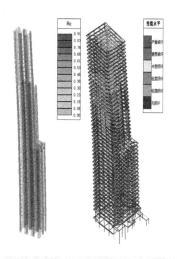

性能水平分级数	6							
序号	性能水平	颜色	梁柱 $\varepsilon_p/\varepsilon_y$	梁柱 dc	梁柱 dt	墙板 $\varepsilon_p/\varepsilon_y$	墙板 dc	墙板 dt
1	无损坏		0	0	0	0	0	0
2	轻微损坏		0.001	0.001	0.2	0.001	0.001	0.2
3	轻度损坏		1	0.001	1	1	0.001	1
4	中度损坏		3	0.2	1	3	0.2	1
5	重度损坏		6	0.6	1	6	0.6	1
6	严重损坏		12	0.8	1	12	0.8	1

图 2.1-4　构件损伤判定方法

6. 总结

总的来说，在理论上，弹塑性分析复杂程度远远大于弹性分析；但随着软件技术的进步以及实践经验的积累，弹塑性分析的应用技术壁垒已经大大缩小，使用也更加便捷快速，结构工程师在一定的理论基础上，选用合适的分析软件，弹塑性分析也没有那么复杂！

点评：建筑结构具有天然的非线性特征，国内外有大量相关研究成果，并且相关研究仍在进行中。非线性分析软件需要做到的是将复杂留在软件中，将简便提供给结构工程师，SAUSG希望能够做到这一点。

2.2 混凝土，没想到你是这样的

作者：乔保娟

发布时间：2018年2月12日

问题：这几天在看《混凝土结构设计原理》，其中的一道挠度验算题引发了个人的一些思考，和大家一起来开开脑洞，看看能得到些什么。

1. 前言

【例】已知在教学楼楼盖中一矩形截面简支梁，截面尺寸为200mm×500mm，配置4根直径16mm的HRB400级受力钢筋，混凝土强度等级为C30，保护层厚度$c=25$mm，箍筋直径8mm，计算长度为5.6m，承受均布荷载，其中永久荷载（包括自重在内）标准值12.4kN/m，楼面活荷载标准值8 kN/m，试验算其挠度f。

经计算，跨中弯矩为80kN·m，根据《混凝土结构设计规范》GB 50010—2010（以下简称《混规》）短期刚度计算公式计算短期刚度为$2.52×10^{13}$N·mm^2，短期挠度$f=\frac{5}{48}\frac{M_k l_0^2}{B_s}=10.4$mm。笔者根据均质材料弯曲刚度公式$E_c I$粗略计算刚度为$6×10^{13}$N·mm^2，差了两倍多啊，不禁吓了一跳，咱们的弹性设计软件一般都是按$E_c I$计算，那就意味着弹性设计软件算出的变形和实际情况差两倍多。这还没算上钢筋的贡献呢，对于本题而言，如果算上钢筋对弯曲刚度的贡献，并扣除钢筋所在位置混凝土面积，弯曲刚度为$6.6×10^{13}$N·mm^2，挠度为3.97mm，就差得更多了。这么大的差别来源于哪里？

2. 规范公式是怎么来的

《混凝土结构设计原理》中提到，研究表明，钢筋混凝土受弯构件正常使用时正截面承受的弯矩大致是其受弯承载力M_u的50%～70%。在东南大学等单位的大量科学实验以及工程实践经验的基础上，《混规》给出了受弯构件截面弯曲刚度B的定义是在$M-\phi$曲线的$0.5M_u$～$0.7M_u$区段内，曲线上的一点与坐标原点相连割线的斜率。按照短期刚度计算公式计算得到的结果与试验和工程实践吻合良好。

3. 数值积分方法能正确模拟吗

笔者用Xtract验证了一下，C30及HRB400参数取值如图2.2-1所示。

如图2.2-2所示，分析得到的极限承载力为149kN·m，本题跨中弯矩标准值80kN·m，为$0.54M_u$，割线刚度为$2.09×10^{13}$N·mm^2，与按照规范计算的短期刚度$2.52×10^{13}$N·mm^{2}相差不大。迭代第一步的割线刚度为$5.82×10^{13}$N·mm^2，接近原点处的切线刚度理论值，如果迭代步长减少，会更接近理论值。

4. 差别来源于哪里

《混规》附录C给出了混凝土单轴应力-应变曲线（图2.2-3），查表C.2.4，$f_{c,r}=30$MPa时，$\varepsilon_{c,r}=1.64×10^{-3}$，割线刚度/初始刚度$\frac{f_{c,r}}{\varepsilon_{c,r}E_c}=0.61$，而正常使用时混凝土

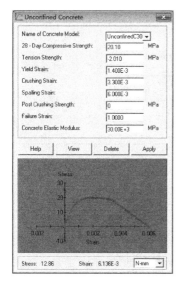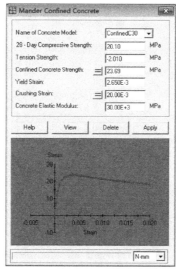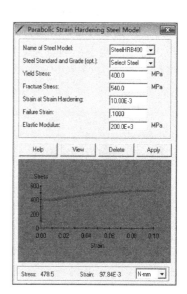

图 2.2-1　C30 及 HRB400 参数

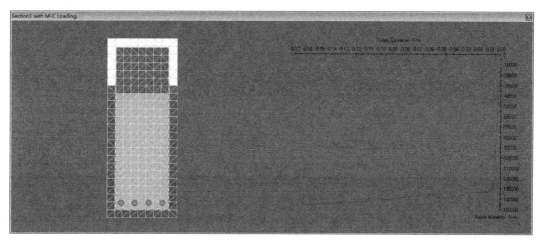

图 2.2-2　分析模型与结果

应力小于 $f_{c,r}$，刚度退化会更少，远没有到 2～3 倍的程度，为什么混凝土构件正常使用状态下割线刚度退化那么多呢？

笔者将 Xtract 混凝土 C30 抗拉强度改为 20.1MPa，重新计算，得出 80kN·m 时割线刚度为 5.6×10^{13} N·mm^2，可见如果混凝土拉压等强，混凝土正常使用时刚度只有轻微退化。钢筋混凝土构件正常使用时刚度退化 2～3 倍的主要原因是混凝土拉压异性，抗拉强度低，正常使用时受拉区退出工作。

5. 非线性分析靠谱吗？

如果考虑正常使用状态（恒、活荷载）下的材料非线性，采用有限元分析软件算得的挠度能跟规范值（试验值）对上吗？

采用 SAUSG 建立简支梁模型，构件配筋采用实配钢筋，截面纤维划分如图 2.2-4 所示，其中大圆圈为混凝土纤维，共 12 根，圆点为钢筋纤维。将 4 根下部钢筋的总面积等效为 3 根钢筋纤维，由于没有上部钢筋，上部 3 根钢筋纤维面积为 0，软件自动考虑了腰筋，两侧的两个小圆点为腰筋。

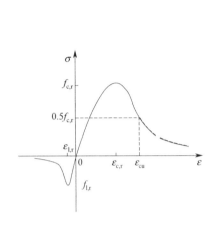 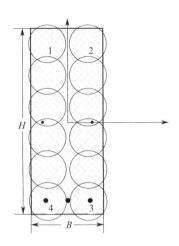

图 2.2-3 混凝土单轴应力-应变曲线　　　　图 2.2-4　截面纤维划分示意图

单元尺寸为 0.2m，采用非线性静力加载方式，显式积分方法，加载时长 10s，计算步长 5×10^{-5}s。计算得跨中挠度为 8.14mm。按照规范公式计算的短期挠度为 10.4mm，比有限元计算结果偏大，这是因为规范刚度计算公式是指纯弯区段内平均的截面弯曲刚度，但是对于简支梁，在剪跨范围内各截面弯矩是不相等的，靠近支座的截面弯曲刚度要比纯弯区段大，如果都用跨中截面弯曲刚度，会使挠度计算值偏大（图 2.2-5）。

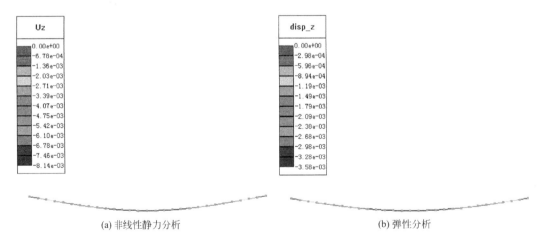

图 2.2-5 跨中挠度计算结果

如果采用弹性计算，即混凝土弹性模量取为初始切线弹性模量，考虑钢筋作用，计算得到的跨中挠度为 3.58mm，接近弹性理论值 3.97mm。

6. 结论

（1）钢筋混凝土构件正常使用时（恒、活荷载作用下），刚度退化约 2～3 倍，如果采用初始弹性刚度计算会使结构变形偏小很多，建议采用割线刚度进行线弹性分析或采用非线性分析方法计算。

（2）弹性设计作为一种简化的设计手段，目的是保证结构有足够的安全度，计算结果并不代表结构真实的受力或变形状态，如果想计算结构真实的内力及变形需要采用非线性分析方法。

点评：钢筋混凝土结构即使在正常使用阶段也并非处于"弹性"状态，可能存在 2～3 倍的刚度退化。钢筋混凝土结构这种非线性特点对结构工程专业是个很大的挑战，相关设计方法需要根据当前技术条件在准确和简便之间寻找平衡。我们应该清楚，现有钢筋混凝土结构设计方法仍然是"粗糙"的。

2.3　时程内力与反应谱内力差别有多大

作者：乔保娟

发布时间：2018 年 6 月 1 日

问题：天然地震动具有较强的离散性，如果选用拟合规范反应谱的人工波，时程分析内力与反应谱分析内力是否会比较接近呢？

1. 算例概述

10 层框架-剪力墙模型如图 2.3-1 所示，SATWE 结构总质量为 6755.9t，计算完成后导入 SAUSG，删除钢筋，结构总质量为 6736.8t，误差为 -0.28%。SAUSG 前 10 阶周期与 SATWE 对比如表 2.3-1 所示。

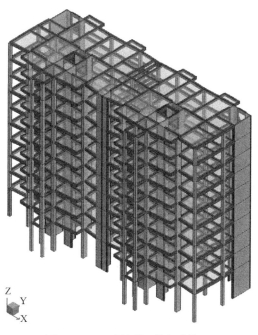

图 2.3-1　10 层框架-剪力墙模型

周期对比 表 2.3-1

振型号	SATWE 周期(s)	SAUSG 周期(s)	误差(%)
1	0.9937	0.99	−0.37
2	0.81	0.774	−4.44
3	0.7337	0.695	−5.27
4	0.2846	0.278	−2.32
5	0.2169	0.206	−5.03
6	0.1907	0.18	−5.61
7	0.1541	0.165	7.07
8	0.1518	0.156	2.77
9	0.1428	0.145	1.54
10	0.1421	0.141	−0.77

在 SAUSG 中选取三条人工波，反应谱如图 2.3-2 所示，计算地震水准为小震，考虑单向地震作用，峰值加速度为 70 cm/s²，采用振型叠加法进行弹性时程分析，前三周期反应谱与规范谱误差如表 2.3-2 所示。

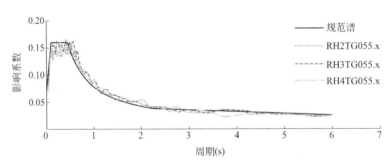

图 2.3-2　地震动时程反应谱曲线

前三周期反应谱与规范谱误差 表 2.3-2

周期(s)	RH2TG055(%)	RH3TG055(%)	RH4TG055(%)
T_1(0.990)	5.89	1.41	0.39
T_2(0.774)	−2.66	2.04	1.41
T_3(0.695)	−1.88	5.32	−5.49

2. 总体指标对比

SAUSG 弹性时程分析与 SATWE 反应谱方法楼层剪力及层间位移角对比如图 2.3-3、图 2.3-4 所示，可见弹性时程分析总体指标与反应谱方法大体吻合。

3. 构件内力对比

SAUSG 中输出全时程包络内力共 12 组，分别为 F_x、F_y、F_z、M_x、M_y、M_z 取得最大值、最小值时刻，为方便与 SATWE 内力结果对比，取各内力分量全时程绝对值最大值组成一组内力，并换算到与 SATWE 构件内力相同的坐标系中，以图 2.3-1 中左下角柱、边梁为例，对比时程内力和反应谱内力如表 2.3-3～表 2.3-6 所示。

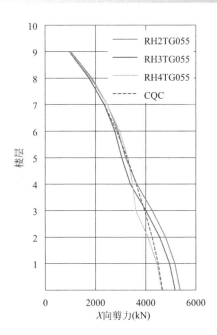

图 2.3-3　楼层剪力曲线

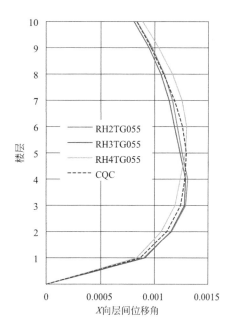

图 2.3-4　层间位移角曲线

角柱底部内力对比 表 2.3-3

底部内力	CQC	RH2TG055	RH3TG055	RH4TG055
N_1(kN)	281.3	243.1	224.9	241.6
Q_2(kN)	9.4	9.4	9.3	8.5
Q_3(kN)	−3.1	−2.4	−3.0	−2.8
T_1(kN·m)	0.5	0.6	0.7	0.7
M_2(kN·m)	10.7	9.3	11.5	10.9
M_3(kN·m)	32.1	33.0	32.8	30.0

角柱顶部内力对比 表 2.3-4

底部内力	CQC	RH2TG055	RH3TG055	RH4TG055
N_1(kN)	281.3	243.1	224.9	241.6
Q_2(kN)	9.4	9.1	9.0	8.3
Q_3(kN)	−3.1	−2.3	−2.8	−2.8
T_1(kN·m)	0.5	0.6	0.7	0.7
M_2(kN·m)	−5.3	−2.8	−3.4	−3.3
M_3(kN·m)	−15.7	−14.3	−14.3	−13.0

边梁左端内力对比 表 2.3-5

左端内力	CQC	RH2TG055	RH3TG055	RH4TG055
Q_3(kN)	31.5	24.2	24	22
T_1(kN·m)	0.4	1.1	1.3	1.2
M_2(kN·m)	−60.5	−49.1	−48.5	−44.4

边梁右端内力对比

表 2.3-6

右端内力	CQC	RH2TG055	RH3TG055	RH4TG055
Q_3(kN)	31.5	35.3	35	32.2
T_1(kN·m)	0.4	2.9	3.2	3.0
M_2(kN·m)	59.4	54.4	53.8	49.4

由以上统计结果可见：

（1）三条人工波时程内力相差不大，这说明如果人工波反应谱和规范反应谱接近，各条人工波计算出的时程内力相差不大，采用一条与规范反应谱拟合得很好的人工波计算即可。

（2）在一些关键控制内力分量上，时程内力比反应谱CQC内力稍小，这是由于时程方法通过各振型时程响应的叠加（假设振型取得足够多）可以准确得出结构各时刻的响应，而反应谱方法作为一种拟静力方法，可以给出各振型的最大响应，但无法准确考虑各振型响应取得最大值的不同时性，基于随机振动理论的CQC组合方法近似考虑了各振型响应取得最大值的不同时性，并给出了较高的保证率（85%），所以一般来说，就算人工波反应谱与规范反应谱完全一样，时程内力大多数情况下还是会比反应谱CQC内力稍小一些。

（3）由于SAUSG考虑了楼板对梁的约束作用，边梁扭矩比SATWE大一些。

4. 结论

由以上分析，不妨大胆畅想一下：

（1）规范反应谱是基于大量实际强震记录的统计谱，绘制时考虑了一定的保证率，CQC组合方法也考虑了一定的保证率，如果规范给出一条与规范反应谱拟合度很高的标准人工波，并基于概率可靠度理论给出类似荷载分项系数的地震作用分项系数，是不是以时程内力作为配筋设计的依据也是可行的呢？

（2）对于一般的抗震结构，反应谱方法由于其简便性以及结果的唯一性而便于设计的规范化，相比时程设计方法显示出较大的优越性，但对于隔振结构，时程方法更容易准确模拟隔振支座非线性特性及其对整体结构的影响，因而对上部结构采用弹性时程内力配筋是否更加合适？

点评：振型分解反应谱方法是目前建筑结构设计时所采用的主流分析方法，兼具计算快捷和基本反映结构主要受力特征的特点；但振型分解反应谱方法以线弹性假定为前提，不能用于非线性分析。从本文分析可以看出，拟合规范反应谱人工地震动的计算结果离散性很小，因此采用人工地震动时程分析结果进行结构设计具备可行性，继续拓展为基于非线性分析结果的设计方法也将前景广阔。

2.4 基于时程方法的复杂结构楼板应力分析

作者：贾苏

发布时间：2018年10月26日

问题：楼板会进入非线性状态吗？楼板的非线性发展对结构有多大影响？

1. 楼板抗震设计方法

在结构抗震中楼板不仅仅直接承担楼面荷载，还在协调结构竖向构件变形、传递水平力中起到重要作用。目前对于楼板的抗震分析中，不同结构所采用的方法和要求有所不同。

对于常规结构，楼板设计一般不考虑抗震影响。主要是由于楼板平面内一般刚度很大（平面内刚度无限大），在传递水平剪力时，楼板变形很小，地震反应不明显，因此仅考虑竖向荷载作用进行楼板设计。大量的高层、超高层结构的罕遇地震弹塑性时程分析也表明，对于平面规则结构，楼板在大震作用下的损伤是微乎其微的，因此这种设计方法可以保证结构安全。为了保证楼板可靠传递水平剪力，力流平稳、流畅，抗震规范对结构平面形状的规则性有明确规定，需要避免平面凹凸不规则和楼板局部不连续等情况。如存在不规则情况需要采取加强措施，特别不规则的还需要进行专门研究和论证（图 2.4-1、图 2.4-2）。

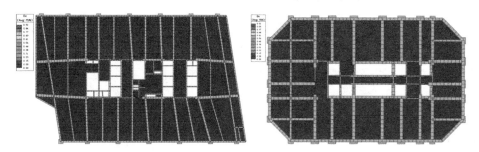

图 2.4-1　规则结构罕遇地震楼板损伤

不规则类型	定义和参考指标
凹凸不规则	平面凹进的尺寸，大于相应投影方向总尺寸的 30%
楼板局部不连续	楼板的尺寸和平面刚度急剧变化，例如，有效楼板宽度小于该层楼板典型宽度的 50%，或开洞面积大于该层楼面面积的 30%，或较大的楼层错层

图 2.4-2　《建筑抗震设计规范》GB 50011—2010 第 3.4.3 条规定

对于复杂结构或者超限结构，《高层建筑混凝土结构技术规程》JGJ 3—2010 第 4.3.6～4.3.8 条和 3.6 节对楼板的构造措施做了比较详细的规定；但是对于楼板平面内应力的分析手段和方法，我国规范未做明确规定。在复杂结构设计中，一般采用反应谱分析方法，楼板采用壳单元或膜单元模拟，进行楼板应力分析，保证楼板在设防地震下的整体性（图 2.4-3）。

2. 反应谱方法局限性

（1）反应谱方法是一种拟静力方法，虽然能够同时考虑结构各频段频幅和频谱的影响，但忽略了持时的影响，不能完全反映结构的动力响应；

（2）反应谱方法无法考虑构件屈服导致的内力重分布问题；

（3）反应谱方法对高阶频率反应不显著，可能导致反应偏小；

（4）对于一些特殊结构，例如连体结构，连接板两端的主体结构振动特性不同，在地震作用下，主体结构不仅会发生同向运动，还可能发生相向运动，会显著增大连接板由于协调主体结构变形而产生的平面内应力。

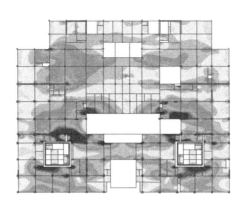

图 2.4-3　楼板拉应力损伤

3. SAUSG 中楼板应力分析

在 SAUSG 中，可采用时程方法进行楼板应力分析，楼板采用分层壳单元模拟，区分为钢筋层和混凝土层，考虑楼板中钢筋和混凝土的共同作用，以及考虑材料非线性内力重分配的影响，楼板应力分析指标如表 2.4-1 所示。注意事项如下：

（1）计算前定义楼板构件分组，输出楼板应力结果；

（2）计算过程中可选择全楼弹性或弹塑性、楼板弹性或弹塑性，满足不同的计算需求；

（3）后处理输出包括混凝土层应力和钢筋层应力时程或包络结果。

楼板应力分析指标　　　　　　　　　　　　　　　　　　　　表 2.4-1

混凝土层应力	σ_{x}	平面内 x 向应力
	σ_{y}	平面内 y 向应力
	τ_{xy}	平面内剪应力
钢筋层应力	σ_{h}	水平向钢筋纤维应力
	σ_{v}	竖向钢筋纤维应力

4. 复杂结构楼板应力分析结果

（1）案例一：框剪结构，7 层（30m），7 度，如图 2.4-4～图 2.4-7 所示。

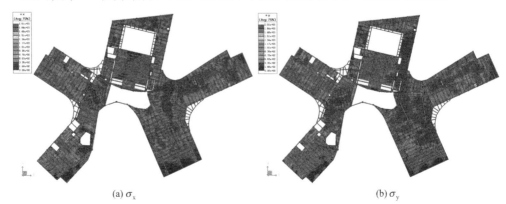

(a) σ_{x}　　　　　　　　　　　　　　　　　　(b) σ_{y}

图 2.4-4　混凝土最大拉应力（一）

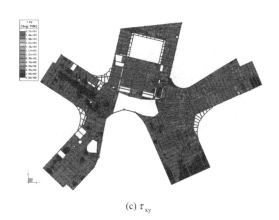

(c) τ_{xy}

图 2.4-4　混凝土最大拉应力（二）

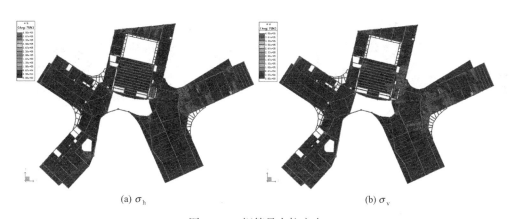

(a) σ_h (b) σ_v

图 2.4-5　钢筋最大拉应力

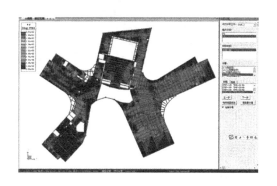

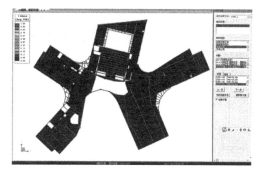

图 2.4-6　应力变化　　　　　　　图 2.4-7　塑性应变变化

（2）案例二：连体结构，43 层（174m）＋44 层（158m），7 度，如图 2.4-8～图 2.4-11
所示。

（3）案例三：剪力墙结构，47 层（137m），7 度，如图 2.4-12、图 2.4-13 所示。

5. 结论

（1）对于复杂结构，在反应谱分析方法无法反映结构受力特点时，采用时程分析方法
可以协助我们进行楼板抗震设计。

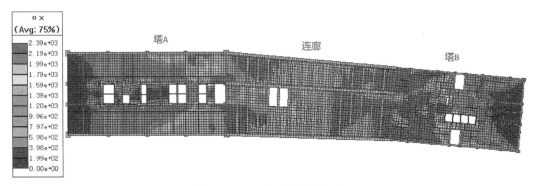

图 2.4-8　混凝土最大拉应力

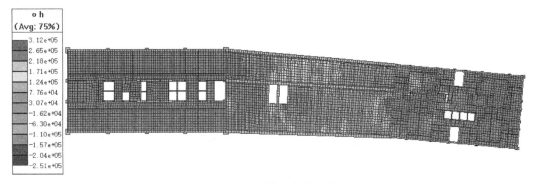

图 2.4-9　钢筋最大拉应力

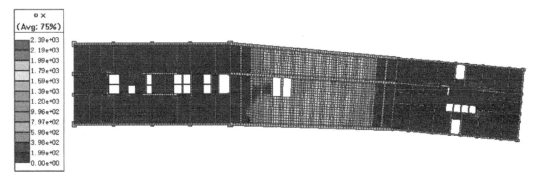

图 2.4-10　应力变化

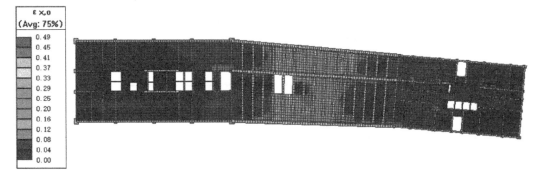

图 2.4-11　塑性应变变化

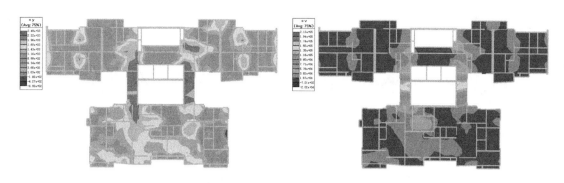

图 2.4-12　混凝土最大拉应力　　　　　　图 2.4-13　钢筋最大拉应力

（2）当楼板拉应力达到混凝土抗拉强度时，钢筋应力水平一般并不大，不能单独以混凝土达到抗拉强度判断楼板抗拉能力不足，要同时参考楼板钢筋的应力和应变水平判断楼板抗拉能力。当采用 SAUSG 进行弹塑性分析时，应同时参考楼板钢筋塑性应变和混凝土受压损伤综合判定楼板的抗震性能。

（3）由于记录楼板的应力、应变需要占用较大硬盘空间，所以 SAUSG 默认不输出楼板应力、应变和内力。用户可通过在计算分析前自定义"构件集"方式获得楼板除混凝土受拉损伤、受压损伤和钢筋塑性应变之外的其他应力、应变和内力计算分析结果。

点评：建筑结构在设计时通常采用刚性楼板假定。从非线性仿真分析结果可以看出，复杂情况下刚性楼板假定是不成立的，需要准确模拟楼板的非线性状态。SAUSG 具备全楼细分网格非线性楼板分析能力，计算时间耗费通过 GPU 并行计算得以大幅度节省。

2.5　动力反应数值分析方法新手入门

作者：乔保娟

发布时间：2019 年 1 月 4 日

问题：Duhamel 积分、Fourier 变换法、中心差分方法、Newmark 方法、功率谱法……傻傻分不清楚，相信有不少小伙伴像笔者一样好奇：这些方法精度如何，结果有什么特点？

1. 前言

为对比研究动力反应各种数值分析方法异同，选用《结构动力学》（刘晶波主编）习题 5.2 如下：

如图 2.5-1 所示的单自由度结构，质量为 17.5kg，总刚度为 875.5kN/m，阻尼系数为 35kN·s/m，结构柱的力-位移关系为理想弹塑性，屈服强度为 26.7kN。采用中心差分逐步分析方法计算结构在给定脉冲荷载作用下的弹塑性反应。建议的时间步长为 $\Delta t = 0.1s$，首先检验稳定性条件，计算的总持时为 1.2s。初始时刻结构处于静止状态。

2. Duhamel 积分方法

Duhamel 积分是一种时域分析方法，它将荷载分解为一系列脉冲，获得每一个脉冲作用下结构的反应，然后叠加每一脉冲作用下的反应得到结构总的反应。Duhamel 积分

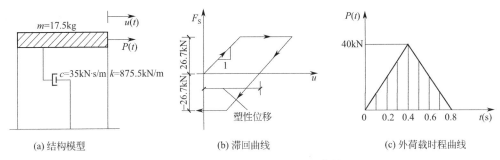

(a) 结构模型　　　　　(b) 滞回曲线　　　　　(c) 外荷载时程曲线

图 2.5-1　结构模型简图与计算参数

方法以积分的方式给出了体系运动的解析表达式(忽略离散采样带来误差的情况下),但从实际应用上看,当采用数值积分时,其计算效率不高,因为对于计算任一个时间点 t 的反应,积分都要从 0 到 t,而实际要计算一时间点系列,可能要几百到几千个点,计算量很大。因为使用了叠加原理,仅适用于线弹性分析。

MATLAB 程序代码如下:

```
function y=duhamel(dt)
%duhamel
m=17.5;%质量
k=875.5;%刚度
zeta=0.14138;%阻尼比
%dt=0.01;%时间步长
t0=0;%起始时间
t2=6.4;%结束时间
w0=sqrt(k/m);
w1=w0 * sqrt(1-zeta^2);
t=t0:dt:t2;
y=t;
for i=1:(length(t))
    x=linspace(t(1),t(i));
    px=(100 * x). * (x>=0&x<=0.4)+(80-100 * x). * (x>0.4&x<0.8);
    a=px. * exp(zeta * w0 * x). * cos(w1 * x);
    A=trapz(x,a);
    b=px. * exp(zeta * w0 * x). * sin(w1 * x);
    B=trapz(x,b);
    y(i)=exp(-zeta * w0 * t(i)) * (A * sin(w1 * t(i))-B * cos(w1 * t(i)))/(m * w1);
end
    ymax=max(y)
    figure
    plot(t,y);
```

3. Fourier 变换法

Fourier 变换法是一种频域分析方法，其基本计算步骤是：（1）对外荷载做 Fourier 变换，得到外荷载的 Fourier 谱；（2）利用复频反应函数得到反应的频域解；（3）应用 Fourier 逆变换，得到反应的时域解。在用频域法分析中涉及两次 Fourier 变换，均为无穷域积分，特别是 Fourier 逆变换，被积函数是复数，有时涉及复杂的围道积分。当外荷载是复杂的时间函数（如地震动）时，用解析型的 Fourier 变换几乎是不可能的，实际计算中大量采用的是离散 Fourier 变换。因为使用了叠加原理，仅适用于线弹性分析。

MATLAB 程序代码如下：

```
function [un,tf]=qiaoFFT(dt,N)
% Fourier
%% 执行 FFT 点数为 64
% 构建原信号
% dt=0.1;
% N=64;
t=[0:N-1]*dt;    % 时间序列
xn=(100*t).*(t>=0&t<=0.4)+(80-100*t).*(t>0.4&t<0.8);
subplot(2,2,1)
plot(t,xn)    % 绘出原始信号
xlabel('时间/s'),title('原始信号')
axis([0 6.4 0 50])    % 调整坐标范围
% FFT 分析
NN=N;    % 执行 64 点 FFT
XN=fft(xn,NN);    %
f0=1/(dt*NN);    % 基频
f=[0:NN-1]*f0;    % 频率序列
A=real(XN);    % 幅值序列
subplot(2,2,2);
stem(f,A),xlabel('频率/Hz')    % 绘制频谱
axis([0 10 -200 200])    % 调整坐标范围
title('荷载 Fourier 谱');
%% H(iw)
k=875.5;
zeta=0.14138;
fn=1.126288;
HN=ones(1,NN)./(1-(f/fn).*(f/fn)+2i*zeta*(f/fn))/k;
for i=1:NN/2
HN(NN+1-i)=conj(HN(i));
end
UN=HN.*XN;
```

```
subplot(2,2,3);
stem(f,abs(HN)),xlabel('频率/Hz')  % 绘制频谱
axis([0 10 -0.01 0.01])  % 调整坐标范围
title('复频反应函数');
un=ifft(UN,NN);
subplot(2,2,4)
plot(t,un)  %
xlabel('时间/s'),title('ut')
axis([0 6.4 -0.1 0.1])  % 调整坐标范围
tf=t
ymax=abs(max(un))
```

荷载 Fourier 谱、复频反应函数及时域位移反应如图 2.5-2 所示。

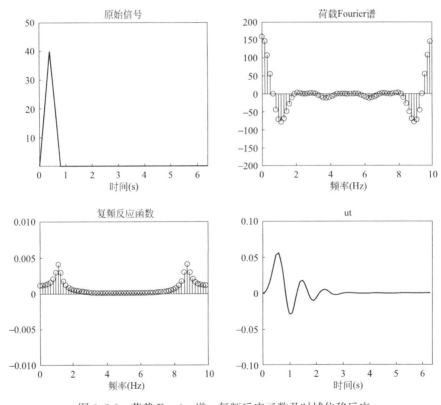

图 2.5-2　荷载 Fourier 谱、复频反应函数及时域位移反应

当外荷载较大时，结构反应可能进入物理非线性（弹塑性），或结构位移较大时，结构可能进入几何非线性，这时叠加原理将不再适用，此时可以采用时域逐步积分法求解运动微分方程。结构动力反应分析的时域直接数值计算方法有：分段解析法、中心差分法、Newmark 法、Wilson 法、Houbolt 法、广义 Alpha 法等，本文仅以最为常用的中心差分法和 Newmark 法为例介绍。

4. 中心差分法

中心差分法用有限差分代替位移对时间的求导（即速度和加速度），在计算 $i+1$ 时刻的运动时，需要已知 i 和 $i-1$ 两个时刻的运动，属于两步法，它具有 2 阶精度，是有条件稳定的，稳定条件为 $dt \leqslant T_n/\pi$，是显式积分方法，不需要对刚度矩阵求逆，具有较高的计算效率。

MATLAB 程序代码如下：

```
function u=central(dt)
% central
m=17.5；%质量
k=875.5；%刚度
c=35；%阻尼比
%dt=0.1；%时间步长
t0=0；%起始时间
t2=6.4；%结束时间
t=t0:dt:t2；
u=t;u(1)=0;u(2)=0;
k1=m/dt/dt+c/2/dt;
b=m/dt/dt-c/2/dt;
c=2*m/dt/dt;
for i=2:(length(t)-1)
    x=t(i);
    pi=(100*x)*(x>=0&x<=0.4)+(80-100*x)*(x>0.4&x<0.8);
    fs=k*u(i);
    pi1=pi-fs+c*u(i)-b*u(i-1)
    u(i+1)=pi1/k1;
end
ymax=max(u)
```

5. Newmark 法

Newmark 法同样将时间离散化，运动方程仅要求在离散的时间点上满足。与中心差分法不同的是，它不是用差分对 i 时刻的运动方程展开，得到外推计算 $i+1$ 时刻位移的公式，而是通过对加速度的假设，以 i 时刻的运动量为初始值，通过积分得到计算 $i+1$ 时刻的运动公式，计算过程中需要对刚度矩阵求逆，是隐式方法。当 $\gamma=1/2$，$\beta=1/4$ 时，是无条件稳定的，就是常加速度法；当 $\gamma=1/2$，$\beta=1/6$ 时，就是线性加速度法。

MATLAB 程序代码如下：

```
function u=newmark(dt,beta)
% newmark
m=17.5；%质量
k=875.5；%刚度
```

```
c=35;%阻尼比
%dt=0.1;%时间步长
t0=0;%起始时间
t2=6.4;%结束时间
t=t0:dt:t2;
u=t;u(1)=0;
v=t;v(1)=0;
a=t;a(1)=0;
gama=0.5;
a0=1/beta/dt/dt;
a1=gama/beta/dt;
a2=1/beta/dt;
a3=1/2/beta-1;
a4=gama/beta-1;
a5=dt/2*(gama/beta-2);
a6=dt*(1-gama);
a7=gama*dt;
k1=k+a0*m+a1*c;
for i=2:(length(t))
    x=t(i);
    pi=(100*x)*(x>=0&x<=0.4)+(80-100*x)*(x>0.4&x<0.8);
    pi1=pi+m*(a0*u(i-1)+a2*v(i-1)+a3*a(i-1))+c*(a1*u(i-1)+
a4*v(i-1)+a5*a(i-1));
    u(i)=pi1/k1;
    a(i)=a0*(u(i)-u(i-1))-a2*v(i-1)-a3*a(i-1);
    v(i)=v(i-1)+a6*a(i-1)+a7*a(i);
end
ymax=max(u)
```

6. 几种算法结果对比

将几种方法得到的位移时程曲线分别取 $dt=0.01s$ 和 $0.1s$ 进行对比，如表 2.5-1、表 2.5-2 和图 2.5-3、图 2.5-4 所示。

最大位移反应对比（$dt=0.01s$）　　　　表 2.5-1

计算方法	最大位移反应(m)	误差(%)
中心差分	0.0578	0
Newmark-常加速度	0.0578	0
Newmark-线性加速度	0.0578	0
Duhamel	0.0578	0
Fourier	0.0576	-0.346

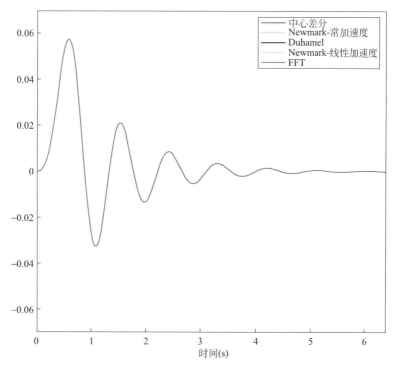

图 2.5-3　最大位移反应对比（dt＝0.01s）

最大位移反应对比（dt＝0.1s）　　　　　　　　表 2.5-2

计算方法	最大位移反应(m)	误差(%)
中心差分	0.0610	5.54
Newmark-常加速度	0.0569	−1.56
Newmark-线性加速度	0.0583	0.87
Duhamel	0.0577	−0.17
Fourier	0.0566	−2.076

可见：

（1）Duhamel 算法精度最高，Newmark-线性加速度法精度次之，Newmark-常加速度法与中心差分法精度相当。

（2）FFT 算法采样间隔取 0.1s 时，Nyquist 频率＝1/(2dt)＝5Hz，满足精度要求的上限频率为 2/3×5＝3.3Hz，误差较大；

（3）中心差分法位移反应周期比精确解小，Newmark-线性加速度法周期比精确解大，Newmark-常加速度法更大，这不难从直观上理解，假设质点运动到接近位移峰值处，中心差分法采用两步外推高估了峰值位移，导致恢复力变大，从而用更少的时间恢复到平衡位置；Newmark-常加速度法假设加速度在 i 和 $i+1$ 时刻之间为常值，Newmark-线性加速度法假设加速度在 i 和 $i+1$ 时刻之间线性变化，而事实上加速度按正弦规律变化，所以 Newmark-常加速度法和 Newmark-线性速度法都低估了加速度，从而需要更长的时间恢复到平衡位置。

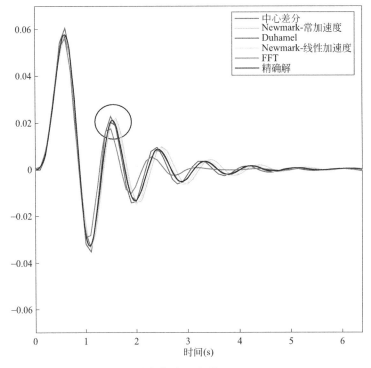

图 2.5-4 最大位移反应对比（dt＝0.1s）

7. 功率谱方法

功率谱方法常用来估计随机反应的均值和均方差，其计算步骤为：（1）确定系统输入的功率谱密度函数 $S_x(w)$；（2）确定结构的复频反应函数 $H(iw)$；（3）计算结构反应的功率谱密度函数 $S_y(w)$；（4）由反应的功率谱密度函数计算自相关函数 R_y；（5）计算结构反应的方差 $\sigma_y^2 = R_y(0) - \mu_y^2$。

假设本文输入荷载为一随机过程，统计荷载均值为 2.5kN，计算位移反应均值、均方差，MATLAB 程序代码如下：

```
dt=0.1;
N=64;
t=[0:N-1]*dt;  % 时间序列
xn=(100*t).*(t>=0&t<=0.4)+(80-100*t).*(t>0.4&t<0.8);
subplot(2,2,1)
plot(t,xn)  % 绘出原始信号
xlabel('时间/s'),title('原始信号')
axis([0 6.4 0 50])  % 调整坐标范围
NN=N;  % 执行64点FFT
XN=fft(xn,NN);  %
f0=1/(dt*NN);  % 基频
f=[0:NN-1]*f0;  % 频率序列
A=abs(XN).*abs(XN)/NN;  % 幅值序列
```

```
subplot(2,2,2);
stem(f,A),xlabel('频率/Hz')　% 绘制频谱
axis([0 10 0 500])　　% 调整坐标范围
title('荷载功率谱');
%% H(iw)
k=875.5;
m=17.5;
c=35;
zeta=c/m/2/sqrt(k/m);
fn=sqrt(k/m)/2/pi;
HN=ones(1,NN)./(1-(f/fn).*(f/fn)+2i*zeta*(f/fn))/k;
for i=1:NN/2
HN(NN+1-i)=conj(HN(i));
end
UN=HN.*conj(HN).*A;
subplot(2,2,3);
stem(f,UN),xlabel('频率/Hz')　%
axis([0 10 0 0.003])　　% 调整坐标范围
title('位移功率谱');
un=ifft(UN,NN);
subplot(2,2,4)
plot(t,un)　%
xlabel('时间/s'),title('位移自相关函数')
axis([0 6.4 -0.0003 0.0003])　　% 调整坐标范围
ry=un(1)　%Ry(0)
mux=mean(xn)　　% 输入均值
muy=mux*HN(1)　　　% 输出均值
sigmay=sqrt(ry-muy*muy)　　% 输出均方差
```

荷载功率谱、位移功率谱及位移自相关函数如图 2.5-5 所示。

计算得到位移均方差为 0.0144m，均值为 0.0029m，统计前面 Duhamel 积分结果（积分间隔 0.01s，近似认为是精确解）均方差为 0.0147m，均值为 0.0029m，可见误差很小。

8. SAUSG 计算结果

Duhamel 方法和 Fourier 变换法均基于叠加原理，要求结构体系是线弹性的，当外荷载较大时，结构反应可能进入物理非线性或几何非线性，这时叠加原理将不再适用，此时需要采用时域逐步积分法求解运动微分方程。Newmark 方法，特别是 $\beta=1/4$ 的无条件稳定格式得到了广泛应用。中心差分法，虽然稳定性略差，但因其所具有的简单、高效的特点得到一系列的应用。对于一些特殊的问题，计算精度的要求有时严于或等于稳定性条件，此时，中心差分法将具有更大的优势。

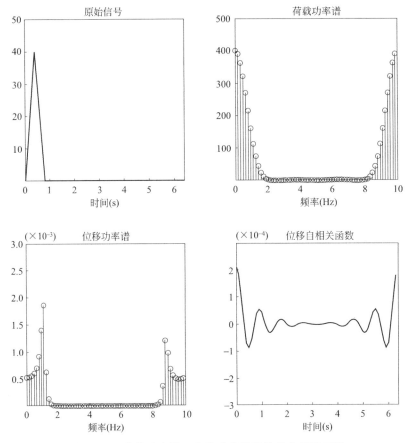

图 2.5-5 荷载功率谱、位移功率谱及位移自相关函数

求解非线性反应时，采用中心差分法无需对计算格式和软件做大的变化，仅是对计算抗力的公式进行改动，其余的与线性反应分析的相同，程序编写方便，便于实现并行计算。SAUSG即是采用中心差分法进行非线性动力分析，同时采用了 GPU 并行技术，大幅度提高了计算效率。

在 SAUSG 中采用隔震支座来模拟本文单自由度体系，采用瑞利阻尼，$\alpha = 2$，$\beta = 0$，中心差分法，积分步长取 $0.01\mathrm{s}$，分析得弹性、弹塑性位移反应如图 2.5-6、图 2.5-7 所示。

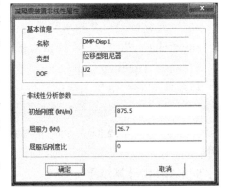

图 2.5-6 SAUSG 单自由度模拟参数

作为对照，在 MATLAB 中，修改弹性分析中心差分法代码，考虑弹塑性，代码如下：

```
function [a,u]=centralEP(dt)
% central
m=17.5；%质量
k=875.5；%刚度
c=35；%阻尼比
```

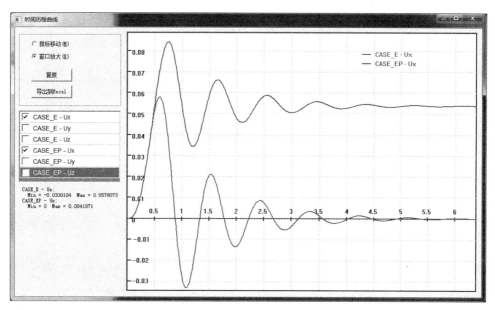

图 2.5-7 SAUSG 计算结果

```
%dt=0.1; %时间步长
t0=0; %起始时间
t2=6.4; %结束时间
t=t0:dt:t2;
u=t;u(1)=0;u(2)=0;
a=t;
fs=t;
a(1)=0;
fs(1)=0;
k1=m/dt/dt+c/2/dt;
b=m/dt/dt-c/2/dt;
c=2*m/dt/dt;
for i=2:(length(t)-1)
    x=t(i);
    pi=(100*x)*(x>=0&x<=0.4)+(80-100*x)*(x>0.4&x<0.8);
    fs(i)=fs(i-1)+k*(u(i)-u(i-1));
    if fs(i)>26.7
        fs(i)=26.7;
    end
    if fs(i)<-26.7
        fs(i)=-26.7;
    end
    pi1=pi-fs(i)+c*u(i)-b*u(i-1);
```

```
        u(i+1)=pi1/k1;
        a(i)=(u(i+1)-2*u(i)+u(i-1))/dt/dt;
end
ymax=max(u)
```

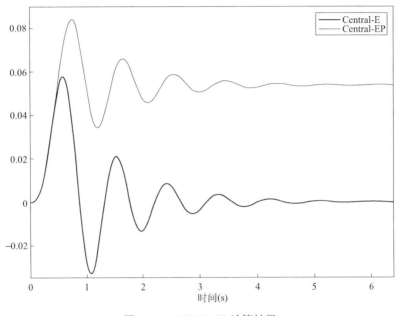

图 2.5-8　MATLAB 计算结果

可见，SAUSG 分析得到的弹性最大位移为 0.0578m，弹塑性最大位移为 0.0842m，与 MATLAB 结果（图 2.5-8）完全一致。

9. 结论

（1）Duhamel 算法精度最高，Newmark 线性加速度法精度次之，Newmark 常加速度法与中心差分法精度相当。

（2）本文算例时间间隔取 0.01s 时，几种算法均能取得较为准确的结果；但时间间隔取 0.1s 时，FFT 算法采样误差较大，对于频率大于 3.3Hz 荷载成分难以准确反应，结果误差较大。

（3）中心差分法位移反应周期比精确解小，Newmark 线性加速度法周期比精确解大，Newmark 常加速度法更大。

（4）功率谱方法常用来估计随机反应的均值和均方差，在已知系统输入的功率谱密度函数时，可以得到随机反应过程的时域强度特征和频域特征，可用于车辆行驶振动分析、风振分析、地震分析等随机过程反应分析中。

（5）Duhamel 方法和 Fourier 变换法基于叠加原理，仅适用于线弹性体系。对于非线性体系，需要采用时域逐步积分法求解运动微分方程。Newmark 方法，特别是 $\beta=1/4$ 的无条件稳定格式得到了广泛应用。中心差分法，虽然稳定性略差，但因其具有简单、高效、便于实现并行的特点，得到广泛的应用，对于一些特殊的问题，计算精度的要求有时严于或等于稳定性条件，此时，中心差分法将具有更大的优势。

点评：这篇文章对于正在学习《结构动力学》的在读研究生很有帮助，可以更加直观地理解各种动力反应数值分析方法。

2.6 实时模态分析干嘛用

作者：乔保娟

发布时间：2019 年 3 月 27 日

问题：大震非线性动力时程分析时，结构进入非线性后，刚度会发生退化，周期会延长，观察节点位移时程曲线可以很容易发现这一规律，但具体周期延长了多少，用户难以量化。为了帮助用户更准确地了解结构刚度退化情况，SAUSG 增加了实时模态分析功能。实时模态分析可以读取动力时程分析结果，考虑混凝土损伤、钢筋或钢材屈服后的刚度退化，对任一时刻的结构进行实时的模态分析。

1. 实时模态分析设置

在实时模态分析时刻输入框中输入相应的时刻，即可对该时刻的模型进行模态分析。如果要计算多个时刻的模态，可以在数字中间用逗号隔开，如图 2.6-1 所示。

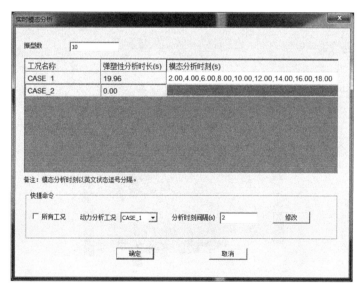

图 2.6-1 实时模态分析参数设置

快捷命令可以对实时模态分析进行快捷设置。选择要进行实时模态分析的工况或者勾选"所有工况"，在分析时刻间隔中输入相应的数字后，点击"修改"，即可快速进行设置。

2. 周期曲线

可用"周期变化曲线"菜单显示各动力时程工况下各振型周期或刚度随时间的变化曲线，如图 2.6-2 和图 2.6-3 所示。周期序号列表栏可用于选择用户关心的振型，周期比是指当期时刻刚度与初始时刻刚度比值。

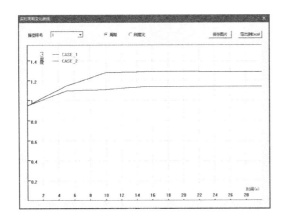 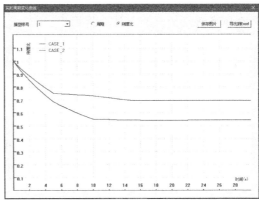

图 2.6-2　动力分析周期变化曲线　　　　图 2.6-3　动力分析刚度变化曲线

3. 实时模态

显示结构实时模态分析结果，如图 2.6-4 所示。可通过选择"模态分析时刻"查看各时刻结构模态变形情况。

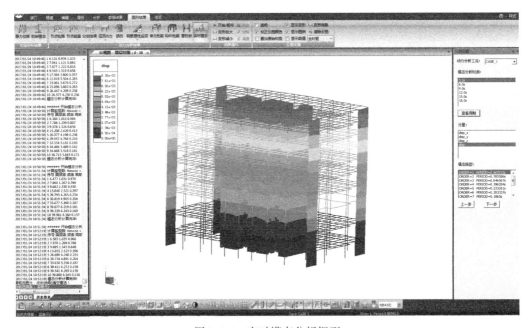

图 2.6-4　实时模态分析振型

4. 结论

通过动力分析刚度变化曲线、周期变化曲线和实时模态分析振型情况，SAUSG 用户可以量化了解所设计结构在大震过程中的抗震能力退化情况，对于刚度退化严重的结构应采取有效的加强措施。

点评：实时模态分析可以了解建筑结构在非线性分析时的刚度和周期实时变化，对理解结构的非线性发展程度和判断非线性分析结果正确性具有一定帮助。

2.7 说说动力时程分析中的振型个数

作者：侯晓武
发布时间：2019 年 5 月 24 日

问题：动力非线性分析时为什么要确定振型个数？取多少阶振型合适？

1. 前言

动力时程分析时，需要输入振型个数，如果振型个数输入过少，会因没有考虑足够的振型数而导致结果误差较大。如果振型个数取得过多，计算结果精度上能够保证，但又会带来计算时间的增加。因而如何选择合适的振型个数，找到计算精度和计算效率的平衡点是动力时程分析的一个比较重要的问题。动力时程分析求解方法总体上可以分为两大类：振型叠加法和直接积分法。下文将针对两种方法分别进行阐述。

2. 振型叠加法

振型叠加法是将多自由度结构的反应等效为多个单自由度体系振型反应的组合。由于振型叠加法基于叠加原理，因而这种方法仅适用于弹性时程分析。采用该方法求解速度较快，因而一般将其作为弹性时程分析的首选方法。采用振型叠加法进行动力时程分析时，可以参照《建筑抗震设计规范》GB 50011—2010（以下简称《抗规》）第 5.2.2 条条文说明中对于振型分解反应谱法的要求，振型个数应保证振型参与质量之和达到总质量 90% 以上。

在 SAUSG 中进行模态分析，分析结束以后，在工程目录下会生成 Ultimate_Total_Eta.dat 和 Ultimate_1_Modal_Eta.dat 两个文件。Ultimate_Total_Eta.dat 中给出的 5 个数据分别为：地震作用方向个数，振型个数，X 方向、Y 方向、Z 方向的振型参与质量之和；Ultimate_1_Modal_Eta.dat 中分别给出了各振型三个方向的振型参与质量，方向依次为振型 1-X 方向，振型 1-Y 方向，振型 1-Z 方向，振型 2-X 方向，振型 2-Y 方向，振型 2-Z 方向……

如果动力分析不需要考虑竖向地震，则可以重点关注 X 方向和 Y 方向的振型参与质量之和，如果不满足 90% 的要求，则需要增加振型数，重新进行模态分析。如果需要考虑竖向地震，则还应该关注 Z 向的振型参与质量。

进行大震弹塑性分析的同时，经常采用同一条地震波进行大震弹性时程分析，进而对大震弹性分析和大震弹塑性分析的结果进行对比。如果弹性时程分析选择振型叠加法，而振型个数按照默认的 10 个计算，可能导致振型参与质量达不到 90%，进而大震弹性时程分析的基底剪力过小，有可能出现大震弹性时程剪力小于大震弹塑性时程剪力的异常情况。

3. 直接积分法

直接积分法是指将分析时间长度分割成若干个微小的时间间隔，进而采用数值积分算法求解微小时间步内的动力学方程的一种方法。与振型叠加法仅适用于弹性时程分析不同，直接积分法可以用于弹性和弹塑性时程分析。

1）显式算法与隐式算法

直接积分法可以进一步分为"显式算法"和"隐式算法"，显式算法仅通过上一步的结果就可以直接求解出当前步的结果；而隐式算法中当前步的表达式中除包含之前步的参数以外，还包含了当前步的一个或多个参数，因而无法直接得到当前步的结果，必须通过迭代来完成。隐式算法的代表是 Newmark-β 法，MIDAS、PERFORM 3D 等软件均采用该种方法。显式算法的代表是中心差分法，SAUSG、ABAQUS 中采用该种方法（ABAQUS 也提供了隐式算法，但是进行动力弹塑性分析时一般采用显式算法）。关于隐式算法和显式算法两种算法的对比，不是本文的重点，因而这里不做论述。

2）瑞利阻尼与振型阻尼

直接积分算法本身与振型个数没有任何关系。如果采用瑞利阻尼模型 $C = a_0 M + a_1 K$，只要已知任意两阶振型的周期和阻尼比，即可通过求解得到 a_0（质量因子）和 a_1（刚度因子），进而得到阻尼矩阵 C，因而采用瑞利阻尼进行动力时程分析求解时，不存在振型个数的问题。采用显式算法求解动力学方程式时，如果选择瑞利阻尼，为了方便对动力学求解公式进行解耦，一般舍弃瑞利阻尼中的刚度项，此时瑞利阻尼退化为质量阻尼，阻尼随着频率的增加而减小，高阶振型阻尼比会偏小，导致高阶振型响应偏大。基于这一点，采用 SAUSG 进行弹塑性分析时，一般推荐采用振型阻尼。

3）振型阻尼对于振型个数的要求

与振型叠加法对于振型个数的要求不同，采用直接积分方法（同时采用振型阻尼）时，振型个数主要影响结构的阻尼。假定选择 10 个振型，结构为混凝土结构（阻尼比定义为 5%），则动力分析时，结构前 10 阶振型的阻尼比为 5%，而 10 阶以后振型的阻尼比为 0（程序可根据分析需要给予一个较小的数值）。

采用显式方法求解的计算量与所取的振型个数成正比，振型数取得越多，计算可能越精确，但是由此也会导致计算效率降低，这一点在进行弹塑性分析时需要更加注意。因而选择合适的振型数量是采用显式方法求解的一个关键问题。

选取振型个数的总原则：继续增加振型数对于结构响应影响比较小。由于高阶振型对于楼层剪力的影响大于其对于楼层位移的影响，可以以楼层剪力为基准，如果继续增加振型数对其影响比较小，则可以认为选取的振型个数已经足够。

4. 工程案例

1）某剪力墙结构案例

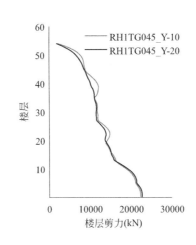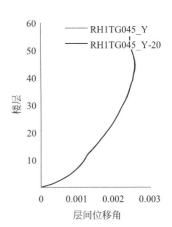

图 2.7-1　某剪力墙结构模型　　图 2.7-2　楼层剪力　　图 2.7-3　层间位移角

某剪力墙结构模型如图 2.7-1 所示，平面及立面均为规则布置，仅高度超限。Y 向为结构弱轴，故将 Y 向作为主方向，选取一条人工波 RH1TG045 进行加载，楼层剪力如图 2.7-2 所示，层间位移角如图 2.7-3 所示。底部楼层剪力结果基本一致，误差在 2% 以内。结构中上部楼层剪力相差较大，部分楼层达到 20% 左右，而层间位移角曲线则基本重合，因而可以认为高阶振型对于楼层剪力的影响大于其对于楼层位移的影响。

结构中上部楼层剪力的误差可以归结为高阶振型（11～20 阶）影响，采用 10 阶振型计算时，程序对于 11～20 阶振型的阻尼比采用质量阻尼，为 0.2%～0.4%。采用 20 阶振型计算时，11～20 阶振型的阻尼比是 5%，阻尼比的差异导致中上部楼层剪力产生较大差距。

此外，通常经验认为地震作用从上到下逐层累积，因而下部楼层剪力应该大于上部楼层剪力，而本模型采用 10 个振型计算时，21 层和 38 层附近均出现与经验相反的现象。也是由于上述高阶振型阻尼比影响导致的，高阶振型阻尼比小了以后，高阶振型影响增加，导致计算结果出现反常现象。增加振型数为 20 个时，楼层剪力结果比较正常。

本结构平面及立面布置均比较规则，高度为 165.6m，短边长度为 16m 左右（局部突出），结构高宽比为 10 左右，结构高宽比比较大，结构整体刚度偏柔，因而高阶振型影响较大。

2）某双塔结构案例

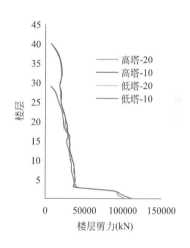

图 2.7-4　某双塔结构模型　　　　图 2.7-5　楼层剪力

某双塔结构模型如图 2.7-4 所示。采用修正中心差分算法，同时阻尼采用振型阻尼模型，分别计算 10 个振型和 20 个振型，楼层剪力对比如图 2.7-5 所示，上部楼层剪力基本一致，曲线在底盘位置出现偏离，基底剪力相差 8.7% 左右。

对于大底盘的结构，高阶振型除了对上部结构影响以外，底盘部分的振动一般也位于高阶振型。如图 2.7-6 所示，结构前两阶振型都是底盘以上部分的振动，而比较明显的底盘部分的振动出现在第 16 阶振型。

5. 结论

（1）采用振型叠加法进行弹性时程分析时，应选取足够多的振型数以保证振型参与质

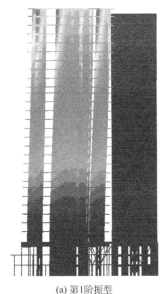
(a) 第1阶振型

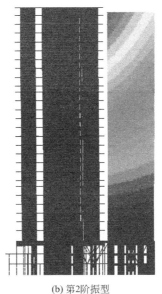
(b) 第2阶振型

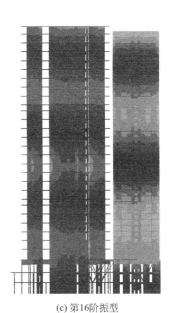
(c) 第16阶振型

图 2.7-6　某双塔结构模型

量满足规范 90% 以上的要求。如果不满足该要求，将会导致楼层剪力偏小，计算结果不准确。

（2）采用显式算法求解动力学方程式，如果阻尼模型选择振型阻尼，大多数情况下，计算 10 个振型即可基本保证结构计算结果的精确性。对于一些特殊情况，高阶振型影响较大，仅计算 10 个振型可能产生不小的误差。如多塔结构、大跨空间结构、大底盘结构等复杂结构，需要适当增加振型数。

点评： 弹性时程分析采用振型叠加法时，需要首先进行模态分析，计算振型数应满足有效质量系数的要求。非线性时程分析只能采用直接积分方法，方法本身并不需要进行模态分析，但非线性显式积分若采用振型阻尼时，就需要首先进行模态分析了。

2.8　SAUSG 的显式积分步长是什么

作者：邱海

发布时间：2019 年 6 月 26 日

问题：SAUSG 中的显式积分步长是什么意思？为什么要填这么小的值，改大一些计算速度不就提高了吗？

1. 临界步长

SAUSG 采用中心差分显式积分方法，这是一种条件稳定算法，因此在求解具体问题时，时间步长必须小于某个临界值，即最大稳定步长。那么，这个临界值是怎么求解的？我们能不能快速得到结构的临界步长呢？对于临界步长的推导过程，这里参考王勖成编写的《有限单元法》13.5 节的内容。具体过程如下。

已经解耦的动力学方程如式（2.8-1）所示，考虑解的稳定性可以忽略阻尼项的齐次方程如式（2.8-2）所示：

$$\ddot{x}_i + c_i \dot{x}_i + \omega_i^2 x_i = r_i \qquad (2.8\text{-}1)$$

$$\ddot{x}_i + \omega_i^2 x_i = 0 \qquad (2.8\text{-}2)$$

利用中心差分公式(2.8-3) 代入式(2.8-2) 中，可得式(2.8-4)：

$$(\ddot{x}_i)_t = \frac{1}{\Delta t^2}\left[(x_i)_{t-\Delta t} - 2(x_i)_t + (x_i)_{t+\Delta t}\right] \qquad (2.8\text{-}3)$$

$$(x_i)_{t+\Delta t} = -(\Delta t^2 \omega_i^2 - 2)(x_i)_t - (x_i)_{t-\Delta t} \qquad (2.8\text{-}4)$$

假定解的形式为：

$$(x_i)_{t+\Delta t} = \lambda (x_i)_t \quad,\quad (x_i)_t = \lambda (x_i)_{t-\Delta t} \qquad (2.8\text{-}5)$$

则可将式(2.8-4) 变换为：

$$\lambda^2 + (\Delta t^2 \omega_i^2 - 2)\lambda + 1 = 0 \qquad (2.8\text{-}6)$$

方程式(2.8-6) 的根为：

$$\lambda_{1,2} = \frac{2 - \Delta t^2 \omega_i^2 \pm \sqrt{(\Delta t^2 \omega_i^2 - 2)^2 - 4}}{2} \qquad (2.8\text{-}7)$$

可见，当 λ 为复数时，才能满足真实解在小阻尼情况下有振荡的特性。因此，

$$(\Delta t^2 \omega_i^2 - 2)^2 - 4 < 0, \qquad 即 \qquad \Delta t < \frac{2}{\omega_i} = \frac{T_i}{\pi} \qquad (2.8\text{-}8)$$

由式(2.8-7) 及式(2.8-8) 可得：

$$|\lambda| < 1 \qquad (2.8\text{-}9)$$

即在满足式(2.8-8) 情况下，根据式(2.8-5) 假定的解自然收敛。

在进行方程组求解时，针对每个自由度，都需要满足稳定条件。因此，结构的整体问题步长需要满足：

$$\Delta t \leqslant \Delta t_{cr} = \frac{T_n}{\pi} \qquad (2.8\text{-}10)$$

式中　T_n——结构最小周期；

　　　n——结构自由度数。

2. 最小周期（最大频率）怎么计算（估算）

对于 T_n 的求法，一般可以通过求解特征值问题直接得到准确的结果。当然，也可以通过求解最小尺寸单元的最小周期近似得出。因为理论可以证明，结构的最小周期总是大于或等于结构中最小尺寸单元的最小周期。可见，通过最小尺寸单元的最小周期估算结构的最小周期相对保守。对于最小尺寸单元的最小周期，可以通过直接求解单元的特征方程得出。不过，最为常用的方法是通过计算一个弹性应力波穿过一个单元需要花费多长时间。这一时间的计算方法为单元特征长度/材料中声波速度，即：

$$\Delta t \leqslant \Delta t_{cr} = \frac{L_c}{C} \qquad (2.8\text{-}11)$$

式中　L_c——单元特征长度；

　　　C——单元波速。

这种方法简单方便，可以用于快速了解结构的稳定步长。至于为什么弹性应力波穿过一个单元花费的时间与算法的稳定性相关，可以这么理解：采用有限单元离散后的模型，

每一个基本构成就是独立的单元。在计算有关波动问题的动力学方程时，如地震动的传播，结构的边界开始扰动或振动时，需要通过节点经过一个个单元传递到另一个附近的节点，如果要确保每个时间步上都能连续传递，则不能跨过单元进行传递。因此，需要的时间步长应该小于一定的数值，这个数值就是单元的最小尺寸除以应力波在单元内的传播速度。

3. 显式分析软件 SAUSG、ABAQUS 和 LS-DYNA

在 SAUSG 中，中心差分方法采用等时间步长计算方式。稳定步长通过最大频率分析一次性求解。程序会根据模型自动迭代求解出最大频率，根据最大频率给出临界步长：

$$\Delta t < \Delta t_{cr} = \alpha \frac{T_n}{\pi} \tag{2.8-12}$$

式中 α——折减系数，默认取 0.9。

由于结构的最大频率是直接由整体求出的，所以求出的最大频率（最小周期）一般会小于或等于（大于或等于）最小尺寸单元的最大频率（最小周期）。因此，SAUSG 中显式分析的临界步长比按最小尺寸单元估算方法得出来的步长会大一些，计算的效率相对高一些。

在 ABAQUS 和 LS-DYNA 中，均采用变步长计算方式，软件自动根据最小尺寸单元调整时间步长，其时间步长计算方法如下式：

$$\Delta t < \Delta t_{cr} = \alpha \frac{L_c}{C} \tag{2.8-13}$$

具体参数如表 2.8-1 所示。

表 2.8-1

具体参数

参数	ABAQUS	LS-DYNA
α	$\begin{cases} 1 & 1D \\ \left[\dfrac{1}{\sqrt{2}}, 1\right] & 2D \end{cases}$	0.9
L_c	$\begin{cases} l_{elm} & 1D \\ l_{min\ edge} & 2D \end{cases}$	$\begin{cases} l_{elm} & 1D \\ \dfrac{A_{elm}}{l_{max\ edge}} \left(或 \dfrac{A_{elm}}{l_{min\ edge}} 或 \dfrac{A_{elm}}{l_{diagonal}}\right) & 2D \end{cases}$
C		$\begin{cases} \sqrt{\dfrac{E}{\rho}} & 1D \\ \sqrt{\dfrac{E}{\rho(1-\mu^2)}} & 2D \end{cases}$

式中 l_{elm}——一维单元长度；

A_{elm}——二维单元面积；

$l_{max\ edge}$——二维单元最大边长；

$l_{min\ edge}$——二维单元最小边长；

$l_{diagonal}$——二维单元对角线长；

E——单元弹性模量；

μ——单元泊松比；

ρ——单元密度。

从 ABAQUS 和 LS-DYNA 的变步长计算公式可以看出，由于结构在发展弹塑性的过程中，切线弹性模量一般会减小，泊松比一般会增大，所以计算步长往往随着弹塑性的发展而有所增大，这会一定程度上提高计算效率。而 SAUSG 由于采用了 CPU＋GPU 异构并行计算技术，计算效率可以显著提高，采用等步长计算方案虽然计算时间会有一定的增加，但是可以有效避免计算不稳定的潜在风险。

4. SAUSG 的快速非线性算法

SAUSG 提供了快速非线性算法，主要用于结构方案的快速评估及减隔震弹性设计等方面。快速非线性算法是基于振型叠加的显式分析方法，因此为确保计算的稳定性，也需要给定时间步长小于临界步长。与中心差分方法不同的是，这里的临界步长由参与振型叠加的最小周期 T_N 确定，而不是由整个结构的最小周期确定，这也是快速非线性算法可以显著提高计算效率的根本原因。

$$\Delta t \leqslant \Delta t_{cr} = \alpha \frac{T_N}{\pi} \tag{2.8-14}$$

一般在使用快速非线性算法时，程序默认给的时间步长是 0.02s。这是因为一般结构模型做显式动力学模态分析只取 10 阶就可以满足要求。而通常结构的第 10 周期都会大于 0.1s，即 $T_{10} > 0.1 > 0.02 \times 3.14 = 0.0628$。所以一般情况下采用默认 0.02s 即可满足要求。

但是，在隔震设计中考虑隔震支座的振型或做大跨空间结构非线性分析时，往往需要考虑的振型数不止 10 阶。因此，这些结构形式如果采用快速非线性算法时，计算时间步长就需要按照式（2.8-14）进行调整。SAUSG 2019 版快速非线性算法的时间步长已经按照求解的最小周期进行调整，用户采用软件默认计算值计算即可。

还需要特别说明的是，快速非线性算法（显式或隐式）是一种非线性分析的简化算法，其优点是在"弱"非线性情况下可以快速得到结构的工程满意解。但如果建筑结构中发生了比较强烈和普遍的非线性性质，则仍需采用中心差分格式的显式积分方法或严格的隐式积分算法进行计算，若此时仍然采用快速非线性算法则将产生较大的和难以容忍的计算偏差。

5. 结语

本文通过 SAUSG、ABAQUS、LS-DYNA 等软件，介绍了显式积分的中心差分格式和快速非线性算法的计算步长确定方法，希望大家在使用这些软件时能正确理解相关概念和不犯错误，从而更好地进行结构显式分析。

点评：本文详细介绍了中心差分步长的计算方法，可以帮助 SAUSG 用户正确理解显式积分方法，并得到正确的非线性分析计算结果。

2.9　SAUSG 中的条条大道

作者：乔保娟

发布时间：2019 年 10 月 24 日

问题：笔者之前写过一篇微信公众号文章"动力反应数值分析方法新手入门（附源

码）"，文中，对比了单自由度体系中心差分方法、Newmark 方法等几种分析方法的结果，在积分步长合适时能够做到结果完全一致。而对于实际的建筑结构，自由度规模很大，中心差分方法和 Newmark 方法还能吻合吗？需要取什么样的积分步长呢？振型叠加法结果准确吗？取多少振型才够呢？

1. 模型

本文对某五层混凝土框架结构进行大震弹性时程分析，几种分析工况参数如下：

Central-Rayleigh：采用中心差分方法，瑞利阻尼，只保留质量阻尼，舍去刚度阻尼；

Central-modal：采用中心差分方法，振型阻尼，取 12 阶，阻尼比为 5%；

Newmark：采用 Newmark 方法，瑞利阻尼，为了跟中心差分方法对比，只保留质量阻尼，舍去刚度阻尼，分析步长取 0.01s；

Modal：振型空间的 Newmark 方法（SAUSG 中名为振型叠加法），振型阻尼，取 12 阶，阻尼比为 5%，分析步长取 0.02s；

SP：振型空间的中心差分方法（SAUSG 中名为快速非线性分析方法），振型阻尼，取 12 阶，阻尼比为 5%，分析步长取 0.02s。

2. SAUSG 与通用有限元结果对比

同时将模型转到通用有限元中进行大震弹性分析，分析参数同 Central-Rayleigh 工况。SAUSG 与通用有限元周期对比如表 2.9-1 所示，大震弹性动力时程分析结果对比如图 2.9-1 所示，结果吻合。

SAUSG 与通用有限元周期对比   表 2.9-1

序号	SAUSG	通用有限元	误差(%)
1	0.899	0.8899	1.02
2	0.768	0.7594	1.13
3	0.703	0.6956	1.06
4	0.665	0.6582	1.03
5	0.611	0.6058	0.85
6	0.515	0.5112	0.73
7	0.45	0.4468	0.72
8	0.416	0.4166	−0.16
9	0.406	0.4045	0.36
10	0.387	0.3889	−0.48
11	0.371	0.3813	−2.69
12	0.365	0.3783	−3.52

3. 各计算方法结果对比

各计算方法基底剪力时程曲线对比如图 2.9-2 所示，顶点位移时程曲线对比如图 2.9-3 所示。

可见，顶点位移曲线几乎完全重合，基底剪力时程曲线有微小差别，这是因为位移法有限元力的精度较位移低，如果想得到准确的剪力结果，需要把对剪力有贡献的所有振型都取到，本模型如果取更多振型，结果就更好了，但计算时间也会增长。对于本模型，振

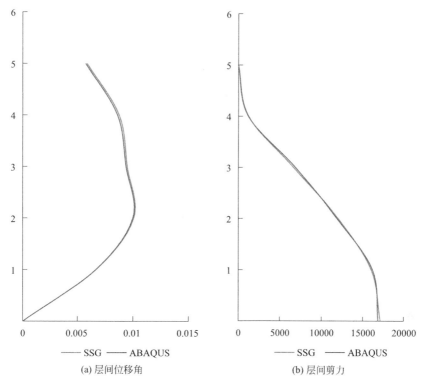

(a) 层间位移角　　　　　　　　　　　(b) 层间剪力

图 2.9-1　大震弹性动力时程分析结果对比

型叠加法取 12 个振型，积分步长取 0.02s，中心差分方法采用振型阻尼，积分步长取稳定步长，就能得到满意的结果。

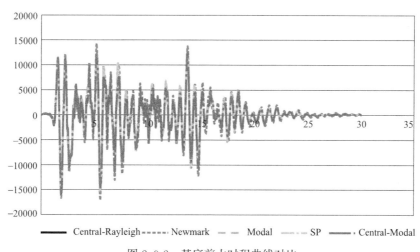

图 2.9-2　基底剪力时程曲线对比

　　各计算方法结果比较接近，但中心差分方法的瑞利阻尼结果比振型阻尼结果偏大，这是为什么呢？因为一般情况下中心差分方法采用瑞利阻尼时需舍弃刚度阻尼，振型阻尼如图 2.9-4 所示，第一圆频率瑞利阻尼比振型阻尼小，所以结果会更大一些。

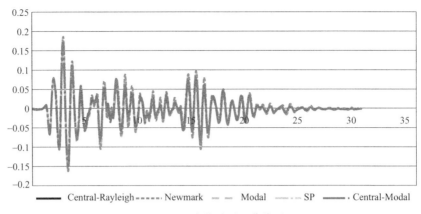

图 2.9-3　顶点位移时程曲线对比

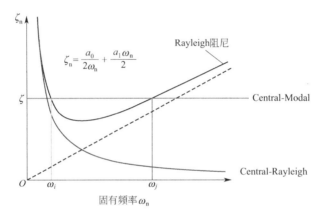

图 2.9-4　瑞利阻尼与振型阻尼对比示意图

4. 结论

对于大多数模型而言，SAUSG 中几种分析方法采取软件默认步长即可取得较为满意的结果。在采用瑞利阻尼（舍弃刚度阻尼）的情况下，Newmark 与中心差分方法结果相近。振型叠加法与快速非线性分析方法结果相近，但要注意取足够的振型，振型质量参与系数应大于 90%。SAUSG 中心差分方法取瑞利阻尼（舍弃刚度阻尼）时，阻尼较振型阻尼小，因而结果大一些。

点评：非线性分析的结果可靠吗？这个问题需要从几个层面来回答。首先，多软件对比是保证非线性仿真分析软件实现方法正确性的有效途径；其次，非线性仿真分析用到的材料本构、构件非线性属性等参数需要通过试验标定；再次，分析时所采用的前提假定和参数设置应适用于研究对象。

2.10　SAUSG 答应的开放，先走第一步

作者：贾苏

发布时间：2020 年 7 月 24 日

问题：SAUSG 可以提供二次开发接口吗?

1. 前言

为满足高阶需求，提供更优质的服务，SAUSG 2020 版开放 API 接口供用户使用。SAUSG-API 使用户可以安全地访问、操作和组合来自 SAUSG 模型的计算数据，从而简化 SAUSG 的二次开发工作，满足用户的特殊开发需求。SAUSG-API 为用户提供完整的模型数据结构和动态链接库。

2. SAUSG 文件数据格式

SAUSG 模型（包括 SAUSG 系列软件：SAUSG、SAUSG-PI、SAUSG-Zeta 和 SAUSG-Delta）数据均基于后缀名为 SAUSG 的文件，称为 SAUSG 文件。SAUSG 文件包含结构模型的全部几何、材料、配筋以及计算参数信息，地震波信息除外。SAUSG 文件及计算结果可在 SAUSG 系列软件中无缝对接，修改模型或者读取计算结果。

2020 版 SAUSG 文件中，增加了数据格式说明，如图 2.10-1 所示方便用户了解文件格式和编辑修改。

```
; BEAM NUMBER
; iBeam iPKPM iLine iStructType iSection iSubType bArtiNode1 bArtiNode2 iConc-
Mat iRebarMat iStirrupMat iSteelMat
; iStory iStage iTower fRotateAng fOffsetX1 fOffsetY1 fOffsetZ1 fOffsetX2 fOff-
setY2 fOffsetZ2
; UpperRebarLeft UpperRebarMid UpperRebarRight LowerRebarLeft LowerRebarMid
LowerRebarRight fStirrupArea_D fStirrupArea_UD
; 0-F1=0 & F2=0;
; 2 0 0.0 F1 Len F1 1 0.0 F2 Len F2;
; iMidPerformType iSeverePerformType iStructType
```

图 2.10-1　SAUSG 文件梁构件数据格式

3. SAUSG-API 接口

完备的后处理动态库文件,可动态读取模型后处理所有数据(图 2.10-2)。

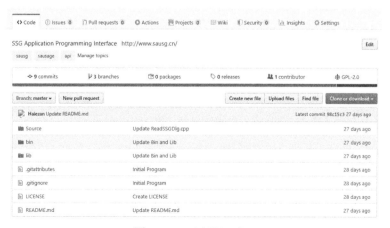

图 2.10-2　SAUSG-API

4. 使用方法

1）环境搭建

安装 Visual Studio 2010 版，若采用高版本软件也必须要安装 Visual Studio 2010 工具集。

2）下载库文件

3）程序编制

引用 SAUSG-API 库文件并编制二次开发程序。

5. 部分代码解析

1）打开模型

```
1. //打开 SAUSG 模型
2. CString fname=L"";
3. CString stitle=L"SAUSG 文件| * . SAUSG||";
4. CFileDialog dlg(TRUE,L"SAUSG",L" * . SAUSG",0,stitle);
5. if(dlg. DoModal()! =IDOK) return;
6. fname=dlg. GetPathName();
7. //清除所有数据
8. theData. Clear();
9. theData. m_sPrjFile=fname;
```

2）读入项目数据

```
1.   //读入项目配置参数
2.   bSuccess&=theData. m_cPrjPara. Read(theData. m_sPrjFile);
3.   //读入楼层数据
4.   CASCFile fin;
5.   if(! fin. Open(theData. m_sPrjFile.CFile::modeRead|CFile::shareDenyWrite))return;
6.   int count;
7.   if(fin. FindKey(" * STORY"))
8.   {
9.       count=fin. GetKeyValueInt("NUMBER=");
10.      if(count>0)
11.      {
12.          theData. m_nStory=count-1;
13.          for(int i=0;i<=theData. m_nStory;i++)
14.          {
15.              theData. m_pStory[i]. Read(fin);
16.          }
17.      }
18. }
```

3）读入模型数据

```
1.    //读入模型数据
2.    bSuccess&=theData.m_cFrame.Read(theData.m_sPrjFile,theData.m_cPrjPara);
3.    if(bSuccess)
4.    {
5.        //读入网格
6.        theData.m_cMesh.ReadMeshBin(theData.m_nStory,theData.m_pStory);
7.        //生成节点到单元的索引
8.        theData.m_cMesh.CreateNode2Elm();
9.        theData.m_cMesh.CreateShellSubElm();
10.   }
```

4）读入节点位移

```
1.    //读取动力分析节点位移
2.    CNodeFieldSet m_cDis;
3.    m_cDis.Clear();
4.    AppendMsg(L"加载动力分析节点位移文件...\r\n");
5.    fname = theData.GetFilePath(FILE_DISP_BIN,theData.m_cFrame.m_cLoad
[0]->sCaseName);//直接写工况名称也可以
6.    BOOL ret=m_cDis.ReadBinNodeField_AllStep(fname,false);
7.    if(! ret||m_cDis.GetStepNumber()<1)
8.    {
9.        AppendMsg(L"没找到结果文件！\r\n");
10.   m_cDis.Clear();
11.   return ;
12.   }
```

6. 开发案例

1）层间位移角计算

问题描述：统计结构在任意角度上的层间位移角值，主要用于斜交方向层间位移角的统计，方便用户快速找到结构的最不利变形方向。

关键代码：

```
1.    Vector4 d0,d1;
2.    d0.x=m_cDis.aFieldsPtr[iStep]->GetItemData(iNode0,0,m_cDis.nItems);
3.    d0.y=m_cDis.aFieldsPtr[iStep]->GetItemData(iNode0,1,m_cDis.nItems);
4.    d1.x=m_cDis.aFieldsPtr[iStep]->GetItemData(iNode1,0,m_cDis.nItems);
5.    d1.y=m_cDis.aFieldsPtr[iStep]->GetItemData(iNode1,1,m_cDis.nItems);
6.    fDriftX=abs((d1.x*cos(fAngle)+d1.y*sin(fAngle))-(d0.x*cos(fAn-
gle)+d0.y*sin(fAngle)))/fHeight;
7.    fDriftY=abs((d1.x*sin(fAngle)-d1.y*cos(fAngle))-(d0.x*sin(fAn-
gle)-d0.y*cos(fAngle)))/fHeight;
8.    fNodeDriftX[i+j*nstory]=max(fNodeDriftX[i+j*nstory],fDriftX);
9.    fNodeDriftY[i+j*nstory]=max(fNodeDriftY[i+j*nstory],fDriftY);
```

案例：某结构分别采用单向地震波和双向地震波进行双向加载，结构 360°方向最大层间位移角如图 2.10-3 所示。

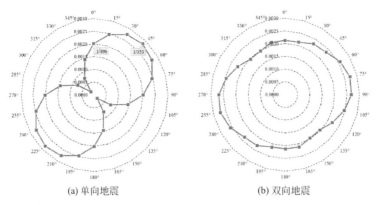

(a) 单向地震   (b) 双向地震

图 2.10-3 　双向加载 360°最大层间位移角曲线

2）有害层间位移角计算

问题描述：计算结构竖向构件有害层间位移角。

关键代码：

```
1.  Vector4 d_1, d0, d1, r0;
2.  float fDrift_1 = 0.0;
3.  d0.x=m_cDis.aFieldsPtr[iStep]->GetItemData(iNode0,0,m_cDis.nItems);
4.  d0.y=m_cDis.aFieldsPtr[iStep]->GetItemData(iNode0,1,m_cDis.nItems);
5.  d1.x=m_cDis.aFieldsPtr[iStep]->GetItemData(iNode1,0,m_cDis.nItems);
6.  d1.y=m_cDis.aFieldsPtr[iStep]->GetItemData(iNode1,1,m_cDis.nItems);
7.  if(iNode_1>-1)
8.  {
9.      d_1.x=m_cDis.aFieldsPtr[iStep]->GetItemData(iNode_1,0,m_cDis.nItems);
10.     d_1.y=m_cDis.aFieldsPtr[iStep]->GetItemData(iNode_1,1,m_cDis.nItems);
11.     fDrift_1=((d0.x*cos(fAngle)+d0.y*sin(fAngle))-(d_1.x*cos(fAngle)+d_
1.y*sin(fAngle)))/fHeight0;
12.  }
13.  fDriftX=abs((((d1.x*cos(fAngle)+d1.y*sin(fAngle))-(d0.x*cos(fAn-
gle)+d0.y*sin(fAngle)))/fHeight-fDrift_1);
14.  fNodeDriftX[i+j*nstory]=max(fNodeDriftX[i+j*nstory],fDriftX);
```

案例：超高层结构竖向构件有害层间位移角分布相比层间位移角更能反映构件的受力情况（图 2.10-4）。

点评：SAUSG 从 2020 版本开始提供了二次开发功能；SAUSG 从 API 接口开放开始，未来会逐步尝试代码开源。

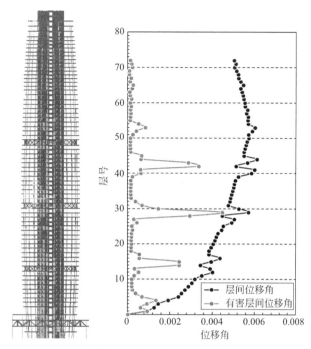

图 2.10-4 结构层间位移角和有害层间位移角曲线

2.11 显式方法和隐式方法结果对比

作者：乔保娟

发布时间：2020 年 1 月 10 日

问题：笔者之前写过一篇微信公众号文章"SAUSG 中的条条大道"，文中，对比了中心差分方法、Newmark 方法、振型叠加法等几种分析方法的弹性时程分析结果，在参数取值合适的情况下结果基本一致。而对于非线性发展强烈的情况，显式中心差分方法和隐式 Newmark 方法结果还能吻合吗？

1. 计算模型

某五层混凝土框架模型如图 2.11-1 所示，分别采用显式中心差分方法和隐式 Newmark 方法进行大震弹性及弹塑性时程分析。为了使阻尼一致，均采用瑞利阻尼，只保留质量阻尼，舍去刚度阻尼。中心差分方法分析步长取稳定步长的 0.9 倍，为 2×10^{-4}s。Newmark 方法分析步长取 0.01s，每时间步采用修正的 Newton-Raphson 法（常刚度迭代法）迭代平衡。

2. 大震动力时程分析结果

选取一条人工地震动 RH1TG045，时长 30s，进行大震动力时程分析，主方向峰值加速度为 400cm/s^2，次方向峰值加速度为 340cm/s^2，弹性分析时长如表 2.11-1 所示。

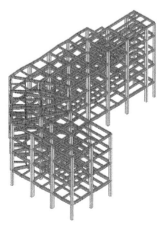

图 2.11-1 计算模型

弹性分析时长（CPU） 表 2.11-1

分析方法	弹性
中心差分	4min 24s
Newmark	2min 12s

1）弹性结果

显式中心差分方法和隐式 Newmark 方法弹性结果对比如图 2.11-2 和图 2.11-3 所示。可见，显式中心差分方法和隐式 Newmark 方法弹性结果几乎完全一样。

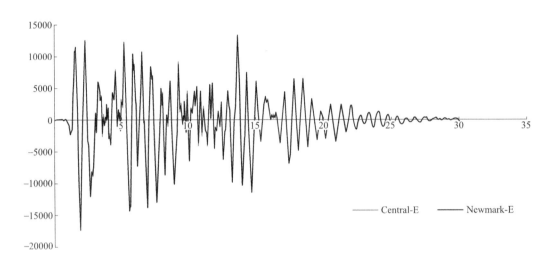

图 2.11-2 弹性基底剪力时程分析结果对比

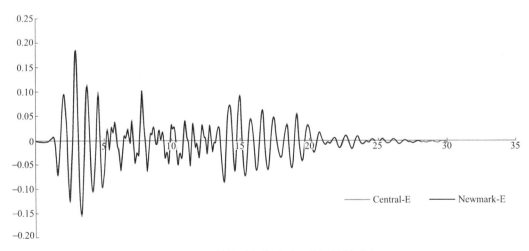

图 2.11-3 弹性顶点位移时程分析结果对比

2）弹塑性结果

Newmark 方法采用节点位移增量 1-范数（即各元素绝对值之和）作为收敛判断标准，容差分别取 1% 和 0.1% 进行弹塑性时程分析，如表 2.11-2 所示。

弹塑性分析时长（CPU）　　　　　　　　　　　　　　表 2.11-2

分析方法	弹塑性
中心差分	8min 42s
Newmark-1‰	3min 22s
Newmark-0.1‰	6min 38s

显式中心差分方法和隐式 Newmark 方法弹塑性结果如图 2.11-4 和图 2.11-5 所示。可见，Newmark 方法与中心差分方法弹塑性结果接近；Newmark 方法收敛容差越小，结果与中心差分方法越接近。

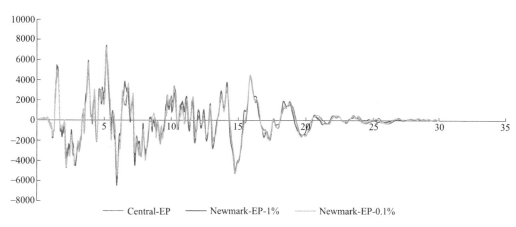

图 2.11-4　弹塑性基底剪力时程分析结果对比

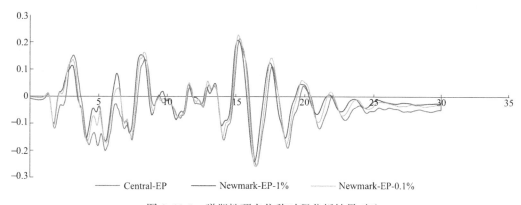

图 2.11-5　弹塑性顶点位移时程分析结果对比

3. 结论

在分析步长取值合理的情况下，显式中心差分方法和隐式 Newmark 方法弹性和弹塑性结果基本一致。在采用 CPU 计算时，隐式 Newmark 方法分析速度较快；在采用 GPU 计算时，由于中心差分方法并行效率高，Newmark 方法并行效率低，显式中心差分方法比隐式 Newmark 方法快。

点评：建筑结构的非线性分析通常采用隐式积分方法，隐式积分方法在每个加载步均需要平衡迭代，优点是给人的感觉更加可靠，缺点是经常出现迭代不能平衡造成无法得到非线性分析结果或人为干预造成计算结果漂移。显式积分方法不需要平衡迭代的过程，可以避免隐式积分方法的缺点，本文通过算例对比分析，也较好地消除了对显式积分方法正确性的担心。

2.12 位移输入和加速度输入结果一样吗

作者：乔保娟

发布时间：2020 年 12 月 23 日

问题：地震作用下，结构响应分析可采用两种输入方式：位移输入和一致加速度输入。如果各支座输入相同，分别采用位移输入和一致加速度输入进行分析，结果是不是一样的呢？有阻尼存在时呢？

1. 前言

位移输入方式是建立在绝对坐标系下的动力平衡方程，既适用于一致激励也适用于多点激励，计算直接得到的反应是绝对量值；一致加速度输入方式是建立在相对坐标系下的动力平衡方程，计算得到的反应是相对量值。

对于一些平面尺寸较小结构（如普通工业与民用建筑等），可认为地震动在其各支座处输入相同，常采用一致加速度输入方式对结构进行分析，该模型已被广泛认可与应用；事实上，地震动是不均匀的，具有时空变化性。《建筑抗震设计规范》GB 50011—2010 第 5.1.2 条规定"平面投影尺寸很大的空间结构（指跨度大于 120m，或长度大于 300m，或悬臂大于 40m 的结构），应根据结构形式和支承条件，分别按单点一致、多点、多向单点或多向多点输入进行抗震计算。"为此，SAUSG 开发了多点激励功能，采用位移输入方式对结构响应进行计算。

2. 计算模型

建立八层混凝土框架模型如图 2.12-1 所示，各支座输入相同的地震动，分别采用位移输入（以下称"多点激励"）和一致加速度输入（以下称"一致激励"）两种加载模式进行双向地震弹塑性时程分析。

图 2.12-1　计算模型

1）无阻尼

阻尼比设为 0，顶点位移时程曲线对比如图 2.12-2 所示，基底剪力时程曲线对比如图 2.12-3 所示，能量图对比如图 2.12-4 所示。可见，阻尼比为 0 时，两种加载模式结果一致。由于多点激励采用的是绝对坐标系，一致激励采用的是相对坐标系，位移不同，所以能量图是不同的，但都是平衡的。

2）有阻尼

阻尼比设为 5%，顶点位移时程曲线对比如图 2.12-5 所示，基底剪力时程曲线对比如图 2.12-6 所示，能量图对比如图 2.12-7 所示。可见，阻尼比为 5% 时两种加载模式结果有些差别。

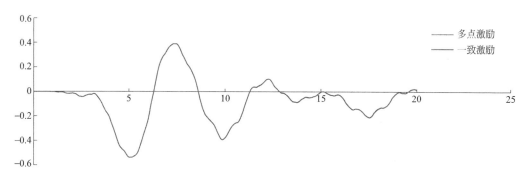

图 2.12-2　顶点位移时程曲线对比（阻尼比＝0）

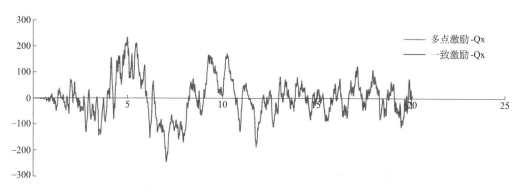

图 2.12-3　基底剪力时程曲线对比（阻尼比＝0）

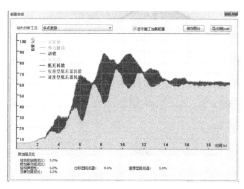
(a) 多点激励

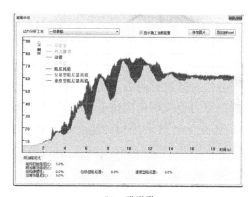
(b) 一致激励

图 2.12-4　能量图对比（阻尼比＝0）

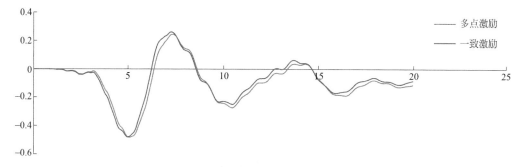

图 2.12-5　顶点位移时程曲线对比（阻尼比＝0.05）

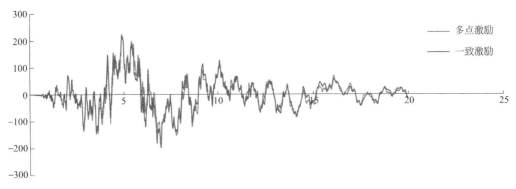

图 2.12-6　基底剪力时程曲线对比（阻尼比＝0.05）

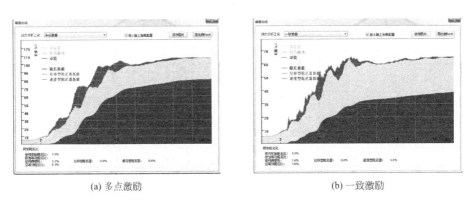

(a) 多点激励　　　　　　　　　　　　　　　　(b) 一致激励

图 2.12-7　能量图对比（阻尼比＝0.05）

3）修改阻尼力算法

分析有阻尼时两种加载模式结果不同的原因，发现主要区别在于阻尼力，如果位移输入时阻尼力也采用相同速度计算，结果会是怎样呢？于是，笔者开始了试验，阻尼比设为5%，阻尼力计算采用相对速度，如图 2.12-8 所示。

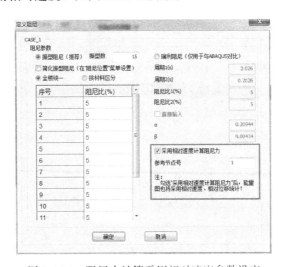

图 2.12-8　阻尼力计算采用相对速度参数设定

顶点位移时程曲线对比如图 2.12-9 所示，基底剪力时程曲线对比如图 2.12-10 所示，能量图对比如图 2.12-11 所示。可见，阻尼比为 5% 时，阻尼力计算采用相对速度后，两种加载模式结果一致。能量计算采用相对位移后，能量图也完全一致，结构弹塑性附加阻尼比都是 2.7%。

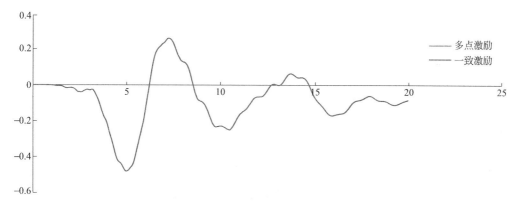

图 2.12-9　顶点位移时程曲线对比（阻尼比＝0.05，相对速度）

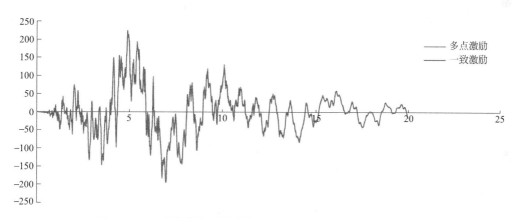

图 2.12-10　基底剪力时程曲线对比（阻尼比＝0.05，相对速度）

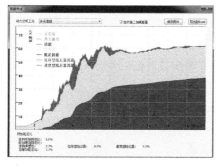

(a) 多点激励

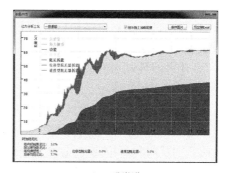

(b) 一致激励

图 2.12-11　能量图对比（阻尼比＝0.05，相对速度）

3. 小结

（1）各支座地震动输入相同时，位移输入和一致加速度输入两种加载方式是等效的，无阻尼时结果一致，有阻尼时结果有差别，这是因为阻尼力不同。

（2）如果阻尼力都采用相对速度计算，则结果是一致的。

（3）楼层剪力、层间位移角、构件内力、构件滞回曲线、单元应力应变、混凝土损伤、钢筋塑性应变、构件性能等结果不受参考坐标系的影响，但节点位移、能量图结果与参考坐标系密切相关。

（4）如果阻尼力都采用相对速度计算，位移换算到同一坐标系，能量也采用同一坐标系统计，则楼层指标、构件内力、构件性能、位移、能量等结果都是相同的。

点评："阻尼"很捣蛋。对"阻尼"的错误认识在结构工程领域中是普遍的，本文可以看作是一个间接的例证。"阻尼"造成错误认识的根本原因在于：建筑结构的真实能量耗散是一种复杂的非线性行为，并不与速度响应直接对应（更不是如黏滞阻尼所描述的简单正比关系）。结构动力学方程中的阻尼项具有强烈的人为假设成分（目的是方便方程求解），不能从本质反映结构受力特点的前提假定易引人入误区。

2.13 抗连续倒塌分析——采用非线性动力方法

作者：孙磊

发布时间：2021 年 8 月 11 日

问题：建筑结构如何做抗倒塌分析？

1. 前言

结构连续倒塌是指结构因突发事件或严重超载而造成局部结构破坏失效，继而引起与失效破坏构件相连构件的连续破坏，最终导致相对于初始局部破坏更大范围的倒塌破坏。结构局部构件失效后，破坏范围可能沿水平方向和竖直方向发展，其中沿竖直方向发展的破坏更加严重。

《建筑结构抗倒塌设计规范》CECS 392：2014 有如下规定：

（1）建筑抗连续倒塌设计可采用概念设计、拉结构件法、拆除构件法和局部加强法（见 4.1.5 条）。

（2）拆除构件后的剩余结构可采用下列三种方法之一进行连续倒塌计算：线性静力方法、非线性静力方法和非线性动力方法（见 4.4.4 条）。

（3）采用非线性动力方法进行建筑结构抗连续倒塌计算时，剩余结构作用的动力荷载向量时程可按下列规定确定：

① 作用点为剩余结构与被拆除构件上端的连接节点；

② 作用方向与原结构重力荷载产生的被拆除构件上端内力设计值向量的方向相反；

③ 荷载向量时程可按式(2.13-1) 和图 2.13-1 确定。

$$p(t)=\begin{cases}p_\mathrm{g}t/t_1 & 0\leqslant t\leqslant t_1\\ p_\mathrm{g} & t_1\leqslant t\leqslant t_2\end{cases} \tag{2.13-1}$$

（4）采用非线性动力方法进行建筑结构抗连续倒塌计算时，结构计算模型及结构计算应符合下列规定：

①采用三维计算模型；

②建立考虑材料非线性的构件力-变形关系骨架线；

③P-Δ 效应等几何非线性影响；

④在拆除构件的剩余结构上分步施加楼面重力荷载以及水平荷载进行结构的力学计算，荷载由 0 至最终值的加载步不应少于 10 步；

⑤采用三维计算模型时，宜考虑楼板的贡献。

（5）房屋建筑采用非线性动力方法进行结构抗连续倒塌计算时，剩余结构水平构件的塑性转角满足下式时，应认为该建筑结构符合抗连续倒塌设计要求：

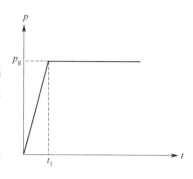

图 2.13-1　动力荷载向量时程

$$\theta_{p.e} \leqslant |\theta_{p.e}| \tag{2.13-2}$$

式中　$|\theta_{p.e}|$——剩余结构水平构件的塑性转角限值，对于抗震设计的钢筋混凝土梁为 0.04。

现以一个高架车站的实际工程作为算例，采用非线性动力方法进行抗连续倒塌分析。

2. 结构概况

本工程结构形式为混凝土框架结构体系，地上 1 层；柱子为型钢混凝土矩形方管柱，柱截面为 4400mm×4400mm，框架梁为箱梁，梁高 3000m，楼板为钢筋混凝土楼板，板厚 600mm，模型如图 2.13-2 所示。

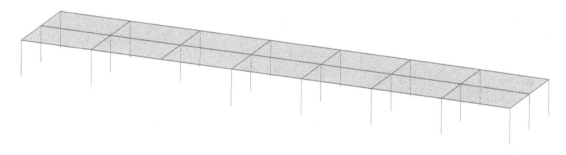

图 2.13-2　模型示意图

3. 参数设置

首先，需要在被拆除构件上端的连接节点施加一个向上的初始集中荷载，荷载的数值等于结构重力荷载产生的轴力，使拆除柱子后的结构在初始分析时保持平衡状态。同时，按规范要求建立荷载向量时程函数，荷载作用方向与初始集中荷载方向相反，如图 2.13-3 所示。被拆除构件的失效时间，即动力荷载向量由 0 增至绝对值最大值的时间为 $0.1T_1$，T_1 为剩余结构的基本周期。

在动力非线性参数设置对话框中，按规范要求选择考虑几何非线性、材料弹塑性和瑞利阻尼；激励方式选择任意激励，动力加载参数选择以力的方式加载荷载向量时程，至此完成了全部参数的设置，点确定后 SAUSG 开始自动计算，如图 2.13-4 所示。

4. 主要计算结果

SAUSG 计算得到的所有构件塑性转角数值如图 2.13-5 所示，塑性转角最大值为

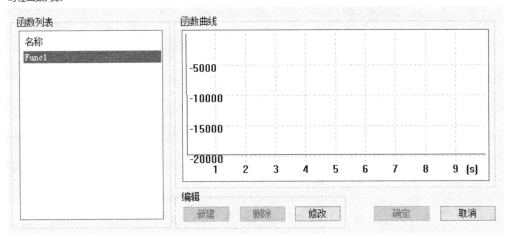

图 2.13-3　动力时程函数

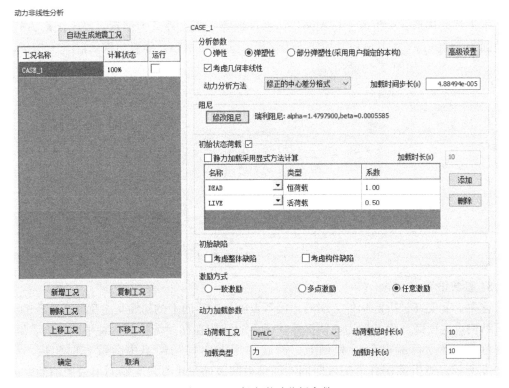

图 2.13-4　任意激励分析参数

0.0155，小于 0.04 的规范限值。

被拆除构件上端的连接节点的竖向位移时程曲线如图 2.13-6 所示，最大值约为 270mm。

钢筋混凝土构件中钢筋的应力如图 2.13-7 所示，与拆除构件相连的梁的钢筋应力绝大部分小于 380MPa，仅与拆除构件相连长向两跨梁端部很小区域钢筋应力达到 430MPa，

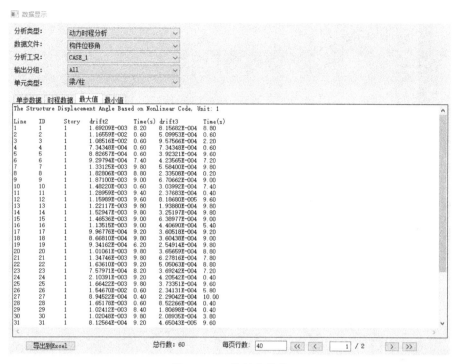

图 2.13-5　构件位移角

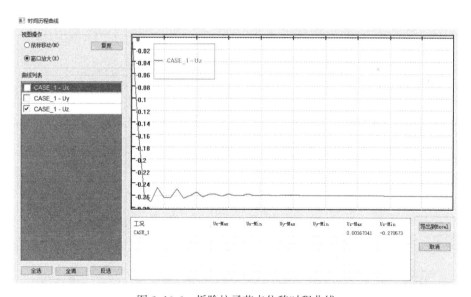

图 2.13-6　拆除柱子节点位移时程曲线

均小于钢筋屈服强度的 1.25 倍。

　　SAUSG 内置了五种性能评价标准，其中包括《建筑结构抗倒塌设计标准》中的性能评价标准，可以基于计算模型的应变计算结果对构件性能进行评价和分级（图 2.13-8～图 2.13-11）。

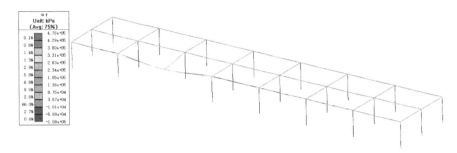

图 2.13-7　钢筋应力云图

图 2.13-8　钢筋混凝土构件性能评价（显示楼板）

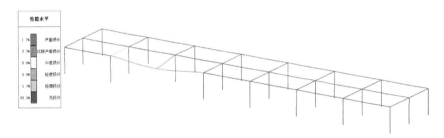

图 2.13-9　钢筋混凝土构件性能评价（不显示楼板）

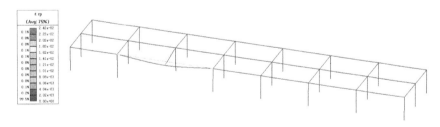

图 2.13-10　RH4TG045-Y 工况钢材塑性应变（模型二）

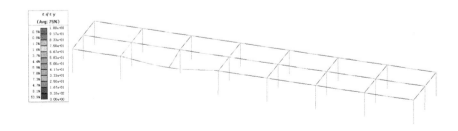

图 2.13-11　RH4TG045-Y 工况构件性能评价（模型二）

5. 结论

进行钢结构弹塑性分析仅考虑几何非线性、材料非线性是不够的，要得到更加准确的分析结果，还应该细致地模拟杆件的受压失稳以及由于失稳产生的构件承载力下降，同时还需要考虑结构和构件的初始缺陷对结构稳定和承载力的影响。这一切 SAUSG 都能轻松地帮助你实现！

点评：抗倒塌分析是建筑结构设计时应该做而普遍没有做的重要缺项，主要原因之一是缺乏软件工具。基于线弹性假定的"拆除构件法"虽能起到一定抗倒塌分析作用，但方法本身是粗糙的，通过非线性仿真分析实现抗倒塌设计是必然发展趋势。

2.14　SAUSG 预应力梁模拟

作者：贾苏

发布时间：2021 年 9 月 1 日

问题：有预应力的结构如何做非线性仿真分析？

1. 前言

预应力是为了改善结构受力表现，在施工期间预先施加压应力，结构服役期间预加压应力可全部或部分抵消载荷导致的拉应力，避免结构开裂和破坏。常用于大跨度混凝土结构和桥梁结构中。在大震弹塑性分析中预应力作用模拟较为复杂：第一，预应力钢筋形状复杂，建模困难，通常为抛物线或悬链线等形式；第二，预应力钢筋存在初始张拉力，需要单独定义加载工况。

本文介绍了两种在 SAUSG 中便捷实现预应力建模和模拟的方法。

2. 算例简介

某钢筋混凝土结构，第 5 层楼面部分区域跨度较大，采用预应力混凝土梁，跨度为 23.7m，梁截面为 500mm×1400mm，预应力钢筋由两根 10 股 ϕ15.2 钢绞线组成，预张拉力为 2850kN，如图 2.14-1 所示。

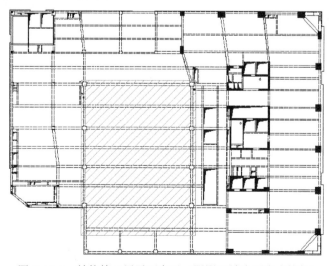

图 2.14-1　结构第 5 层平面布置（阴影区域为预应力构件）

3. 分析模型

分别建立三个SAUSG分析模型进行对比：模型A（不考虑预应力钢筋作用）、模型B（预应力钢筋直接建模模拟）、模型C（采用等效荷载法模拟预应力钢筋作用），并选择一组人工波（RH1TG065）进行动力弹塑性时程分析（图2.14-2），三方向加速度峰值分别为220cm/s^2、187cm/s^2、143cm/s^2。

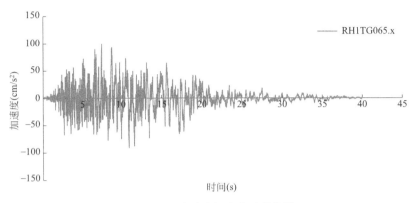

图2.14-2　地震波加速度时程曲线

1）模型A，不考虑预应力钢筋作用

结构初始分析模型如图2.14-3所示。

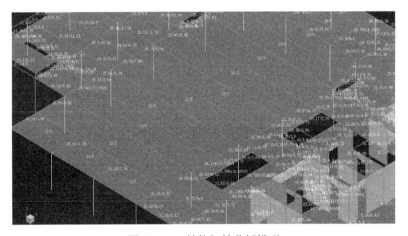

图2.14-3　结构初始分析模型

2）模型B，预应力钢筋直接建模

预应力钢筋采用抛物线形式布置，跨中偏心距为1m，如图2.14-4所示。预应力钢筋定义初应变荷载，初应变为$\dfrac{N_p}{E_s A_s}=0.00361$。

3）模型C，等效荷载法

通过一组等效荷载来代替预应力筋对梁的作用。

假设梁构件均为简支梁，如图2.14-5所示，预应力钢筋预张拉力为$N_p=2850\text{kN}$，梁跨度$L=23.7\text{m}$，采用抛物线形预应力筋，跨中偏心距$e=1\text{m}$。

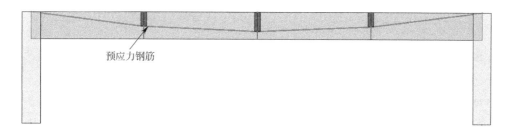

图 2.14-4　预应力钢筋布置

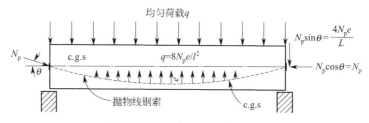

图 2.14-5　预应力钢筋等效荷载

等效均布力 $q=\dfrac{2N_\mathrm{p}e}{L^2}=40.6\mathrm{kN/m}$（向上）

支座水平反力 $F_\mathrm{x}=N_\mathrm{p}=2850.0\mathrm{kN}$

支座竖向反力 $F_\mathrm{y}=\dfrac{4N_\mathrm{p}e}{L}=481.0\mathrm{kN}$

4. 整体结果

模型 A～C 整体指标对比如表 2.14-1 和图 2.14-6 所示，结构基本周期和整体计算结果基本一致，说明本算例预应力作用对结构整体指标影响较小。

整体指标对比　　　　　　　　　　　　　　　　　　　　　表 2.14-1

计算指标	模型 A	模型 B	模型 C
T_1	3.012	3.012	3.012
T_2	2.544	2.544	2.544
T_3	2.243	2.243	2.243
竖向反力(kN)	8.126797×10^5	8.127518×10^5	8.126797×10^5
最大层间位移角	1/188	1/188	1/188
顶点位移(m)	0.488	0.488	0.486
基底剪力(kN)	64055.9	63029.1	63248.6

5. 静力荷载作用

静力荷载作用下，预应力梁和支撑柱对比结果如表 2.14-2 所示。结果表明，预应力作用下，梁跨中挠度（图 2.14-7）和混凝土应变均变小。模型 B 在预应力张拉过程中，构件出现起拱效果；模型 C 等效荷载与结构静力荷载同时施加，未体现出起拱效果。

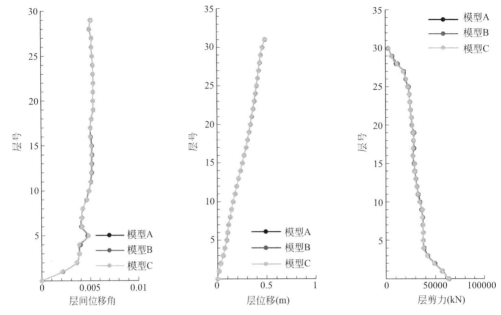

图 2.14-6　结构整体指标曲线

静力荷载作用下构件计算结果对比　　　　　　　　　　　　　表 **2.14-2**

构件	指标	模型 A	模型 B	模型 C
梁	挠度	1/611	1/909	1/951
	混凝土拉应变	0.000814553	0.000469945	0.000448242
柱	弯矩(kN·m)	2387.53	2081.63	2000.88
	轴力(kN)	4501.23	4392.78	4385.52

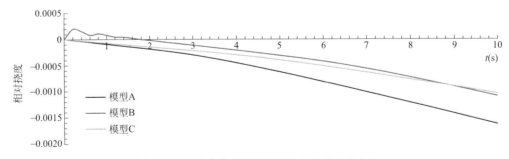

图 2.14-7　静力荷载作用下梁跨中挠度变化曲线

6. 地震作用

地震作用下，模型 B 和模型 C 均能考虑预应力钢筋的作用，降低框架梁跨中挠度，减小跨中混凝土拉应变，降低钢筋的应变水平，并且计算结果基本一致。主要结果如下：

1）整体指标

地震作用下，结构预应力构件变形和框架柱内力对比如表 2.14-3 所示。结果表明，若不考虑预应力钢筋作用，则梁挠度和混凝土应变较大，模型 B 和模型 C 均可考虑预应力钢筋作用，结果较接近。

构件计算结果对比（地震）　　　　　　　　　表 2.14-3

构件	指标	模型 A	模型 B	模型 C
梁	挠度	1/381	1/467	1/480
	混凝土压应变	0.00018031	0.00021381	0.00022101
	混凝土拉应变	0.00132695	0.00097845	0.00093096
	钢筋应变/屈服应变	0.722	0.530（普通钢筋） 0.476（预应力钢筋）	0.511
柱	钢筋应变/屈服应变	1.080	1.030	0.982
	弯矩(kN·m)	3657.51	3501.51	3483.49
	轴力(kN)	5597.52	5480.80	5452.52

2）钢筋应变

预应力梁及框架柱钢筋应变水平对比如图 2.14-8 所示。

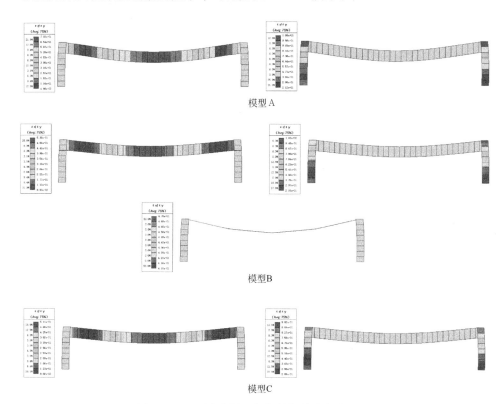

图 2.14-8　预应力梁及框架柱钢筋应变水平对比

3）梁挠度

梁跨中挠度对比如图 2.14-9 所示。

4）梁混凝土拉应变

梁跨中混凝土拉应变对比如图 2.14-10 所示。

5）预应力钢筋

预应力钢筋应力变化如图 2.14-11 所示。

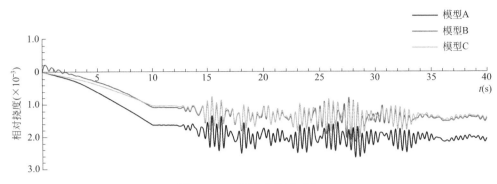

图 2.14-9　梁跨中挠度对比

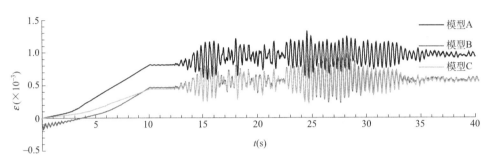

图 2.14-10　梁跨中混凝土拉应变对比

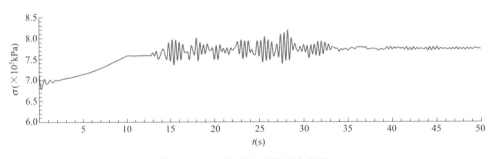

图 2.14-11　预应力钢筋应力变化

6）柱混凝土内力

框架柱弯矩对比如图 2.14-12 所示。框架柱轴力对比如图 2.14-13 所示。

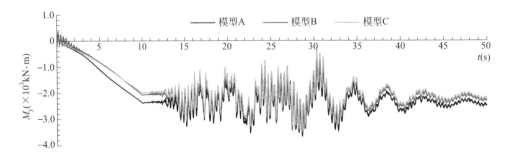

图 2.14-12　框架柱弯矩对比

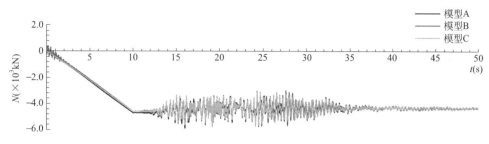

图 2.14-13　框架柱轴力对比

7. 结论

（1）SAUSG 2021 版本中新增了预应力钢筋直接建模与模拟方法，可以准确地模拟预应力钢筋的作用；

（2）预应力钢筋直接建模法与等效荷载法均能较好地模拟预应力钢筋对结构的作用，直接建模法可以方便地实现预应力构件非线性仿真模拟。

点评：预应力的模拟对非线性分析结果影响很大，SAUSG 根据用户需求提供了相关功能，并在实际工程项目中获得了应用，发挥了很好的仿真模拟作用。

2.15　地震波在高层建筑中的传播与反射

作者：乔保娟

发布时间：2021 年 11 月 03 日

问题：记得刚上《结构动力学》课时就有个疑问：地震时高层建筑应该像舞动的飘带一样底部先动顶部后动，地震波在高层建筑中应该会有传播和反射的现象，而按照结构运动方程，基底和上部楼层是同时运动的，这是对的吗？

1. 位移输入方式

计算模型如图 2.15-1 所示，每层 4 根柱、4 根梁，层高 10m，100 层，也就是千米高塔，底部输入正弦波位移激励进行弹性时程分析，只加载 X 方向，位移峰值为 1m，如图 2.15-2 所示。

2. 加速度输入方式

采用上节定义的正弦波作为地震动加速度输入，如图 2.15-3 所示，注意正弦波加速度对应的位移时程如图 2.15-4 所示。

输出第 60 层绝对位移、绝对加速度时程曲线如图 2.15-5 和图 2.15-6 所示。

输出第 100 层绝对位移、绝对加速度时程曲线如图 2.15-7 和图 2.15-8 所示。

可见：

（1）一致激励与多点激励模拟结果相同，也就

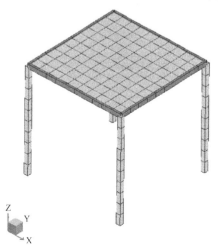

图 2.15-1　计算模型

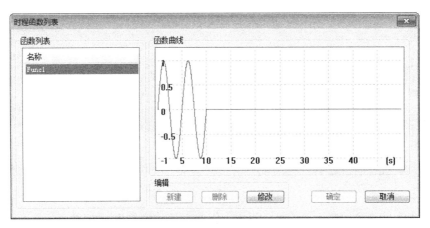

图 2.15-2　正弦波位移输入

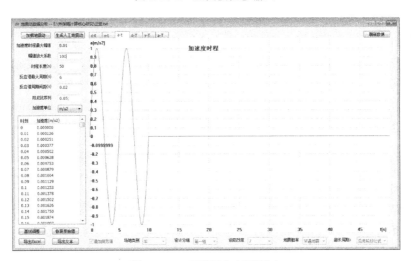

图 2.15-3　正弦波加速度输入

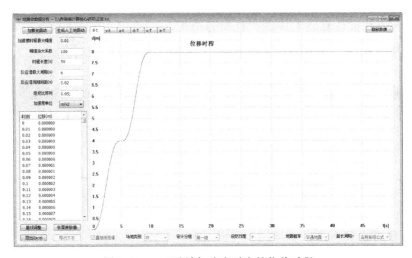

图 2.15-4　正弦波加速度对应的位移时程

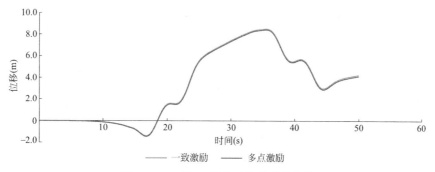

图 2.15-5　第 60 层绝对位移时程曲线

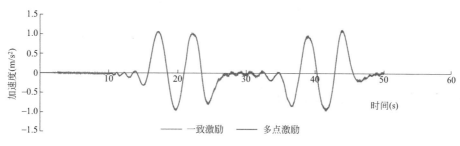

图 2.15-6　第 60 层绝对加速度时程曲线

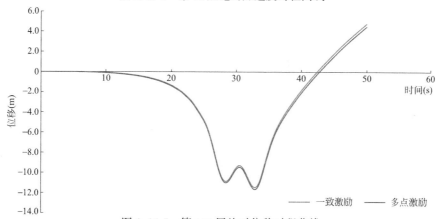

图 2.15-7　第 100 层绝对位移时程曲线

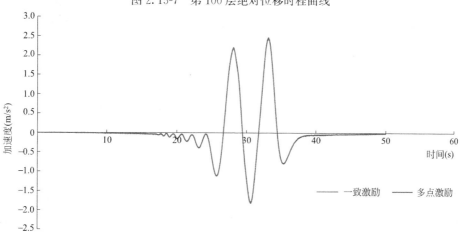

图 2.15-8　第 100 层绝对加速度时程曲线

是一致激励方式可以体现地震波在高层建筑中的传播与反射。

（2）第 60 层最大绝对位移为 8.4m，与基底最大绝对位移 8m 接近；第 60 层最大绝对加速度 $1.1m/s^2$，与基底最大绝对加速度 $1m/s^2$ 接近。

（3）结构顶部由于入射波与反射波的叠加，位移响应和加速度响应增大，最大绝对位移为 11.6m，放大系数为 1.5，最大绝对加速度为 $2.4m/s^2$，放大系数为 2.4。

3. 结论

（1）一致激励与多点激励模拟结果相同，注意要进行绝对位移和相对位移的换算，一致激励方式和多点激励方式都可以考虑地震波在高层建筑中的传播与反射。

（2）结构顶部由于入射波与反射波的叠加，位移响应和加速度响应会显著增大。

点评：地震波在建筑结构中的传播不需要时间吗？当然需要。那求解结构动力学方程时，为什么相对加速度是同时加到各结构节点上？这也是对的，看完这篇文章应该就理解了。

2.16　框剪结构基于 IDA 方法的倒塌易损性分析

作者：乔保娟

发布时间：2022 年 1 月 5 日

问题：用 SAUSG 怎么做倒塌易损性分析呢？

1. 前言

基于 IDA 方法的结构倒塌易损性分析，是通过对结构输入一组逐步增大强度的地震动记录（记地震动总数为 N_{total}），直至结构发生倒塌破坏。如果在某一地面运动强度 IM（Intensity Measure）下有 $N_{collapse}$ 条地震动导致结构发生倒塌，则记在 IM 下结构的倒塌率为 $N_{collapse}/N_{total}$。当地震动记录数足够多（如 FEMA P695 报告建议取 20 条以上）且具有足够的代表性，则通过分析结构的倒塌率得到结构地震倒塌易损性曲线，就可以对结构的抗倒塌能力进行定量的评价。结构倒塌易损性分析流程详见《建筑结构抗倒塌设计标准》T/CECS 392—2021 附录 D。

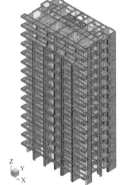

2. 工程算例

某 15 层框剪剪力墙结构模型如图 2.16-1 所示，结构高 45m。地震烈度为 6 度，场地类别为 Ⅱ 类，场地分组为第一组。

第一振型为 X 向平动振型，周期为 1.74s；第二振型为 Y 向平动振型，周期为 1.42s；第三振型为扭转振型，周期为 1.28s。按照地震动主方向反应谱在前三周期点与规范反应谱接近的原则，选取了 1 条人工模拟加速度时程曲线和 24 条实际强震记录，绘制主方向和次方向的反应谱如图 2.16-2 所示，可见，25 组地震动时程曲线

图 2.16-1　某框架
剪力墙模型

的平均地震影响系数曲线与规范反应谱地震影响系数曲线在统计意义上吻合。

考虑双向水平地震输入，主方向与次方向加速度峰值比值为 $1:0.85$，主方向加速度峰值强度分别取 $125cm/s^2$、$220cm/s^2$、$310cm/s^2$、$400cm/s^2$、$510cm/s^2$、$620cm/s^2$、$750cm/s^2$ 和 $900cm/s^2$ 共 8 个地震强度级，采用 SAUSG 进行非线性动力

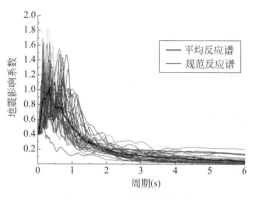

图 2.16-2   地震动反应谱

时程分析。统计各楼层最大层间位移角，按《建筑结构抗倒塌设计标准》第 5.4.1 条地震倒塌判别标准进行倒塌判别，即框剪结构最大层间位移角大于 1/100 时，认为结构倒塌。

3. 分析结果

由于地震动记录数目较多，此处仅展示有代表性的人工模拟地震动层间位移角曲线，如图 2.16-3 所示，可见，第 3 层出现了变形集中现象。统计各地震动强度工况层间位移角最大值，绘制最大层间位移角随地震强度变化曲线，如图 2.16-4 所示。可见，在 PGA 达到 400cm/s^2 后层间位移角呈非线性增长，说明结构进入了严重破坏状态，如图 2.16-5 所示。

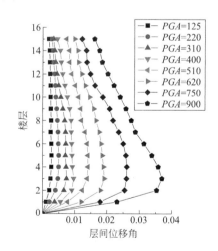

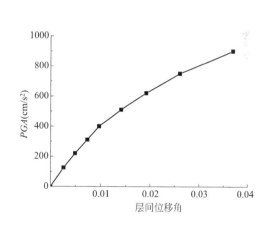

图 2.16-3   层间位移角曲线   图 2.16-4   层间位移角随地震强度变化曲线

统计各地震动强度的倒塌工况数，计算各地震强度倒塌概率，进行对数正态拟合绘制倒塌易损性曲线如图 2.16-6 所示。根据倒塌易损性曲线可知，地震动 PGA 为 370cm/s^2 时有 50% 的地震动发生了倒塌，该地面运动强度就是结构的平均抗倒塌能力。将此地面运动强度与结构的设计大震强度比较，就可以得到结构的倒塌储备系数 CMR 数（Collapse Margin Ratio），即 $CMR = IM50\%$倒塌$/IM$设防大震$=370/125=3.0$。

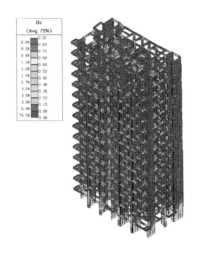 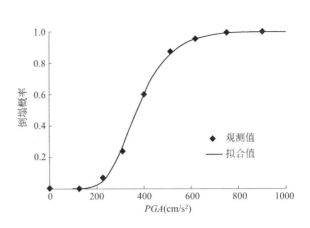

图 2.16-5　PGA 为 400cm/s^2 时全楼损伤　　图 2.16-6　结构倒塌易损性曲线

4. 结论

本文对一框架剪力墙结构进行了基于 IDA 方法的倒塌易损性分析，得到该结构抗倒塌储备系数 CMR 为 3.0，具有较高的安全储备。

点评：IDA 分析（增量动力分析，Incremental Dynamic Analysis，简称 IDA）是评估结构倒塌易损性的好方法。IDA 分析计算工作量较大，目前一般只应用于科学研究领域，但随着计算机软硬件的发展，IDA 分析在实际工程中的应用会越来越多。

2.17　模拟自由振动试验测阻尼比

作者：乔保娟

发布时间：2018 年 11 月 20 日

问题：能不能用 SAUSG 模拟一下自由振动试验测阻尼比呢？

1. 抗震结构自由振动试验

选取某 53 层框剪结构，如图 2.17-1 所示，施加加速度脉冲，峰值为 220cm/s^2，持

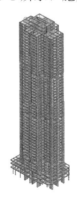

图 2.17-1　框剪结构

时 2s，总加载时长 30s，如图 2.17-2 所示，采用振型阻尼，阻尼比取 5%，进行弹性时程分析，输出图 2.17-1 标注的节点位移时程曲线，如图 2.17-3 所示。

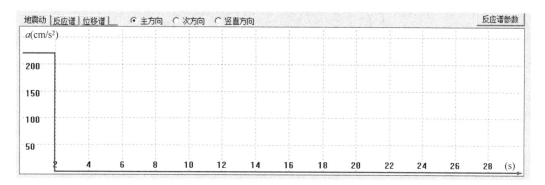

图 2.17-2　加速度脉冲

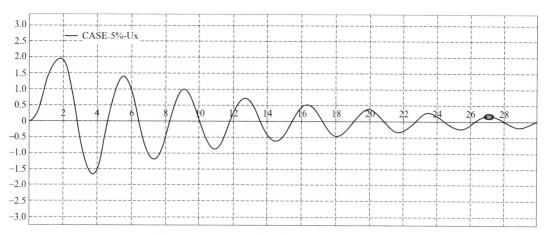

图 2.17-3　阻尼比为 5% 时顶点位移时程曲线

如果将顶点自由振动衰减看作单自由度体系自由振动，我们可以根据振幅指数衰减规律计算体系的阻尼比，在小阻尼时（$\xi < 20\%$）：

$$\xi \approx \frac{1}{2\pi j}\ln\frac{u_i}{u_{i+j}} \tag{2.17-1}$$

取图 2.17-3 中标识的两个峰值点，$u_i = 1.412\text{m}$，$u_{i+j} = 0.197\text{m}$，$j = 6$，代入式（2.17-1）得 $\xi \approx 5.22\%$，与初始设置阻尼比 5% 相近。

将初始振型阻尼比设为 0，重新分析得顶点位移时程曲线如图 2.17-4 所示，节点位移幅值基本无衰减，可见 SAUSG 数值模拟是可靠的。

2. 减震结构自由振动试验

选取某 34 层剪力墙结构，如图 2.17-5 所示，每层布置 6 个墙式剪切型消能器，如图 2.17-6 所示，施加加速度脉冲，峰值为 400cm/s²，持时 2s，总加载时长 50s，采用振型阻尼，阻尼比取 5%，进行弹性时程分析，输出图 2.17-5 标注的节点位移时程曲线，如图 2.17-7 所示。

取图 2.17-7 中标识的两个峰值点，$u_i = 0.829\text{m}$，$u_{i+j} = 0.091\text{m}$，$j = 6$，代入

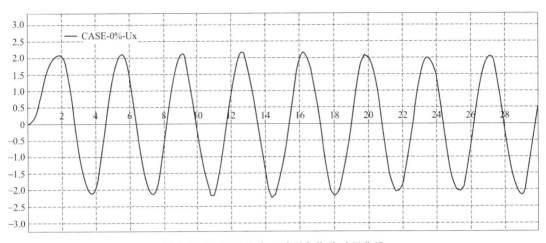

图 2.17-4　阻尼比为 0 时顶点位移时程曲线

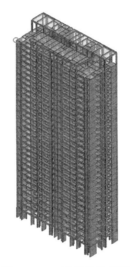

图 2.17-5　减震结构模型

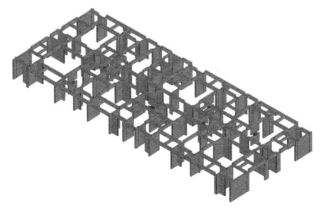

图 2.17-6　减震结构标准层

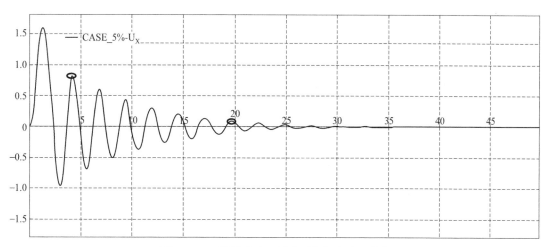

图 2.17-7　阻尼比为 5% 时顶点位移时程曲线

式（2.17-1）得 $\xi \approx 5.87\%$，扣除初始阻尼比 5%，消能器附加阻尼比为 0.87%。根据能量图计算消能器的附加等效阻尼比为 0.8%，如图 2.17-8 所示，可见两种方法得到的阻尼比相差不大。

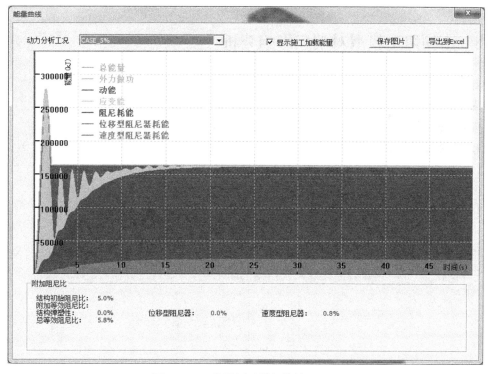

图 2.17-8　能量图及附加等效阻尼比

将初始振型阻尼比设为 0，重新分析得顶点位移时程曲线如图 2.17-9 所示，取图 2.17-9 中标识的两个峰值点，$u_i = 1.135\text{m}$，$u_{i+j} = 0.626\text{m}$，$j = 12$，代入式（2.17-1）得 $\xi \approx 0.79\%$，与前面求得的阻尼器附加阻尼比接近。

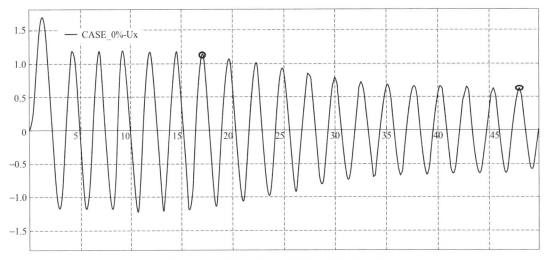

图 2.17-9　阻尼比为 0 时顶点位移时程曲线

由以上分析可见，在顶点振动可以近似看作单自由度体系振动的情况下，可以根据自由振动顶点位移曲线衰减规律计算结构阻尼比，该方法快捷可靠。

点评：本文让读者可以更加直观和深刻地理解阻尼比概念。

2.18　不同阻尼模型对响应影响分析

作者：侯晓武

发布时间：2018 年 12 月 12 日

问题：瑞利阻尼与振型阻尼都是怎么回事？二者对计算结果有多大影响？

1. 阻尼模型介绍

目前动力弹塑性分析中，瑞利阻尼和振型阻尼是两种最常用的阻尼形式，下面对两种阻尼形式进行简单介绍。

1）瑞利阻尼

$$C = a_0 M + a_1 K \tag{2.18-1}$$

瑞利阻尼模型如式（2.18-1）所示，假定阻尼与质量和刚度成正比。a_0、a_1 分别为质量因子和刚度因子，只要假定任意两阶振型的阻尼比，即可根据式（2.18-2）求得。

$$\frac{1}{2} \begin{bmatrix} \dfrac{1}{\omega_i} & \omega_i \\ \dfrac{1}{\omega_j} & \omega_j \end{bmatrix} \begin{Bmatrix} a_0 \\ a_1 \end{Bmatrix} = \begin{Bmatrix} \zeta_i \\ \zeta_j \end{Bmatrix} \tag{2.18-2}$$

瑞利阻尼曲线如图 2.18-1 所示，假定第 i 阶和第 j 阶振型的阻尼比已知（如对于混凝土结构，一般取为 5%）。将这两阶振型的频率和阻尼比代入式（2.18-2），即可得到质量因子和刚度因子，进而根据图 2.18-1 中公式可以得到其他各阶振型的阻尼比。

实际计算时，一般应选择对于结构响应影响较大的两个振型来计算质量和刚度因子。对于一般的高层建筑结构，前两阶振型分别为整体坐标系 X 方向和 Y 方向的主振型，因而可以选择前两阶振型来计算。

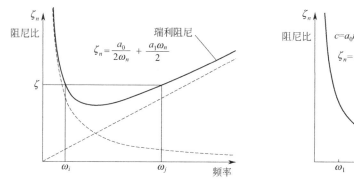 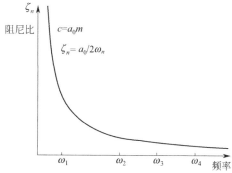

图 2.18-1　瑞利阻尼　　　　　　　　　图 2.18-2　质量阻尼

采用显式算法求解动力学方程式时，如果选择瑞利阻尼，为了方便对动力学求解公式进行解耦，一般舍弃瑞利阻尼中的刚度项，此时瑞利阻尼退化为质量阻尼，如图 2.18-2 所示。

2）振型阻尼

假定若干阶振型的阻尼比已知，根据振型的正交性，振型阻尼可以表示为下式：

$$c = m \left(\sum_{n=1}^{N} \frac{2\zeta_n \omega_n}{M_n} \phi_n \phi_n^{\mathrm{T}} \right) m \tag{2.18-3}$$

由于采用显式方法进行求解的计算量与所取的振型数成正比，因而一般选择对于结构响应影响较大的前 N 阶振型进行计算。对于规则的高层建筑结构，每个方向取 3 个振型即总振型数设为 10 个，即可保证结构计算结果的精确性。

如果结构比较复杂，前 10 阶振型中包含局部振型，或对于大底盘结构底盘部分的振型相应靠后，或对于多塔结构等情况，应该相应增加振型数，以获得比较准确的结果。

2. 工程案例

某框架剪力墙结构如图 2.18-3 所示，结构高度为 39.6m，设防烈度为 7 度（0.15g），设计地震分组第一组，场地类别为 II 类。

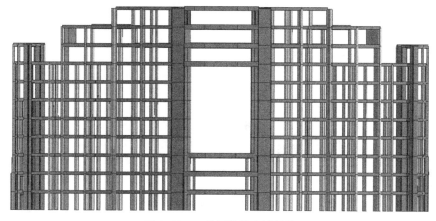

图 2.18-3　某框架剪力墙结构

选择一条人工波 RH1TG035 进行加载，三个方向地震波如图 2.18-4 所示。将结构整体坐标系 X 方向作为主方向，峰值加速度为 310cm/s^2。X、Y、Z 方向的地震动峰值加速度比例为 $1:0.85:0.65$。

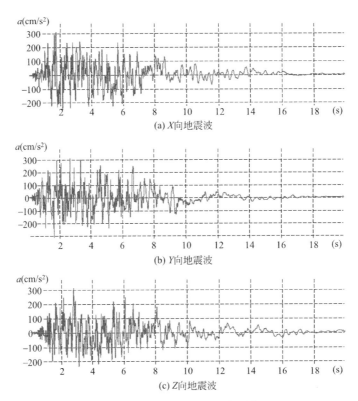

(a) X 向地震波

(b) Y 向地震波

(c) Z 向地震波

图 2.18-4　RH1TG035 人工波

结构的前 10 阶振型如图 2.18-5 所示。

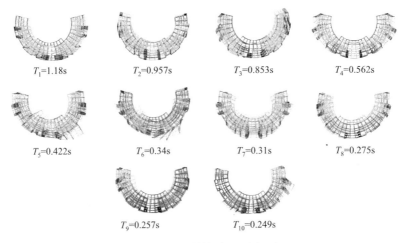

$T_1=1.18\text{s}$　　$T_2=0.957\text{s}$　　$T_3=0.853\text{s}$　　$T_4=0.562\text{s}$

$T_5=0.422\text{s}$　　$T_6=0.34\text{s}$　　$T_7=0.31\text{s}$　　$T_8=0.275\text{s}$

$T_9=0.257\text{s}$　　$T_{10}=0.249\text{s}$

图 2.18-5　结构前 10 阶振型

采用三种阻尼模型对结构进行分析，三种阻尼模型中阻尼比与角频率关系曲线如图

2.18-6 所示。对于瑞利阻尼和振型阻尼，可以保证前两阶振型的阻尼比为设定值 5%。随着频率增加，瑞利阻尼的阻尼比呈线性增加趋势，振型阻尼的阻尼比则按照设定值保持恒定，而质量阻尼的阻尼比随着频率增加而逐渐减小。

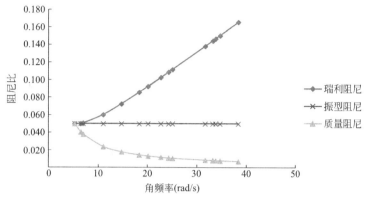

图 2.18-6　阻尼比与角频率关系曲线

1）层间位移角

阻尼模型分别按照上一节中介绍的振型阻尼、瑞利阻尼和质量阻尼，振型数取为 15 个。层间位移角计算结果如图 2.18-7 所示。对于振型阻尼和质量阻尼，最大层间位移角均出现在第 9 层，分别为 1/70 和 1/51，超过了规范的限值要求。采用瑞利阻尼，最大层间位移角出现在第 7 层，最大值为 1/115，满足规范 1/100 的限值要求。

采用振型阻尼工况，最大层间位移角发生于 9 层顶部小塔楼处，如图 2.18-8 所示。

2）节点位移时程曲线

提取 32539 号节点以及其所在框架柱的下节点，得到其位移时程曲线如图 2.18-9（a）、（b）所示。采用质量阻尼与其他阻尼模型结果相差较大，采用瑞利阻尼和振型阻尼时，节点位移时程曲线比较接近。但通过上下节点位移求差得到的层间位移曲线如图 2.18-9（c）所示，三种阻尼模型计算结果相差较大。

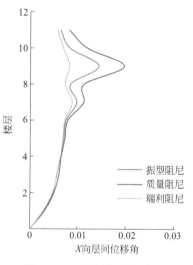

图 2.18-7　层间位移角对比

将框架柱层间位移时程曲线进行傅里叶变换，得到位移时程的频谱关系。采用振型阻尼和瑞利阻尼时，二者在低频段（$f < 1.0\mathrm{Hz}$）基本一致，但对于高频段二者差别较大。采用瑞利阻尼时，低频段起控制作用，结构响应主要受低阶振型影响。而对于振型阻尼，高频段影响则不可忽略。采用质量阻尼模型时，高频段的影响更大。

如图 2.18-10（d）所示，曲线中几个峰值对应的频率分别为 2.37Hz、2.87Hz、3.26Hz、3.66Hz、4.05Hz、4.35Hz，与结构 5～10 阶振型的固有频率范围（2.37Hz、2.94Hz、3.23Hz、3.64Hz、3.89Hz、4.01Hz）基本重合。因而采用振型阻尼时，高阶振型的影响比较大。

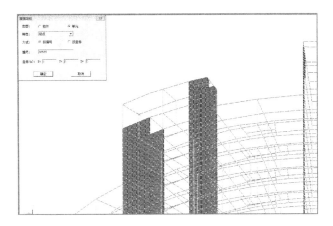

图 2.18-8　最大层间位移角发生位置

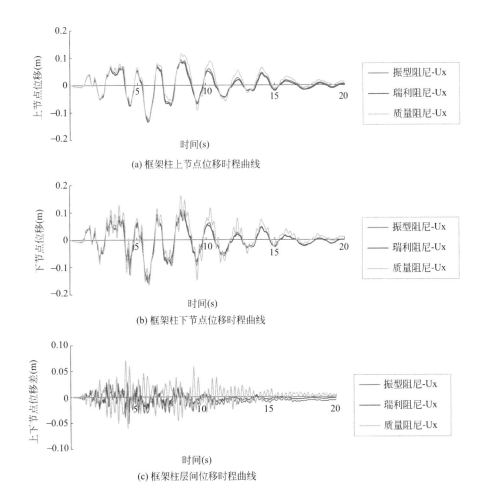

(a) 框架柱上节点位移时程曲线

(b) 框架柱下节点位移时程曲线

(c) 框架柱层间位移时程曲线

图 2.18-9　框架柱节点位移时程曲线

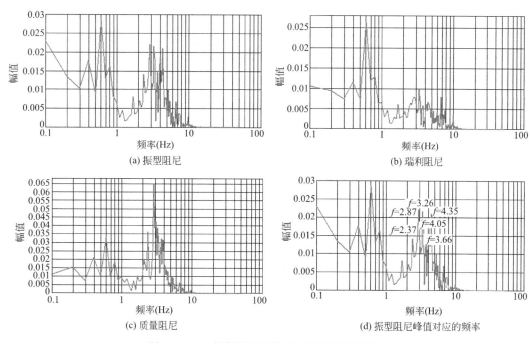

图 2.18-10 框架柱层间位移时程曲线频谱关系

3）能量图

采用不同阻尼模型时，能量图如图 2.18-11 所示。应变能所占比例从大到小依次为质量阻尼、振型阻尼和瑞利阻尼，根据能量图计算得到的附加阻尼比分别为 5.9%、2.8% 和 2.3%，因而三种阻尼模型引起的结构整体损伤也是从大到小。采用瑞利阻尼和振型阻尼得到的结构损伤相差不大。

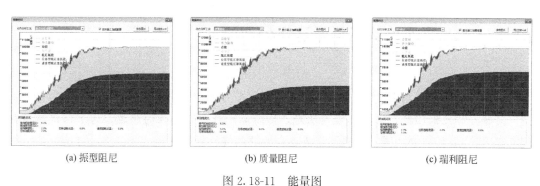

(a) 振型阻尼　　　　　　　　(b) 质量阻尼　　　　　　　　(c) 瑞利阻尼

图 2.18-11 能量图

4）结构损伤分析

提取 32539 号节点所在断面，损伤如图 2.18-12 所示。采用质量阻尼模型，由于高阶振型的阻尼比偏小，高阶振型影响增加，结构损伤最大。采用振型阻尼时，损伤结果略大于瑞利阻尼，整体上相差不大。

3. 结论

本文对一个框架剪力墙结构进行了弹塑性分析，分别采用了三种阻尼模型：质量阻尼、瑞利阻尼和振型阻尼，由于质量阻尼高阶振型阻尼比偏小，属于明显不合理的阻尼模

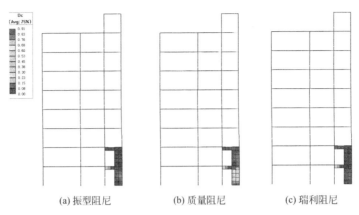

(a) 振型阻尼   (b) 质量阻尼   (c) 瑞利阻尼

图 2.18-12 构件混凝土损伤

型，因而这里重点对瑞利阻尼和振型阻尼分析结果进行总结。

（1）本结构顶部存在小塔楼，其特点是高阶振型影响显著。对于常规高层结构，采用不同阻尼模型结果差异可能没有本案例这么大。因而针对那些高阶振型影响显著的结构，要注意阻尼模型的合理选取。

（2）采用瑞利阻尼和振型阻尼进行分析，得到的顶部层间位移角相差较大。通过上文分析，原因是瑞利阻尼高阶振型的阻尼比明显大于振型阻尼，导致采用瑞利阻尼时，高阶振型影响不显著。

（3）目前状况下还无法判断瑞利阻尼和振型阻尼模型哪种更准确，但对于本文这种高阶振型影响较大的结构，采用振型阻尼的分析结果应该更安全。

点评：通过算例比较，可以更好地理解瑞利阻尼和振型阻尼的差异。

2.19　SAUSG 非比例阻尼是这样处理的

作者：乔保娟

发布时间：2019 年 7 月 24 日

问题：非比例阻尼，又称非经典阻尼，即不满足振型正交性的阻尼，为了保持与经典阻尼相同的 GPU 并行效率，SAUSG 是怎么处理的呢？

1. 基本原理

采用时域逐步积分方法进行动力时程分析时需要构造阻尼矩阵，对于全楼采用统一材料的工程，如果采用振型阻尼，可利用振型阻尼矩阵直接叠加构造直接积分法阻尼矩阵，详细推导过程可参考刘晶波《结构动力学》教材，如式（2.19-1）和式（2.19-2）所示。

$$C = (M\Phi M_n^{-1})C_n(M_n^{-1}\Phi^{\mathrm{T}}M) \tag{2.19-1}$$

$$C = M\left(\sum_{n=1}^{N}\frac{2\zeta_n\omega_n}{M_n}\phi_n\phi_n^{\mathrm{T}}\right)M \tag{2.19-2}$$

结构的两部分或更多部分的阻尼存在明显的差异时，经典阻尼的假设便不再成立，如部分钢结构＋部分混凝土结构，钢结构的阻尼比为 1%，而混凝土的阻尼比为 3%～5%。

类似的还有土-结构动力相互作用问题（土的阻尼可达 15%，结构为 $1\%\sim5\%$）和耗能减震结构（耗能构件的阻尼大大高于结构的其他部分）。以部分钢结构＋部分混凝土结构为例，若采用一个折中阻尼，则计算结果将高估混凝土部分的反应，而低估了钢结构部分的反应，导致较大的计算误差。

此时，不能再像经典阻尼那样直接对整个结构体系建立其阻尼矩阵，需先将结构分为几个子结构，对每一个子结构采用前面介绍的处理经典阻尼的方法，建立其子结构的阻尼矩阵，最后把几个子结构的阻尼矩阵集成得到结构总体阻尼阵。这将改变 SAUSG 的并行计算流程，降低计算效率，幸运的是，SAUSG 小伙伴想出了一个代码改动很小的好办法，即将每个振型的阻尼比扩展为包含每个节点等效阻尼比的一个向量，节点等效阻尼比由与之相连的构件阻尼比加权平均得到。式（2.19-2）阻尼矩阵也就变为：

$$C=M\left(\sum_{n=1}^{N}\frac{2\omega_n}{M_n}(\zeta_n\cdot\phi_n\phi_n^{\mathrm{T}})\right)M \tag{2.19-3}$$

展开得：

$$c_{ij}=\sum_{n=1}^{N}\frac{2\zeta_{in}\omega_n}{M_n}m_i\phi_{in}\phi_{jn}m_j \tag{2.19-4}$$

式中，"·"表示维度相同的向量对应元素相乘。

这与传统的非经典阻尼矩阵构造方法等效，却大大提高了计算效率。当不同节点阻尼比相同时可退化为经典阻尼。

2. 公式推导

假设整个结构阻尼比为 ζ'，则：

$$C'=M\left(\sum_{n=1}^{N}\frac{2\zeta'_n\omega_n}{M_n}\phi_n\phi_n^{\mathrm{T}}\right)M \tag{2.19-5}$$

$$c'_{ij}=\sum_{n=1}^{N}\frac{2\zeta'_n\omega_n}{M_n}m_i\phi_{in}\phi_{jn}m_j \tag{2.19-6}$$

假设整个结构阻尼比为 ζ''，则：

$$C''=M\left(\sum_{n=1}^{N}\frac{2\zeta''_n\omega_n}{M_n}\phi_n\phi_n^{\mathrm{T}}\right)M \tag{2.19-7}$$

$$c''_{ij}=\sum_{n=1}^{N}\frac{2\zeta''_n\omega_n}{M_n}m_i\phi_{in}\phi_{jn}m_j \tag{2.19-8}$$

将 C' 和 C'' 的元素按结构的材料组成组装进阻尼矩阵，同一节点与两种材料相连时将 c'_{ij} 与 c''_{ij} 进行加权平均，阻尼矩阵的元素为：

$$c_{ij}=\lambda_{ij}c'_{ij}+(1-\lambda_{ij})c''_{ij} \tag{2.19-9}$$

$$c_{ij}=\lambda_{ij}\sum_{n=1}^{N}\frac{2\zeta'_n\omega_n}{M_n}m_i\phi_{in}\phi_{jn}m_j+(1-\lambda_{ij})\sum_{n=1}^{N}\frac{2\zeta''_n\omega_n}{M_n}m_i\phi_{in}\phi_{jn}m_j$$

$$=\sum_{n=1}^{N}\frac{2(\lambda_{ij}\zeta'_n+(1-\lambda_{ij})\zeta''_n)\omega_n}{M_n}m_i\phi_{in}\phi_{jn}m_j \tag{2.19-10}$$

令 $\zeta_{ijn}=\lambda_{ij}\zeta'_n+(1-\lambda_{ij})\zeta''_n$，则：

$$c_{ij}=\sum_{n=1}^{N}\frac{2\zeta_{ijn}\omega_n}{M_n}m_i\phi_{in}\phi_{jn}m_j \tag{2.19-11}$$

不同材料交界面将形成重叠的矩阵块，假设该重叠块中同一行采用相同的加权系数，即 $\lambda_{ij}=\lambda_i$，$\zeta_{ijn}=\zeta_{in}$，ζ_{in} 为节点 i 第 n 振型的加权阻尼比，不同节点阻尼比不同，则：

$$c_{ij}=\sum_{n=1}^{N}\frac{2\zeta_{in}\omega_n}{M_n}m_i\phi_{in}\phi_{jn}m_j \tag{2.19-12}$$

与式（2.19-1）相同，得证。

3. 工程实例

某体育馆模型如图 2.19-1 所示，下部为混凝土结构，上部为钢结构，可以采用 SAU-SG "模型组装"功能将两部分模型导入合并在一起，如图 2.19-2 所示。

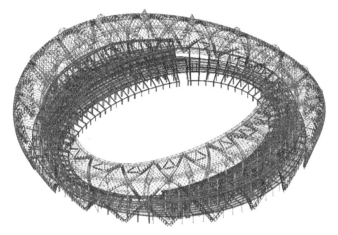

图 2.19-1　某体育馆模型

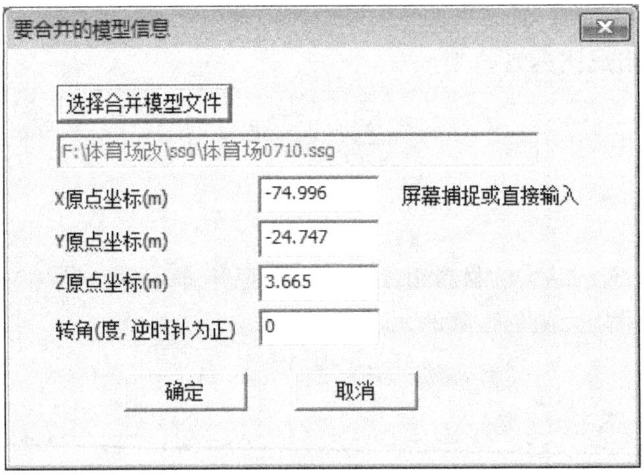

图 2.19-2　SAUSG 模型组装功能

阻尼参数设置为按材料区分，如图 2.19-3 所示，混凝土阻尼比设为 5%，钢阻尼比设为 2%，进行大震弹塑性时程分析，查看上部钢结构（Q345）的最大应力如图 2.19-4 所示，最大值为 353MPa，可见进入了强化段。同时计算全楼统一阻尼比 5%和 2%工况作

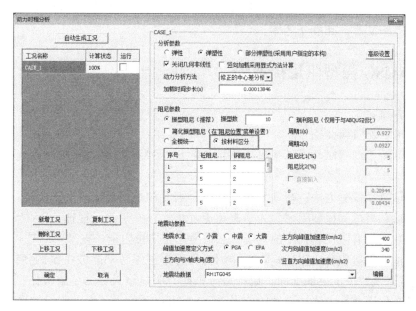

图 2.19-3　SAUSG 模型组装功能

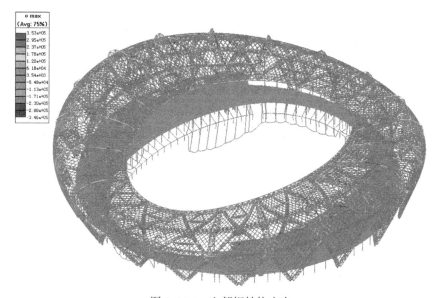

图 2.19-4　上部钢结构应力

为对比工况，全楼统一阻尼比 5％工况最大应力为 347MPa，全楼统一阻尼比 2％工况最大应力为 354MPa，可见非比例阻尼工况上部钢结构应力更接近于全楼统一阻尼比 2％工况。

　　SAUSG 2019 版新增加了可以分别设置每个振型的钢材、混凝土阻尼比功能，感兴趣的小伙伴可以试试。

　　点评：处理不好非比例阻尼，会影响结构的计算结果准确性，同时也可能显著增加动力时程分析计算时间。本文给出了一种既保证非比例阻尼计算准确性，又不影响计算效率的方法。非比例阻尼对钢、混凝土混合结构的计算结果有一定影响，对减隔震结构计算结果的影响会更加显著，且难以忽略。

2.20 SAUSG 振型阻尼提速啦

作者：乔保娟

发布时间：2021 年 8 月 18 日

问题：相对于瑞利阻尼，振型阻尼计算耗时长，SAUSG 是怎么提速的？

1. 前言

采用时域逐步积分方法进行动力时程分析时需要构造阻尼矩阵，SAUSG 提供了两种阻尼模型：瑞利阻尼和振型阻尼。为了避免矩阵求逆，便于并行提速，SAUSG 的瑞利阻尼参考行业在通用有限元软件中的实现方法仅考虑了质量阻尼。振型阻尼是利用振型阻尼对角阵直接构造直接积分法阻尼矩阵（详细推导过程可参考刘晶波主编的《结构动力学》教材），优点是从原理上更加准确，缺点是计算耗时明显增长。为了解决振型阻尼耗时较长的问题，在保证计算方法严谨性的前提下，SAUSG 近期做了振型阻尼的提速工作。

2. SAUSG 振型阻尼是怎么实现的

因为振型阻尼矩阵是满阵，计算模型自由度很多时，会超出计算机内存容量。SAUSG 的实现方案是：不存储阻尼矩阵，仅存储 $M\Phi$，每时步直接计算阻尼力，利用结合律先计算后面的矩阵与速度的乘积。这样就可以大大降低内存使用量。

$$C = (M\Phi M_n^{-1}) C_n (M_n^{-1}\Phi^{\mathrm{T}} M) \tag{2.20-1}$$

$$F_d = (M\Phi M_n^{-1}) C_n (M_n^{-1}\Phi^{\mathrm{T}} M) V$$

$$= (M\Phi M_n^{-1}) C_n \left[(M_n^{-1}\Phi^{\mathrm{T}} M) V \right] \tag{2.20-2}$$

但每时步需要计算两次大矩阵与向量的乘积（以下简称前端和后端），计算量巨大，导致振型阻尼相比瑞利阻尼慢很多。

3. SAUSG 振型阻尼提速策略

为了提高振型阻尼计算效率，SAUSG 采用了四种并行策略对振型阻尼进行了优化提速。四种并行优化策略如下：

（1）并行策略 1。前端：细化并行粒度，振型速度计算由节点级并行改为自由度级并行；后端：采用数学函数库。

（2）并行策略 2。前端：在并行策略 1 的基础上各振型间采用 OPenMP 并行；后端：采用数学函数库。

（3）并行策略 3。前端：调用 CUDA 数学函数库 cublas 函数（CPU 版调用 MKL 数学函数库 cblas 函数）进行矩阵与向量的乘积计算；后端：采用数学函数库。

（4）并行策略 4。作为并行策略 1 的对照，前端与并行策略 1 相同；后端：采用自写并行函数。

四种并行策略均能保证计算结果与原结果相同，测试结果如下：

（1）对于小模型（1 万～10 万自由度），并行策略 3 提速较多；对于中等模型（10 万～150 万自由度），并行策略 4 提速较多；对于大模型（150 万自由度以上），并行策略 2 提速较多。

（2）大模型时，并行策略3速度降低，说明CUDA数学函数库cublas中的矩阵向量相乘gemv函数还有优化空间，放弃并行策略3；

（3）并行策略1不如并行策略4提速多，说明自写函数比cublas中ddot函数效率高；

（4）并行策略2和并行策略1提速差不多，说明计算资源已被占满，各振型间OpenMP并行提速不明显。

综上所述，并行策略4最优，GPU版本采用并行策略4，表2.20-1是SAUSG团队小伙伴的测试结果。

周期对比   表2.20-1

模型	计算设备	振型数	优化前	优化后	提速(%)
框架模型 105万自由度	GPU RTX 3090	10	53分25秒	40分30秒	32
框剪模型 8万自由度	GPU RTX 3090	10	10分46秒	6分22秒	68
框剪模型 80万自由度	GPU RTX 3090	10	35分18秒	25分54秒	38
框筒模型 118万自由度	GPU RTX 3090	10	40分39秒	32分22秒	25
剪力墙模型 83万自由度	GPU RTX 3090	10	31分42秒	23分07秒	36
框筒模型 271万自由度	GPU RTX 3090	10	2小时02分	1小时48分	13
框剪模型 80万自由度	GPU RTX 3070	30	1小时14分	45分	64
剪力墙模型 83万自由度	GPU RTX 3070	30	1小时6分	39分31秒	67
框架模型 104万自由度	GPU RTX 3070	50	1小时50分	1小时	83
框筒模型 118万自由度	GPU RTX 3070	50	1小时47分	1小时6分	62

可见，GPU版本振型阻尼平均提速约49%，且振型数越多，提速越明显。

4. 结论

通过SAUSG团队的不懈努力，SAUSG振型阻尼实现了低内存使用量下的高效率并行，并行提速约30%～50%，且振型数越多，提速越明显。欢迎小伙伴们试用哦！

点评：非线性分析软件提速有很多种方法，做到在理论上保证计算准确性的前提下提高计算效率是有难度的。有很多可以显著提高计算效率的方法是"有毒的"，坚持严谨性并不容易，也难以被人看见。

第3章　计算效率提升

3.1　SAUSG 为啥这么快

作者：乔保娟

发布时间：2017 年 5 月 31 日

问题：SAUSG 计算速度快，几个小时就能完成大震弹塑性分析，是怎么做到的呢？

1. 前言

2017 年 5 月 27 日，AlphaGo 毫无悬念地最终以 3：0 战胜了中国围棋九段棋手柯洁，我们已经不再需要更多人机大战来证明人类在某些领域比不过机器。你知道吗？AlphaGo 人工智能算法背后采用的技术就是与 SAUSG 相同的 GPU 并行计算技术，我们在建筑结构科学计算方面走在了应用 GPU 并行计算技术的国际前列。

2017 年 5 月初，我们应邀参加了在美国硅谷举办的 GTC 大会（GPU Technology Conference，GPU 技术大会），目睹了八千人参会的盛况，不禁感叹，并行计算的时代已经全面来临，如果你现在编写程序还没有并行思维，那么友情提醒一下，你快 OUT 了。

微软 C++ 大师 Herb Sutter 几年前在文章 "The Free Lunch Is Over" 中提及："免费的午餐已经结束，并行计算将是下一场革命"。改善 CPU 性能的传统方法基本已走到尽头，GPU 并行计算才是方向。很庆幸，李志山博士早在 2009 年就将并行计算方法引入了 SAUSG 雏形中，采用 CPU+GPU 异构并行计算技术，成功地实现了建筑结构千万自由度规模精细化大震弹塑性动力时程分析的快速计算。2010 年 11 月 14 日国际 TOP500 组织在网站上公布了全球超级计算机前 500 强排行榜，中国首台千万亿次超级计算机系统"天河一号"排名全球第一，"天河一号"就是采用 CPU+GPU 并行计算架构。怎么样，SAUSG 也算可以吧？

2. GPU 相比 CPU 强在哪

从图 3.1-1 就可以看出来，目前 CPU 一般有 1～8 个"核"，而 2000 元左右的 NVIDIA GTX1060 显卡就有 1280 个"核"。想象一下 8 个总工和我们 1280 个小兄弟一起比赛画图，谁会画得快？

3. SAUSG 怎么利用 GPU 做并行计算

SAUSG 充分利用 CPU 和 GPU 的优势，采用 CPU+GPU 并行计算架构，逻辑分支判断与计算调度在 CPU 上运行，大规模高密度数值计算在 GPU 上运行，开发了基于

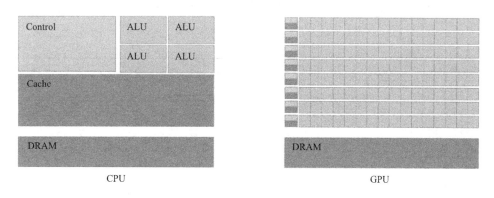

图 3.1-1　CPU 与 GPU 晶体管的使用

CUDA 编程平台的并行计算核心程序，实现了计算速度和计算规模两方面的突破。图 3.1-2 是 SAUSG 显示动力分析计算流程。

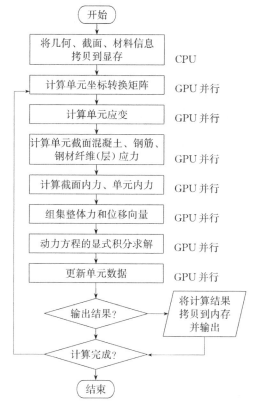

图 3.1-2　SAUSG 显示动力分析计算流程

4. GPU 并行计算效率测试

通过在单机（硬件配置：4 个 i7-2600 CPU ＋1 个 GTX560 GPU）上大量工程实例的计算效率测试发现，在同等计算规模下，SAUSG 的单机 GPU 并行动力弹塑性分析速度比通用有限元单机 CPU 计算快 3～6 倍，如表 3.1-1 所示。

SAUSG 与通用有限元并行计算效率对比　　　　　　　　表 3.1-1

工程名称	结构类型	层数	高度 (m)	基本周期 (s)	运行时间(h)	
					SAUSG	通用有限元
顺德保利商务中心	框架-核心筒	47	212.50	4.48	3.0	18
东莞长安万科中心	框架-核心筒	60	258.40	6.50	3.5	19
成都世茂猛追湾(一期)8 号塔楼	剪力墙	48	144.60	3.01	2.5	12
郑州华润中心二期 5 号楼	剪力墙	56	171.70	3.34	4.0	25
青岛华润中心悦府一期	剪力墙	63	212.40	4.43	4.5	24
越秀星汇云锦商业中心 A 区 A 栋	框支剪力墙	50	166.00	3.72	4.0	19
华润惠州小径湾酒店	框架-剪力墙	11	43.70	1.08	2.5	12
成都西部金融中心	框架-核心筒	57	239.95	5.58	5.5	29
青岛华润中心悦府二期	剪力墙	67	220.50	4.30	4.5	23
华润深圳湾住宅	框支剪力墙	46	158.50	3.78	3.0	15
成都世茂猛追湾(一期)9 号塔楼	剪力墙	55	165.60	3.01	2.5	12
杭州华润 MT 楼	框架-核心筒	60	266.00	3.93	2.5	15
成都顺江路 333 号 B 塔	框架-剪力墙	67	222.95	6.14	5.0	29
佛山和华商贸广场	框架-核心筒	40	166.90	3.48	4.5	24
渤海银行业务综合楼	框架-核心筒	52	244.50	4.89	5.0	26
天津富力城	框架-核心筒	92	396.50	7.31	6.5	32
郑州华润中心二期 6 号楼	剪力墙	55	171.70	3.78	4.0	21
天津现代城酒	框架-核心筒	48	209.00	4.98	4.5	22
合景琶洲 B2 区 AH041007 地块	框架-核心筒	32	151.30	3.70	3.5	16

这还是三年前的测试数据，现在 GTX560 GPU 也已经过时了，NVIDIA 新一代 Pascal 架构和 Volta 架构 GPU 性能实现了巨大飞跃，SAUSG 计算效率又得到了显著提高。SAUSG 为啥这么快？现在你知道了吧！

点评：SAUSG 作为非线性仿真领域的后来者，能够从强手如林的国际通用有限元软件中脱颖而出，在短短的几年中快速获得结构工程师的认可是有原因的。"准""快""专"做到哪一样都不容易，将三者很好地结合起来更难。从 SAUSG 小伙伴的文章中可以看出那种实现技术进步后的自豪感，"傻傻地坚持"可能是符合最小作用量原理和变分法的"最短捷径"吧！

3.2　SAUSG 还能算得更快

作者：邱海

发布时间：2017 年 6 月 6 日

问题：SAUSG 还能再提速吗？

1. 前言

3.1 节展示了 GPU 相对 CPU 在计算方面的优势以及 SAUSG 的 CPU＋GPU 计算架

构。选择了强悍的显卡就可以将 SAUSG 的速度优势发挥到极致吗？不够，我必须还得补充两句。

花了 2000 元配块 NVIDIA GTX 1060 显卡后（当然也可以花 5000 元配块最新的1080Ti 显卡），下面几个工作你要是仔细做了，我保证你不多掏一分钱，却可以使计算效率再度提高。

2. 注意时间步长

SAUSG 中你可能觉得没有多大意义的功能其实决定了整个工程的计算时间！

SAUSG 核心计算采用的是显式积分方法，得到稳定计算结果的前提是计算步长满足最大稳定步长，就是要满足下式：

$$\Delta t \leqslant \Delta t_{cr} = \frac{T_n}{\pi} \tag{3.2-1}$$

式中　Δt_{cr}——最大临界步长；

　　　T_n——结构的最小周期。

想起来 SAUSG 这个功能了吧，计算"最大频率"，没错就是它。为了简化用户操作，新版 SAUSG 已经将"竖向加载""最大频率分析"及"模态分析"封装成"一键初始分析"，如图 3.2-1 所示最大频率分析在一键初始分析中已不知不觉地完成了。

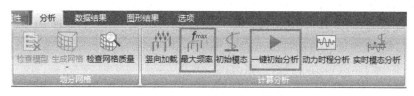

图 3.2-1　软件分析菜单栏

你得看看结果，"数据结果—初始分析结果—最大频率"，软件已自动计算给出了计算步长（图 3.2-2）。高手是这样判断的："我们认为最大时间步长控制在 5×10^{-5} s 以上是可以接受的。如果小于这个值太多，相同地震动时长计算的步数就越多，计算时间也会显著增长。"

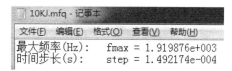

图 3.2-2　最大频率及时间步长

3. 检查网格质量

自动计算出的步长明显小于经验值，怎么办？我要更快！

SAUSG 还有一个好功能，自动检查网格质量（图 3.2-3），它也是最容易被大家忽视的功能之一。

我们都知道 SAUSG 快速得到业界认可的一个重要原因就是采用了与 ABAQUS 一样的＜1m 网格高质量非线性壳单元模拟剪力墙和楼板。理论上可以证明，网格中最小尺寸单

图 3.2-3　检查模型质量

元将决定结构的最大频率，因而决定显式积分的时间步长。

如果软件自动得出的计算步长过小，说明网格有奇异，可以通过检查网格质量结果文件找到劣质单元的位置并进行改善（图 3.2-4）。

最小内角 = 8　　TRI_ID = 167
最大内角 = 103　TRI_ID = 32
最小边长 = 0.100　TRI_ID = 150
最大边长 = 0.744　TRI_ID = 23
最小面积 = 0.020　TRI_ID = 232
最大面积 = 0.154　TRI_ID = 135

图 3.2-4　网格质量结果

4. 如何改善劣质网格

根据我们积累的经验，劣质单元出现的部位往往是结构比较复杂的地方，常见如梁、柱、墙节点交错处。我们可以通过搜索单元找到劣质单元的位置，再通过切换显示单元和显示构件的功能找到对应的构件节点进行编辑处理。编辑通常是去除多余节点、缝合短线、合并过于小的面及移动合并过于接近的节点等。

当你改善了几个劣质单元，并重新划分网格进行最大频率分析后，会惊喜地发现计算步长增加了。恭喜你，你找对了位置！用来处理劣质单元的努力会在后面缩短的计算时间中显得非常值得！

5. 使用 SAUSG 自带的网格划分器

我们曾遇到过这样一个工程，弹性设计采用了国外某著名设计软件（图 3.2-5），使用 SAUSG 进行弹塑性分析时也将其原始网格一起导入，最大频率分析显示计算步长为

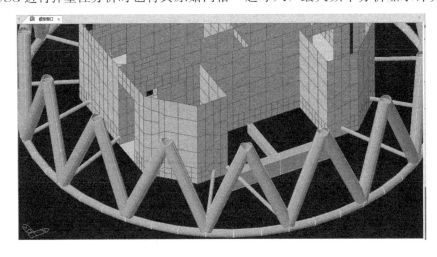

图 3.2-5　某著名设计软件模型网格

10^{-6} 量级，说明导入的网格划分质量较差。SAUSG 目前具备如下功能，就是首先将原网格归并，再进行更高质量的网格细分，很好地完成了该工程计算。

6. 结论

小伙伴们千万不要被劣质单元吓到哦，少量的劣质单元根本不会影响 SAUSG 整体的计算结果。如果出现最大时间步长较小或想进一步提高计算的速度，才需要细致地查找劣质单元。还有，"最大时间步长"尽量不要人为手工修改，以防止不满足稳定步长条件。

点评：网格划分质量会直接影响非线性分析效率，当计算步长较短、计算时间较长时，应首先检查一下网格划分情况。

3.3　为什么要用 GPU 计算——漫谈高性能计算"核武"GPU

作者：贾苏

发布时间：2017 年 12 月 20 日

问题：GPU 不是打游戏用的吗，跟高性能计算有啥关系？

1. 前言

GPU 近年来的曝光率越来越高，无论是人工智能还是比特币挖矿，GPU 的应用越来越多，同时 GPU 显卡的价格也水涨船高。作为 GPU 的生成巨头 NVIDIA Corporation，2017 年三季报显示，第三季度收入高达 20 亿美元，创历史最高纪录，同比增长 54%，同时 NVIDIA 在纳斯达克股价一年半的时间增长了近 5 倍，远超贵州茅台。

2. GPU 简介

图形处理器 GPU（Graphics Processing Unit）是相对于 CPU 的一个概念，由于在 PC 机中，图形的处理变得越来越重要，要求也越来越高，需要一个专门的图形核心处理器。NVIDIA 公司在发布 GeForce 256 图形处理芯片时首先提出 GPU 的概念。GPU 使显卡减少了对 CPU 的依赖，并承担部分原本 CPU 的工作。

很久以前，显卡还叫作图形加速器，并不是计算机的核心部件，就是计算机没有显卡也可以连接显示器进行图形显示，一般只出现在一些高端机器上。后来随着人们对图形显示的要求越来越高，尤其是广大游戏玩家对游戏体验近乎疯狂的追求，显卡才普及开来。

目前使用较多的显卡有三家：Intel，主要集成于英特尔主板，就是常说的集成显卡；AMD（ATI），是世界上第二大的独立显卡芯片生产销售商，前身是 ATI，就是俗称的 A卡，主要产品有大家熟悉的 Radeon 系列，还有专业工作站的 FireGL 系列，超级计算的 FireStream 系列；NVIDIA，是现今最大的独立显卡芯片生产销售商，包括大家熟悉的 Geforce 系列，专业工作站的 Quadro 系列，超级计算的 Tesla 系列等。

3. NVIDIA 公司简介

NVIDIA 是全球图形技术和数字媒体处理器行业领导厂商，创建于 1993 年。总部位于美国圣克拉市，在 20 多个国家和地区拥有约 5700 名员工。NVIDIA 已经开发出五大产品系列，以满足特定细分市场的需求。包括 GeForce、Tegra、ION、Quadro、Tesla。其中在个人电脑中使用较多的是 Geforce 系列，目前旗舰产品是 GTX 1080Ti（图 3.3-1）。

除此之外，NVIDIA 还推出了基于 NVIDIA GPU 的并行计算的架构平台 CUDA（Compute Unified Device Architecture）。图形运算的特点是大量同类型数据的密集运算，

GPU 的架构就是面向适合于矩阵类型的数值计算而设计的，如此强大的芯片如果只是作为显卡就太浪费了，因此 NVIDIA 推出 CUDA，让显卡可以用于图像计算以外的目的，使 GPU 能够发挥其强大的运算能力。在 CUDA 问世之前，对 GPU 编程必须要编写大量的底层语言代码，是程序员不折不扣的噩梦。

图 3.3-1　NVIDIA GTX1080Ti

　　NVIDIA 的成功离不开 CEO 黄仁勋的顽强，使得 NVIDIA 不止一次置之死地而后生，被称为 IT 界最好斗的人，硅谷一霸，并且从不怕得罪任何人。"显卡疯子""AI 狂人"这些关键词可以帮助你了解他。现在，NVIDIA 已经不满足于"显卡之王"的定位，开始向着 AI 领域转型，"未来 NVIDIA 会转型成为 AI COMPUTING COMPANY（人工智能计算公司），不断深挖 GPU 的潜力，释放 GPU 的计算能力为人工智能的发展贡献最重要的力量。"NVIDIA 公司总裁助理金洋向媒体表明了未来的转型目标。已经自动行驶了 160 多万公里的谷歌无人驾驶汽车所搭载的 DrivePX2 无人驾驶平台便出自 NVIDIA，为无人驾驶汽车提供人类的"情景意识"。

4. GPU 处理方式

　　有一个简单的例子可以说明 GPU 的工作特点，一个简单立方体，想要显示它的运动需要怎么进行处理？我们可以首先简化立方体为八个节点，每个节点坐标可以用一个三维向量表示。立方体的简单运动可以分解为"旋转"和"平移"，在线性代数里面，这些都可以用矩阵相乘表示，每个点分别与坐标变换矩形相乘，八个点就计算八次，表示一个简单立方体的运动。八千个点就计算八千次，这种计算没什么技术含量，只是要重复很多次，这就是 GPU 所要进行的一部分工作了。

5. GPU 与 CPU 的区别

　　CPU 和 GPU 之所以大不相同，是由于其设计目标的不同，它们分别针对了两种不同的应用场景。CPU 需要很强的通用性来处理各种不同的数据类型，同时逻辑判断又会引入大量的分支、跳转和中断的处理。这些都使得 CPU 的内部结构异常复杂。而 GPU 面对的则是类型高度统一的、相互无依赖的大规模数据和不需要被打断的纯净的计算环境。

　　图 3.3-2 中，计算单元（ALU），就是我们用来进行加减乘除运算的部分；存储单元（Cache），用来储存计算的相关数据。由于 GPU 的工作对象数据结构相对简单，其绝大部分硬件资源用来进行计算，而 CPU 所面对的计算任务则要复杂得多，所以不得不花费相当多的资源在其他方面。

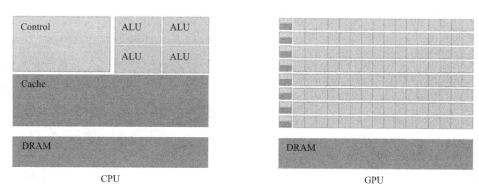

图 3.3-2　CPU 和 GPU 的架构示意图（来自 NVIDIA CUDA 文档）

举个形象的例子，CPU 像是总工程师，善于处理各种复杂问题，如结构概念设计、体系布置等，都要由总工程师决定，但是总工程师精力有限；GPU 更像是一群助理工程师，他们进行具体的结构计算、画图等，人数众多，可以很快完成建模、画图等工作。

第 10 代桌面版 GPU 芯片主要产品参数如表 3.3-1 所示。

第 10 代桌面版 GPU 芯片主要产品参数　　　　　　　　　　表 3.3-1

Nvidia 显卡型号	计算能力	CUDA 核数	显存
GeForce GTX 1080 Ti	6.1	3584	11G
GEFORCE GTX 1080	6.1	2560	8G
GEFORCE GTX 1070	6.1	1920	8G
GEFORCE GTX 1060	6.1	1280	6G
GEFORCE GTX 1050Ti	6.1	768	4G
GEFORCE GTX 1050	6.1	640	2G

注：来源 http://www.geforce.cn/hardware/desktop-gpus。

型号简介：

前两位数字是 generation，数字越大表示技术越新、功耗更小，第三位表示性能，越高越好，第四位用处不大。带 Ti 的同型号比不带的性能更强。

GPU 显式计算效率与显卡的计算能力和 CUDA 核数正相关。

6. GPU 的特点

GPU 有两个工作特点：一个是计算密集型工作，需要进行大量的数学计算的工作，前文已经说过了；另外一个特点是易于并行，GPU 一般都有成百上千个计算核心，每个计算核心都能够同时独立进行计算。

因此，像深度学习、比特币挖矿以及很多高性能计算都是采用 GPU 并行计算的方式进行。在深度学习中，典型代表就是近两年名声大振的 AlphaGo，工程师需要在程序中输入大量的棋谱来训练 AI，并通过强化学习和神经网络等技术手段，让 AI 在不断对弈中学会各种棋局的下法。DeepMind 的论文中提到，AlphaGo 有多个版本，其中最强的是分布式版本的 AlphaGo，使用了 1202 个 CPU 和 176 个 GPU，同时可以有 40 个搜索线程。

7. CPU＋GPU 异构技术

很多人会问，GPU 如此厉害，是不是可以直接替代 CPU 了？上文也提到了，两者分别是基于不同使用场景来设计的，GPU 长处在于大量简单的流数据运算，而 CPU 则善于控制密集型运算。二者组合的 CPU＋GPU 异构技术在高性能计算中普遍采用，CPU 负责逻辑性较强的控制性任务，GPU 则负责计算密集度高的数学运算，共同协作完成复杂的计算任务。如图 3.3-3 所示"天河二号"超级计算机采用 CPU＋GPU 异构技术，曾经连续六年位列"全球超级计算机 500 强"榜首。

图 3.3-3 "天河二号"超级计算机

8. 结论

SAUSG 弹塑性分析软件同样采用"CPU＋GPU"异构技术，在保证结构足够精细的情况下，显著提高了结构大震分析效率，并为以后更加精细和精确的分析提供可能。

点评：建筑结构非线性分析发展的一大障碍是计算效率问题。GPU 的出现，使得建筑结构精细有限元非线性分析的计算效率提高了 1 个数量级以上，而计算成本完全可以被工程师所接受。

3.4 如何让弹塑性分析算得更快

作者：侯晓武

发布时间：2018 年 6 月 15 日

问题：能给出一些实用化的大震弹塑性分析提速方法吗？

1. 前言

经常有 SAUSG 客户问：100m 左右的结构计算一个工况大概需要多长时间？要想回答这个问题还真有些难度，主要是影响因素比较多，这些因素不清楚，很难给出一个准确的结论。本文针对影响弹塑性分析软件计算效率的因素开展了一些研究工作。

对一个模型计算时间的影响因素从大的方面分为两类：一类是内因，即模型本身的因素，包括模型自由度、计算步长、地震波长度、阻尼模型、振型数量等。另一类是外因，主要是指计算设备的影响，涉及计算设备的一些核心参数。

2. 模型自由度

模型自由度决定了一个模型的体量。一般情况下模型划分网格后的每个单元节点具有 6 个自由度，这样模型自由度数即为单元节点数的 6 倍。很显然，在其他条件相同的情况下，单元自由度数越多，计算量越大，计算时间越长。

图 3.4-1 为计算时间随自由度变化曲线。电脑采用相同配置，显卡为 NVIDIA GTX TITAN，32G 内存；为保证所有项目计算步长一致，因而将计算步长统一修改为 5×10^{-5}。

计算自由度除与模型建筑面积和楼层高度等有关以外，还与模型网格划分的尺寸有关。网格划分得越精细，节点数越多，自由度数越大，计算时间越长。

锦囊 1：SAUSG 默认的单元细分尺寸为 0.6～0.8m，可以将细分尺寸适当放大（如 1m），可以有效地减小自由度，提高计算效率。

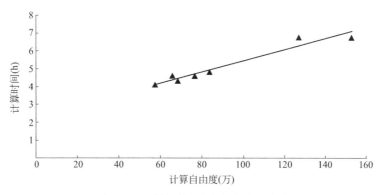

图 3.4-1　计算时间随自由度变化曲线

3. 计算步长

计算步长首先跟动力分析的计算方法有关，如果采用隐式方法求解动力学方程式，一般计算步长取为 0.01s 或 0.02s。如果采用显式方法求解动力学方程式，为了保证算法的稳定性，需要保证动力分析的计算步长小于临界稳定步长，而临界稳定步长与模型中单元的最大频率有关，结构的构件单元尺寸越小，重量越轻，临界稳定步长越小。

某 23 层 100m 框筒结构，69 万自由度，电脑采用相同配置，程序计算的默认步长为 1.079784×10^{-4} s，通过修改步长，计算时间变化如图 3.4-2 所示。显然，步长越小，计算时间越长。

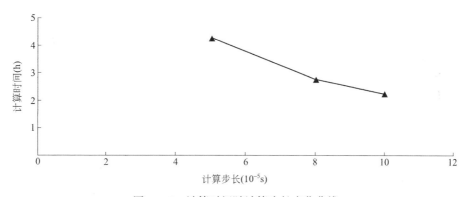

图 3.4-2　计算时间随计算步长变化曲线

最小单元尺寸一般是由网格划分时设置的尺寸来控制的，它也与网格规则程度直接相关。网格越规则，越不容易出现较小单元，则计算步长越大。如果模型中存在比较畸形的网格单元，如内角非常小的三角形网格单元，则计算步长一般很小。

锦囊 2： 如果 SAUSG 计算得到的计算步长比较小，可以采用如下方法修改模型以增加步长。菜单：分析→检查网格质量，找到三角形单元中内角最小的单元"最小内角 ＝ 3　TRI ＿ ID ＝ 7164"，解锁模型，通过移动节点等操作修改模型。重复该操作直至步长变大。

4. 地震波长度

如图 3.4-3 所示，模型计算量与地震波的长度是成正比的。

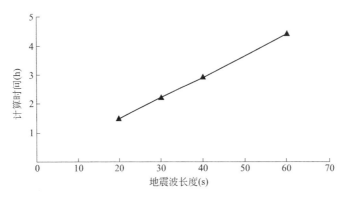

图 3.4-3　计算时间随地震波长度变化曲线

在选取地震波时，在满足规范要求的前提下，我们总是倾向于选取那些不是特别长的地震波，有时还会将所选地震波截断。这里需要注意的是对于地震波的截断应该慎重。如果地震波末段幅值基本趋近于 0，一般情况下截断地震波对于分析结果影响不大；如果地震波末段仍有较大的幅值，此时截断地震波，将影响地震波的频谱特性，截断后的地震波已经不是原来的那个地震波了。另外，如图 3.4-4 所示，从分析后的节点位移时程曲线上看，节点位移时程如果仍处于增加的态势，结构的损伤可能仍在增加，显然这样截断地震波是有问题的。

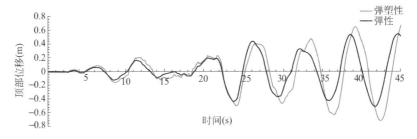

图 3.4-4　结构顶部位移对比

锦囊 3：如果地震波末段幅值趋近于零，可以适当截断以节省计算时间。

5. 阻尼模型及振型数量

目前动力时程分析一般采用的阻尼模型有两种，一种是瑞利阻尼，一种是振型阻尼。

选择瑞利阻尼时，$C = \alpha M + \beta K$，α、β 分别为质量阻尼系数和刚度阻尼系数。如果考虑刚度阻尼，一般会使显式积分时间步长减小 1～2 个数量级，整体计算时间会增加几十倍，因而一般不予考虑。忽略刚度阻尼以后，阻尼矩阵仅与质量矩阵有关，采用集中质量时矩阵为对角阵，因而阻尼矩阵也为对角阵，方程组可以很方便地进行解耦求解。

选择振型阻尼时，由于振型对于质量矩阵和刚度矩阵均具有正交性，利用这种特点对阻尼矩阵进行变换，也可以实现方程组的解耦；但是求解动力学方程式时需要进行大量的矩阵相乘，因而计算量会比瑞利阻尼增加不少。同一模型采用瑞利阻尼和振型阻尼计算时间对比如表 3.4-1 所示，采用瑞利阻尼相较振型阻尼可以节省 40% 左右的时间。

尽管瑞利阻尼计算效率较高，但由于瑞利阻尼忽略刚度阻尼，导致高阶振型阻尼比偏小，以至于高阶振型影响较大。因而一般还是推荐大家采用振型阻尼进行弹塑性分析。

不同阻尼模型计算时间对比		表 3.4-1
项目编号	阻尼模型	计算时间
1	瑞利阻尼	1h 14min
2	振型阻尼	2h 15min

如果阻尼模型选择振型阻尼，矩阵相乘的计算量取决于自由度数和振型数。振型数量越多，则计算时间越长。计算时间随振型个数变化曲线如图 3.4-5 所示。

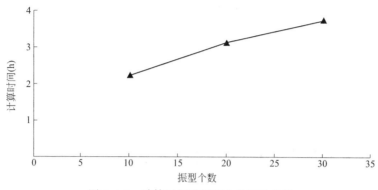

图 3.4-5　计算时间随振型个数变化曲线

锦囊 4：对于规则结构，一般每个方向取三阶振型即可保证结构阻尼的充分考虑，对于复杂结构（如多塔结构）则需要适当多取一些振型。此外，SAUSG 2018 版本中增加了简化振型阻尼功能，保证精度基本不变的同时可以将计算速度提升 30%～40%（曹胜涛博士等研发团队同事，为了保证简化振型阻尼在提高计算速度的同时不影响计算精度花了不少心思，欢迎 SAUSG 用户们多多试用 2018 版本）。

6. 计算设备

SAUSG 软件支持采用 CPU 和 GPU 计算，一般而言，采用 GPU 计算时，计算效率要优于 CPU。

采用 GPU 计算时，不同的显卡设备效率也区别很大。显卡的计算效率主要取决于流处理器主频及数量，显存大小、频率及位宽等。显卡流处理器的参数决定了计算的效率，而显存的参数决定了数据传输的效率。采用 CPU 与 GPU 计算效率对比请参见图 3.4-6。

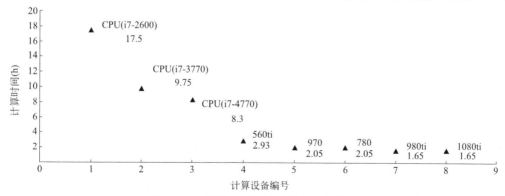

图 3.4-6　计算时间随计算设备变化曲线

锦囊 5：花 2000 元配一个性价比较高的 GPU 显卡，跟 CPU 相比，可以将计算效率提高近 10 倍。

7. 使用"快速非线性分析算法"

SAUSG 提供了快速非线性分析算法，可以几分钟完成大震分析，但该方法存在一些限制其应用范围的前提假定，另有专文论述。

8. 结论：

想要提高动力弹塑性分析速度，您可以做如下几件事情：

（1）适当增加网格尺寸，减少自由度；

（2）存在畸形网格时需调整模型，以增大计算步长；

（3）对地震波进行适当截断；

（4）采用简化振型阻尼方法；

（5）配个显卡，事半功倍。

点评：本文提供了一些贴近实战的提速方法。

3.5 根据"木桶原理"提高显式分析速度

作者：侯晓武

发布时间：2019 年 7 月 3 日

问题：如何找到网格划分不好的单元？

1. 木桶原理

美国管理学家彼特（Peter）提出：水桶的盛水量取决于筒壁上最短的木板，如图 3.5-1 所示。这块板就成了木桶盛水量的控制因素，如果木桶盛水量增加，只能换掉这块板或者将这块板加长。

2. 动力显式分析的稳定步长

采用中心差分法求解动力学方程式时，算法为有条件稳定，时间步长 Δt 必须小于临界稳定步长 $\Delta t_{\min}$。如果不满足该条件，则求解不稳定，计算结果将会失真。

对于无阻尼系统，临界稳定步长与结构最大频率有关，如式（3.5-1）所示。

$$\Delta t_{\text{stable}} = \frac{1}{\pi f_{\max}} = \frac{L}{\sqrt{\dfrac{E}{\rho}}} \tag{3.5-1}$$

式中　L——单元长度；

$\quad\quad E$——材料的弹性模量；

$\quad\quad \rho$——材料的质量密度。

图 3.5-1　木桶原理示意图

根据式(3.5-1)，临界稳定步长与单元尺寸、弹性模量以及密度三个参数有关。弹性模量和密度两个参数一般无法改变，如果要增大临界稳定步长，只能去调整单元尺寸。

一方面，单元尺寸越大，则临界稳定步长越大；另一方面，从有限元分析的角度，要保证足够的分析精度，应使网格划分足够精细。因而通过控制整体网格尺寸去调整步长的方法并不可行。

根据木桶原理，临界稳定步长取决于模型中单元尺寸最小的单元。换句话说，尺寸较小的单元就是动力分析步长控制中的短板。设法消除这些单元就可以增加显式分析的稳定步长，进而提高分析速度。

3. 临界稳定步长控制

在SAUSG中，一般临界稳定步长控制到5×10^{-5}s以上，可以保证较快的分析速度。如果最大频率分析得到的计算步长小于该值，甚至到10^{-6}s级别，则需要调整模型。

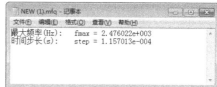

图 3.5-2　最大频率结果

软件中步长计算结果可以通过"静力结果→最大频率"菜单查看，如图3.5-2所示。

4. 工程实战

如果最大频率分析计算得到的稳定步长不理想，可以通过如下方法调整模型。

1）检查模型，找到较短单元（分析→检查模型）

一般对于小于0.1m的短线应该进行调整（图3.5-3）。

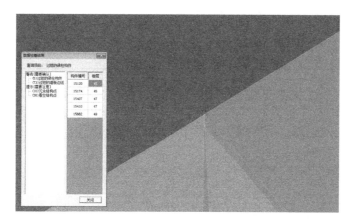

图 3.5-3　检查模型菜单

2）移动节点（建模编辑→移动点）

2018版本中仅支持在平面内移动节点，2019版本允许沿竖直方向移动节点。因而如果两个节点存在高差，在2018版本中无法通过移动节点命令进行处理。

移动节点时要注意与节点相连构件的空间关系，避免因为移动节点对模型产生不利影响。

3）检查网格质量（分析→检查网格质量）

如果消除模型中所有小于0.1m的短线以后，最大频率分析的结果仍不理想，则需要检查面单元的网格质量（图3.5-4）。

重点关注劣质三角形单元中最小内角、最小边长以及最小面积单元的单元号。

4）找到劣质三角形单元（属性修改→搜索）

如图3.5-5所示，定位到相应单元以后，解锁后通过移动节点命令进行调整。

调整后重新划分网格并检查网格质量，直至网格质量满意为止。一般应控制最小内角大于10°，最小边长大于0.1m，最小面积大于0.05m^2。

```
----------------------------------------------------------------
劣质三角形单元
----------------------------------------------------------------

1083    TRI_ID=3440    Angle=97
1084    TRI_ID=3443    Angle=101
1085    TRI_ID=3444    Angle=112
1086    TRI_ID=3445    Angle=97
1087    TRI_ID=3449    Angle=101
1088    TRI_ID=3454    Angle=21
1089    TRI_ID=3460    Angle=109
1090    TRI_ID=3461    Length=0.2       Angle=19      Area=0.2
1093    TRI_ID=3470    Angle=93
1094    TRI_ID=3483    Angle=13         Area=0.1625   Area=0.1625
1097    TRI_ID=3497    Angle=100
1098    TRI_ID=3498    Angle=103
1099    TRI_ID=3501    Angle=23         Angle=92
1101    TRI_ID=3503    Angle=10         Area=0.14     Angle=95       Area=0.14
1105    TRI_ID=3507    Angle=93
1106    TRI_ID=3508    Area=0.0384947   Angle=14      Area=0.13998   Area=0.13998
1110    TRI_ID=3513    Angle=23         Angle=96
1112    TRI_ID=3514    Angle=21
1113    TRI_ID=3515    Length=0.2       Area=0.2      Angle=14
1116    TRI_ID=3516    Length=0.14      Area=0.14     Angle=11
1119    TRI_ID=3517    Length=0.13998   Area=0.13998  Angle=10
1122    TRI_ID=3518    Area=0.0387889   Angle=7 Area=0.101347   Area=0.101347
1126    TRI_ID=3523    Angle=120        Angle=24
1128    TRI_ID=3527    Angle=120        Angle=24
1130    TRI_ID=3529    Angle=94         Angle=17
1132    TRI_ID=3534    Angle=116        Angle=26
1134    TRI_ID=3537    Angle=26         Angle=116
1136    TRI_ID=3543    Angle=108
1137    TRI_ID=3546    Angle=92
1138    TRI_ID=3547    Angle=98

最小内角 = 6       TRI_ID = 308
最大内角 = 138     TRI_ID = 219
最小边长 = 0.081   TRI_ID = 308
最大边长 = 1.211   TRI_ID = 104
最小面积 = 0.030   TRI_ID = 308
最大面积 = 0.411   TRI_ID = 254
```

图 3.5-4 网格质量检查结果

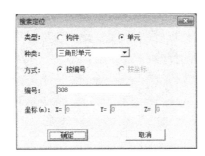

图 3.5-5 搜索定位对话框

点评：本文给出了寻找"劣质"单元的方法。

3.6 提高弹塑性计算效率的 N 种方法

作者：贾苏

发布时间：2019 年 10 月 10 日

问题：还有直接能用于实战的弹塑性分析提速建议吗？

1. 增加分析步长

显式方法求解动力问题时，计算效率受分析步长影响较大，对于常用的修正中心差分算法采用式(3.6-1)、式(3.6-2)计算：

$$\dot{u}^{\left(i+\frac{1}{2}\right)}=\dot{u}^{\left(i-\frac{1}{2}\right)}+\frac{\Delta t^{(i+1)}+\Delta t^{(i)}}{2}\ddot{u}^{(i)} \qquad (3.6\text{-}1)$$

$$u^{(i+1)}=u^{(i)}+\Delta t^{(i+1)}\dot{u}^{\left(i+\frac{1}{2}\right)} \qquad (3.6\text{-}2)$$

提高显式分析的加载时间步长是最有效的手段，但是中心差分方法是有条件稳定的，即加载步长不能大于系统最高阶频率：$\Delta t\leqslant\dfrac{2}{\omega_{\max}}$。系统最高阶频率受单元刚度和网格尺寸影响较大，因此我们可以通过改善网格质量来提高分析步长。

在 SAUSG 中可通过合并模型中距离过近的节点来解决。例如某高层结构，在不调整模型的情况下，加载时间步长为 7.103807×10^{-5}。通过观察模型，可发现表 3.6-1 中结构两个节点距离过小，将节点合并后再划分网格，加载时间步长可达到 1.079812×10^{-4}，计算效率提高 50%。

不同步长计算效率对比

表 3.6-1

	修改前	修改后
模型	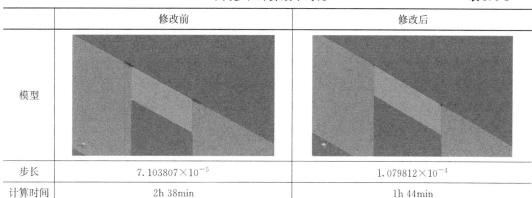	
步长	7.103807×10^{-5}	1.079812×10^{-4}
计算时间	2h 38min	1h 44min

在工程中，事先对分析模型进行检查，规避距离较近的节点和畸形的网格是提高分析效率的有效手段。此外也可通过【分析】→【网格质量】，确定质量最差的单元位置进行修改（图 3.6-1）。

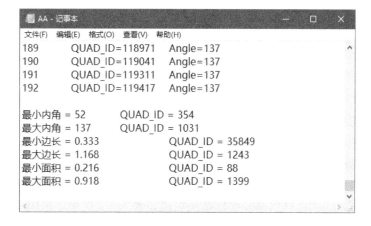

图 3.6-1　网格质量检查

2. 减少模型自由度

无论是显式算法还是隐式算法，计算时间都与模型自由度的增加成正比，不同的是隐式算法计算时长与模型自由度呈线性增长，显示算法时长大致与模型自由度呈幂次增长（图3.6-2）。降低模型自由度均可显著降低计算时长。

在SAUSG中，可通过修改网格划分尺寸控制模型自由度，可取0.1～1.5m网格尺寸（图3.6-3）。某48层超高层结构采用不同的网格尺寸，总自由度和计算时间如表3.6-2所示。

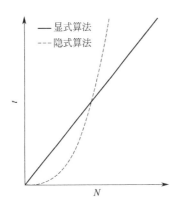

图3.6-2　显式、隐式算法计算
时间与自由度数对比

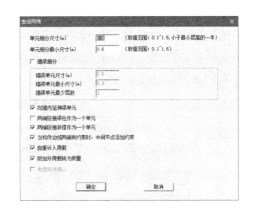

图3.6-3　修改网格划分尺寸

不同自由度数计算效率对比　　　　　　　　　　　表3.6-2

网格尺寸	0.8m	1.0m	1.5m
总自由度	742938	360288	160902
步长	1.079812×10^{-4}	1.079812×10^{-4}	1.079812×10^{-4}
计算时间	1h 44min	1h 19min	1h 2min

3. 减小振型阻尼振型数量

在采用振型阻尼分析时，系统阻尼矩阵与用户所选振型数有关，如下式所示：

$$C = M \left[\sum_{i=1}^{n} \frac{2\bar{\xi}_i^s \omega_i}{M_i} \right] \boldsymbol{\varphi}_i \boldsymbol{\varphi}_i^{\mathrm{T}} M \tag{3.6-3}$$

式中　C——阻尼矩阵；

　　　　n——所选振型阶数。

当选择振型数量过多时，会导致计算时间增加。对于规则的高层建筑结构，每个方向取3～4阶振型即可保证结构计算结果的精确性。例如某53层超高层结构，分别取21阶和12阶振型计算，二者计算效率和计算结果对比如表3.6-3所示，采用12阶振型计算时间减少30%，但计算结果十分接近。

4. 采用简化振型阻尼

与振型阻尼不同，简化振型阻尼将阻尼力进行简化，在结构中有限的节点上考虑结构阻尼作用，达到提高计算效率的目的。对于高层结构，简化振型阻尼既可以保证阻尼力的计算精度，也可以大幅降低计算量。

不同振型数计算效率对比   表 3.6-3

振型数	21 阶	12 阶
计算时间	5h 2min	3h 41min
层间位移角/层剪力		
单元性能		

在 SAUSG 中，可通过【分析】→【阻尼位置】在模型中选择考虑阻尼力的节点，在结构周边对称选取若干个节点（一般取左边 4 个），如图 3.6-4 所示。

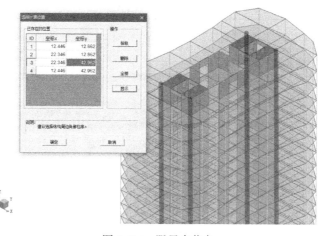

图 3.6-4 阻尼力节点

简化振型阻尼计算结果和计算效率对比如表 3.6-4 所示。

简化振型阻尼计算效率对比   表 3.6-4

计算方法	振型阻尼	简化振型阻尼
计算时间	3h 41min	3h 6min
层间位移角/层剪力		
单元性能		

5. 采用瑞利阻尼

瑞利阻尼（Rayleigh）是一种二阶的柯西阻尼，可表示为 $C = \alpha M + \beta K$，瑞利阻尼与结构振型无关，由质量矩阵和刚度矩阵通过 α 和 β 系数组合而来。采用瑞利阻尼计算，模型整体计算梁相比振型阻尼会有所减小，可以提高分析效率，某超高层项目计算效率和结果对比如表 3.6-5 所示。

瑞利阻尼计算效率对比   表 3.6-5

计算方法	振型阻尼	瑞利阻尼
计算时间	3h 41min	2h 3min
层间位移角/层剪力		

续表

计算方法	振型阻尼	瑞利阻尼
单元性能	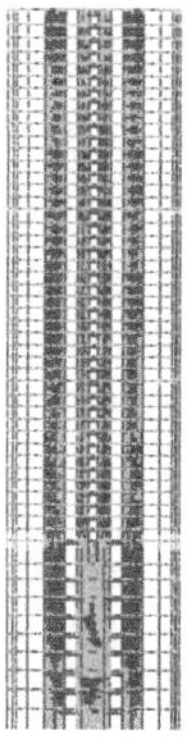	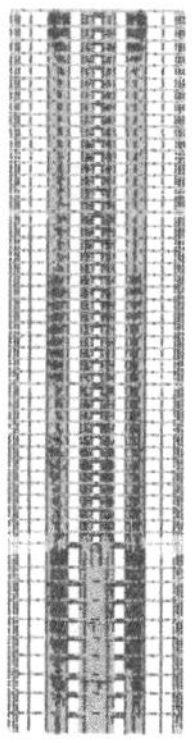

需要注意的是，当采用显式算法时，一般舍弃瑞利阻尼中的刚度项，此时瑞利阻尼退化为质量阻尼，阻尼随着频率增加而减小，高阶振型阻尼比会偏小，导致高阶振型响应偏大，同时结构整体损伤程度会偏大，建议低烈度区项目谨慎采用。

6. 采用快速非线性分析方法

从 2018 版本开始，SAUSG 提供了一种快速非线性算法。该方法是基于振型叠加的显式分析方法，与中心差分方法不同的是，这里的临界步长由参与振型叠加的最小周期 T_N 确定，$\Delta t \leqslant \alpha \dfrac{T_N}{\pi}$，这也是快速非线性算法可以显著提高计算效率的根本原因。某超高层项目计算效率和结果对比如表 3.6-6 所示。

快速非线性算法计算效率对比　　　　表 3.6-6

计算方法	振型阻尼	快速非线性分析方法
计算时间	3h 41min	12min
层间位移角/层剪力	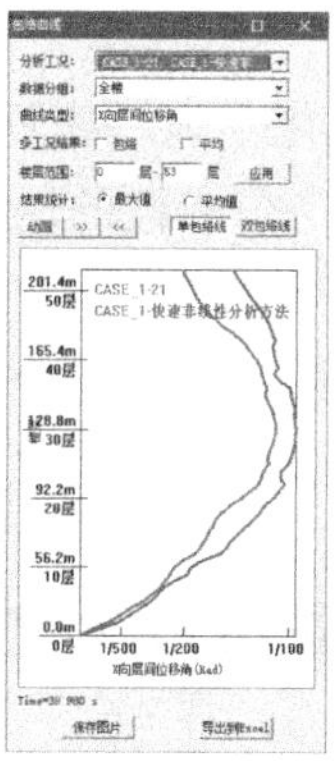 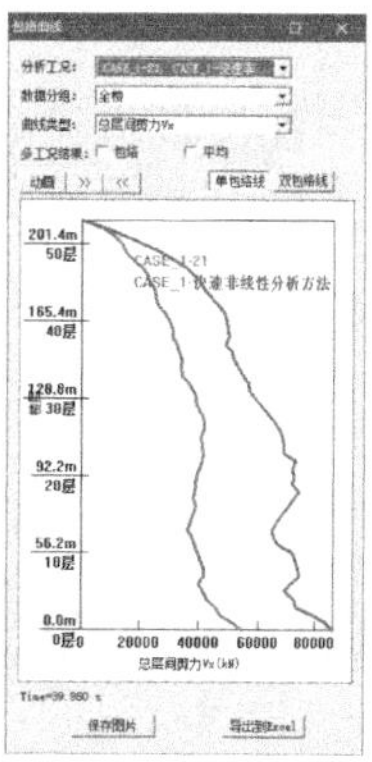	

计算方法	振型阻尼	快速非线性分析方法
单元性能	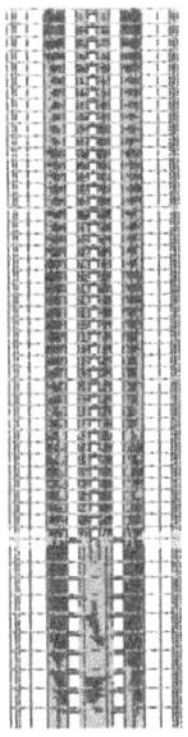	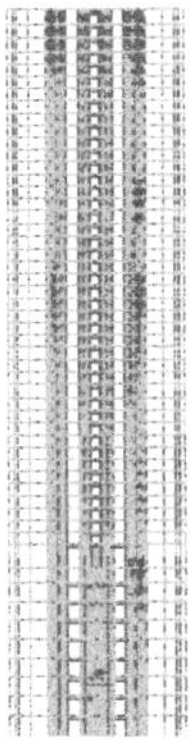

需要特别说明的是，快速非线性算法是一种非线性分析的简化算法，其优点是在"弱"非线性情况下可以快速得到结构的工程满意解；但如果建筑结构中出现了比较强烈和普遍的非线性过程，则需采用中心差分格式的显式积分方法或隐式积分算法进行计算，若此时仍然采用快速非线性算法将产生较大的和难以容忍的计算偏差。

7. 采用短持时的地震波

对于显式分析方法来说，结构的分析时间基本呈线性增长，计算过程中不会增加计算时长，因此选择持时更短的地震波能够更快得到结果。有些时候我们也可以将地震波截断，取地震波主要作用区段进行分析，但需要注意的是，要保证截断后的地震波仍能满足选波要求（包括动力特性、基底剪力和有效作用时间等方面）。

8. 采用更好的显卡

这一点无须多说，氪金就行了，注意最新版 SAUSG 已经不支持 AMD 显卡了，建议选购高性能英伟达显卡。

9. 一台不够，多台来凑

虽然 SAUSG 目前不支持多机器并行，但是在实际工程中，我们可以将分析模型拷贝到不同的机器上分别计算不同的工况，然后再合并起来，统一整理结果或生成报告，达到成倍提高计算效率的目的。

10. 学会试算

弹塑性分析作为一种校核方法，往往不能一蹴而就，在实际工程中经常需要重复计算。建议在得到项目方案后首先选取一条代表性的地震波（一般用人工波）进行试算，在结果表现良好后再按照规范要求选取三条波或七条波进行计算。

点评：对效率提高的追求是无止境的，本文又给出了一些实用化的提高建筑结构非线性分析效率的攻略。

3.7 显式分析提速——局部质量放大法

作者：刘春明

发布时间：2020 年 10 月 21 日

问题：SAUSG 能自动处理掉网格划分不好的单元吗？

1. 前言

非线性动力分析求解动力方程常见的方法分为显式方法和隐式方法，隐式方法需要通过迭代保证内外力平衡，求解是无条件收敛，步长较大，一般为 0.01s 量级。显式方法通过减小步长保证结果的稳定性，求解是有条件收敛，步长较小，一般为 1×10^{-5}s 量级。隐式方法虽然是无条件收敛，但是对于强非线性问题的求解，迭代收敛很难控制。显式方法只要步长控制在稳定步长以内，物理上证明可以保证求解的稳定性，而且显式分析不涉及迭代求解问题，更利于使用并行计算技术。

2. 局部质量放大法

显示动力分析中计算最大频率的公式及相关关系：

$$\Delta t \approx L_{\min}/c_{\mathrm{d}} \tag{3.7-1}$$

式中　$L_{\min}$——最小单元尺寸；

　　　c_{d}——膨胀波速，随弹性模量增大而增大，随材料密度增大而减小。

从显式分析的稳定步长估算上我们可以得出，稳定步长较小的主要因素是一些单元太小造成局部刚度较大，网格比较小的奇异单元，并且只要有一个奇异单元出现，就会影响到整个分析步长，这样造成分析效率较低。

由于结构本身的特性，一般很难消除这些非常小的单元，但是我们可以通过增大奇异小单元局部的质量密度来增大步长，同时保证求解的精度。检查结构中很小的梁和壳单元，对应于结构尺寸奇异小单元，通过一定的比例放大质量，将步长调整到合理的范围内，并且保证不会发生局部变形过大的发散。

从结构本身的振动特性来说，根据圣维南原理，局部的振动除了对相邻的结构部位单元有较大影响外，通过传递效应到较远的部位，对于其他部分的影响较小。附近的刚度较大，位移较小，体现在对于高频因素的影响更大，而不是结构整体中影响更大的低频部分。因此我们可以通过局部调整结构特别刚的小单元来增大步长，并将误差控制在非常小的范围内。对于结构的整体指标、变形、内力、损伤影响都比较小。

3. 工程算例

我们用一个工程模型来说明局部质量放大法在 SAUSG 的实现，图 3.7-1 所示模型局部网格奇异，最大频率分析结果为步长 2.5×10^{-5}，计算效率很低。

使用局部质量放大并查看结果得到，影响最大的单元是小三角形单元，我们可以通过修改模型来纠正不规则奇异网格，也可以使用局部质量放大方法达到增大步长且不影响分析精度的目的。如果我们单纯地增大步长，对于整体结构来说不会产生太大的影响，但是由于最大频率影响稳定步长，在奇异的节点处会计算发散。不进行质量放大，直接采用较大步长，模型分析开始不久就发散（图 3.7-2、图 3.7-3）。

调整局部奇异网格节点质量，将其放大 2 倍，分析得到稳定的步长为 5.2×10^{-5}，放大了 2 倍多。结构原质量为 11475t，修正后为 11507t，变化 0.3%。主要周期变化如表 3.7-1 所示，使用此步长计算，得到的损伤、位移及剪力结果如图 3.7-4～图 3.7-7 所示，通过与原来的小步长结果进行比较，结果很接近。

图 3.7-1　某工程结构模型

图 3.7-2　局部质量放大参数定义

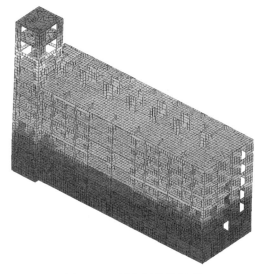

图 3.7-3　网格划分及振型

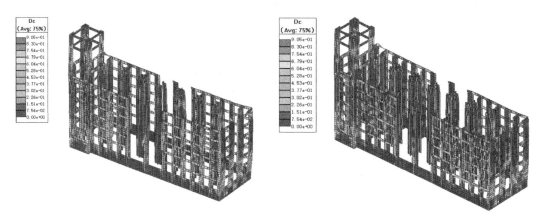

图 3.7-4　原始模型和修正模型墙损伤对比

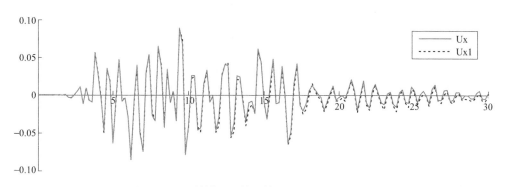

图 3.7-5　原始模型和修正模型顶点位移曲线对比

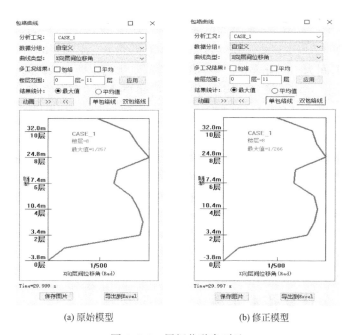

(a) 原始模型　　　　　(b) 修正模型

图 3.7-6　层间位移角对比

初始与修正模型周期对比   表 3.7-1

周期	初始模型（s）	修正质量模型（s）
1	0.647	0.650
2	0.616	0.618
3	0.479	0.481

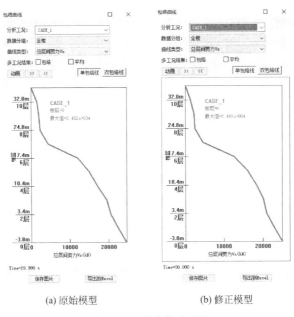

(a) 原始模型   (b) 修正模型

图 3.7-7   基底剪力对比

在本算例对比中，采用放大质量法模型，使用同样的步长计算来对比结构的反应，结果与不放大局部质量的结果很接近。在一台 1080Ti 的机器上，未调整的模型加载时间步长为 2.5×10^{-5}，计算时间为 4h 50min；调整后增大局部质量的模型加载时间步长为 5.2×10^{-5}，计算时间为 2h 54min。步长过小的原因是局部有一个非常小的三角形单元，手工修改模型很困难，通过局部质量放大方法极大地提高了计算效率，为显式分析提速提供了一种有效途径。

4. 结论

SAUSG 2021 版本增加了局部质量放大方法来增大分析步长，可以通过整体自动放大步长，按面积增大对应单元节点上的质量，将质量放大到对应的合理尺寸比例，也可以直接指定放大倍数，并且可以通过搜索奇异的网格，人工指定要放大的倍数。有效地增大局部特别小的单元影响整体稳定步长，提高计算效率。

点评：SAUSG 2021 版本提供了自动处理"劣质"网格单元的方法，减少了用户人为查找和干预的工作量。

3.8   SAUSG 云计算技术实现

作者：刘春明

发布时间：2020 年 12 月 9 日、2021 年 3 月 10 日

问题：计算机没有好显卡，想要做大震弹塑性分析怎么办？

1. 前言

SAUSG 在大震动力弹塑性分析中得到了广泛使用。SAUSG 的计算核心采用了 CPU＋GPU 并行计算架构，工程师在使用时需要配置较好的显卡进行计算。在实际工程应用中，由于时间紧张，经常需要多台高性能计算机同时计算。为解决用户越来越强烈的需求，SAUSG 将逐步提供云计算能力。目前阶段，建研数力公司配置了由多台高性能计算机组成的工作站，搭建了初步的并行计算环境，部分时间段可提供给用户远程紧急使用。

2. 远程桌面连接实现

远程桌面连接是一种通过网络技术，远程操作另一台电脑的过程，Windows 系统支持远程桌面连接，可以通过网络直接操作远端电脑。远程桌面通常只支持局域网内部计算机，局域网外的计算机远程访问，需通过工具软件实现，包括 Teamviewer、向日葵远程控制、QQ 远程等。这些工具软件一般均使用屏幕截图传送方式，Teamviewer 的远程控制效果较好但限制免费用户连接，向日葵软件进行了限速，QQ 远程桌面的速度较慢。

建研数力公司搭建了私有云计算环境，并通过技术研发实现了使用 Windows 自带的远程桌面即可通过广域网连接到 SAUSG 高性能并行计算工作站，以帮助工程师使用高端 GPU 并行计算设备进行实际工程案例的 SAUSG 非线性分析计算。

本文将介绍如何使用 Windows 的远程桌面功能连接到 SAUSG 计算工作站。

Windows 远程桌面可以通过两种方式启动，一种是通过开始菜单｜Windows 附件｜Windows 远程桌面打开；另一种是通过命令行方式打开。通过 Windows 命令的方式，启动远程桌面连接界面，按下 Windows 加 R 键，启动命令，在命令框中输入 mstsc，如图 3.8-1 所示，然后点击回车即可启动 Windows 远程桌面连接。

图 3.8-1　Windows 远程桌面启动方式

在启动的远程桌面连接上，就可以看到最近连接的 IP 地址，默认显示的是简约的界面，也可以点击选项，展开，其他属性设置（图 3.8-2）。

填入 SAUSG 提供的 IP 地址和端口。在下面填入 SAUSG 提供的用户名。

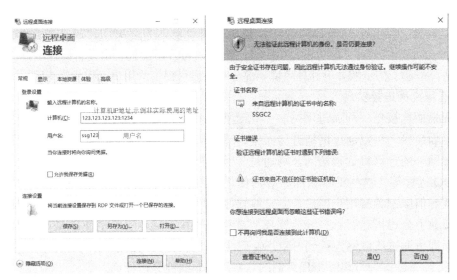

图 3.8-2　远程桌面参数与连接

在展开选项设置中，可以保存连接的记录，设置远程桌面的名称，将文件"另存为"，其他网络设置一般使用默认的设置即可，如果特殊的情况，需要进行特殊处理。

输入远程桌面的用户名和密码，然后点击回车即可，如果连接成功，系统还会弹出警告，一般是用于警告网络不安全的状况，点击"是"即可，

操作成功之后，系统界面会变成远程桌面的界面，就可以在本地电脑上直接操作远程机器的信息。使用 Windows 自带的远程桌面连接很流畅，不会像其他工具软件限速或限制连接。下图是远程桌面使用 SAUSG 进行计算的情况。

3. "矿机"并行提速

大震动力弹塑性分析近年来随着 ABAQUS、SAUSG、PERFORM 3D 等弹塑性分析程序的推广，在实际工程中得到了广泛的应用。

SAUSG 的计算核心使用了 CPU＋GPU 并行计算，可以大幅度地提高计算效率。以往用 CPU 并行进行显式分析的工程，工程师在配置一块比较好的显卡进行计算时，可以提高 5～10 倍的计算速度。

随着大震弹塑性分析和非线性分析技术应用越来越普遍，工程师对计算效率提出了更高的要求。SAUSG 针对工程师的需求，逐步开放云计算功能，来提高运行效率。本文介绍 SAUSG 云计算的矿机并行提高效率（图 3.8-3）。

SAUSG 并行计算使用了 CPU＋GPU 异构并行提高计算效率。在实际工程中，一般都需要分析多条地震波，利用这个特点，我们借鉴了比特币挖矿机的概念，实现了单机多显卡工况并行算法，可以大幅度地提高计算效率。

以一个典型的 10 层框剪结构来说明，如图 3.8-4 所示。定义两个弹塑性分析工况，测试时为了方便快速，使用了瑞利阻尼。测试机器安装了两块 2060 显卡（核心总数

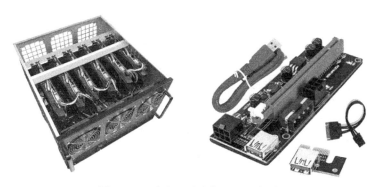

图 3.8-3 矿卡以及主板 PCI 延长线

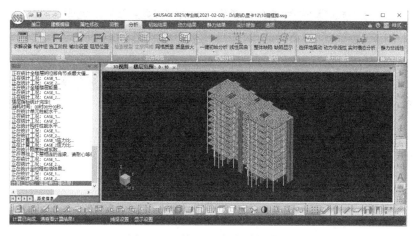

图 3.8-4 某 10 层框剪结构模型

4352，频率 1710MHz），我们使用 GPU-Z 工具查看显卡 GPU 的利用情况，如图 3.8-5 所示。打开两个 GPU-Z，分别指定不同的显卡查看 Censors。

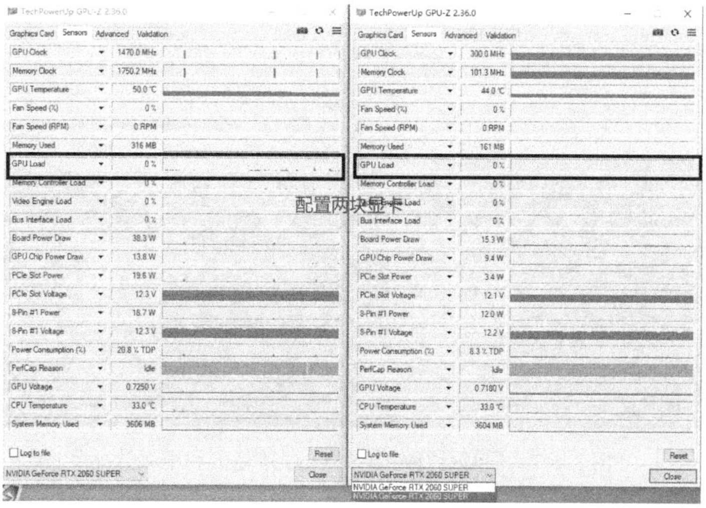

图 3.8-5 两块显卡的初始利用率情况

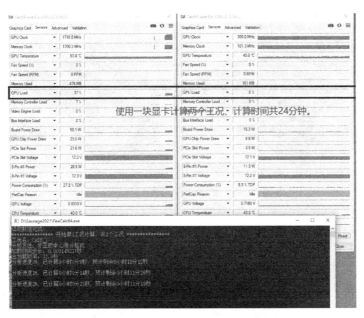

图 3.8-6　运行两个工况利用率情况

使用单显卡运行两个工况，每个工况大约需要 11.5min 两个工况总共耗时大约 24min。如图 3.8-6 所示，可以看到只有左边一个 GPU 在使用。

图 3.8-7　同时运行两个 SAUSG 单显卡利用率情况

为了测试显卡的利用情况，打开了另外一个 SAUSG 程序并运行一个工况，可以看到

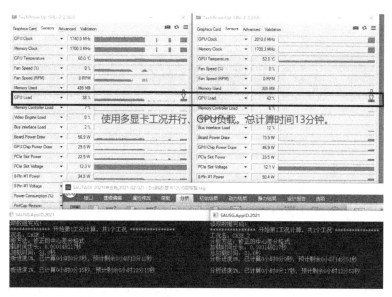

图 3.8-8　多显卡同时运行两工况利用率情况

GPU 利用率马上升高，但是程序的执行效率下降了。这是因为两个程序同时对显卡的流处理器、寄存器、显存进行操作。数据会冲突，并且造成结果错误，如图 3.8-7 所示。一般对于单显卡不能采用多个程序同时运行来实现并行提速。

然后我们使用 SAUSG 多显卡工况并行版本，程序自动按显卡 GPU 个数运行工况队列。如图 3.8-8 所示，可以看到两个 GPU 的负载情况。程序运行总时间大约 13min，比单显卡并行版本大致提高了一倍的效率。

对于要求高效率的工程师，可以配置一台矿机，比如搭配 7 块显卡的主机，7 个分析工况同时开始计算，大致可以提高接近 7 倍的计算效率。一般主板也有 1～2 个 PCIEx16 插槽插两块显卡，同时也可以通过 PCIE 延长线加上矿架外接单独电源供电增加多显卡进行并行计算。

怎么样？赶快行动起来，联系 SAUSG，我们开始挖矿（提高非线性计算效率）吧。

4. 私有云多节点并行计算提速

还有另外一种场景，可以充分利用现有的局域网内算力资源提高计算效率。对于一些设计单位配置有若干台高性能的 GPU 计算机时，计算节点 GPU 是分散的，有时会发生 GPU 算力闲置的情况，对算力利用不是很充分。为了更好地利用现有的算力资源，SAUSG 软件团队开发了私有云远端计算管理程序，可以在局域网内管理各个计算节点，将一个模型的各个工况分发到各个计算节点进行分布式计算，各节点计算在后台运行，不影响工程师现有的工作，计算完成后将计算结果汇总，生成计算报告。

私有云内任务发布管理属于典型的生产者、消费者任务管理调度，自动分配任务进行分析。管理程序接收任务（生产者），传入任务队列中，任务管理当前计算资源。各计算节点（消费者）依次从队列中取出相应的工况进行计算，并将结果返回到管理器，如图 3.8-9 所示。

SAUSG 私有云多节点并行计算按这种方式进行设计开发，包含计算管理程序和客户

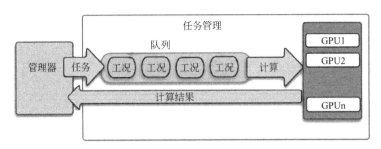

图 3.8-9　分析任务管理

端服务程序（图 3.8-10、图 3.8-11）。

服务端管理程序主要功能包括管理局域网内的计算资源节点；管理计算任务；分发任务到各个计算节点；检测任务的运行状态；接收各节点的工况计算结果数据；整理结果并生成计算报告。

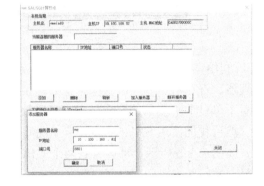

图 3.8-10　局域网任务管理器　　　　　　图 3.8-11　计算节点客户端

客户端服务程序部署于每个算力节点上，用于加入私有云服务器并计算相应的工况。计算节点可以选择在 GPU 空闲时加入服务端，表示可以承担计算任务，也可以退出服务端，由工程师控制本算力节点的使用权。服务器发送计算工况指令后，计算节点接收模型文件并开始计算，计算过程中传送状态到服务器，一旦当前工况计算完成，将结果发送给服务器，并准备接受下一个工况进行计算。

客户端程序可以自动查找当前局域网内运行的服务器或者指定服务器的 IP 以便加入特定的服务器。客户端与服务器通过 TCP-IP 协议连接。建立连接后服务器管理一系列计算节点资源，节点计算过程中可以选择静默状态或者命令行窗口模式运行。

管理器端选择工程模型及结果目录后，可以从计算节点列表中选择相应的节点发送任务进行分布式计算。程序自动发送模型和要计算的工况到相应的节点，节点接收模型成功后自动调用 SAUSG 程序进行分析计算，计算完成后通知管理器并发送结果到管理器指定的文件夹相应的工况目录。结果文件夹可以是网络上的存储设备。

现在的计算机一般都是多核的，可以运行多任务，算力节点（计算机）在计算过程中，工程师可以进行其他操作，并且将计算 GPU 资源提供给服务管理程序。如果需要自己使用本节点算例，也可以退出服务器，表示不再提供算力而由工程师自用。

　　私有云计算过程中，因为计算结果数据文件比较大，数据传输是较大的瓶颈，建议在局域网内进行，并且使用传输效率更高的万兆网卡、网线及交换机提高传输效率。这种方式虽然数据传输量大，但是客户可以查看更多的计算结果。比简单地生成报告获得更多的非线性反应信息，进行更好的优化设计。

　　当前任务的各工况计算完成后，可以管理程序上汇集计算结果。计算结果也可以传送到指定的 NAS 网络存储上，用户可以通过远程终端查看计算结果，生成报告。

　　通过实现私有云多台 GPU 计算节点并行计算以及局域网服务器管理多台计算节点功能，对于具有多个 GPU 计算资源并希望充分利用的设计单位、高校及科研机构，采用 SAUSG 私有云部署管理解决方案，可以使用管理器＋多个分布式计算节点的方式，进行分布式算力部署，汇集各个算力节点进行分析，充分地利用现有的 GPU 算力资源。为企业用户提供了一种有效解决方案。

　　SAUSG 在云计算领域不断探索，目前正在开发可以在公有云通过 Web 方式提交任务，使用公有云或私有云的算力进行超算。计算后自动生成报告返回客户。企业也可以在自己的私有云中部署 SAUSG 超算环境，实现生产力的提高（图 3.8-12）。

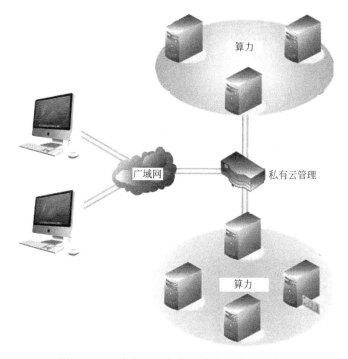

图 3.8-12　公有云＋私有云结合非线性云计算

　　SAUSG 云计算为 SaaS（软件即服务）提供了底层技术支撑，云计算把设计、开发环境作为一种服务来提供。设计或咨询单位不需要配置硬件和相应的高性能工作站，可以通过 Web 平台与云平台直接进行计算。帮助企业在云上实现快速高性能非线性仿真，推动非线性仿真的技术发展。

　　点评：SAUSG 提供了多种"云计算"方式，用户没有合适的软、硬件也可以快速完成非线性分析工作。本文介绍了相关技术实现原理。

第 4 章　建筑结构性能评价方法

4.1　SAUSG 中构件抗震性能的评价方法

作者：乔保娟

发布时间：2017 年 3 月 15 日

问题：《高层建筑混凝土结构技术规程》JGJ 3—2010 中对结构抗震性能的评价可以分为两个层面，一是从整体上，二是从构件层面。整体性能评价指标基本完备，包括位移指标、倒塌判断、薄弱环节、框架分担地震剪力比例等；但在构件层面上对性能状态的评价指标规定得不够详细，无法据此对构件的破坏程度进行清晰的描述。

SAUSG 根据《高层建筑混凝土结构技术规程》JGJ 3—2010 中构件损坏程度将构件损坏状态分为：无损坏、轻微损坏、轻度损坏、中度损坏、重度损坏、严重损坏；结合混凝土、钢筋本构关系，给出了基于混凝土损伤和钢筋（钢材）塑性应变的梁、柱、斜撑、剪力墙、楼板等构件的精细化抗震性能评价方法，以下以某工程为例具体说明。

某高层钢筋混凝土框架-核心筒结构，场地类别为Ⅲ类，设计地震分组为第二组，设防烈度为 7.5 度。建筑平面为矩形，长 41.8m，宽 41.8m。外框柱为十字形工字钢骨混凝土方柱，混凝土强度等级为 C60，型钢为 Q345，底层截面尺寸为 1500mm×1500mm。剪

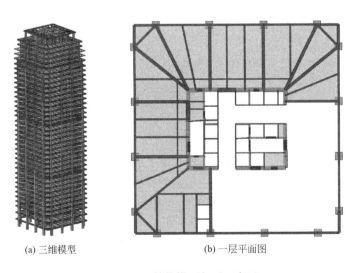

(a) 三维模型　　　　　　　　　(b) 一层平面图

图 4.1-1　结构模型与平面布置

力墙核心筒长 19.8m，宽 15.6m，底层墙厚 0.8m。主体结构地上 39 层，结构高度
162m。三维模型及结构平面布置如图 4.1-1 所示。

对结构施加平面双向地震波激励，X 向为主方向，Y 向为次方向，峰值加速度为
3.1m/s^2，双向峰值加速度比为 1：0.85。提取 SAUSG 及通用有限元大震弹塑性时程反
应结果进行对比，楼层最大层间位移角和最大层间剪力如图 4.1-2 和图 4.1-3 所示，可以
看出计算结果总体一致，吻合较好。

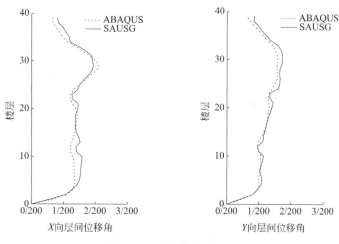

图 4.1-2　层间位移角对比

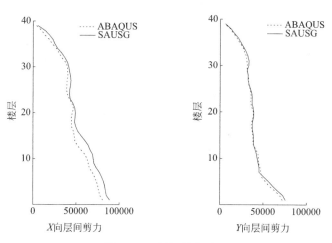

图 4.1-3　层间剪力对比

大震弹塑性时程分析剪力墙损伤如图 4.1-4 所示。可见，连梁损伤严重，结构中上部
剪力墙出现了严重的损伤，底部加强区剪力墙也出现了较为严重的损伤，两款软件分析结
果损伤位置及损伤程度基本一致。

仅从损伤来评价构件抗震性能不够直观，且不能同时反映混凝土损伤及钢筋（钢材）
塑性发展对构件性能的影响。为此，SAUSG 进一步开发了基于混凝土损伤及钢筋（钢
材）塑性应变的构件性能评价方法，帮助用户来综合评价构件的抗震性能，判断结构薄弱
部位，结果直观、准确。截取框架与剪力墙单元及构件性能水平如图 4.1-5 所示。

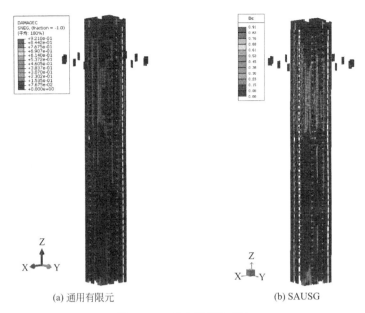

(a) 通用有限元　　　　　　　　　　　(b) SAUSG

图 4.1-4　剪力墙损伤对比

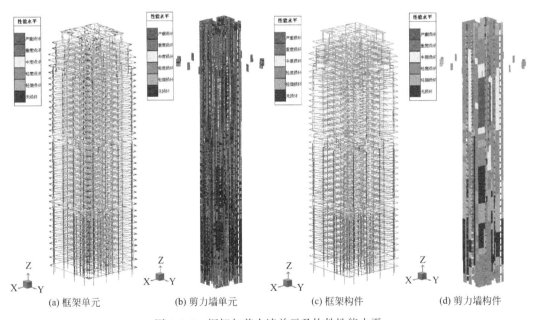

(a) 框架单元　　　　(b) 剪力墙单元　　　　(c) 框架构件　　　　(d) 剪力墙构件

图 4.1-5　框架与剪力墙单元及构件性能水平

　　SAUSG 大震弹塑性时程分析一层楼板损伤和单元性能水平如图 4.1-6 所示，可见，大部分楼板几乎无损坏，仅在楼板开洞的角部、与柱子相连的部位出现了轻微损坏。

　　SAUSG 同时提供了梁、柱、斜撑、剪力墙、楼板的性能水平的统计功能，方便用户了解各类构件各个性能水平的数目及百分比，如表 4.1-1 所示。可见，大部分连梁为严重损坏，达到了大震时耗能的目的；大部分梁为轻微至轻度损坏，关键构件框架柱几乎无损坏，达到了墙柱弱梁的目的；大震下剪力墙比柱损坏严重，框架柱很好地发挥了二道防线的作用，保证了结构"大震不倒"；楼板几乎无损坏。

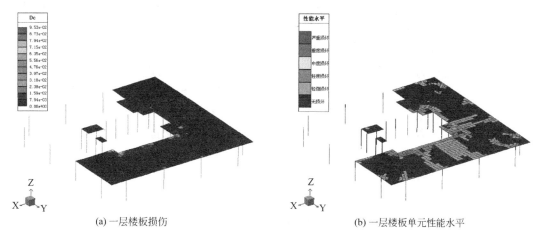

(a) 一层楼板损伤   (b) 一层楼板单元性能水平

图 4.1-6 一层楼板损伤及单元性能水平

周期对比   表 4.1-1

构件	无损坏	轻微损坏	轻度损坏	中度损坏	重度损坏	严重损坏
墙梁	1(0.2%)	4(0.8%)	15(3%)	17(3%)	5(1%)	452(92%)
梁	59(0.8%)	2864(38%)	3373(45%)	1099(15%)	142(2%)	33(0.4%)
柱	463(56%)	91(11%)	245(29%)	33(4%)	0	0
剪力墙	174(12%)	332(22%)	837(56%)	78(5%)	41(3%)	23(2%)
楼板	903(28%)	1801(57%)	478(15%)	0	0	0

从以上工程实例可见，SAUSG 基于混凝土损伤和钢筋（钢材）塑性应变的梁、柱、斜撑、剪力墙、楼板的构件性能精细化评价方法，为结构工程师了解结构的抗震性能提供了更加准确和直观的工具。

点评：本文从结构整体指标和微观损伤两个角度对比了 SAUSG 与国际权威通用有限元软件计算结果，二者符合度较好。SAUSG 根据建筑结构专业特点给出了构件性能评价方法，提高了非线性分析结果的工程实用性。

4.2 有一种潮流，非线性优化

作者：侯晓武

发布时间：2017 年 4 月 6 日

问题：如何利用非线性分析实现结构优化设计？

非线性分析（或弹塑性分析）可以说是工程设计人员的老朋友了，带转换层、加强层、错层的复杂结构，超过规范高度限值的结构，特别不规则的结构，采用消能减震和隔震装置的结构等，按照规范要求都得做弹塑性分析。通过弹塑性分析，我们可以更直观地了解结构在罕遇地震作用下的损伤情况和薄弱位置，对结构的整体抗震性能做出更加合理的评价。另外，随着市场上出现了以 SAUSG 为代表的一大批可以进行弹塑性分析的软件，使得复杂超限结构的大震弹塑性分析成为可能。

然而弹塑性分析只能用于这些超限结构的大震验算么？对于量大面广的普通工程是否也有借鉴意义？范重等提出采用弹塑性时程分析得到的较为真实的连梁刚度折减系数和附加弹塑性阻尼比进行设计；安东亚等提出采用"伪弹塑性分析"方法，将框架柱考虑为弹性，其他构件考虑为弹塑性进行分析，并据此得到框架柱的内力进行二道防线设计；黄吉锋等提出了一种考虑弹塑性内力重分配的二道防线调整系数计算方法，即采用非线性分析，得到结构构件刚度折减系数，通过刚度退化模型与原始模型内力对比得到二道防线调整系数。专家、学者们开始研究采用弹塑性分析方法指导结构或者构件的设计，这就是"非线性优化"思想的理论基础。

不知道大家是否思考过如下一些问题：

（1）按照《建筑抗震设计规范》GB 500011—2010 规定，抗震墙地震内力计算时连梁刚度可以折减；但规范只给出了连梁刚度折减系数的下限规定，并未明确连梁刚度折减系数具体的计算方法。采用全楼统一的连梁刚度折减系数，忽略不同部位连梁受力的差异性是否合理？

（2）对结构进行性能化设计时，如何确定中震或大震作用下各种耗能构件的刚度折减系数以及考虑构件塑性耗能附加给结构的阻尼比？

（3）对于框架剪力墙结构，当框架柱沿竖向变化比较复杂时，采用规范二道防线调整方法导致调整系数过大，框架柱难以配筋如何解决？

（4）规范中根据结构的峰值响应计算减震结构附加阻尼比时，忽略各参数峰值的不同时性以及消能器耗能的不对称性，是否会夸大附加阻尼比而使减震结构设计偏于不安全？

（5）计算隔震结构水平减震系数时，将隔震层以上结构考虑为弹性是否能够真实反映隔震结构在罕遇地震作用下的损伤情况？

对于这些以前不得不选择"拍脑袋"来解决的问题，如今可以利用弹塑性分析方法，给出更加合理和准确的答案。这就是"非线性优化"，在保证结构安全性的前提下，采用非线性分析的方法来实现结构的优化。

某剪力墙结构（图 4.2-1），28 层，高度为 90.24m，地震烈度为 7 度（0.10g）。连梁刚度折减系数分布比较离散，介于 0.5 和 1.0 之间（图 4.2-2）。构件进入弹塑性附加给结构的阻尼比为 3.8%。能量变化曲线如图 4.2-3 所示。

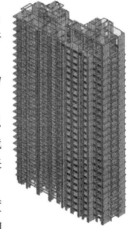

图 4.2-1 某剪力墙结构

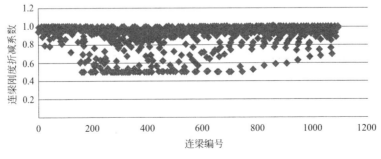

图 4.2-2 连梁刚度折减系数

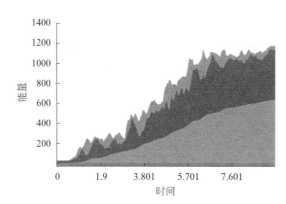

图 4.2-3　能量变化曲线

某框架-核心筒结构（图 4.2-4），高度为 81.9m，地震烈度为 8 度（0.20g）。通过非线性分析方法得到的二道防线调整系数趋势上与规范方法比较一致，规范方法明显偏于保守，底部楼层最大调整系数超过 3（图 4.2-5）。

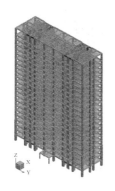

图 4.2-4　某框架-核心筒结构

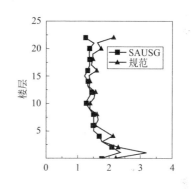

图 4.2-5　框架柱二道防线调整系数

某转换多塔结构（图 4.2-6），共 17 层，高度为 62.6m。地震烈度为 7 度（0.15g）。通过 SAU-SG-Design 可计算出各构件刚度折减系数和附加阻尼比（图 4.2-7）。在地震动作用下，构件弹塑性附加阻尼比为 3.2%，大震等效弹性分析用结构总阻尼比为 8.2%（图 4.2-8）。

某框架结构（图 4.2-9），地震烈度为 8 度（0.30g）。结构中设置人字支撑位移型消能器。采用规范算法计算的附加阻尼比 $\xi_a = \sum_j W_{cj}/(4\pi W_s) = 8.04\%$；基于能量耗散计算得到的附加阻尼比为 4.09%（图 4.2-10）。

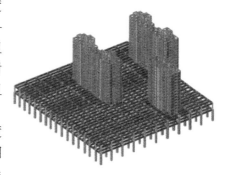

图 4.2-6　某转换多塔结构

某框架结构（图 4.2-11），地震烈度为 8 度（0.30g），结构底部设置隔震层。采用 SAUSG-Design 非线性分析，考虑上部结构和隔震装置非线性性质，得到的水平减震系数为 $\beta = 0.397$。而采用反应谱分析，隔震支座采用等效的割线刚度，计算得到的水平减震

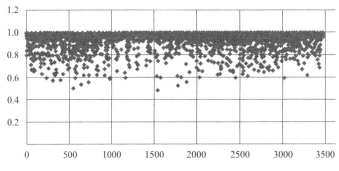

图 4.2-7　墙柱刚度折减系数

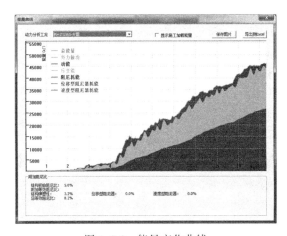

图 4.2-8　能量变化曲线

系数为 $\beta=0.505$，两种方法计算结果相差 21%，如图 4.2-12 所示。

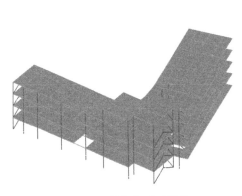

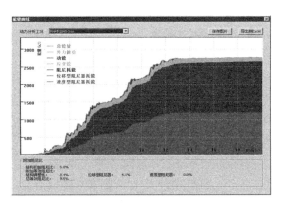

图 4.2-9　某框架减震结构　　　　图 4.2-10　基于能量耗散计算消能器附加阻尼比

　　1969 年 7 月 20 日 22 时 56 分，当阿姆斯特朗在月球表面留下人类第一个脚印之时，也给我们留下了那句名言："这只是我个人的一小步，但却是整个人类的一大步"。对于工程设计而言，非线性优化方法究竟是一小步，还是一大步，还有待时间的检验，但是这种方法没有那么复杂，离我们也并不遥远，SAUSG-Design 可以帮您轻松实现。

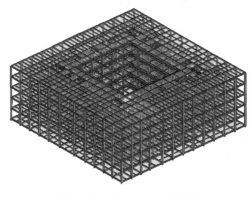

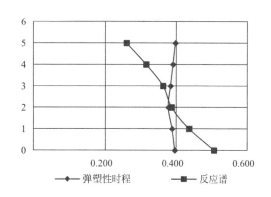

图 4.2-11　某框架隔震结构

图 4.2-12　水平减震系数

点评：建筑结构的优化设计有很多种方法，人为地抠规范底线是最危险的一种方法，有没有更加科学的优化设计方法呢？算得准，才能在保证安全的前提下实现优化设计，非线性分析可以为此提供科学依据。

4.3　玩转能量曲线

作者：侯晓武

发布时间：2017 年 5 月 16 日

问题：能量曲线有什么用？

1. 能量曲线中各部分能量的具体含义

要想了解能量曲线，首先得从动力学方程式说起。

对于弹塑性体系，动力学方程式如下所示：

$$m\ddot{u} + c\dot{u} + f_s(u,\dot{u}) = -m\ddot{u}_g(t) \tag{4.3-1}$$

对上式积分，即可得到能量平衡方程：

$$\int_0^u m\ddot{u}(t)\,\mathrm{d}u + \int_0^u c\dot{u}(t)\,\mathrm{d}u + \int_0^u f_s(u,\dot{u})\,\mathrm{d}u = -\int_0^u m\ddot{u}_g(t)\,\mathrm{d}u \tag{4.3-2}$$

能量平衡方程左侧分别为动能、弹性阻尼耗能、应变能和消能器耗能。

动能：$E_K = \int_0^u m\ddot{u}(t)\,\mathrm{d}u = \int_0^u m\dot{u}(t)\,\mathrm{d}\dot{u} = \frac{1}{2}m\dot{u}^2$，（整理到这里，是不是很亲切了）。动能即由于质点振动而具有的能量。地震动加载结束时，结构趋于静止，动能趋近于零；

阻尼耗能：$E_D = \int_0^u c\dot{u}(t)\,\mathrm{d}u$，由于初始设定的弹性阻尼比所耗散的能量；

构件滞回耗能：$\int_0^u f_s(u,\dot{u})\,\mathrm{d}u$，包含速度型消能器耗能 E_{VD}，位移型消能器耗能 E_{DD} 以及应变能 E_S；应变能包括弹性应变能和塑性应变能；

外力做功：$E_I = \int_0^u m\ddot{u}_g(t)\,\mathrm{d}u$，即为地震输入的能量；

总能量：$E_T = E_I - E_K - E_D - E_S - E_{DD} - E_{VD}$，即为输入能量与各部分耗散能量之差。

167

从能量守恒的角度，地震输入的能量最终将转化为动能、阻尼耗能、构件滞回耗能等，因而 E_T 理论上应为 0。

2. 附加阻尼比是如何计算的？

如果已知初始弹性阻尼所对应的阻尼比，根据地震波加载最终时刻应变能、消能器耗能与初始弹性阻尼耗能之间比例关系，程序即可计算出附加阻尼比。

$$\text{阻尼器附加阻尼比} = \frac{\text{阻尼耗能}}{\text{初始弹性阻尼耗能}} \times 5\%（或 2\%） \qquad (4.3\text{-}3)$$

$$\text{弹塑性附加阻尼比} = \frac{\text{塑性应变能}}{\text{初始弹性阻尼耗能}} \times 5\%（或 2\%） \qquad (4.3\text{-}4)$$

上述公式存在两个前提：

（1）结构的初始弹性阻尼比已知且恒定，如混凝土结构为 5%，钢结构为 2%；

（2）阻尼比与耗能之间为正比关系。

此外，图 4.3-1 中的应变能包含了弹性应变能和塑性应变能。在地震加载末期，弹性变形逐渐恢复，仅保留不可恢复的塑性变形，因而地震加载最终时刻的应变能主要为塑性应变能。在此基础上，根据式 (4.3-4) 可以计算出由于结构构件滞回耗能所附加给结构的阻尼比。

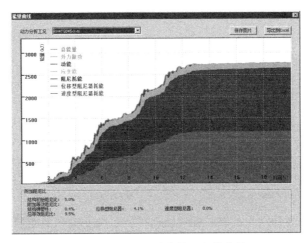

图 4.3-1 某减震结构能量变化曲线

3. 附加阻尼比有什么作用？

对于一些比较重要的结构，按照规范要求需要进行性能化设计。对于该种结构进行中震和大震作用下的等效线弹性分析时，需要输入结构阻尼比。结构在中震或大震作用下，局部构件开始屈服耗能，应该考虑这些构件屈服破坏附加给结构的阻尼比，而在弹塑性分析之前，仅能根据经验粗略估计。通过弹塑性分析，可以根据第 2 节中所述方法更准确地得到该阻尼比。

进行减震结构设计时，消能器附加阻尼比是一个非常关键的计算参数，准确计算该阻尼比是保证结构安全性和经济性的前提。程序可以根据弹塑性分析得到的能量变化曲线计算出该参数，有效避免规范中采用峰值响应近似计算导致对该参数的夸大作用。

点评：通过非线性分析的"能量"输出结果，可以深入了解建筑结构性能，尤其是对减隔震结构的分析与设计，能量图很有用。

4.4 "大禹治水"给抗震设计的一些启示

作者：侯晓武

发布时间：2017 年 6 月 28 日

问题：剪力墙中出现长条形损伤是怎么回事？

大禹治水的故事，大家已经耳熟能详了，尤其是三过家门而不入，更增添了他在我们心目中的高大英雄形象。其实大禹治水之前，他父亲鲧受命于尧帝，已经跟洪水战斗了九年。鲧的主要治水策略是"封堵"，高筑堤坝以求把水挡住，但是几年下来收效不大。鲧的儿子禹吸取了父亲治水失败的教训，利用十三年的时间开凿山岩，疏通水道，使黄河自高而下顺利汇入大海，最终成功制服了洪水。

大震弹塑性分析很重要的一个目的就是找到结构的薄弱部位，并给出合理的加强措施。比如局部剪力墙出现比较严重的损伤，此时我们需要对其加强。可以采用的方法包括增加剪力墙的厚度，提高剪力墙的配筋率，在剪力墙端部设置型钢或在剪力墙中间增设钢板等。这有些类似于鲧的治水方法，属于典型的"头疼医头，脚痛医脚"，好处是简单、直接、有效。目前大多数的薄弱部位加强也都是采用这种方法。

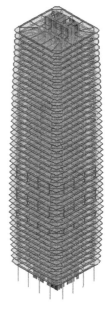

这种方法也会带来一些问题，局部位置的加强可能导致结构中出现一些新的薄弱环节，好似"按下个葫芦，起了个瓢"。这时候可以参照大禹的治水方法，因势利导，让结构形成良好的耗能机制，一方面使地震能量得到较好的耗散，另一方面使结构又能够维持很好的抗震性能。

某框筒结构（图 4.4-1），地上 43 层，建筑高度 202.4m，设防烈度为 7 度（0.10g），设计地震分组为第一组，场地类别为Ⅳ类。

在罕遇地震作用下，除剪力墙连梁出现严重损伤以外，在核心筒内墙交叉位置也出现了竖向贯通的受压损伤。

剪力墙构件主要承担面内方向的弯矩和剪力，而面外方向的承载能力跟面内比起来非常弱。跟外墙比起来，内墙由于厚度比较小，因而这种趋势更加明显。剪力墙两个方向承载能力的区别导致了交叉位置会成为薄弱部位，如图 4.4-2 所示，出现了纵向贯通的受压损伤。其实出现贯通损伤的另外一个原因是这些位置的剪力墙墙肢较长，地震作用下吸收较多能量而导致墙肢的损伤。

图 4.4-1　框筒
结构模型

对于该种损伤，如果采用加强的方法，需要对整片剪力墙自上而下全部加强，很大程度上增加投资。根据大禹治水的思想，如果条件允许，我们可以在剪力墙中适当进行开洞形成连梁，以有效地耗散地震能量而保护主体墙肢的安全。

对剪力墙开洞以后，确实非常有效地抑制了剪力墙的竖条贯通损伤，如图 4.4-3 所示。

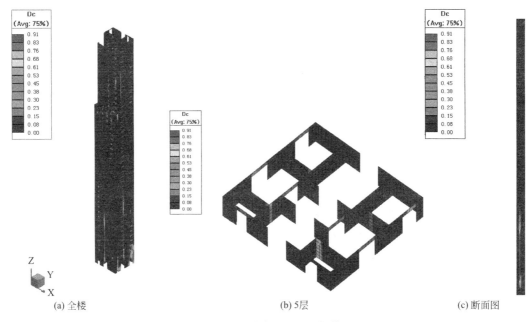

(a) 全楼   (b) 5层   (c) 断面图

图 4.4-2 剪力墙混凝土损伤

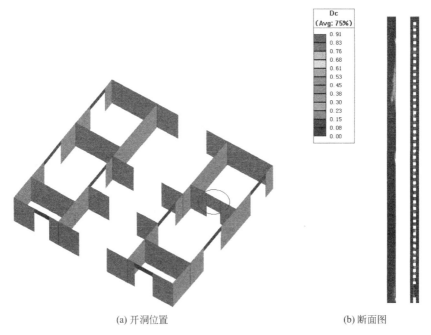

(a) 开洞位置   (b) 断面图

图 4.4-3 开洞后的剪力墙混凝土损伤

点评：非线性分析结果靠谱吗？为什么会有一些"奇怪"的结果？这种剪力墙竖向贯通损伤是挺奇怪，使用通用非线性有限元软件时也可得到类似现象，有研究文献也给出了类似实际震害和实验模拟结果。从结构工程师的角度，去纠结上述问题，不如问另一个问题更加有用：为什么是这个地方坏了，而不是其他位置？怎么做可以加强一下结构？

4.5　基底剪力，你比了没

作者：侯晓武

发布时间：2017 年 10 月 27 日

问题：基底剪力该怎么比？

1. 前言

在抗震审查中，经常将大震弹塑性与小震弹性基底剪力比值是否为 3～5 倍作为弹塑性分析结果的评价标准。这种评价标准主要基于两个前提条件，一是罕遇地震作用下结构刚度退化，大震弹塑性基底剪力小于大震弹性基底剪力，二是大震弹性和小震弹性基底剪力比值为 6 倍左右。

2. 同一地震动大震弹塑性基底剪力一定小于大震弹性基底剪力么？

一方面，罕遇地震作用下，结构中部分构件进入塑性耗能阶段，可以吸收一部分能量，等同于提供给结构附加的阻尼比，导致地震作用减小；另一方面，结构刚度退化以后，周期增加，也会导致地震作用减小。这两条如果从反应谱上进行分析则非常容易理解，阻尼比增加或者周期增加都会导致地震作用减小，但是对于时程分析而言，每一条地震波又有其特殊性，在一些工程中偶尔会出现弹塑性基底剪力大于弹性基底剪力的情况。

文献［1］分析，当地震波能量谱在某个周期段内变化剧烈，而结构主要周期位于该周期段内，结构周期增加导致结构总输入能迅速增加，而结构承载力较高，变形以弹性变形为主，塑性耗能较少，会导致弹塑性基底剪力大于弹性基底剪力。

文献［2］、［3］认为结构进入塑性以后，如果结构前几阶振型中某一阶振型的周期所对应的地震影响系数有比较明显的增加（图 4.5-1），即结构的基本周期与地震波的主要成分重合或接近时，会引起结构的共振，导致弹塑性基底剪力大于弹性基底剪力。

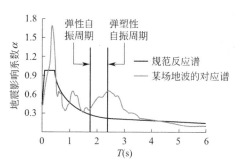

图 4.5-1　结构基本周期与地震波反应谱

3. 大震弹性和小震弹性的基底剪力之比是 6 倍么？

大震弹性和小震弹性基底剪力的比值不恒定为 6 倍，而是与设防烈度有关。如果结构在大震作用下完全保持弹性，则大震与小震基底剪力之比应该与《抗规》表 4.1.2-2 中罕遇地震与多遇地震峰值加速度比值相同，如表 4.5-1 所示。对于 6 度、7 度、7 度半、8 度、8 度半和 9 度，大震和小震基底剪力之比分别为 6.94、6.29、5.64、5.71、4.64、4.43。设防烈度越高，该比值越小。当地震烈度为 8 度半及 9 度时，比值甚至小于 5，也就是说如果结构位于 8 度半或 9 度的区域，即便结构完全保持弹性，大震和小震基底剪力之比也不可能达到 5。

表 4.5-1

时程分析所用地震加速度时程的最大值（cm/s²）

地震影响	6 度 (0.05g)	7 度 (0.1g)	7 度 (0.15g)	8 度 (0.2g)	8 度 (0.3g)	9 度 (0.4g)
多遇地震	18	35	55	70	110	140
罕遇地震	125	220	310	400	510	620
比值	6.94	6.29	5.64	5.71	4.64	4.43

4. 大震弹塑性和大震弹性基底剪力比值影响因素

本文不关注特别地震波的特殊现象，重点讨论一些共性的规律。

1）设防烈度的影响

一般认为，弹塑性和弹性基底剪力相比，降低的幅度跟结构的刚度退化有直接关系，即刚度退化越多，则基底剪力降低越多。结构的损伤情况一般跟设防烈度有很大关系，设防烈度高的地区相较设防烈度低的地区，结构损伤会更严重。因而高烈度地区大震弹塑性与大震弹性基底剪力的比值相较于低烈度地区会偏小。

图 4.5-2、图 4.5-3 为某 6 度区和 8 度半区剪力墙结构损伤，6 度时，大部分连梁处于无损坏或轻微损坏状态，仅 2% 连梁达到中度以上损坏。而 8 度半时，中度以上损坏的比例则达到 69%。

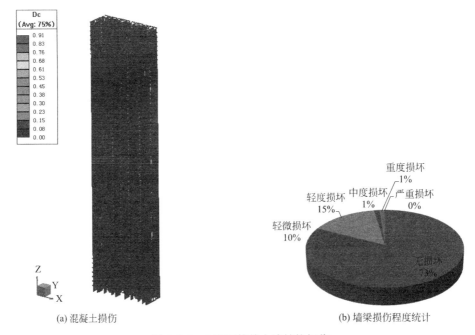

(a) 混凝土损伤　　　　　　　(b) 墙梁损伤程度统计

图 4.5-2　6 度区某剪力墙结构损伤

根据以往项目的统计结果，大震弹塑性与大震弹性基底剪力之比，6 度区一般为 80% 左右，7 度区一般为 70% 左右，8 度区一般为 50% 左右，8 度半区则可能低于 50%；个别地震波计算结果与此略有出入，在上述数值基础上有 10% 的浮动范围。按照该平均值计算大震弹塑性与小震弹性基底剪力之比，则对应不同的设防烈度，6 度区为 5.55，7 度区为 4.40，8 度区为 2.855，8 度半区为 2.32。

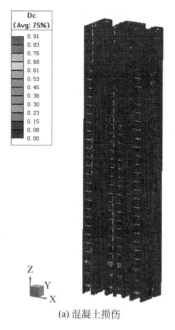
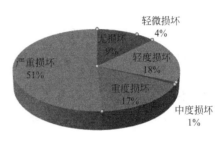

(a) 混凝土损伤　　　　　　　　　(b) 墙梁损伤程度统计

图 4.5-3　8 度半区某剪力墙结构损伤

2）建筑物高度的影响

地震影响系数曲线如图 4.5-4 所示，若假定结构破坏程度相同，则周期变化的程度也相同。对于基本周期位于速度控制区（$T_g<T<5T_g$）的结构，其地震作用减小的程度明显大于基本周期处于位移控制区的结构（$T>5T_g$）。即便同处于速度控制区，随着周期增加，地震影响系数曲线逐渐变得平缓。因而结构进入弹塑性以后，基底剪力降低幅度变小。

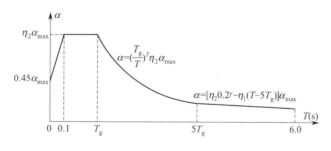

图 4.5-4　地震影响系数曲线

高层建筑结构的基本周期与建筑物高度一般成正比关系。假定结构楼层数为 n，结构基本周期与楼层数 n 的较佳幅值区间如下式所示：

$$T_1=\begin{cases}(0.10\sim0.14)\ n & 框架结构\\(0.08\sim0.12)\ n & 框剪结构、框筒结构\\(0.05\sim0.08)\ n & 剪力墙结构\end{cases}$$

假设有 10 层、30 层和 60 层的剪力墙结构，结构基本周期分别为 0.6s、2s、3.5s、

$T_g=0.45s$，$\alpha_{max}=0.5g$，假定结构损伤程度相同，结构进入弹塑性后基本周期增加 20%，并且结构第一振型对应的基底剪力起控制作用，根据周期与地震影响系数的对应关系，则弹塑性基底剪力分别降低为弹性基底剪力的 84.9%、88.8% 和 93.5%。因而在其他条件相同的前提下，建筑物越高，则弹塑性基底剪力与弹性基底剪力的比值越大。

5. 结论

通过上文的一些分析，我们可以得出如下结论：

（1）大震弹塑性与小震弹性基底剪力之比满足 3~5 倍不是放之四海而皆准的普适规律。一方面，由于地震波的特殊性，可能存在大震弹塑性的基底剪力小于大震弹性的基底剪力的现象；另一方面，大震弹性和小震弹性的基底剪力之比对于不同的设防烈度有不同的数值。随着设防烈度增加，该比值不断减小。如果建筑物位于 6 度区，大震弹塑性和小震弹性基底剪力之比可能大于 5；如果建筑物位于 8 度以上烈度区，则该比值可能小于 3。

（2）相较于关心大震弹塑性和小震弹性基底剪力的比值，大震弹塑性和大震弹性基底剪力比值更有意义（尽管二者本质上是统一的），可以将该比值作为结构整体刚度退化程度的量度。一般情况下，建筑物所在地区设防烈度越高，结构损伤越强，整体刚度退化程度越大。

（3）本文中所述的大震弹塑性、大震弹性和小震弹性基底剪力的对比，都是在相同地震波前提下的对比。除此以外，对比时最好能够采用相同的模型、相同的分析方法、相同的阻尼模型等，避免因为这些因素造成结果的差异。如果采用振型叠加法进行弹性时程分析（小震/大震），要特别注意计算足够多的振型数，避免基底剪力丢失。

参考文献：

[1] 刘浩，甄圣威，刘鹏，汪洋. 结构弹塑性分析基底剪力的判断与探讨 [J]. 建筑结构，2014，44 (24)：122-126.

[2] 甄圣威，汪洋. 超高层结构弹塑性模拟中若干问题的讨论 [J]. 建筑结构，2013，43：544-551.

[3] 安东亚，汪大绥，周德源，李承铭. 高层建筑结构刚度退化与地震作用响应关系的理论分析 [J]. 建筑结构学报，2014，35 (4)：154-161.

点评：工程经验随着技术进步会不断迭代更新。结构工程师应该区分基本概念和工程经验的差异，凡事多问几个为什么，认知会更清晰一些。

4.6　SAUSG 中的构件性能水平为什么不是你认为的那样

作者：贾苏

发布时间：2017 年 11 月 1 日

问题：层间位移角满足规范要求就说明结构大震弹塑性分析结果满足要求吗？

1. 前言

弹塑性计算完成后，结构性能评价是我们需要解决的重要问题。根据《高层建筑混凝土结构技术规程》JGJ 3—2010（以下简称《高规》）第 3.7.5 条（表 4.6-1），结构最大层间位移角需满足规定。各种弹塑性软件基本都可以很方便地输出结构层间位移角曲线（图 4.6-1）。

层间弹塑性位移角限值	表 4.6-1
结构体系	$[\theta_p]$
框架结构	1/50
框架-剪力墙结构、框架-核心筒结构、板柱-剪力墙结构	1/100
剪力墙结构和筒中筒结构	1/120
除框架结构外的转换层	1/120

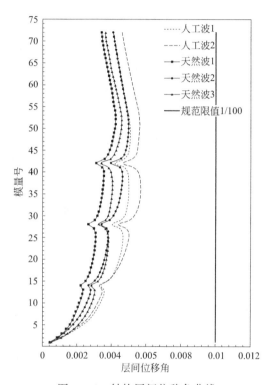

图 4.6-1　结构层间位移角曲线

仅仅层间位移角满足规范要求就说明结构大震弹塑性分析结果满足要求吗？根据《高规》第 3.11.1 条规定，结构在预估罕遇地震作用下，应达到结构预设性能目标所对应的性能水准（表 4.6-2），结构不同性能水准对应表 4.6-3 中所描述的构件损坏程度。因此，根据规范我们还需要对结构各种构件的损坏程度进行评价。下面将重点介绍如何根据弹塑性分析结果对结构构件进行损伤评价。

结构抗震性能目标				表 4.6-2

性能目标 性能水准 地震水准	A	B	C	D
多遇地震	1	1	1	1
设防烈度地震	1	2	3	4
预估的罕遇地震	2	3	4	5

各性能水准结构预期的震后性能状况 表 4.6-3

结构抗震性能水准	宏观损坏程度	损坏部位			继续使用的可能性
		关键构件	普通竖向构件	耗能构件	
1	完好、无损坏	无损坏	无损坏	无损坏	不需修理即可继续使用
2	基本完好、轻微损坏	无损坏	无损坏	轻微损坏	稍加修理即可继续使用
3	轻度损坏	轻微损坏	轻微损坏	轻度损坏、部分中度损坏	一般修理后可继续使用
4	中度损坏	轻度损坏	部分构件中度损坏	中度损坏、部分比较严重损坏	修复或加固后可继续使用
5	比较严重损坏	中度损坏	部分构件比较严重损坏	比较严重损坏	需排险大修

注："关键构件"是指该构件的失效可能引起结构的连续破坏或危及生命安全的严重破坏；"普通竖向构件"是指"关键构件"之外的竖向构件；"耗能构件"包括框架梁、剪力墙连梁及耗能支撑等。

2. 力学指标

弹塑性分析的构件性能评价是通过单元的力学指标来进行的。在弹塑性分析中，软件会输出单元的很多物理量，包括应力、应变、塑性应变、单元损伤因子、刚度退化系数等。这些力学物理量是通过有限元计算（包括显式算法和隐式算法）直接得到的单元物理量，表征了结构在地震作用下的力学反应。

由于我们在建筑结构中接触到最多是两种材料——混凝土和钢材（包括钢筋），因此在弹塑性分析中，针对这两种材料，重点关注单元损伤因子和塑性应变这两类计算结果（其他量可作为辅助，帮助我们对计算结果进行分析）。

单元损伤因子用来判定混凝土的损伤情况，分为受压损伤和受拉损伤两类，一般用 D_c 和 D_t 表示，参见《混凝土结构设计规范》GB 50010—2010 附录 C.2.3 和 C.2.4 定义。损伤因子的变化范围为 0～1，为无量纲量，表示单元的刚度退化系数，当损伤因子为 0 时，单元保持完好，没有损伤；当损伤因子为 1 时，单元被完全压溃，失去承载能力。在混凝土性能评价中我们主要关注受压损伤而较少关注受拉损伤，因为在钢筋混凝土结构中，混凝土主要承受压力作用，而拉力主要由钢筋承受，很小的拉力作用就会引起较大的受拉损伤，但这并不说明构件失去了承载能力，一般来说构件的抗拉性能可以通过钢筋应变和内力来判断（图 4.6-2、图 4.6-3）。

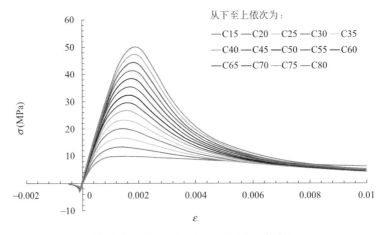

图 4.6-2　混凝土本构关系（压正拉负）

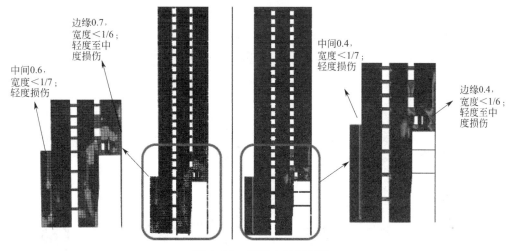

图 4.6-3　混凝土受压损伤

塑性应变是指钢材（包括钢筋）的塑性应变，表示钢材是否进入塑性，一般用 ε_p 表示。在关键构件性能评价中钢筋屈服与不屈服也是很重要的指标，如果构件钢筋均未进入屈服则屈服应变为 0。在 SAUSG 2017 版本中，为了更直观地表示全楼构件钢筋的应变水平（包括未进入塑性的构件），提出了应变发展程度 ε_0 这一变量，表示构件钢筋应变水平，计算方法为钢筋应变与屈服应变比值，变化范围为 0～1，1 表示构件钢筋已发生屈服，小于 1 说明构件钢筋未屈服并对应当前钢筋的应变水平（图 4.6-4）。

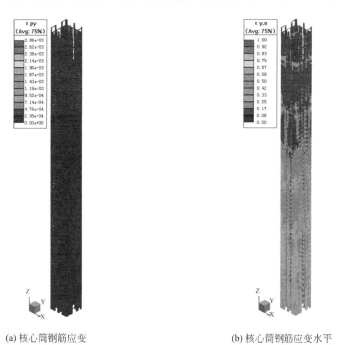

(a) 核心筒钢筋应变　　　　　　　　　(b) 核心筒钢筋应变水平

图 4.6-4　钢筋应变发展程度

3. 构件性能

以上介绍了通过单元混凝土损伤程度和钢筋塑性应变判断单元性能，但是具体是如何反映构件的性能水平呢？应该如何对应到《高规》中的损伤程度呢？

构件的损伤程度一般也根据以上两个指标来判定。构件的力学性能需要通过两步得到，首先从单元力学指标到单元性能水平，再由单元性能水平到构件性能水平，其判断逻辑如图 4.6-5 所示。

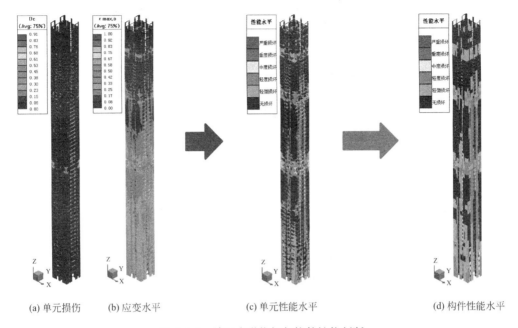

(a) 单元损伤　　(b) 应变水平　　　(c) 单元性能水平　　　(d) 构件性能水平

图 4.6-5　单元力学指标与构件性能判断

首先基于单元的混凝土损伤程度和钢筋塑性应变与屈服应变之比判定单元的损伤程度，判定标准如图 4.6-6 所示，不同量之间取包络结果。例如，如果一个柱单元满足以下三个条件之一（$\varepsilon_p/\varepsilon_y \geqslant 6$ 或 $d_c \geqslant 0.6$ 或 $d_t \geqslant 1$）则其损伤程度判定为重度损伤。

性能水平分级数　6

序号	性能水平	颜色	梁柱 $\varepsilon_p/\varepsilon_y$	梁柱 d_c	梁柱 d_t	墙板 $\varepsilon_p/\varepsilon_y$	墙板 d_c	墙板 d_t
1	无损坏		0	0	0	0	0	0
2	轻微损坏		0.001	0.001	0.2	0.001	0.001	0.2
3	轻度损坏		1	0.001	1	1	0.001	1
4	中度损坏		3	0.2	1	3	0.2	1
5	重度损坏		6	0.6	1	6	0.6	1
6	严重损坏		12	0.8	1	12	0.8	1

图 4.6-6　单元性能水平等级划分

从单元性能水平到构件性能水平的映射，不同构件采用不同的判定关系。对于梁柱构件，构件性能水平取各单元性能水平的包络值；对于剪力墙和楼板构件，构件性能等级取各单元按面积加权平均后的性能等级，如果构件内达到中度损坏的单元面积达到构件总面积 50% 以上时，则构件的性能水平为重度损坏。

4. 结构性能

得到构件性能水平后，软件可以自动对全楼构件进行统计，并将分层、分类的统计结果输出，用户可直观地了解结构整体的损伤情况，如图 4.6-7 和表 4.6-4 所示，协助用户完成结构的性能评价或采用适当的补强措施。

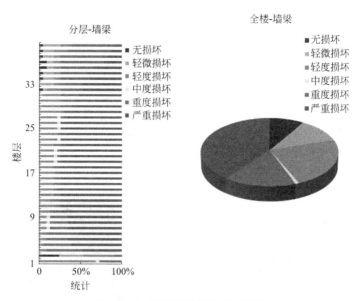

图 4.6-7 结构墙梁损伤程度统计

动力弹塑性构件性能水平统计（%）　　　　　　　　　　　　　　　　表 4.6-4

构件组	无损坏	轻微损坏	轻度损坏	中度损坏	重度损坏	严重损坏
底部加强区剪力墙	29	34	36	1	1	0
框支柱	47	5	48	0	0	0
框支梁	25	30	38	0	7	0
非底部加强区剪力墙	61	28	11	0	0	0
墙梁	9	12	23	1	16	40
墙柱	61	28	11	0	0	0
框架梁	1	34	36	26	2	0
楼板	55	37	8	0	0	0

5. 结论

以上介绍了如何通过弹塑性分析的力学结果了解结构的损伤情况，在弹塑性分析中，仅仅通过结构的整体变形情况对结构进行性能判定是不足的，通过查看构件细部损伤能够让我们更加直观地了解结构的真实抗震性能。

点评：精细化的建筑结构非线性分析为全面地了解结构在罕遇地震作用下的抗震性能提供了可能。通过非线性分析，除层间位移角等宏观指标外，还可以深入了解单元、构件和楼层的损伤情况，为改进结构方案提供依据。

4.7 性能化设计真的能达到性能目标吗?

作者:乔保娟

发布时间:2017 年 11 月 30 日

问题:按照《高规》性能设计后的构件再做非线性验算时,真的能达到性能目标吗?

1. 小震弹性设计

《高层建筑混凝土结构技术规程》JGJ 3—2010(以下简称《高规》)第 3.11 节给出了结构抗震性能设计明确规定,结构抗震性能目标分为 A、B、C、D 四个等级,结构抗震性能分为 1、2、3、4、5 五个水准,同时给出了不同抗震性能水准的结构的抗震承载力验算公式。PKPM 等主流设计软件提供了"按照高规方法进行性能包络设计"功能。两层框架模型如图 4.7-1 所示,内层框架柱截面 600mm×600mm,外层框架柱 400mm×400mm,地震烈度为 7 度(0.10g),场地类别为Ⅲ类,地震分组为第一组。有限元网格特征尺寸为 0.8m。

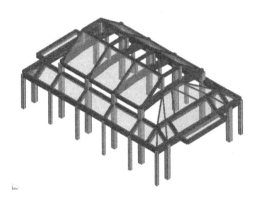
图 4.7-1 三维轴测图

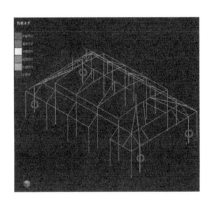
图 4.7-2 构件性能水平

首先采用 SATWE 进行小震常规设计,SAUSG 软件接力数据后,进行大震非线性时程分析。采用 SATWE 自动选波工具选出一条人工波和两条天然波,双向地震动输入,主方向峰值加速度为 220.0cm/s²,构件性能水平如图 4.7-2 所示。可见,两边跨有四根框架柱发生了中度破坏(图中标注构件)。

2. 性能化包络设计

采用 SATWE 对这四根柱进行性能包络设计,设置性能目标为大震弹性,SAUSG 读取包络配筋,进行非线性时程分析。计算条件及分析参数同前。计算结果显示(图 4.7-3),人工波 1 及天然波 2 的所有设置性能目标的构件均无损坏,天然波 1 的大部分设置性能目标的构件无损坏,但 3 号柱发生了轻微损坏。查看 3 号柱的钢筋塑性应变如图 4.7-4 所示。可见,3 号柱底钢筋塑性应变为 $4.21×10^{-5}$,并没有做到"大震弹性"。

可见,常规的 SATWE 性能化包络设计并不一定能保证达到性能目标。这主要是由于大震子模型未考虑未设置性能目标的构件的刚度退化(从大震非线性分析的构件性能水平图可以看到,未设置性能目标的构件出现了损坏,产生了刚度退化),这在无形中夸大了大震子模型未设置性能目标的构件的内力,减小了设置性能目标的构件的内力,从而使设置性能目标的构件配筋偏小。

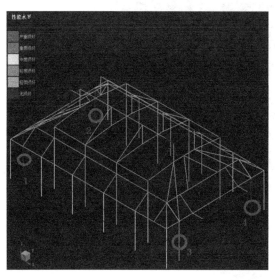

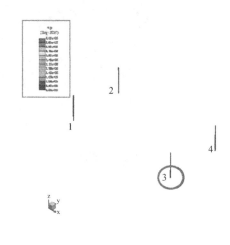

图 4.7-3　天然波 1 性能水平　　　　　　图 4.7-4　天然波 1 钢筋塑性应变

在未进行非线性分析之前，无法准确估计结构在中震和大震作用下构件的刚度退化情况以及考虑构件塑性耗能后附加给结构的阻尼比，因而会导致构件内力失真。

肖从真等提出，可以通过非线性分析，得到结构中不同构件在中、大震作用下的刚度折减系数和结构附加阻尼比，反代回弹性设计软件中进行结构性能设计，这也就是 SAU-SG-Design 中的刚度折减性能设计方法。

3. SAUSG-Design 刚度折减性能化设计

采用 SAUSG-Design 考虑未设置性能目标的构件的刚度折减来优化 SATWE 性能包络设计，流程如下：

（1）SAUSG-Design 接力 SATWE 初始配筋，采用人工波 1 进行非线性分析，得到未设置性能目标的构件的刚度折减系数；

（2）返回 SATWE，"参数定义"菜单"性能设计"选项卡，勾选"采用 SAUSG-Design 刚度折减系数"，同时勾选"采用 SAUSG-Design 附加阻尼比"，然后点击"生成数据＋全部计算"按钮即可一键完成性能化包络设计，如图 4.7-5 所示。

未设置性能目标构件的刚度折减系数可以在大震子模型"设计属性补充"菜单下"刚度折减系数"子项查看，如图 4.7-6 所示。

图 4.7-5　按照 SAUSG-Design 结果进行性能设计

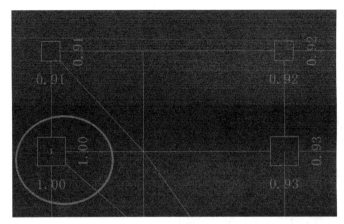

图 4.7-6　构件刚度折减系数

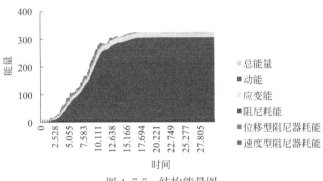

图 4.7-7　结构能量图

根据图 4.7-7 所示结构能量图，结构弹塑性附加等效阻尼比为 0.3%，大震子模型总等效阻尼比为 5.3%。SAUSG 读取包络配筋，进行非线性时程分析，计算条件及分析参数同前。分析结果显示，人工波、天然波 1、天然波 2 的所有设置大震弹性性能目标的构件均无损坏，达到了性能目标要求（图 4.7-8）。

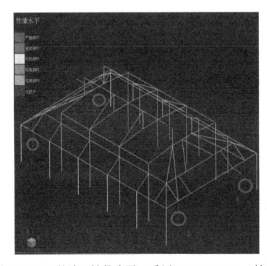

图 4.7-8　天然波 1 性能水平（采用 SAUSG-Design 结果）

4. 配筋对比及原因分析

以 3 号柱为例，对比 SATWE 性能包络设计模型、SAUSG-Design 刚度折减性能设计模型配筋，如表 4.7-1 所示。

配筋面积对比

表 4.7-1

模型	宽度方向配筋面积	高度方向配筋面积	加密区的箍筋面积	非加密区的箍筋面积
PKPM 性能包络设计（cm²）	5745.27	5554.95	172.853	1.73
SAUSG-Design 刚度折减性能设计（cm²）	5866.32	5750.68	177.441	1.774
配筋增长率（%）	2.11	3.52	2.65	2.54

可见，要让性能化设计的关键构件真正达到《高规》规定的性能目标，SAUSG-Design 刚度折减辅助计算相对传统 SATWE 包络设计配筋要增加 2%～3%左右。SAUSG-Design 刚度折减性能设计方法考虑了结构在中震和大震作用下构件的刚度退化情况，同时考虑了构件塑性耗能后附加给结构的阻尼比，使计算结果更准确。

点评：基于线弹性假定的现有抗震设计方法难以保证结构在中、大震作用下均达到预期的抗震性能目标。"中震（大震）弹性（不屈服）"可以理解为一种性能目标的名称，并不能通过这些简化方法完全做到结构保持弹性或不屈服，根本原因是仍未摆脱线弹性假定。中、大震作用下的非线性分析是必要的，"三水准抗震设防、三阶段设计方法"值得深入研究。

4.8　如何保证结构"大震不倒"

作者：侯晓武

发布时间：2017 年 12 月 14 日

问题：如何保证结构"大震不倒"？

1. 规范理解

《建筑抗震设计规范》GB 50011—2010 中对于"大震不倒"的解释是结构在遭遇第三水准烈度，即罕遇地震时结构有较大的非弹性变形，但应控制在规定的范围内，以免倒塌，所以从规范的角度，控制大震不倒最主要的还是控制结构的变形。目前为止，一般是把罕遇地震作用下的层间位移角作为大震作用下变形控制的主要指标。对于不同的结构类型，规范中给出了不同的要求，如表 4.8-1 所示。

弹塑性层间位移角限值

表 4.8-1

结构类型	限值
单层钢筋混凝土柱排架	1/30
钢筋混凝土框架	1/50
底部框架砌体房屋中的框架-抗震墙	1/100
钢筋混凝土框架-抗震墙、板柱-抗震墙、框架-核心筒	1/100
钢筋混凝土抗震墙、筒中筒	1/120
多、高层钢结构	1/50

首先我们需要了解该限值的确定方法，从条文说明中可知，弹塑性层间位移角限值是根据构件（梁、柱、剪力墙）和节点达到极限变形时的层间位移角来确定的。根据梁-柱组合试件和剪力墙试件的极限层间位移角，考虑一定的安全储备，最终确定不同结构体系的层间位移角限值。

2. 案例分析

图 4.8-1 为某结构在某条地震动作用下采用 SAUSG 进行动力弹塑性分析得到两个方向的层间位移角曲线。软件统计层间位移角时，一般遵循如下步骤：

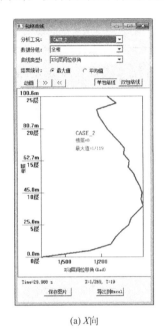 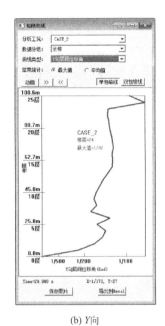

(a) X向   (b) Y向

图 4.8-1 层间位移角

（1）按时刻分别提取各竖向构件（框架柱、剪力墙、斜撑）上下两个顶点的位移后，取其差值并除以层高（构件长度）即为各个构件在该时刻的层间位移角。

（2）对同一楼层的所有竖向构件取最大值，可以得到某一时刻各个楼层的层间位移角曲线。

（3）对各层，分别对不同的时刻取最大值，即可得到整个结构的最大层间位移角曲线。

根据上面的计算步骤，可知控制结构整体层间位移角，可以保证结构中所有竖向构件未达到极限变形，从而控制结构大震不倒。这也使得采用层间位移角作为大震不倒主要控制因素具有一定的合理性。

此外，相对于层间位移角，还有一个"有害层间位移角"的概念。建筑结构在水平荷载作用下的层间位移角是由楼层构件受力变形产生的层间位移角与结构整体弯曲变形产生的层间位移角两部分组成，后者是由于刚体转动产生的，并不对构件本身产生任何危害，因而一般将前者称为有害层间位移角（图 4.8-2）。

对于框架结构，其变形为剪切型，因而结构整体弯曲变形对于层间位移角结果影响不大；对于剪力墙结构，结构整体弯曲变形在总变形中占有相当一部分比重，而这部分变形

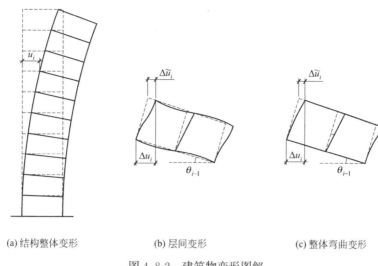

(a) 结构整体变形　　　　(b) 层间变形　　　　(c) 整体弯曲变形

图 4.8-2　建筑物变形图解

对于构件的损伤破坏没有影响。从这个角度上，目前软件统计的未扣除整体弯曲变形的层间位移角结果如果满足规范限值要求，对于保证结构大震不倒提供了更大的安全度。

3. 影响"大震不倒"的因素

上文介绍了采用层间位移角结果作为判断结构"大震不倒"主要因素的合理性。但是也不能将层间位移角结果作为控制"大震不倒"的唯一因素，主要基于以下几点考虑：

（1）试件在试验状态下的受力与真实结构中的受力状态并不完全一致，实际结构中的构件受力更加复杂，会在一定程度上影响层间位移角的限值结果。

（2）目前的高层建筑结构中，经常采用型钢混凝土、钢管混凝土以及钢板组合构件等，其构件性能与常规的钢筋混凝土构件存在一定差别，而目前的层间位移角限值中对此未能充分考虑。

（3）更为重要的是，强地震动的发生具有极大的不确定性，地震烈度超过设防烈度的情况比比皆是。以汶川地震为例，很多地方的设防烈度为 6～7 度，但实际发生的地震烈度达到了 8～11 度（表 4.8-2）。因而根据设防烈度计算的大震层间位移角能够满足规范要求，也不能保证结构在面对高于设防烈度的地震下能够保证"大震不倒"。

汶川地震中设防烈度与实际烈度对比　　　　　　　　表 4.8-2

地区	都江堰	江油	北川	平通镇	漩口	绵竹	汶川
抗震设防烈度	7	7	7	7	7	7	7
实际地震烈度	9	8	11	10	11	8	9

对于这个问题该如何解决？个人觉得杨志勇博士的一句话比较经典："地震是不可预知的，但是结构的抗震性能是可以预先设计的"。通过控制结构的抗震性能，使其具有抵抗更强地震的能力，相较于控制层间位移角来说更有意义。那么如何保证结构具有较好的抗震性能？

（1）尽量保证结构具有多道抗震设防体系。使第一道防线在地震作用下发生破坏时，第二道防线仍能够继续承担地震作用，避免倒塌。比如框架剪力墙结构或框架核心筒结构，剪力墙或核心筒作为第一道防线，允许出现一定程度的损坏，但是要保证框架柱作为二道防线的继续承载能力；对于剪力墙结构，保证强墙肢弱连梁，连梁作为第一道防线，首先耗能以减小地震作用；对于框架结构，保证强柱弱梁，使塑性铰首先出现在梁端，而框架柱作为第二道防线。结构能否满足上述概念设计要求，具有多道抗震设防体系，可以通过动力弹塑性分析得到有效验证。

要正确理解多道抗震设防体系，还应该打破"结构不倒就是要把结构做强"的惯性思维。多道设防的核心本质应该是"该强的地方要强、该弱的地方要弱"，甚至特意将结构中的非重要构件做弱，通过这些构件的损伤耗能去保护结构中的重要构件。真正理解了这一点，就不会再去纠结"结构里边的连梁都损伤非常严重了该怎么办？"这样的问题。

（2）通过弹塑性分析，找到结构的薄弱部位，并进行有针对性的加强。地震作用根据结构的刚度进行分配，刚度大的构件将承担较多的地震作用。一些较长肢的剪力墙，如不进行开洞，则会吸收较多的地震能量而导致破坏。对于该种情况，在条件允许的情况下对剪力墙开洞，形成连梁来耗散地震能量是一种较为有效的处理方法。此外，损伤一般出现在结构刚度突变的位置，如剪力墙的收进位置，转换层和加强层等。由于这些位置刚度出现突变，较易出现损伤，因而应该根据具体情况考虑加强（图 4.8-3）。

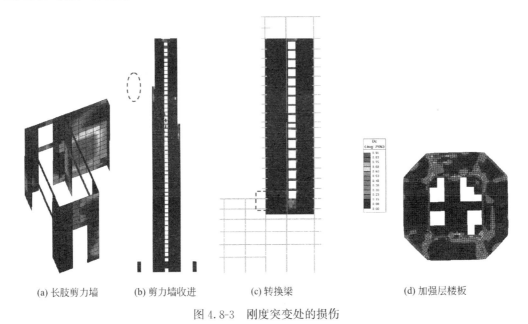

(a) 长肢剪力墙　　(b) 剪力墙收进　　(c) 转换梁　　(d) 加强层楼板

图 4.8-3　刚度突变处的损伤

（3）严格保证关键构件的抗震性能。如果结构中的关键构件在地震作用下出现了较大损伤，则可能会引起整个结构的连续破坏，因而应当给予足够的重视，这就要求工程师在弹塑性分析之前应该首先明确结构中哪些构件属于关键构件。目前为止，对于关键构件的判别还没有找到一个普遍适用的确定方法，大多数情况下还是根据工程经验来确定。《高层建筑混凝土结构技术规程》JGJ 3—2010 第 3.11.2 条条文说明中给出了一些建议，如底部加强部位的重要竖向构件、水平转换构件、多塔连体的连接构件等。对于关键构件，如果在地震作用下出现了超过性能目标的损伤，则应进行有针对性的加强，以保证这些关键构件在罕遇地震作用下具有良好的抗震性能。

4. 结论

（1）保证结构"大震不倒"，首先还是应该使结构在罕遇地震作用下的层间位移角满足规范限值，层间位移角仍然是控制大震不倒的一个重要指标；

（2）由于单构件试验结果与整体结构受力状态存在差别、组合构件缺少试验数据以及实际强震发生的不确定性等因素，不能将层间位移角指标作为控制大震不倒的唯一指标；

（3）通过结构设计使结构具有多道防线，满足强柱弱梁、强墙肢弱连梁等概念设计要求，控制结构中关键构件在罕遇地震作用下的损伤程度，根据损伤对结构薄弱部位进行加强，对于保证"大震不倒"具有更强的现实意义。

点评：精细网格有限元非线性分析能提供很多细节破坏指标。保证"大震不倒"，不必再拘泥于层间位移角限值这一个粗糙的宏观指标。

4.9　如何将非线性刚度折减系数用于性能化设计

作者：乔保娟

发布时间：2018 年 8 月 29 日

问题：如何将非线性刚度折减系数用于性能化设计？

1. 前言

按《高层建筑混凝土结构技术规程》JGJ 3—2010 的方法进行性能设计时，在未进行弹塑性分析之前，无法准确估计结构在中震和大震作用下构件的刚度退化情况以及考虑构件塑性耗能后附加给结构的阻尼比，因而会导致子模型构件内力失真。肖从真等提出，可以通过非线性分析，得到结构中不同构件在中、大震作用下的刚度折减系数和结构附加阻尼比，反代回弹性设计软件中进行结构性能设计。使用流程如图 4.9-1 所示。

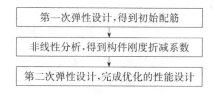

图 4.9-1　SAUSG-Design 非线性刚度折减性能设计流程

2. 操作步骤

1）指定构件性能目标，使用 SATWE 软件进行首次分析与设计

菜单：SATWE 模块→设计模型前处理→参数定义→性能设计，如图 4.9-2 所示，选择"按照高规方法进行性能包络设计"。

菜单：设计模型前处理→性能目标，指定构件性能目标，如图 4.9-3 所示。

菜单：SATWE 模块→分析模型及计算→生成数据＋全部计算。进行第一次弹性分析和设计。

2）进行非线性分析，得到中震或（和）大震作用下的构件刚度折减系数

选择 SAUSG-Design，可按照默认参数进行模型预处理，在之后弹出的非线性优化参数对话框中，计算类型选择"性能设计刚度折减系数及附加阻尼比"。勾选"指定性能目标的构件保持弹性"，则进行非线性分析时，对于指定了性能目标的构件仍按照弹性进行

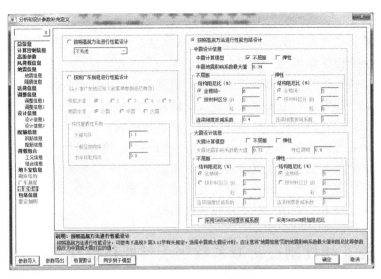

图 4.9-2　性能化设计参数定义

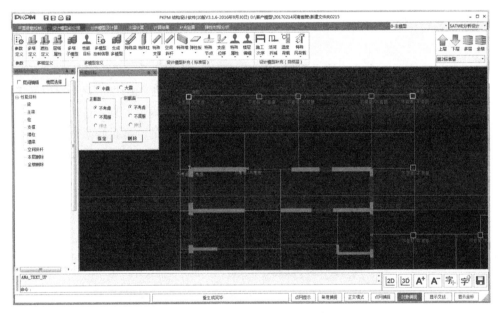

图 4.9-3　按构件指定性能目标

分析。如图 4.9-4 所示。

点击"确定"后，进行非线性分析，得到中震或（和）大震作用下的构件刚度折减系数。

3）导入刚度折减系数，进行第二次性能化设计

菜单：SATWE 模块→设计模型前处理→参数定义。

如图 4.9-5 所示，勾选"采用 SAUSG 刚度折减系数"，如果要采用非线性优化计算得到的附加阻尼比，也可以勾选"采用 SAUSG 附加阻尼比"。点击"生成数据"后，这部分参数才真正导入。

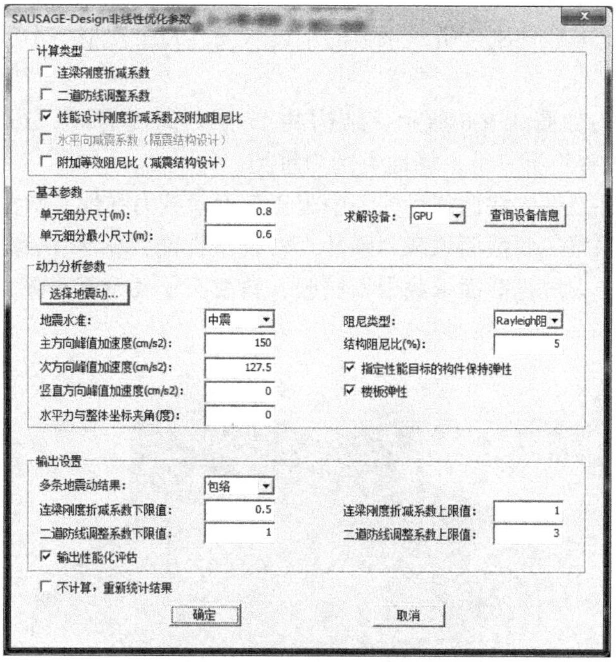

图 4.9-4　非线性优化参数（性能化设计刚度折减系数）

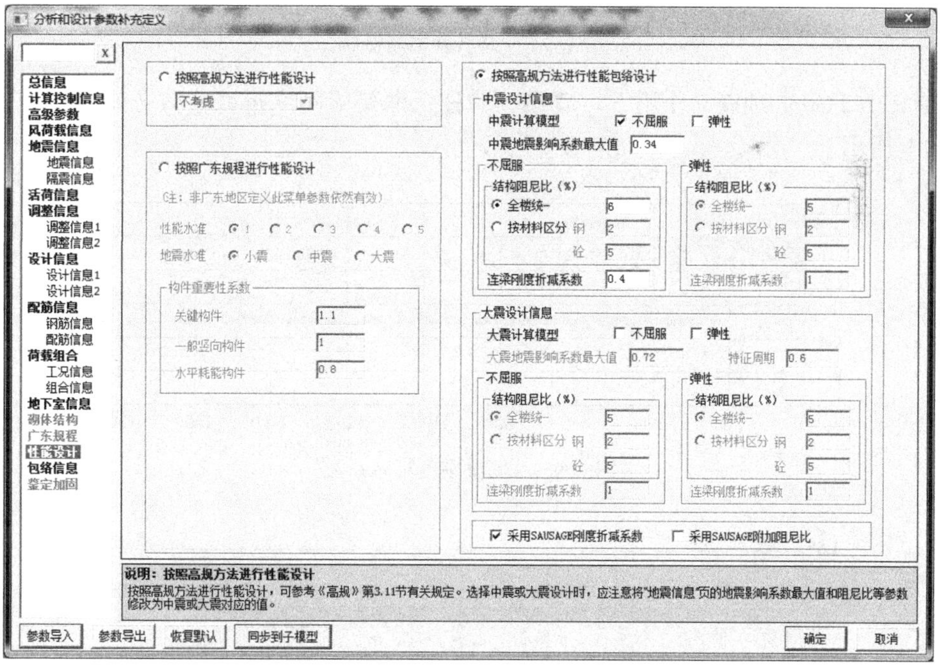

图 4.9-5　导入 SAUSG 刚度折减系数

如需查看或编辑 SAUSG 计算的刚度折减系数，可以切换到中震或大震子模型，通过 SATWE "分析模型及计算"→"设计属性补充"中选择"交互定义"，并在"刚度折减系数"中选择构件类型并进行查看，也可在此基础上进行修改。

之后可以点击"生成数据＋全部计算"，进行第二次性能化设计，则得到的性能设计的构件配筋即是考虑非线性刚度折减系数的中震（大震）子模型与小震模型的包络配筋。

3. 算例分析

某转换多塔结构如图 4.9-6 所示，结构共 17 层，高度为 62.6m。地震烈度为 7 度（0.15g），设计地震分组第三组，场地类别为Ⅲ类。

底部两层平台柱及框支柱性能目标为中震正截面承载力弹性、斜截面承载力弹性；大震正截面承载力不屈服、斜截面承载力弹性。转换梁性能目标为中震正截面承载力弹性、斜截面承载力弹性；大震正截面承载力不屈服、斜截面承载力不屈服。

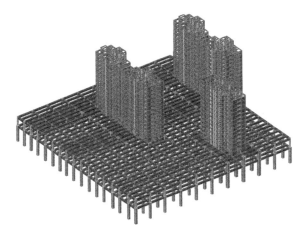

图 4.9-6　某转换多塔结构

在 RH1TG065 地震动作用下，墙梁、墙柱、框架梁刚度折减系数分布如图 4.9-7～图 4.9-9 所示。

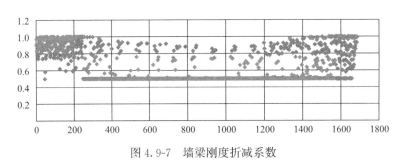

图 4.9-7　墙梁刚度折减系数

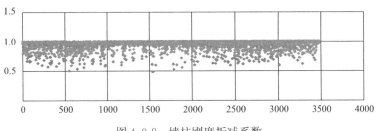

图 4.9-8　墙柱刚度折减系数

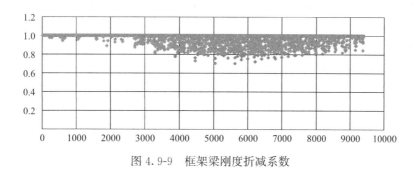

图 4.9-9　框架梁刚度折减系数

在地震动作用下，能量变化曲线如图 4.9-10 所示，构件弹塑性附加阻尼比为 3.2%，大震等效弹性分析用结构总阻尼比为 8.2%。

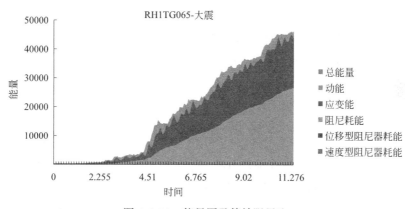

图 4.9-10　能量图及等效阻尼比

点评：基于非线性分析结果进行钢筋混凝土结构设计优化是个很科学的思路，SAU-SG-Design 软件提供相关功能。

4.10　结构抗震性能化设计中存在的问题和解决方案

作者：侯晓武

发布时间：2018 年 10 月 19 日

问题：抗震性能化设计该怎么做？

1. 什么是抗震性能化设计？

2010 年颁布的《建筑抗震设计规范》GB 50011—2010（以下简称《抗规》）和《高层建筑混凝土结构技术规程》JGJ 3—2010（以下简称《高规》）中均增加了结构抗震性能化设计的内容。根据结构的重要性，震后损失和修复的难易程度等即可确定结构的抗震性能目标，《高规》中分为 A、B、C、D 四个等级，四个等级的性能目标从高至低，但均不低于原来的三水准的抗震设防要求。结构构件根据其重要程度分为关键构件、普通竖向构件和耗能构件，采用相同的抗震性能目标时，不同构件类型的抗震性能要求有所区别。

结构的抗震性能目标应该包含构件的承载力和变形两个方面的要求。根据等能量原理，提高承载力的同时必然要降低延性的要求。目前《高规》和《抗规》中规定的主要手段是提高重要构件的抗震承载力，使其在中震或大震作用下满足弹性设计或不屈服设计的要求。

1）弹性设计

构件的抗震承载力应符合下式要求：

$$\gamma_G S_{GE} + \gamma_{Eh} S_{Ehk}^* + \gamma_{Ev} S_{Evk}^* \leqslant R_d / \gamma_{RE} \tag{4.10-1}$$

式中　R_d、γ_{RE}——构件承载力设计值和承载力抗震调整系数；

　　　γ_G、γ_{Eh}、γ_{Ev}——分别为重力荷载分项系数、水平地震作用分项系数、竖向地震作用分项系数；

　　　S_{GE}——重力荷载代表值作用下的构件内力；

　　　S_{Ehk}^*——水平地震作用标准值的构件内力；

　　　S_{Evk}^*——竖向地震作用标准值的构件内力。

承载力性能要求中，不考虑与抗震等级相关的构件内力调整（强柱弱梁系数、强剪弱弯系数、强节点弱构件系数等），地震作用根据相应地震水准的地震影响系数最大值进行计算，荷载组合中不考虑与风荷载的组合。

2）不屈服设计

构件的抗震承载力应符合下式规定：

$$S_{GE} + S_{Ehk}^* + S_{Evk}^* \leqslant R_k \tag{4.10-2}$$

式中　R_k——构件承载力标准值，按材料强度标准值计算。

与弹性设计方法相比，不考虑荷载分项系数、抗震承载力调整系数及材料强度取标准值。弹性设计相较于不屈服设计，安全储备更高，抗震要求更严。

弹性设计方法和不屈服设计方法，结合不同的地震水准，又可以具体分为中震弹性、中震不屈服、大震弹性、大震不屈服四种，具体可以参见表4.10-1。

结构性能目标与构件性能要求对应关系　　表4.10-1

抗震性能目标	关键构件	普通竖向构件	耗能构件
A	中震正截面弹性 中震斜截面弹性 大震正截面弹性 大震斜截面弹性	中震正截面弹性 中震斜截面弹性 大震正截面弹性 大震斜截面弹性	中震正截面弹性 中震斜截面弹性 大震斜截面弹性
B	中震正截面弹性 中震斜截面弹性 大震正截面不屈服 大震斜截面弹性	中震正截面弹性 中震斜截面弹性 大震正截面不屈服 大震斜截面弹性	中震斜截面弹性 大震斜截面不屈服
C	中震正截面不屈服 中震斜截面弹性 大震正截面不屈服 大震斜截面不屈服	中震正截面不屈服 中震斜截面弹性	—
D	中震正截面不屈服 中震斜截面不屈服	—	—

一般而言，仅对结构中的关键构件或普通竖向构件有中（大）震弹性设计或不屈服设计的要求，对于其他构件则无此要求。在设防烈度地震或者罕遇地震作用下，耗能构件甚

至普通的竖向构件会出现混凝土开裂、钢筋屈服，进入塑性耗能状态，对于此类构件，应对其刚度进行折减，并适当增加结构的阻尼比。

2. 现有方法及主要问题

《高规》中规定对于第 1 和第 2 性能水准的结构，在中、大震作用下可以采用弹性的设计方法，对于第 3、4、5 性能水准的结构应该进行弹塑性分析，但具体应该如何利用弹塑性分析的结果进行构件承载力设计并未给出具体明确的要求。

如图 4.10-1 所示，在 PKPM 软件中，可根据相应结构的性能目标，选择中震弹性设计、中震不屈服设计、大震弹性设计和大震不屈服设计四种方法。对于每一种模型，需要分别定义结构的阻尼比以及连梁刚度折减系数。定义好中震和大震设计模型以后，即可在每一个子模型中，分别指定构件的性能目标，最后程序根据指定的性能目标，对于构件采用多模型包络的设计结果。

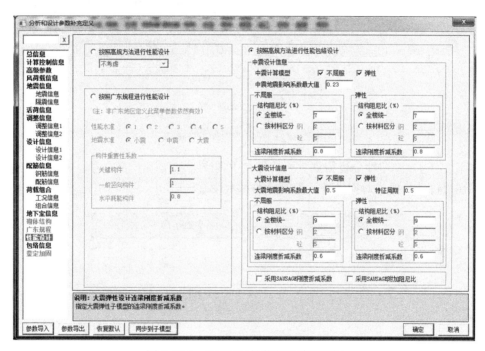

图 4.10-1　SATWE 性能化设计对话框

现有方法存在以下几个问题：

（1）在未进行弹塑性分析之前，很难准确估计结构在中震和大震作用下构件的刚度退化情况以及考虑构件塑性耗能后附加给结构的阻尼比，仅靠工程师根据经验确定。

（2）地震作用下不同位置耗能构件的损伤程度不同，与其对应的刚度折减系数也应不同。

（3）地震作用下不仅连梁会进入屈服耗能阶段，框架梁甚至部分普通竖向构件也会屈服耗能，这部分构件的刚度折减也应考虑。

以上问题都会导致采用现有方法对结构进行中震或大震等效弹性分析时得到的内力失真，进而影响构件配筋。

3. 现有性能化设计方法的改进

为解决第 2 节中现有方法存在的问题，主要有以下两种解决方案。

方案 1：通过弹塑性分析准确得到耗能构件在中、大震作用下的刚度折减系数以及由于这部分构件塑性耗能所附加给结构的阻尼比。考虑耗能构件的刚度折减和附加阻尼比，对结构进行中震或大震作用下的等效弹性分析，得到重要构件的内力与配筋（图 4.10-2）。

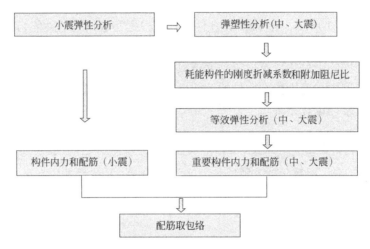

图 4.10-2　方案 1 构件设计流程

方案 2：通过弹塑性分析得到重要构件在中震或大震作用下的内力，进而按照弹性设计或不屈服设计的要求对构件进行配筋（图 4.10-3）。

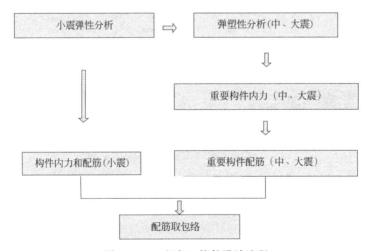

图 4.10-3　方案 2 构件设计流程

方案 1 中基本的构件设计方法与现行规范方法相同，仍为等效弹性设计方法，通过反应谱分析确定地震工况内力，仅是通过弹塑性分析来确定构件的刚度折减系数以及附加阻尼比。该方案已经在 SAUSG-Design 软件中得以实现。

相较于方案 1，方案 2 有较多的理论问题有待研究。

（1）地震波的离散性问题：相较于反应谱分析，时程分析由于存在选波的问题，因而结果具有很大的离散性。这样就会出现选取不同的地震波，设计结果不同的问题，因而如何解决地震波的离散性是一个非常关键的问题。

（2）工况内力组合问题：不论是弹性设计还是不屈服设计，都涉及竖向荷载和地震工况的内力组合，弹性设计采用的是基本组合，而不屈服设计采用的是标准组合。众所周知，非线性分析是不支持单工况结果的线性叠加的，因而需要将荷载顺次进行加载并分析，如果模型中存在部分构件要进行弹性设计，部分构件要进行不屈服设计，这样模型的计算量将会翻倍。

（3）时程分析内力提取问题：地震波加载过程中，每一个时刻的内力都在变化，根据每一个时刻的内力进行设计，而后对于所有时刻的配筋结果取包络，固然能够得到准确的计算结果，但由此带来的计算量问题不可忽视。还有一种解决方法是提取轴力、弯矩和剪力最大时刻的内力进行设计，对于框架梁这种抗弯构件，提取弯矩最大值或最小值进行设计没有太大问题，但是对于框架柱或剪力墙这种压（拉）弯构件，轴力和弯矩对于构件配筋同时起作用，此时取轴力最值或弯矩最值进行设计，均不能保证最终设计结果的安全性。

4. 小结

本文首先介绍了《高规》和《抗规》中对于抗震性能化设计的基本规定，然后介绍了目前进行性能化设计的主要方法以及存在的问题。为解决这些问题，本文最后一部分介绍了两种解决方案的实现流程以及一些待研究的问题，方案 1 已经在 SAUSG-Design 软件中实现，用户进行性能化设计时可以直接使用，方案 2 目前还处于研究阶段，也欢迎工程师们给出建议和思考。

点评：基于非线性分析结果进行钢筋混凝土结构设计优化是个很科学的思路，SAUSG-Design 软件提供相关功能。

4.11　剪力墙损伤类型判断及加强方法

作者：侯晓武

发布时间：2019 年 3 月 6 日

问题：如何判断剪力墙损伤类型，该怎么加强？

1. 剪力墙损伤类型及加强方法简介

弹塑性分析很重要的一个目的是根据构件的损伤情况，找到结构的薄弱位置，从而进行加强。对于结构中哪些构件允许出现何种程度的损伤，应该结合结构的抗震性能目标进行判断。参照《高层建筑混凝土结构技术规程》JGJ 3—2010，假定结构的抗震性能目标为 C，则结构在大震作用下的性能水准为 4，大震作用下关键构件应控制到轻度损坏程度，部分普通竖向构件可以出现中度损坏。根据 SAUSG 计算得到的性能评价结果，可以将其与构件的性能目标进行对应，如果不满足要求，需要对这些构件进行加强。

对构件进行加强之前，应该首先判断构件破坏为何种类型，是弯曲破坏还是剪切破坏。可以采用如下两种判别方法：

（1）对于剪力墙单元的损伤结果，程序除了给出 D_c（压缩损伤）和 D_t（拉伸损伤）以外，对于受压损伤进行了进一步的区分。在众多损伤分量中，可以重点关注 D_{c24} 和

D_{c33}。D_{c24} 为剪切型受压损伤，而 D_{c33} 为压弯型受压损伤。

（2）除了关注剪力墙单元损伤结果以外，可以重点查看剪力墙边缘构件纵筋是否屈服，如果边缘构件纵筋屈服，则剪力墙一般为弯曲破坏，反之则一般为剪切破坏。

如果损伤类型判断为剪切型损伤，应该重点提高构件的抗剪承载能力，可以采取如下几种措施：（1）增加剪力墙厚度；（2）提高分布钢筋配筋率；（3）剪力墙中间设置钢板等。

如果损伤类型判断为压弯型损伤，应该重点提高构件的抗弯承载能力，可以采取如下几种措施：（1）增加剪力墙厚度；（2）提高竖向钢筋配筋率；（3）提高边缘构件配筋率；（4）设置型钢端柱等。

2. 剪切型损伤案例

8 度区某地铁上盖结构如图 4.11-1 所示，结构体系采用部分框支转换＋隔震结构体系。隔震层设置在底部裙房之上，对于底部两层结构不具有隔震作用。罕遇地震作用下上部塔楼具有较好的抗震性能，底部两层剪力墙构件出现了比较严重的损伤，如图 4.11-2 所示。从底部两层结构布置上看，一个方向剪力墙布置相对较多；而另一个方向剪力墙布置相对较少，因而在这个方向的剪力墙出现了比较大的损伤。

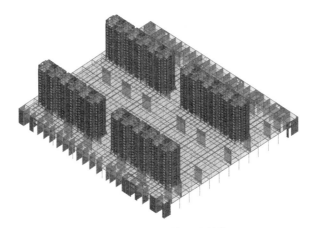

图 4.11-1　某地铁上盖结构

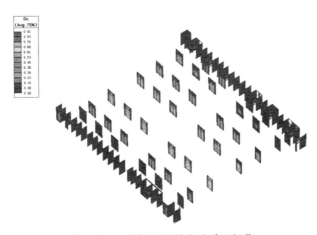

图 4.11-2　底部两层剪力墙受压损伤

　　具体查看单元损伤类型，如图 4.11-3 和图 4.11-4 所示，主要为剪切型的损伤。剪力墙两侧边缘构件竖向钢筋塑性应变结果如图 4.11-5 所示，边缘构件竖向钢筋未出现屈服，可以间接判断剪力墙损伤不是压弯型。

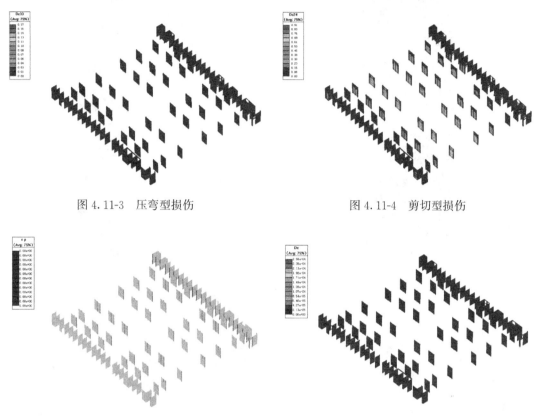

| 图 4.11-3　压弯型损伤 | 图 4.11-4　剪切型损伤 |

| 图 4.11-5　边缘构件竖向钢筋塑性应变 | 图 4.11-6　剪力墙设置钢板后混凝土受压损伤 |

　　判断剪力墙损伤类型以后，可以参照第 1 节提供的几种方法提高剪力墙的抗剪承载能力。在剪力墙中间设置钢板，进行加强后混凝土损伤如图 4.11-6 所示，由于提高了混凝土剪力墙的受剪承载能力，剪力墙中混凝土未出现明显损伤，构件基本保持在弹性状态。

3. 压弯型损伤案例

　　8 度区某框筒结构如图 4.11-7 所示，选择一条人工波进行罕遇地震作用下的弹塑性分析，剪力墙构件损伤如图 4.11-8 所示。选取混凝土损伤较严重的断面，混凝土受压损伤、压弯型受压损伤以及剪切型受压损伤如图 4.11-9 所示，可以确认底层剪力墙横条损伤主要为压弯型受压损伤。由图 4.11-10 中剪力墙两侧边缘构件竖向钢筋出现较大塑性应变也可以验证这一结论。明确了剪力墙的损伤类型以后，即可选择合适的加强方法，如在剪力墙端部设置型钢柱以提高剪力墙的正截面承载能力。

4. 结论

　　根据大震弹塑性分析结果对构件进行加强时，不能盲目地采取加强手段，而应该首先判断构件的损坏类型。可以参考软件提供的受压损伤分量 D_{c33} 和 D_{c24}，同时结合剪力墙边缘构件纵筋是否屈服，根据这两个指标可以初步判断出剪力墙构件的损伤类型。本文结合剪切型和弯曲性损坏的工程案例说明了该方法的有效性。

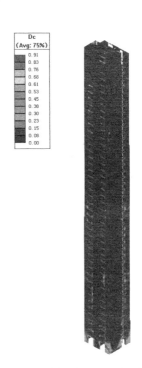

图 4.11-7　8 度区某框筒结构　　　　图 4.11-8　剪力墙混凝土受压损伤

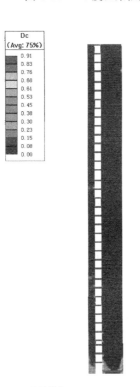

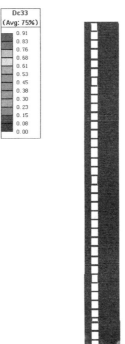

(a) 受压损伤　　　　　(b) 压弯型受压损伤　　　　　(c) 剪切型受压损伤

图 4.11-9　某剪力墙断面损伤图

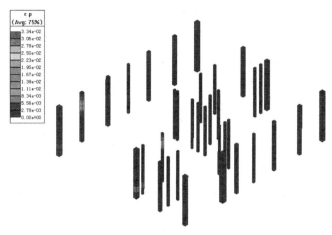

图 4.11-10　底层剪力墙边缘构件竖向钢筋塑性应变

点评：剪力墙采用精细网格有限元方法可以提供丰富的非线性分析结果。从中可以发现线弹性设计或采用粗糙剪力墙非线性分析模型无法发现的剪力墙细节设计问题。

4.12　有害层间位移角与楼层耗能曲线

作者：贾苏

发布时间：2019 年 11 月 22 日

问题：层间位移角与结构损伤破坏有对应关系吗？

1. 前言

在结构设计中，层间位移角是一个常用的概念和判定指标，指结构楼层层间位移与层高之比。《建筑结构抗震规范》GB 50011—2010 第 5.5.5 条规定了各种结构体系弹塑性层间位移角的限值，是超限工程判定结构大震不倒的重要依据（表 4.12-1）。

弹塑性层间位移角限值　　　　　　　　　　　　表 4.12-1

结构类型	$[\theta_p]$
单层钢筋混凝土柱排架	1/30
钢筋混凝土框架	1/50
底部框架砌体房屋中的框架-抗震墙	1/100
钢筋混凝土框架-抗震墙、板柱-抗震墙、框架-核心筒	1/100
钢筋混凝土抗震墙、筒中筒	1/120
多、高层钢结构	1/50

文献［1］对某高层结构进行试验研究，存在以下现象：

（1）结构最大层间位移角出现在顶层，而实际结构破坏主要集中在结构底层；

（2）层间位移角最大部位（顶层）在达到层间位移角 1/50 时，结构破坏程度仍较轻微；

（3）结构底层严重破坏时，该层的层间位移角还未达到 1/100，如图 4.12-1 所示。

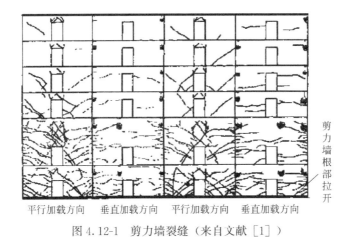

平行加载方向　垂直加载方向　平行加载方向　垂直加载方向

图 4.12-1　剪力墙裂缝（来自文献［1］）

上述试验表明，结构的最大层间位移角跟构件的损伤程度并无直接对应关系。图 4.12-2 所示 SAUSG 非线性分析结果同样表明，结构损伤、各楼层耗能与结构最大层间位移角并不对应。

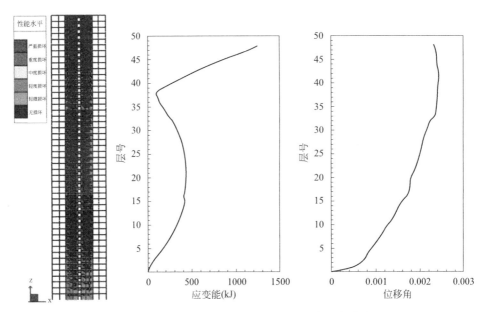

图 4.12-2　构件损伤、层应变能及层间位移角曲线

2. 什么是有害层间位移角

结构层间位移角包括有害位移角和无害位移角。无害位移角也叫非受力位移角，是由下部楼层弯曲转动引起的上部结构刚体运动，这部分变形不会引起上部构件内力变化，而引起构件损伤的主要是指有害位移角（也叫受力位移角）。对高层和超高层结构，下部楼层的层间位移中无害位移所占比例较少，上部楼层的层间位移中无害位移所占比例随着高度增加而逐渐增大。

3. 有害位移角计算方法

目前有害层间位移角计算存在多种计算方法，如楼层弯曲转角方法、构件内力法、区格广义剪切变形法等，不同方法计算结果存在一定程度的差异。本文采用构件转角法计算结构的有害位移角，如图 4.12-3 所示，结构第 i 层有害位移角计算如下：

$$\theta_h^i = \max\{\theta_h^{im}\}, i=1,2,\cdots,n \quad (4.12\text{-}1)$$

$$\theta_h^{im} = \theta^{im} - \theta^{(i-1)m} \quad (4.12\text{-}2)$$

式中 θ_h^i——第 i 层有害位移角；

θ_h^{im}——第 i 层 m 号竖向构件有害位移角；

θ^{im}——第 i 层 m 号竖向构件位移角；

$\theta^{(i-1)m}$——第 $i-1$ 层 m 号竖向构件位移角；

n——结构第 i 层竖向构件总数。

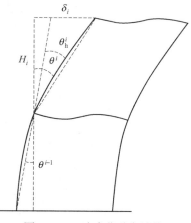

图 4.12-3 有害位移角计算

4. 案例一

某 10 层框架结构，结构层间位移角与有害位移角如图 4.12-4 所示，结构底部楼层有害层间位移角较大，上部楼层有害位移角明显小于结构层间位移角。

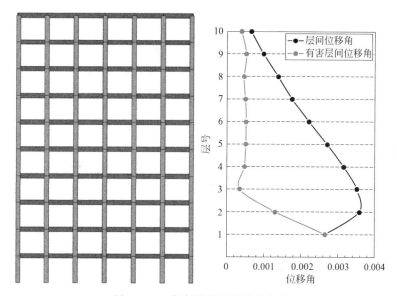

图 4.12-4 框架结构及位移角分布

5. 案例二

某超高层框架核心筒结构，层间位移角和有害层间位移角如图 4.12-5 所示，裙房框架柱有害位移角较大。

6. 案例三

某带加强层的超高层结构，弹塑性结构位移角和结构损伤如图 4.12-6 所示。可以看出：

（1）结构有害层间位移角小于结构层间位移角，并且有害位移角对加强层结构刚度突变更加敏感；

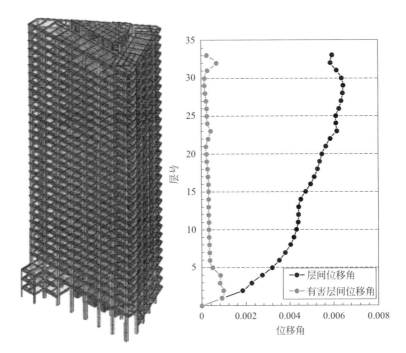

图 4.12-5　框架核心筒结构及位移角分布

（2）有害层间位移角突变与结构损伤程度偏大有关。

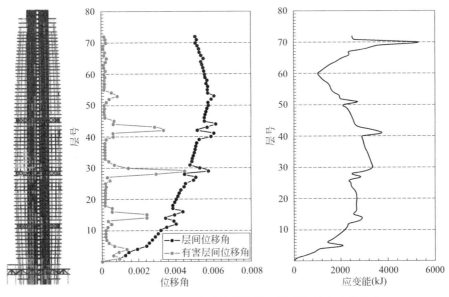

图 4.12-6　带加强层的超高层结构损伤、位移角及应变能分布

7. 结论

（1）结构的最大层间位移角分布与构件的损伤程度并无直接对应关系，通过限制结构最大层间位移角能否保证结构"大震不倒"值得商榷；

（2）有害层间位移角曲线可以一定程度反映结构构件损伤情况，但有害层间位移角的具体计算方法和限值仍需要深入研究；

（3）SAUSG 中提供的楼层耗能分布图可以明确指出结构的薄弱楼层，对于改善结构布置有较好的参考意义。

参考文献：

[1] 徐培福，薛彦涛，肖从真，等．带转换层型钢混凝土框架-核心筒结构模型拟静力试验对抗震设计的启示［J］．土木工程学报，2005，38（9）：1-8.

点评：层间位移角与结构楼层损伤破坏并不直接对应，有害层间位移角与楼层损伤破坏有较好的对应关系，但有害层间位移角的定义和限值仍未在业内形成统一意见。楼层耗能与楼层损伤的对应关系更加直观和清晰，很有工程参考意义。

4.13　层间位移角常见问题汇总

作者：侯晓武

发布时间：2020 年 6 月 17 日

问题：能系统讲讲大震弹塑性分析时层间位移角的相关概念吗？

1. 前言

层间位移角是结构分析与设计所要关注的一个重要指标，目前结构工程界对此的讨论也比较多，其中也有很多争论；但不管后续规范对于层间位移角的计算方法以及限值是否进行调整以及如何调整，层间位移角仍将作为衡量结构整体性能的一个重要指标，这一点应该是肯定的。下面就工程师在使用软件过程中，针对层间位移角结果遇到的一些问题进行整理，希望能够对大家有所帮助。

2. 为什么分析结束以后，层间位移角是 0？

回答这个问题之前，首先我们先了解一下层间位移角是如何统计的。软件统计层间位移角时，一般遵循如下步骤：

（1）对同一时刻，提取各竖向构件（框架柱和剪力墙边缘构件）上下两个顶点的位移后，取其差值并除以层高（构件长度）即为各个构件在该时刻的层间位移角；

（2）对同一构件，取所有时刻层间位移角的最大值得到该构件的层间位移角；

（3）对同一楼层，取所有竖向构件最大值，即为该楼层的层间位移角；

（4）根据各楼层得到的层间位移角，即可得到整个结构的最大层间位移角曲线。

对于剪力墙结构，软件根据剪力墙边缘构件来统计层间位移角。导入 PKPM 模型时，程序可以自动导入 PKPM 模型中边缘构件配筋，并根据面积相等原则等代为方钢管布置在剪力墙的两端。对于 YJK 模型，由于无法读取边缘构件配筋面积，因而需要在导入时指定边缘构件的配筋率。导入 ETABS、SAP2000 以及 MIDAS 模型时，由于不导入配筋结果，因而也需要指定配筋率。如果未指定边缘构件配筋率，则由于没有边缘构件会导致程序无法统计层间位移角（图 4.13-1、图 4.13-2）。

3. 不同软件小震弹性层间位移角为何相差很大？

某 6 度区剪力墙结构（图 4.13-3），地上 56 层，建筑高度为 177.8m，设防烈度为 6 度，设计地震分组为第一组，场地类别为 Ⅱ 类。采用人工波进行弹性时程分析，采用双向地震加载，主次方向峰值加速度之比为 1：0.85（图 4.13-4）。

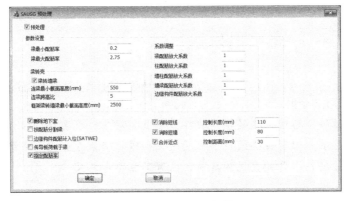

图 4.13-1 预处理对话框

图 4.13-2 指定配筋率   图 4.13-3 某剪力墙结构

采用 SAUSG 与 YJK 进行小震弹性时程分析，两个软件计算的主方向层间位移角结果如图 4.13-5 所示。SAUSG 中最大层间位移角位于顶层，最大值为 1/756。YJK 中最大层间位移角为 1/2130，两者相差了将近 3 倍。

查看两个模型前三阶振型的周期（表 4.13-1），都比较一致，说明两个模型的刚度比较接近。两个模型的基底剪力分别为 5100kN 和 4700kN，也差别不大。荷载差别不大，刚度接近的情况下为何层间位移角有这么大的差别？

最后比较下来问题出在了是否考虑初始荷载作用下的变形。在 SAUSG 中，弹性时程分析自动考虑初始荷载作用下的内力和变形结果，而 YJK 模型中对此未予考虑（图 4.13-6）。

SAUSG 中竖向荷载作用下的变形如图 4.13-7、图 4.13-8 所示，顶部竖向荷载作用下最大变形已经达到了 81.3mm。YJK 地震作用下的顶部楼层位移最大值为 58.2mm，SAUSG 地震作用下顶部楼层位移最大值为 138.8mm，如果减去竖向荷载最大变形 81.3mm，顶部楼层位移为 57.5mm，与 YJK 结果基本一致。

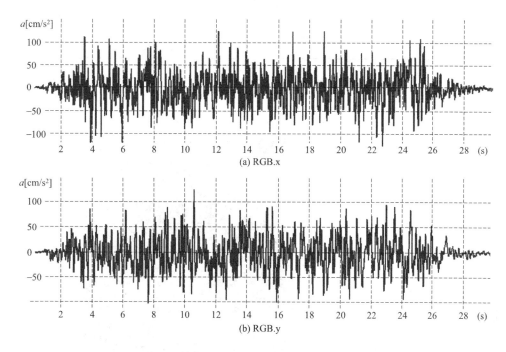

图 4.13-4　人工波时程曲线

竖向荷载作用下的层间位移角如图 4.13-9 所示，一次性加载时最大值为 1/1151。扣除竖向荷载作用下的层间位移角结果，地震作用下的层间位移角为 1/2203，与 YJK 计算结果一致。

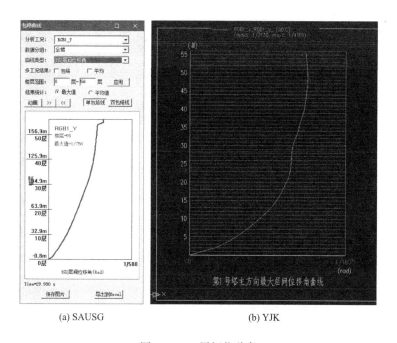

(a) SAUSG　　　　　　　　　　(b) YJK

图 4.13-5　层间位移角

结构周期对比　　　　　　　　　　　表 4.13-1

振型	周期(s)	
	SAUSG	YJK
1	4.45	4.46
2	3.39	3.37
3	2.44	2.53

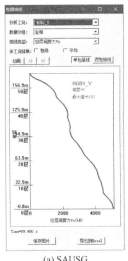

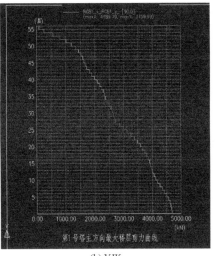

(a) SAUSG　　　　　　　　　　　　(b) YJK

图 4.13-6　楼层剪力

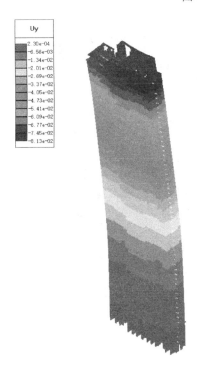

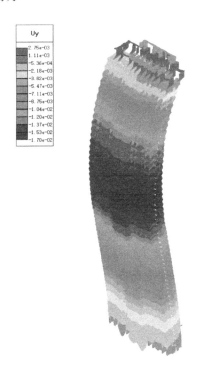

图 4.13-7　一次性加载结构变形　　　　图 4.13-8　施工阶段加载结构变形

"SAUSG 非线性仿真"微信公众号发表本文以后，很多工程师阅读后提出了问题，在此对这些工程师表示感谢。

大家的问题可以归纳为如下 2 个：

1）为何竖向荷载作用下会产生如此大的水平变形？

结构平面如图 4.13-10 所示，X 向质心和刚心比较接近，Y 向质心和刚心则相距较远，导致结构在竖向荷载作用下，Y 向会产生较大变形。

2）小震弹性时程分析是否应该叠加竖向荷载作用下的变形结果？

这个问题应该跟小震弹性时程分析的目的结合起来考虑。小震弹性时程分析一般有两个目的：（1）与反应谱分析结果对比；（2）与弹塑性分析结果对比。如果是前者，由于反应谱分析中不包含竖向荷载作用结果，因而对比时弹性时程分析也应该采用不包含竖向荷载作用的结果。如果是后者，弹塑性分析一般是在竖向荷载作用基础上进行分析的，因而小震弹性时程分析也应该考虑。

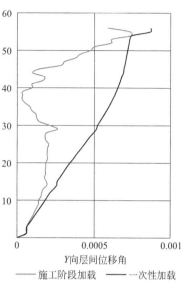

图 4.13-9　层间位移角对比

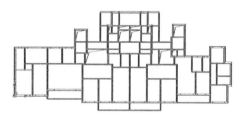

图 4.13-10　结构平面

```
*****************************************************
Floor No.  1      Tower No.  1
Xstif=     22.4641(m)      Ystif=    10.1970(m)       Alf  =     45.0000(Degree)
Xmass=     23.2327(m)      Ymass=     6.8778(m)       Gmass(重力荷载代表值)=  1343.7158( 1343.7158)(t)
Eex  =      0.1245         Eey  =     0.0534
Ratx =      1.0000         Raty =     1.0000
薄弱层地震剪力放大系数= 1.00
Ratx1=      1.3277         Raty1=     1.5482
RJX1 = 4.2747E+007(kN/m)   RJY1 = 9.7858E+007(kN/m)   RJZ1 = 0.0000E+000(kN/m)
RJX3 = 7.9795E+006(kN/m)   RJY3 = 1.6327E+007(kN/m)   RJZ3 = 8.1169E+009(kN*m/Rad)
----------------------------------------------------
```

4. 竖向加载用一次性加载还是施工阶段加载？

仍然是上一个问题当中的模型，对于竖向荷载分别采用一次性加载和施工阶段加载，变形结果分别如图 4.13-7 和图 4.13-8 所示。一次性加载时，顶部位移最大值为 81.3mm，而采用施工阶段加载后，最大变形出现在结构中部，最大变形为 17mm。

为何采用一次性加载与施工阶段加载计算结果差异如此之大？

如图 4.13-11 所示，左侧为一次性加载计算模型，右侧为施工加载各阶段的计算模型。施工阶段计算时，可以将每一楼层的变形分为两部分：一部分是本层荷载引起的本层变形；一部分是上部楼层荷载引起的本层变形。下部楼层的荷载不会引起其上部楼层的变

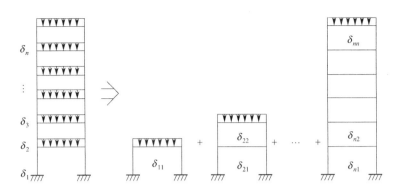

图 4.13-11　一次性加载与施工模拟 3 计算模型

形，而这一点在进行一次性加载时，由于结构刚度一次性生成，也被考虑进去了。当结构高度较高时，这一部分变形就变得不可忽略。

一次性加载与施工阶段加载作用下的层间位移角对比如图 4.13-9 所示，结构顶部层间位移角结果相差不大，中间楼层的层间位移角相差较大，最大值出现 39 层，二者层间位移角误差为 1/1647。

假定结构大震作用下的层间位移角为 1/300，则上述两种方法误差大概为 18%。如果大震作用下层间位移角为 1/200，则误差比例降低到 12% 左右。如果大震作用下层间位移角为规范限值 1/100，则误差比例降为 6%。也就是说结构大震作用下的层间位移角越小，则竖向荷载采用一次性加载和施工阶段加载两种方法的影响越大。

最后，还是建议进行大震弹塑性分析时，将施工阶段加载后的内力和变形状态作为弹塑性分析的初始状态。

5. 如何自定义位置计算层间位移角？

菜单：动力结果→层间位移→自定义层间位移

用鼠标左键，单击任意一个框架柱或剪力墙边缘构件，则该构件的水平坐标（坐标 X 和坐标 Y）将会增加到左侧列表中（图 4.13-12），同时采用该坐标的所有框架柱和剪力墙边缘构件将会被选中，视图中将显示为红色。将所有要计算的位置都定义好以后，点击"重新计算"，程序将利用这些构件，按照问题 1 中所述方法，计算层间位移角。

自定义层间位移角的结果可以通过菜单"动力结果→层间位移→层间位移"进行查看（图 4.13-13）。数据分组中选择"自定义"，则可以查看自定义的层间位移角。

6. 如何查看最大层间位移角的位置？

菜单：动力结果→层间位移→自定义层间位移。

在图 4.13-12 中，点击"全楼"按钮后确定并退出。

打开工程目录下 Earthquake 文件夹，找到工程名 _ User. DED 文件，查看自定义位置统计的层间位移角以及对应的节点（图 4.13-14）。

想要定位图 4.13-15 中的节点位置，可以通过菜单：属性修改→搜索进行定位即可（图 4.13-15）。

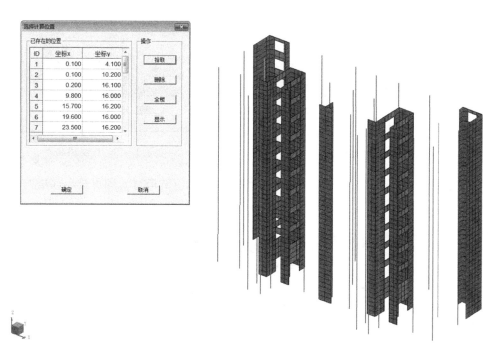

图 4.13-12　自定义层间位移角计算位置

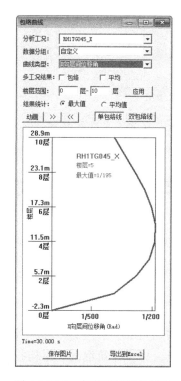

图 4.13-13　自定义层间位移角

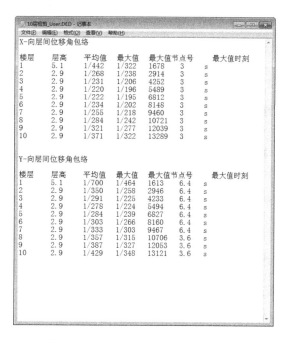

图 4.13-14　最大层间位移角节点位置

7. 如何分塔查看层间位移角?

分析之前,选中构件并通过菜单:属性修改→分塔→定义多塔(图 4.13-16)。

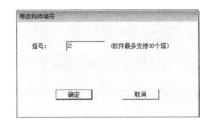

图 4.13-15　搜索节点　　　　　　　　　　图 4.13-16　定义塔号

分析之后，查看楼层指标时，在数据分组中选择相应的塔号，即可显示该塔的楼层指标（图 4.13-17）。

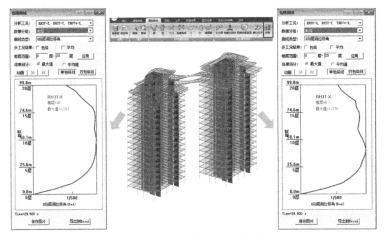

图 4.13-17　分塔统计层间位移角

点评：与层间位移角相关的糊涂认识比较多，这篇文章做了系统的总结，具有工程参考意义。

4.14　《广东省高规》与国家《高规》大震弹塑性分析对比研究

作者：贾苏

发布时间：2021 年 11 月 10 日

问题：能详细比较一下《广东省高规》和国家《高规》大震弹塑性分析的要求有什么不同吗？

1. 前言

广东省标准《高层建筑混凝土结构技术规程》DBJ/T 15—92—2021（以下简称《广东省高规》）明确了中震设计方法，相比国家行业标准《高层建筑混凝土结构技术规程》JGJ 3—2010（以下简称《高规》）的小震设计方法有较大变化。在采用不同标准进行超限结构设计时，设计方法和计算参数有所区别，容易犯错或有所遗漏。本文针对罕遇地震弹塑性分析部分的规范条文进行对比研究，同时结合 SAUSG 软件应用，对大震弹塑性分析时需要特别注意的地方进行介绍。

2. 规范要求对比

对主要规范变化进行对比，其中存在差异的内容以下画线标注。

1）弹塑性变形验算要求

相比《高规》，在高度方面，《广东省高规》9 度设防结构高度由 60m 限值增加到 80m；在不规则方面，刚度比和承载力比限值有所降低，同时忽略了质量比的限值要求（表 4.14-1）。

弹塑性变形验算要求对比　　　　　　　　　　　　　　　　表 4.14-1

《广东省高规》	《高规》
3.7.4　高层建筑结构在罕遇地震作用下的薄弱层弹塑性变形验算，应符合下列规定： 1　下列结构应进行弹塑性变形验算： 1)7～8 度时楼层屈服强度系数小于 0.5 的框架结构； 2)甲类建筑； 3)采用隔震和消能减震设计的建筑结构； 4)房屋高度大于 150m 的结构。 2　下列结构宜进行弹塑性变形验算： <u>1)本规程表 4.3.4 所列高度范围且不满足本规程第 3.5.2～3.5.5 条规定的竖向不规则高层建筑结构；</u> 2)7 度Ⅲ、Ⅳ类场地和 8、<u>9</u> 度抗震设防的乙类建筑结构； 3)板柱-剪力墙结构。 注：楼层屈服强度系数为按构件实际配筋和材料强度标准值计算的楼层受剪承载力与按罕遇地震作用计算的楼层弹性地震剪力的比值。	3.7.4　高层建筑结构在罕遇地震作用下的薄弱层弹塑性变形验算，应符合下列规定： 1　下列结构应进行弹塑性变形验算： 1)7～9 度时楼层屈服强度系数小于 0.5 的框架结构； 2)甲类建筑和 <u>9 度抗震设防的乙类建筑结构</u>； 3)采用隔震和消能减震设计的建筑结构； 4)房屋高度大于 150m 的结构。 2　下列结构宜进行弹塑性变形验算： 1)本规程表 4.3.4 所列高度范围且不满足本规程第 3.5.2-3.5.6 条规定的竖向不规则高层建筑结构； 2)7 度Ⅲ、Ⅳ类场地和 8 度抗震设防的乙类建筑结构； 3)板柱-剪力墙结构。 注：楼层屈服强度系数为按构件实际配筋和材料强度标准值计算的楼层受剪承载力与按罕遇地震作用计算的楼层弹性地震剪力的比值。

表 4.3.4　采用时程分析法或时域显式随机模拟法的高层建筑结构

设防烈度、场地类别	建筑高度范围
7 度～<u>9 度</u>Ⅰ、Ⅱ类场地	>100m
8 度Ⅲ、Ⅳ类场地、<u>9 度</u>	>80m

表 4.3.4　采用时程分析的高层建筑结构

设防烈度、场地类别	建筑高度范围
8 度Ⅰ、Ⅱ类场地和 7 度	>100m
8 度Ⅲ、Ⅳ类场地	>80m
9 度	>60m

《广东省高规》

3.5.2　<u>结构的楼层侧向刚度不宜小于相邻上层楼层侧向刚度的 80%。</u>

注：楼层侧向刚度可取楼层剪力与层间位移角之比。

3.5.3　<u>抗侧力结构的层间受剪承载力不宜小于其相邻上一层受剪承载力的 75%，不应小于其相邻上一层受剪承载力的 65%。</u>

注：1　楼层抗侧力结构的层间受剪承载力是指在所考虑的水平地震作用方向上，该层全部柱、剪力墙、斜撑的受剪承载力之和。

2　加强层、带斜腹杆桁架的楼层及转换层不在此限。

3.5.4　结构竖向抗侧力构件宜上下连续贯通。

3.5.5　当结构上部楼层收进部位到室外地面的高度 H_1 与房屋高度 H 之比大于 0.2 时，上部楼层收进后的水平尺寸 B_1 不宜小于下部楼层水平尺寸 B 的 0.75 倍（图 3.5.5a、图 3.5.5b）；当上部结构楼层相对于下部楼层外挑时，上部楼层出挑后的水平尺寸 B_1 不宜大于下部楼层水平尺寸 B 的 1.1 倍（图 3.5.5c、图 3.5.5d）。

《高规》

3.5.2　抗震设计时，高层建筑相邻楼层的侧向刚度变化应符合下列规定：

1　对框架结构，楼层与其相邻上层的侧向刚度比 γ_1 可按式 (3.5.2-1) 计算，且本层与相邻上层的比值不宜小于 0.7，与相邻上部三层刚度平均值的比值不宜小于 0.8。

3.5.3　A 级高度高层建筑的楼层抗侧力结构的层间受剪承载力不宜小于其相邻上一层受剪承载力的 80%，不应小于其相邻上一层受剪承载力的 65%；<u>B 级高度高层建筑的楼层抗侧力结构的层间受剪承载力不应小于其相邻上一层受剪承载力的 75%。</u>

注：楼层抗侧力结构的层间受剪承载力是指在所考虑的水平地震作用方向上，该层全部柱、剪力墙、斜撑的受剪承载力之和。

3.5.4　抗震设计时，结构竖向抗侧力构件宜上、下连续贯通。

3.5.5　抗震设计时，当结构上部楼层收进部位到室外地面的高度 H_1 与房屋高度 H 之比大于 0.2 时，上部楼层收进后的水平尺寸 B_1 不宜小于下部楼层水平尺寸 B 的 75%（图 3.5.5a、b）；当上部结构楼层相对于下部楼层外挑时，上部楼层水平尺寸 B_1 不宜大于下部楼层的水平尺寸 B 的 1.1 倍，<u>且水平外挑尺寸 a 不宜大于 4m</u>（图 3.5.5c、d）。

3.5.6　<u>楼层质量沿高度宜均匀分布，楼层质量不宜大于相邻下部楼层质量的 1.5 倍。</u>

2）弹塑性变形验算限值

《广东省高规》不再按照结构体系控制层间位移角，仅根据结构性能目标确定位移角限值。以常用的性能 C 为例，结构层间弹塑性位移角均以 1/65 作为限值，相比《高规》，仅框架结构略有减小，其他结构体系大幅提高（表 4.14-2）。

弹塑性变形验算限值对比   表 4.14-2

《广东省高规》	《高规》
3.7.5 结构薄弱层(部位)层间弹塑性位移角应符合下式要求： $$\theta_p = \frac{\Delta u_p}{h} \leq [\theta_p] \qquad (3.7.5)$$ 式中：θ_p——层间弹塑性位移角； 　　　$[\theta_p]$——层间弹塑性位移角限值，可按表 3.9.6 采用； 　　　h——层高。	3.7.5 结构薄弱层(部位)层间弹塑性位移应符合下式规定： $$\Delta u_p \leq [\theta_p]h \qquad (3.7.5)$$ 式中：Δu_p——层间弹塑性位移； 　　　$[\theta_p]$——层间弹塑性位移角限值，可按表 3.7.5 采用；对框架结构，当轴压比小于 0.40 时，可提高 10%；当柱子全高的箍筋构造采用比本规程中框架柱箍筋最小配箍特征值大 30% 时，可提高 20%，但累计提高不宜超过 25%； 　　　h——层高。

3.9.6 各性能目标结构的层间弹塑性极限位移角宜符合表 3.9.6 的要求。

表 3.9.6 各性能目标结构的层间弹塑性位移角限值

性能目标	A	B	C	D
层间弹塑性位移角限值	1/100	1/80	1/65	1/50

注：结构的层间弹塑性位移角取结构各层质心处的弹塑性位移计算值。

表 3.7.5 层间弹塑性位移角限值

结构体系	$[\theta_p]$
框架结构	1/50
框架-剪力墙结构、框架-核心筒结构、板柱-剪力墙结构	1/100
剪力墙结构和筒中筒结构	1/120
除框架结构外的转换层	1/120

3）地震作用

除 Ⅱ 类场地地震加速度最大值相同外，Ⅰ 类场地有所减小，Ⅲ、Ⅳ 类场地有所增大（表 4.14-3）。

地震作用对比   表 4.14-3

《广东省高规》	《高规》
第 4.3.5 条	第 4.3.5 条

《广东省高规》：4.3.5-3 输入地震加速度的最大值可按表 4.3.5-1～表 4.3.5-4 采用，7、8 度时括号内数值用于设计基本地震加速度为 0.15g、0.30g 的地区，g 为重力加速度。

表 4.3.5-1 Ⅰ类场地时程分析时输入地震加速度的最大值(cm/s²)

设防烈度	6 度	7 度	8 度	9 度
设防地震	45	90(135)	180(270)	360
罕遇地震	113	198(279)	360(459)	558

《高规》：4.3.5-3 输入地震加速度的最大值可按表 4.3.5 采用。

设防烈度	6 度	7 度	8 度	9 度
多遇地震	18	35(55)	70(110)	140
设防地震	50	100(150)	200(300)	400
罕遇地震	125	220(310)	400(510)	620

《广东省高规》	《高规》

表 4.3.5-2 Ⅱ类场地时程分析时输入地震加速度的最大值（cm/s²）

设防烈度	6 度	7 度	8 度	9 度
设防地震	50	100(150)	200(300)	400
罕遇地震	125	220(310)	400(510)	620

表 4.3.5-3 Ⅲ、Ⅳ类场地时程分析时输入地震加速度的最大值（cm/s²）

设防烈度	6 度	7 度	8 度	9 度
设防地震	55	110(165)	220(330)	440
罕遇地震	138	242(341)	440(560)	682

4）反应谱

地震反应谱有明显修改，对时程分析选波有较大影响，尤其是对长周期段，地震影响系数变化明显（图 4.14-1、表 4.14-4）。

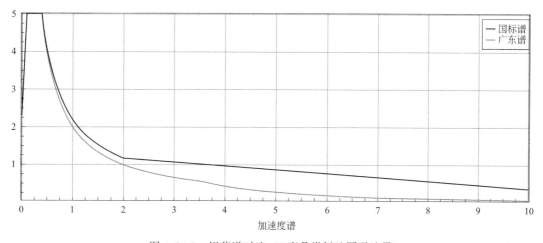

图 4.14-1 规范谱对比（7 度Ⅱ类场地罕遇地震）

反应谱对比 表 4.14-4

《广东省高规》	《高规》
第 4.3.8 条	第 4.3.7 条
4.3.8 建筑结构的地震影响系数应根据烈度、场地类别、设计地震分组和结构自振周期及阻尼比确定。水平地震影响系数最大值 α_{max} 应按表 4.3.8-1～表 4.3.8-3 采用；特征周期应根据场地类别和设计地震分组按表 4.3.8-4 采用，计算罕遇地震作用时，特征周期应增加 0.05s。高烈度区（8 度及以上），场地处于发震断层 10km 以内时，地震影响系数最大值 α_{max} 应考虑近场影响乘以增大系数，5km 以内增大系数宜取 1.50，5km 以外增大系数宜取 1.25。	4.3.7 建筑结构的地震影响系数应根据烈度、场地类别、设计地震分组和结构自振周期及阻尼比确定。其水平地震影响系数最大值 α_{max} 应按表 4.3.7-1 采用；特征周期应根据场地类别和设计地震分组按表 4.3.7-2 采用，计算罕遇地震作用时，特征周期应增加 0.05s。 注：周期大于 6.0s 的高层建筑结构所采用的地震影响系数应做专门研究。

续表

《广东省高规》	《高规》

《广东省高规》

表 4.3.8-1　Ⅰ类场地水平地震影响系数最大值 $\alpha_{\max}$

设防烈度	6度	7度	8度	9度
设防地震	0.11	0.20(0.30)	0.40(0.60)	0.80
罕遇地震	0.25	0.45(0.65)	0.80(1.08)	1.26

表 4.3.8-2　Ⅱ类场地水平地震影响系数最大值 $\alpha_{\max}$

设防烈度	6度	7度	8度	9度
设防地震	0.12	0.23(0.34)	0.45(0.68)	0.90
罕遇地震	0.28	0.50(0.72)	0.90(1.20)	1.40

表 4.3.8-3　Ⅲ、Ⅳ类场地水平地震影响系数最大值 $\alpha_{\max}$

设防烈度	6度	7度	8度	9度
设防地震	0.13	0.25(0.37)	0.50(0.75)	1.00
罕遇地震	0.31	0.55(0.79)	1.00(1.32)	1.54

注：7、8度时括号内数值分别用于设计基本地震加速度为 $0.15g$ 和 $0.30g$ 的地区。

表 4.3.8-4　特征周期 $T_g(s)$

设计地震分组＼场地类别	Ⅰ₀	Ⅰ₁	Ⅱ	Ⅲ	Ⅳ
第一组	0.20	0.25	0.35	0.45	0.65
第二组	0.25	0.35	0.50	0.65	0.85
第三组	0.35	0.50	0.70	0.90	1.10

《高规》

表 4.3.7-1　水平地震影响系数最大值 $\alpha_{\max}$

设防烈度	6度	7度	8度	9度
多遇地震	0.04	0.08(0.12)	0.16(0.24)	0.32
设防地震	0.12	0.23(0.34)	0.45(0.68)	0.90
罕遇地震	0.28	0.50(0.72)	0.90(1.20)	1.40

注：7、8度时括号内数值分别用于设计基本地震加速度为 $0.15g$ 和 $0.30g$ 的地区。

表 4.3.7-2　特征周期 $T_g(s)$

设计地震分组＼场地类别	Ⅰ₀	Ⅰ₁	Ⅱ	Ⅲ	Ⅳ
第一组	0.20	0.25	0.35	0.45	0.65
第二组	0.25	0.30	0.40	0.55	0.75
第三组	0.30	0.35	0.45	0.65	0.90

4.3.9　高层建筑结构地震影响系数曲线（图4.3.9）的阻尼调整和形状参数按下列要求确定：

1　当建筑结构的阻尼比取 0.05 时,地震影响系数曲线的形状参数应符合下列规定：

1）直线上升段,周期小于 0.1s 的区段。

2）水平段,自 0.1s 至特征周期 T_g 区段,应取最大值 $\alpha_{\max}$。

3）第一下降段,自特征周期至 T_D 区段。

4）第二下降段,自 T_D 区段至 10.0s 区段。

其中：

a）水平地震影响系数最大值 $\alpha_{\max}$ 应考虑场地类别的影响,按下列计算：

$$\alpha_{\max}=S_i\beta_{\max}A/g \quad (4.3.9\text{-}1)$$

式中：S_i——场地影响系数,场地类别为Ⅰ₀、Ⅰ₁ 类取 0.9；

Ⅱ类取 1.0；Ⅲ、Ⅳ类取 1.1；

$\beta_{\max}$——结构动力反应系数的最大值,取为 2.25。

4.3.8　高层建筑结构地震影响系数曲线（图4.3.8）的形状参数和阻尼调整应符合下列规定：

1　除有专门规定外,钢筋混凝土高层建筑结构的阻尼比应取 0.05,此时阻尼调整系数 η_2 应取 1.0,形状参数应符合下列规定：

1）直线上升段,周期小于 0.1s 的区段；

2）水平段,自 0.1s 至特征周期 T_g 的区段,地震影响系数应取最大值 $\alpha_{\max}$；

3）曲线下降段,自特征周期至 5 倍特征周期的区段,衰减指数 γ 应取 0.9；

4）直线下降段,自 5 倍特征周期至 6.0s 的区段,下降斜率调整系数 η_1 应取 0.02。

2　当建筑结构的阻尼比不等于 0.05 时,地震影响系数曲线的分段情况与本条第 1 款相同,但其形状参数和阻尼调整系数 η_2 应符合下列规定：

1）曲线下降段的衰减指数按下式确定：

续表

《广东省高规》	《高规》
A——地震加速度最大值，按表 4.3.5-2 的规定取值； g——重力加速度。 　b）特征周期 T_g，应按表 4.3.8-4 取值： 　c）曲线下降段拐点 T_D 取 3.5s。 　2　当建筑结构的阻尼比不等于 0.05 时，地震影响系数曲线的分段情况与本条第 1 款相同，其阻尼调整系数应符合下列规定： $$\eta=\begin{cases}1+\dfrac{0.05-\zeta}{0.1+1.2\xi} & 0.1s\leqslant T\leqslant 3.5s\\[2mm]1+\dfrac{0.05-\zeta}{0.1+1.45\xi} & 3.5s<T\leqslant 10.0s\end{cases} \quad(4.3.9\text{-}2)$$ 式中：η——阻尼调整系数； 　　　ζ——阻尼比。	$$\gamma=0.9+\frac{0.05-\zeta}{0.3+6\zeta} \qquad(4.3.8\text{-}1)$$ 式中：γ——曲线下降段的衰减指数； 　　　ζ——阻尼比； 　2）直线下降段的下降斜率调整系数应按下式确定： $$\eta_1=0.02+\frac{0.05-\zeta}{4+32\zeta} \qquad(4.3.8\text{-}2)$$ 式中：η_1——直线下降段的斜率调整系数，小于 0 时应取 0。 　3）阻尼调整系数应按下式确定： $$\eta_2=1+\frac{0.05-\zeta}{0.08+1.6\zeta} \qquad(4.3.8\text{-}3)$$ 式中：η_2——阻尼调整系数，当 η_2 小于 0.55 时，应取 0.55。

5）竖向地震

大跨度和大悬挑定义有放松（表 4.14-5）。

竖向地震对比　　　　　　　　　　　　　　　　表 4.14-5

《广东省高规》	《高规》
4.3.2　高层建筑结构地震作用计算应符合下列规定： 　3　高层建筑中的大跨度、长悬臂结构，7 度（0.15g）、8 度及 9 度抗震设计时应计入竖向地震作用。 　条文说明：大跨度结构指楼盖、连体跨度≥24m、转换结构跨度≥16m；长悬臂结构指悬挑跨度≥6m。	4.3.2　高层建筑结构的地震作用计算应符合下列规定： 　3　高层建筑中的大跨度、长悬臂结构，7 度（0.15g）、8 度抗震设计时应计入竖向地震作用。 　4　9 度抗震设计时应计算竖向地震作用。 　条文说明：大跨度指跨度大于 24m 的楼盖结构、跨度大于 8m 的转换结构；长悬臂结构指悬挑长度大于 2m 的悬挑结构。大跨度、长悬臂结构应验算其自身及其支承部位结构的竖向地震效应。
4.3.16　跨度较大的楼盖结构、转换结构、连体结构和悬挑长度较大的悬挑结构，结构竖向地震作用标准值宜采用振型分解反应谱法、动力时程分析法或时域显式随机模拟法进行计算。时程分析计算时输入的地震加速度最大值可按规定的水平输入最大值的 65% 采用，振型分解反应谱或时域显式随机模拟法分析时结构竖向地震影响系数最大值可按水平地震影响系数最大值的 65% 采用。设计特征周期可按设计第一组采用。	4.3.14　跨度大于 24m 的楼盖结构、跨度大于 12m 的转换结构和连体结构，悬挑长度大于 5m 的悬挑结构，结构竖向地震作用效应标准值宜采用时程分析方法或振型分解反应谱方法进行计算。时程分析计算时输入的地震加速度最大值可按规定的水平输入最大值的 65% 采用，反应谱分析时结构竖向地震影响系数最大值可按水平地震影响系数最大值的 65% 采用，但设计地震分组可按第一组采用。

6）计算要求

计算要求基本一致（表 4.14-6）。

计算要求对比　　　　　　　　　　　　　　　　表 4.14-6

《广东省高规》	《高规》
5.5.1　高层建筑混凝土结构进行弹塑性计算分析时，可根据实际工程情况采用静力或动力时程分析方法，并应符合下列规定： 　1　当采用结构抗震性能设计时，应根据本规程 3.9 节的有关规定设定结构的抗震性能目标。	5.5.1　高层建筑混凝土结构进行弹塑性计算分析时，可根据实际工程情况采用静力或动力时程分析方法，并应符合下列规定： 　1　当采用结构抗震性能设计时，应根据本规程第 3.11 节的有关规定预定结构的抗震性能目标；

《广东省高规》	《高规》
2 梁、柱、斜撑、剪力墙、楼板等结构构件，应根据实际情况和分析精度要求采用合适的简化模型。 3 构件的几何尺寸、混凝土构件所配的钢筋和型钢、混合结构的钢结构构件应按实际情况参与计算。 4 应根据设定的结构抗震性能目标，优先采用有可靠试验数据支持的构件层次的力-变形关系和损伤、破坏判别准则，也可采用材料层次的本构关系和屈服准则。钢筋和混凝土材料的本构关系可按现行国家标准《混凝土结构设计规范》GB 50010 的有关规定采用；结构构件宏观损伤程度的判别应和构件受力试验的结果相对应。当确有依据、有可靠的试验数据支持时，也可采用其他的本构关系和屈服准则。 5 应考虑几何非线性的影响。 6 进行动力弹塑性计算时，地面运动加速度时程的选取、预估罕遇地震作用时的峰值加速度取值以及计算结果的选用应符合本规程第 4.3.5 条的规定。	2 梁、柱、斜撑、剪力墙、楼板等结构构件，应根据实际情况和分析精度要求采用合适的简化模型； 3 构件的几何尺寸、混凝土构件所配的钢筋和型钢、混合结构的钢构件应按实际情况参与计算； 4 应根据预定的结构抗震性能目标，合理取用钢筋、钢材、混凝土材料的力学性能指标以及本构关系。钢筋和混凝土材料的本构关系可按现行国家标准《混凝土结构设计规范》GB 50010 的有关规定采用； 5 应考虑几何非线性影响； 6 进行动力弹塑性计算时，地面运动加速度时程的选取、预估罕遇地震作用时的峰值加速度取值以及计算结果的选用应符合本规程第 4.3.5 条的规定； 7 应对计算结果的合理性进行分析和判断。
5.5.3 采用弹塑性动力分析方法进行薄弱层验算时，宜符合以下要求： 1 应按建筑场地类别和设计地震分组选用不少于两组实际地震波和一组人工模拟的地震波的加速度时程曲线。 2 地震波持续时间不宜少于结构自振周期的 5 倍和 15s，数值化时间间距可取为 0.01s 或 0.02s。 3 输入地震波的最大加速度，可按表 4.3.5 采用。	

3. SAUSG 应用注意要点

1）选波

依照《广东省高规》反应谱进行地震波基底剪力验算和加速度谱验算，由于在长周期段反应谱影响系数下降比较明显，实际对于超高层结构更容易进行选波。

2）规范推荐地震波

可采用《广东省高规》推荐的天然地震波进行选波和分析，SAUSG 新版本中也增加了对应地震波数据（图 4.14-2）。

3）计算参数

峰值加速度按照《广东省高规》第 4.3.5 条输入峰值加速度，不一定是 $220cm/s^2$，不同场地类别峰值加速度不同。

4）位移角限值

位移角限值根据性能目标有所调整，性能 C 位移角限值为 1/65。

4. 工程案例

某超高层结构（图 4.14-3），7 度设防，Ⅱ类场地，设计地震分组为第一组。共 53 层，屋面高度为 214m，结构第一周期为 6.15s。

分别根据《高规》反应谱和《广东省高规》反应谱生成人工波进行弹塑性时程分析，规范反应谱和地震波反应谱对比如图 4.14-4 所示。

在两条地震波作用下，结构 X 向层剪力、倾覆力矩和层间位移角曲线如图 4.14-5 所示。采用《广东省高规》反应谱生成人工波进行罕遇地震弹塑性时程分析，基底剪力、倾覆力矩和最大层间位移角分别为国家高规反应谱人工波的 89.3%、57.2% 和 42.3%（表 4.14-7）。

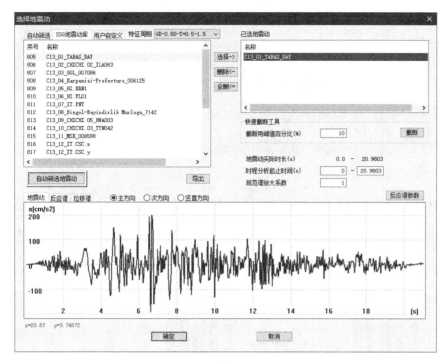

图 4.14-2　SAUSG《广东省高规》地震波库

图 4.14-3　结构
SAUSG 计算模型

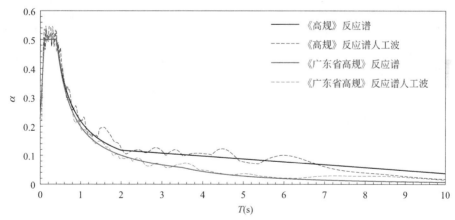

图 4.14-4　反应谱对比

结果对比　　　　　　　　　　　　　　　　　　　　　　　　　表 4.14-7

地震波	基底剪力(kN)	倾覆力矩(kN·m)	最大层间位移角
《广东省高规》反应谱	38246	2799410	1/307
《高规》反应谱	42805	4893940	1/130
比值	89.3%	57.2%	42.3%

　　在不同人工波作用下结构构件性能如图 4.14-6 所示。结构在《高规》反应谱生成人工波作用下损伤程度大于《广东省高规》反应谱生成人工波。

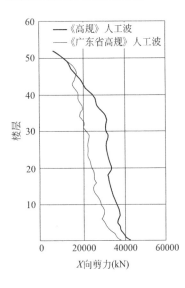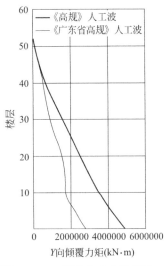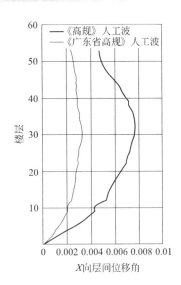

图 4.14-5　楼层响应曲线对比

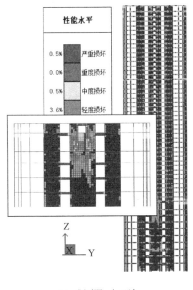

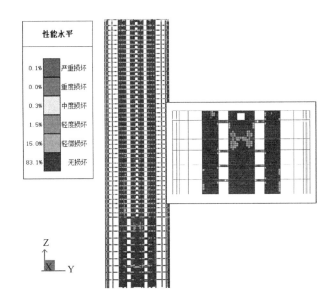

(a)《高规》人工波　　　　　　　　　(b)《广东省高规》人工波

图 4.14-6　构件性能对比

5. 结论

（1）《广东省高规》设计方法相比《高规》有较大变化，采用《广东省高规》进行结构设计时需要注意相关变化对分析结果的影响；

（2）采用《广东省高规》进行结构设计时，大震弹塑性分析需注意计算参数选取问题，主要包括地震波选取、峰值加速度确定和层间位移角限值等；

（3）采用《广东省高规》得到的大震弹塑性时程分析结果与采用《高规》得到的结果变化较大，不能照搬以往的设计经验，需要对设计结果进行更加仔细的分析、评估和确认。

点评：《广东省高规》和《高规》的规定存在较大不同，本文系统比较了大震弹塑性分析相关规定的差异。

第 5 章 复杂超限工程非线性分析案例

5.1 收进结构大震弹塑性反应特性

作者：刘春明
发布时间：2017 年 3 月 29 日
问题：收进结构做大震弹塑性分析都应该注意些什么？

1. 前言

在结构收进部位竖向刚度不连续，会造成剪力和层的受剪承载力突变，应力集中，从而形成结构的薄弱部位。以往对收进结构的分析主要基于弹性反应谱分析作为设计的主要手段，更多地考虑承载力方面的因素，性能化设计的目的在于小震、中震、大震下具有不同的性能设计目标；通过中、大震作用，了解结构的薄弱部位；完全反映结构在大震下薄弱部位的破坏以及性能化表现。

本文分别采用 MIDAS 和 SAUSG 对某体型收进高层建筑进行了中震弹性反应谱分析和大震非线性时程分析。研究了结构采用不同的收进方式对中震反应谱分析中应力分布和大震作用下结构损伤破坏以及性能化的影响；根据结构薄弱部位的受力特点和破坏模式提出了相应的加强措施。

2. 项目信息

某办公楼项目地上 50 层。上部结构采用框架-核心筒结构体系，外框柱采用型钢混凝

(a) 结构空间模型

(b) 首层结构平面图

图 5.1-1 结构模型

土柱。抗震设防烈度为 7 度（0.10g），设计地震分组为第一组，抗震设防类别为标准设防类，场地类别为Ⅳ类，特征周期为 0.90s。如图 5.1-1 所示，结构底部空间较大，在 21 层与 35 层有两次结构核心筒收进，结构刚度发生较大变化。在收进部位的转换梁中部有柱子，造成水平和竖向受力复杂。

为提高核心筒的强度和延性，核心筒收进位置局部布置钢板或型钢，外框柱采用钢骨混凝土，并在柱间布置钢斜撑，以提高关键和薄弱位置的受剪承载力；同时提高核心筒墙体的抗震等级，适当增加底部和收进部位边缘构件配筋率。

使用 SAUSG 进行大震下动力弹塑性分析并用 ABAQUS 进行验证，比较结构分别采用梁式转换、墙式转换的受力特性，如表 5.1-1 所示。可以看出，结构质量与周期结果比较接近。

结构质量与周期结果对比   表 5.1-1

	SATWE	MIDAS Gen	ABAQUS	SAUSG
质量(t)	141652	141652	152424.7	152024
第 1 周期(s)	5.45	5.22	6.09	5.86
第 2 周期(s)	5.36	4.95	5.23	5.23
第 3 周期(s)	4.41	3.94	4.59	4.50
第 4 周期(s)	2.06	1.85	2.31	2.20
第 5 周期(s)	1.74	1.58	1.74	1.71

按一般的结构概念，在转换连接位置增加结构刚度会使得结构的受力状态更合理。但是收进结构本身有两个特点：

（1）结构的竖向刚度不连续，上下部分的刚心有偏心，在水平地震作用下会沿连接部位竖向产生劈裂效果，造成这部分的竖向剪切力比较大；

（2）中、大震下结构的薄弱部位首先破坏，会产生内力重分布，尤其是大震下结构往往会在往复荷载作用下产生连续损伤，很大程度上改变了结构的刚度和受力状态。

从弹性局部应力分析结果看，接近梁式转换破坏形式为剪切，有利于形成塑性铰，但是上下容易造成结构体系不连续。墙式转换结构整体性好，但是大震下转换部位刚度较大，吸收地震能量大，造成构件抗剪设计不容易通过。总体表现出加大梁高对抵抗小、中震，减少应力集中更有利。

3. 计算分析

为了研究结构在大震下弹塑性的特性，使用 SAUSG 进行大震弹塑性动力分析。计算中使用上海市《建筑抗震设计规程》DGJ 08—9—2013 规定的 3 条地面运动加速度记录，2 条天然波，1 条人工波。

对比结构的性能化水平，经过刚度调整耗能模式后，结构吸收地震能量更合理，性能化表现更加理想。通过合理的结构刚度分配，不仅可以使结构的局部破坏损伤减小，对于整体结构的性能化表现也有所改善。更进一步说明结构在大震下需要更多地从损伤破坏及能量的观点考虑，进行更好的概念体系设计。单纯的抗力概念仅能部分反映结构薄弱部位。

如图 5.1-2 所示，从结构的层间位移角变化趋势看，层间位移在收进部位发生明显的突变，体现了相邻层刚度变化较大的影响，使用较小的连梁在大震下层间位移反而更平均；体现了大震下更多是使结构按预期消耗地震能量起更主要的控制作用，小震反应谱分析的结果由于不能反映结构空间刚度分布、结构材料非线性以及构件进入弹塑性后相应的结构变化，不能完全反映大震下结构的实际响应。

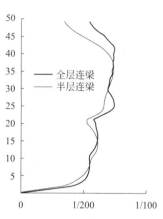

图 5.1-2 层间位移角分布

从损伤结果看，弹塑性分析明确地给出了结构薄弱部位由于刚度及传力途径突变，造成在收进部位明显地出现了损伤破坏。

对于整层连梁模型，出现了非常明显的剪切损伤，特别是沿连梁的边缘部位出现明显的竖向破坏发展趋势，局部破坏严重（图 5.1-3）。

对于半层墙梁模型，损伤主要集中在连梁两侧，体现了连梁在大震下耗能率先破坏，性能更合理。

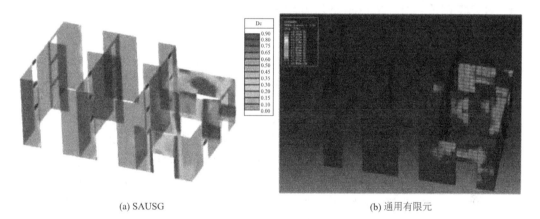

(a) SAUSG　　　　　　　　　　　　(b) 通用有限元

图 5.1-3 整层剪力墙损伤分布

如图 5.1-4 所示，楼板的损伤破坏体现了与弹性分析明显不同的特点，特别是楼板的

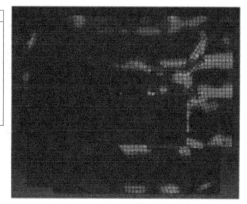

(a) SAUSG　　　　　　　　　　　　(b) 通用有限元

图 5.1-4 整层连梁损伤分布

损伤发展方向体现了不规则性，沿平行于连梁方向出现，并且向角部扩展。表明在地震作用下，连梁刚度越大，吸收的地震越大，可能造成更加集中的破坏。如果降低连梁刚度，大震下形成较好的耗能机制，使破坏损伤先在连梁出现。由于连梁的损伤扩展到楼板，引起 X 向的楼板发生应力集中而损伤扩展。

4. 结论

弹性分析中由于构件保持弹性，体现不出大震下非线性造成内力重分布的特点，不能直接反映结构薄弱部位。按通常的概念加强转换连接部位的刚度（即增加连梁高度）会减小楼层位移并且减小连梁的应力；但在大震下设计思路更多的是从位移以及能量考虑，使结构的破坏按预期的方式发生，将能量耗散集中到连梁的耗能部位，这样才能更好地体现性能化设计思想。通过在刚度集中部位适当地开洞或降低连梁高度，会保证结构具有更好的延性，避免因刚度突变造成结构很大的破坏。

点评：结构刚度突变位置如何加强？通过非线性仿真分析，可以清晰地了解需要加强的楼层和构件位置。

5.2 这样的结构，如何保证安全

作者：刘春明

发布时间：2017 年 8 月 11 日

问题：能举个复杂混凝土-钢组合结构大震弹塑性分析的例子吗？

1. 项目概述

某项目建筑总投影平面为梯形，总长度约 258m，总高度 79.7m，地上十三层。地上建筑主要由三部分组成，南侧高层部分为精品酒店；北侧多层部分为体育中心，中间地面为市民广场。整个建筑不设缝。体育中心和精品酒店主体部分楼盖为普通钢筋混凝土梁板；体育中心悬挑桁架部分采用钢结构，楼板采用普通钢筋混凝土楼板；屋顶钢结构桁架及落地斜撑采用钢结构。本工程抗震设防烈度为 8 度，设计地震基本加速度值 0.20g，设计地震分组为第二组，场地类别为 Ⅲ 类。本工程由中国建筑科学研究院有限公司咨询设计院设计（图 5.2-1）。

图 5.2-1　结构三维模型

看了这个结构形式,感觉怎么样?一句话概括,结构超复杂!弹塑性计算怎么办?是不是头大了,不用怕,用超限专家助手 SAUSG 来帮您!

2. 大震动力弹塑性分析

计算软件采用由广州建研数力建筑科技有限公司开发的新一代"GPU+CPU"高性能结构动力弹塑性计算软件 SAUSG。先用 PMSAP 进行小震和中震计算,然后直接一键带配筋导入 SAUSG 进行大震动力弹塑性分析计算,生成计算报告书。

以 Y 向输入主方向举例说明,计算结果如图 5.2-2~图 5.2-6 所示,北塔楼顶最大位移为 124mm,楼层最大层间位移角为 1/270,在第 4 层;南塔楼顶最大位移为 181mm,楼层最大层间位移角为 1/204,在第 12 层。结构层间位移角限值满足 1/100 的要求,满足"大震不倒"的性能目标要求。

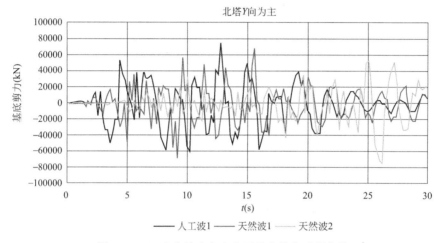

图 5.2-2 Y 向为输入主方向下基底剪力时程曲线

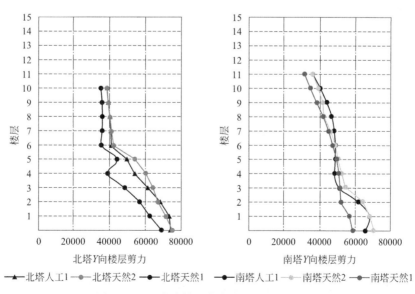

图 5.2-3 Y 向为输入主方向下层剪力包络图

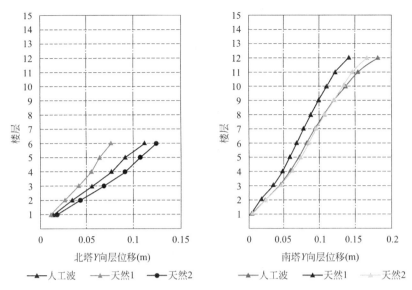

图 5.2-4 Y 向楼层最大位移响应

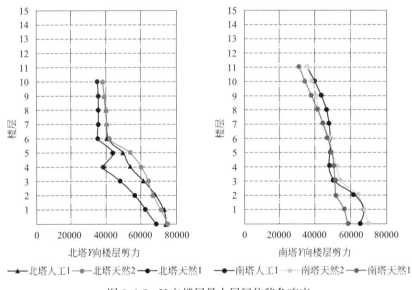

图 5.2-5 Y 向楼层最大层间位移角响应

由剪力墙整体的损伤情况可以看到，在罕遇地震人工波、天然波 1、天然波 2 的三向输入作用下，剪力墙墙身整体损伤不大，大多数墙身混凝土受压损伤因子控制在 0.6 以下；连梁大部分已经破坏，起到很好的率先屈服耗能的作用，有力地保护了主体结构。N1A～N1D 墙肢属于局部上升核心筒部分，损伤因子均在 0.3 以下，可以认为北塔体育中心局部上升核心筒满足"大震不屈服"性能水准；其余墙肢满足"大震部分中度损伤"性能水准要求。

梁、柱构件性能水平如图 5.2-7、图 5.2-8 所示。梁、柱构件均处于轻度损伤级别，满足抗震性能水准要求。

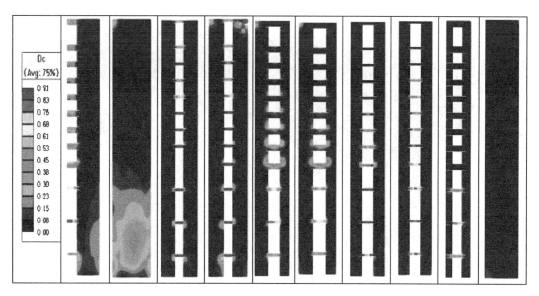

图 5.2-6　Y 向为输入主方向时剪力墙受压损伤因子分布

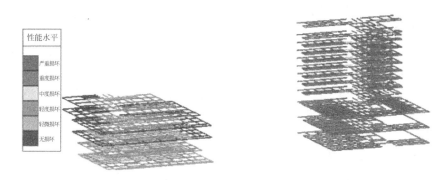

图 5.2-7　Y 向为输入主方向时梁性能水平

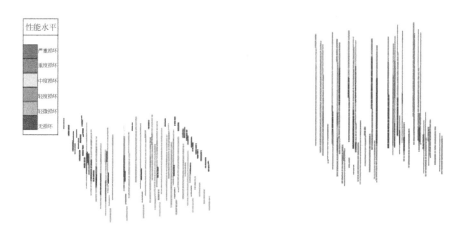

图 5.2-8　Y 向为输入主方向时柱性能水平

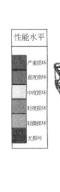

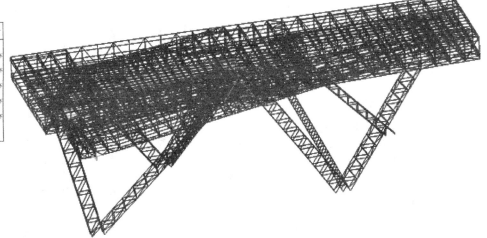

图 5.2-9 Y 向为输入主方向时屋盖主桁架及落地斜撑性能水平

屋盖主桁架及落地斜撑构件性能水平如图 5.2-9 所示。其中,屋盖主桁架除个别杆件处于轻度损伤级别,其余杆件均未损坏,满足抗震性能水准要求;落地斜撑均无损坏,满足 "大震不屈服" 抗震性能水准。

3. 结论及建议

(1) 结构顶点最大位移,X 向为输入主方向时,北塔体育中心楼层最大层间位移角为 1/227,南塔精品酒店楼层最大层间位移角为 1/250;Y 向为输入主方向时,北塔体育中心楼层最大层间位移角为 1/270,南塔精品酒店楼层最大层间位移角为 1/204,均未超过 1/100 的要求。整个计算过程中,结构始终保持直立,满足规范 "大震不倒" 的要求。

(2) 弹塑性分析结果表明,连梁基本全部破坏,其受压损伤因子均超过 0.9,说明在罕遇地震作用下,连梁形成了铰机制,符合屈服耗能的抗震工程学概念。

(3) 弹塑性分析结果表明,剪力墙墙身整体损伤不重,大多数墙身混凝土受压损伤因子控制在 0.6 以下;N1A~N1D 墙肢属于局部上升核心筒部分,损伤因子均在 0.3 以下,可以认为北塔体育中心局部上升核心筒满足 "大震不屈服" 性能水准;其余墙肢满足 "大震部分中度损伤" 性能水准要求。

(4) 弹塑性分析结果表明,屋盖主桁架除个别杆件处于轻度损伤级别,其余杆件均未损坏,满足抗震性能水准要求;落地斜撑均无损坏,满足 "大震不屈服" 抗震性能水准要求。

(5) 弹塑性分析结果表明,北塔体育中心和南塔精品酒店的框架梁大部分已经轻度损坏、框架柱部分轻度损坏,部分未损坏,满足 "大震部分中度损伤" 性能水准要求。本工程采用的主体结构质量分布均匀,刚度分布合理,结构体系合理,满足 "小震不坏、中震可修、大震不倒" 的抗震设防目标,达到本工程所设定的性能目标要求。

本工程大震弹塑性分析中充分体现了 SAUSG "准" "快" "易用" 的特点,完美地解决了工程师时间紧,结构复杂,计算难度大的问题。

点评:一些复杂的建筑结构,看到非线性仿真分析结果后会有这样的感觉:哦,结构应该是在这里坏的。不做非线性分析,很难做出这种指向性明确的判断。

5.3　某超高层结构刚度变化及构件损伤开展分析

作者：贾苏

发布时间：2018 年 8 月 14 日

问题：结构刚度变化与构件损伤的关系是什么？

1. 前言

在超高层结构的非线性分析中，通常从位移、内力、刚度、损伤和能量等角度进行结果评价，其中刚度变化集中体现了结构的非线性反应。本文采用 SAUSG 对某 500m 超高层结构进行非线性时程分析，并对结构刚度变化以及构件损伤发展历程进行分析，了解结构抗震性能。

2. 计算模型

建筑屋面高度为 528m，结构顶高度为 500m，共 109 层，抗震设防烈度为 7 度，Ⅱ类场地，设计地震分组为第三组。结构抗侧力体系由核心筒＋外框柱＋腰桁架＋伸臂桁架组成，如图 5.3-1 所示。

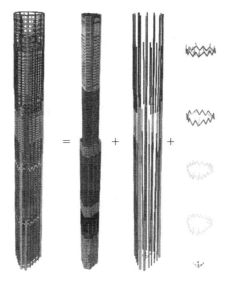

图 5.3-1　某结构抗侧力体系

3. 加载条件

结构第一周期为 8.49s，采用典型长周期地震波 Chi-Chi-TCU 波进行双向时程分析，地震波主方向加速度时程和反应谱曲线如图 5.3-2 所示。地震波总持时共 55s，第 10～30s 时间内，地震作用较大（加速度≥100cm/s²），为地震主要作用区段，30s 后地震作用较小。进行双向大震和极大震弹性、弹塑性时程分析，主方向加速度峰值分别为 220cm/s² 和 400cm/s²，主次方向峰值加速度比为 1∶0.85。

4. 顶点位移分析

"从结构顶点位移时程曲线除了可以看出位移是否满足规范限值外，更重要的是可以判断结构整体刚度退化程度，并推测结构的塑性损伤程度。"（王亚勇，2017）

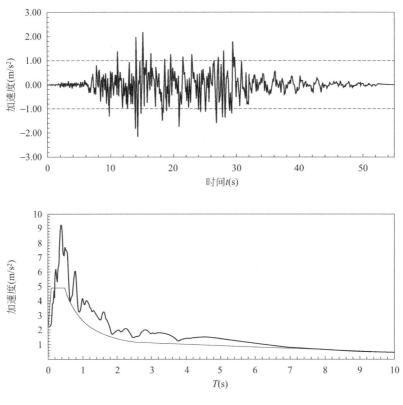

图 5.3-2 地震波时程与反应谱曲线

结构顶点位移曲线如图 5.3-3 所示，在考虑材料非线性后，结构顶点位移有减小的趋势。通过划分不同的时间段对最大节点位移进行比较，如表 5.3-1 所示。大震作用下初始阶段（0～10s），弹性顶点位移和弹塑性顶点位移基本重合，说明在地震作用较小时，结构基本保持弹性，二者最大位移相差较小；在地震波加速度较大的阶段（10～30s），两条顶点位移曲线开始出现分化，这一阶段，弹塑性顶点位移衰减为弹性顶点位移的 84%；在地震作用的最后阶段（30～55s），地震作用值已经较小（小于 100 cm/s²），地震作用

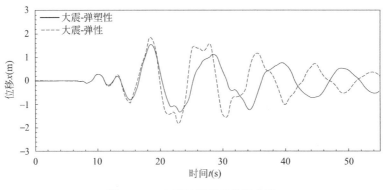

图 5.3-3 大震时程顶点位移曲线

趋于稳定，结构弹塑性位移曲线与弹性位移曲线出现明显的相位差和位移差，弹塑性位移衰减为弹性的 67%。

大震顶点位移对比 表 5.3-1

时间(s)	弹塑性(m)	弹性(m)	弹塑性/弹性
0~10	0.281	0.286	0.98
10~30	1.549	1.846	0.84
30~55	0.778	1.167	0.67

5. 性能发展分析

构件性能判定依据 SAUSG 默认性能评判标准，详见 SAUSG 用户手册和相关微信公众号文章。

大震下结构全楼核心筒和外框筒构件性能变化如图 5.3-4 所示。可以看出，第 10~20s 时间段内，构件性能变化较快，大量构件由无损坏阶段发展到轻微或轻度损坏阶段，20s 以后构件性能变化基本趋于稳定，与位移分析结果一致；随着地震持续作用，大部分核心筒剪力墙出现轻微或轻度损坏，少部分构件达到中度或严重损坏，而外框柱大部分处于无损坏或轻微损坏，说明大震下结构主要由核心筒承担侧向力，外框柱仍具有较大富裕度。连梁是主要耗能构件，部分构件逐渐进入重度或严重损坏。

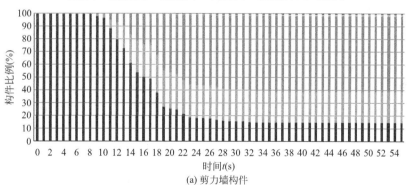

(a) 剪力墙构件

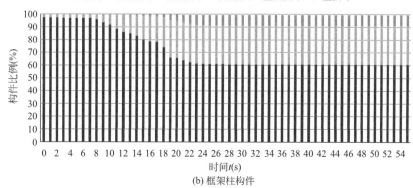

(b) 框架柱构件

图 5.3-4 大震下构件性能发展（一）

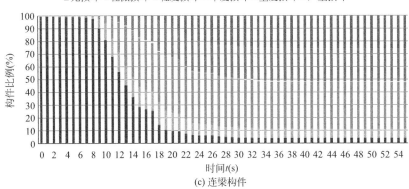

(c) 连梁构件

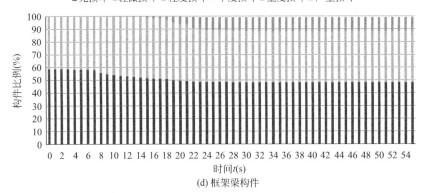

(d) 框架梁构件

图 5.3-4　大震下构件性能发展（二）

　　增大地震作用，在极大震下，结构核心筒剪力墙损伤程度明显增大，并且有部分构件达到重度或严重损坏，结构第 32 层、68 层和 85 层附近楼层核心筒损伤显著，其中第 68 层为核心筒收进楼层、第 32 和 85 层为加强层，由于结构刚度突变导致损伤显著。外框柱损坏程度也显著增大，部分构件达到中度以上损坏（图 5.3-5）。

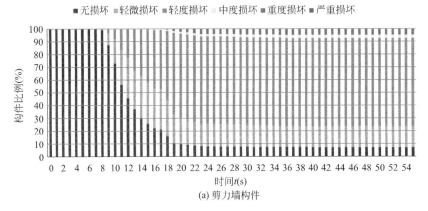

(a) 剪力墙构件

图 5.3-5　极大震下构件性能发展（一）

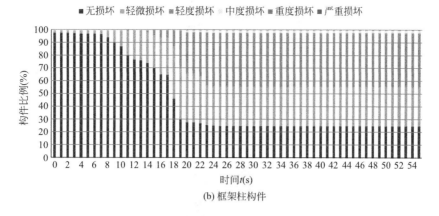

(b) 框架柱构件

图 5.3-5　极大震下构件性能发展（二）

剪力墙构件性能楼层分布如图 5.3-6 所示，剪力墙受压损伤云图如图 5.3-7 所示。

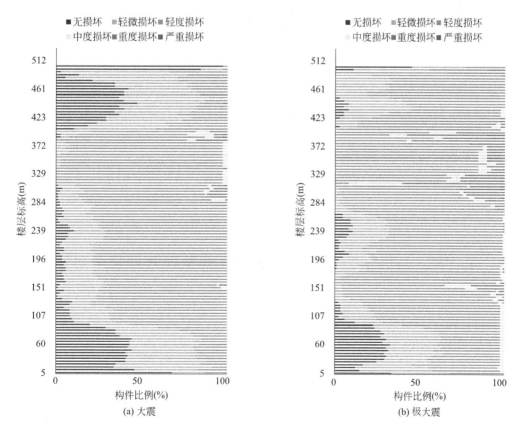

(a) 大震　　　　　　　　　　　　(b) 极大震

图 5.3-6　剪力墙构件性能楼层分布

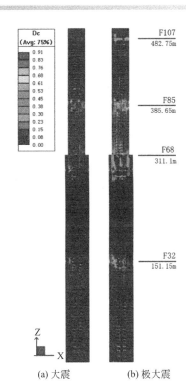

(a) 大震   (b) 极大震

图 5.3-7　剪力墙受压损伤云图

6. 总结

经过良好性能化设计的结构在地震作用下，结构构件的合理损伤可以引起结构刚度变化并且伴随能量耗散，进而达到降低结构地震反应的作用。结构顶点位移变化和性能发展变化可以帮助我们直观了解非线性分析中结构的刚度变化、损伤发展和耗能机制等，可以在 SAUSG 中输出这些数据帮助我们进行结构性能判定。

点评：在线弹性假定下，只能从力、位移、刚度等角度理解建筑结构；推开非线性的大门后，了解结构性能的办法可以增加很多，构件损伤程度就是一个很好的指标。

5.4　某 300m 高层结构 SAUSG 与 P3D 弹塑性时程结果对比

作者：贾苏

发布时间：2019 年 5 月 15 日

问题：能通过一个实际工程对比一下 SAUSG 和 P3D 结果吗？

1. 前言

P3D 是一款经典的建筑结构非线性分析软件，提供了丰富的结构非线性模拟单元和方法，为诸多标志性工程设计提供了非线性分析结果，同时，笔者的动力弹塑性分析入门也是从 P3D 软件开始，从中学到了许多关于非线性分析的原理和概念。本文将 P3D 与 SAUSG 的分析结果进行对比，为工程应用提供参考。

2. 结构模型

某 7 度区（Ⅱ类场地、第一组）超高层结构，共 72 层，结构高度 309m。结构模型如图 5.4-1 所示。

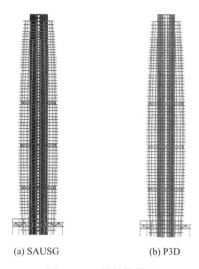

(a) SAUSG　　　　　(b) P3D

图 5.4-1　某结构模型

3. 分析模型

SAUSG 采用精细有限元模型，计算原理详见《SAUSG 2018 用户手册》。P3D 采用纤维模型模拟，混凝土及钢材本构按照《混凝土结构设计规范》相关参数定义。阻尼均采用模态阻尼。P3D 采用刚性楼板假定，SAUSG 采用弹塑性楼板模拟。SAUSG 采用精细模型，P3D 采用宏观单元。第 42 层单元划分如图 5.4-2 所示。

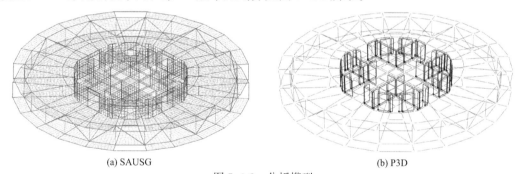

(a) SAUSG　　　　　　　　　　　　　　(b) P3D

图 5.4-2　分析模型

二者结构总重量及前三阶周期差异如表 5.4-1 所示。

总重量及前三阶周期差异对比　　　　　　　　表 5.4-1

总重量及周期	SAUSG	P3D	误差（%）
总重量(kN)	2305652	2227157	3.40
T_1(s)	6.92	6.97	0.72
T_2(s)	6.87	6.94	1.02
T_3(s)	2.97	3.36	13.13

均采用图 5.4-3 所示人工波进行单向加载，峰值加速度为 $220cm/s^2$。

4. 整体结果

二者楼层剪力及层间位移角曲线如图 5.4-4、图 5.4-5 所示，可见二者层剪力曲线和质心处层间位移角变化趋势基本吻合，P3D 层剪力稍大但层间位移角稍小。值得注意的是，对于包络位移角曲线，加强层附近楼层最大层间位移角存在突变，最大层间位移角出现在外框柱，如图 5.4-6 所示，是由于加强层刚度突变柱承担剪力较大所致。

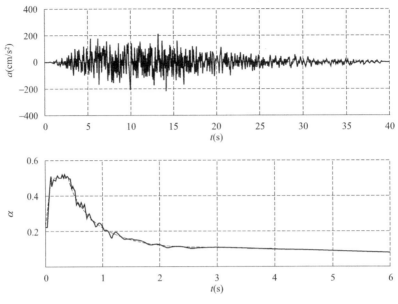

图 5.4-3　地震波时程及反应谱曲线

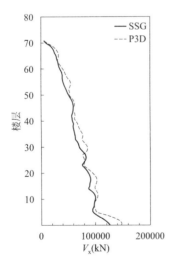

图 5.4-4　层剪力曲线

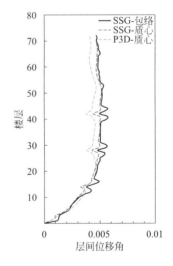

图 5.4-5　层间位移角曲线

结构顶点位移曲线和基底剪力时程曲线变化规律基本一致，如图 5.4-7、图 5.4-8 所示。

结构竖向构件分配剪力比例及第 42、43 层剪力时程曲线如图 5.4-9 所示。由于在加强层上下楼层，框架柱承担剪力接近甚至超过剪力墙承担剪力值。

5. 构件性能

连梁损伤及外框柱屈服情况如图 5.4-10～图 5.4-12 所示。X 向部分连梁出现明显损伤，并且损伤程度值均较大。部分外框柱出现钢筋屈服情况，主要在顶层和加强层附近，大部分构件应变状态小于 0.5。

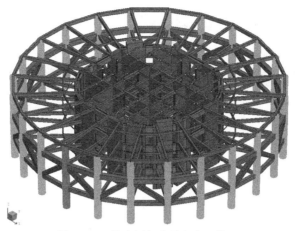

图 5.4-6　最大层间位移角出现位置

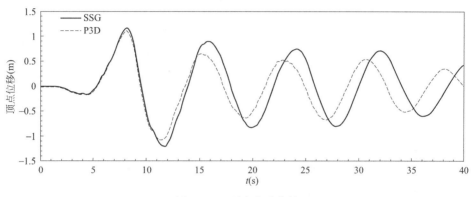

图 5.4-7　顶点位移曲线

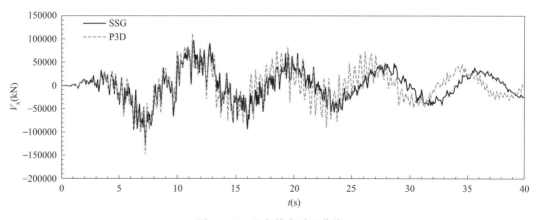

图 5.4-8　基底剪力时程曲线

6. 加强层分析

两款软件对楼板采用不同的模拟方式，SAUSG 采用弹塑性楼板，P3D 采用刚性楼板假定（图 5.4-13）。

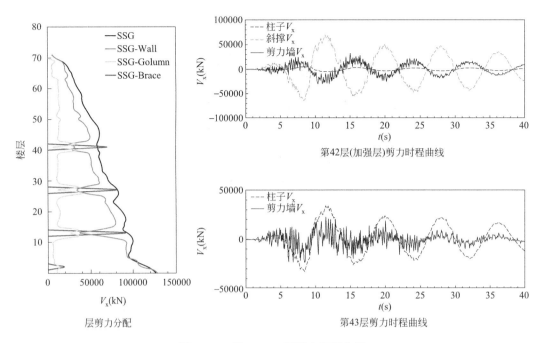

图 5.4-9　第 42、43 层剪力时程曲线

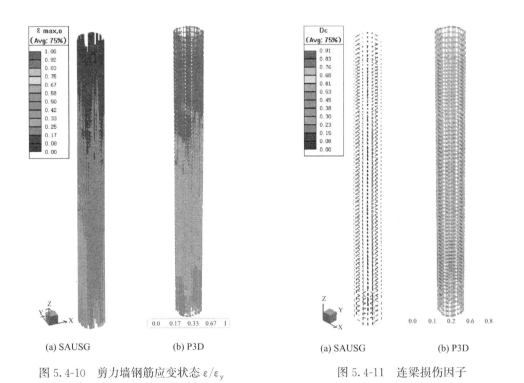

(a) SAUSG　(b) P3D　　　　(a) SAUSG　(b) P3D

图 5.4-10　剪力墙钢筋应变状态 $\varepsilon/\varepsilon_y$　　　图 5.4-11　连梁损伤因子

对腰桁架进行内力分析，如图 5.4-14 所示。在刚性楼板假定下，梁构件轴力为 0，与实际情况存在一定差异，进而导致斜撑内力计算偏大，此外楼板也会分担部分内力。

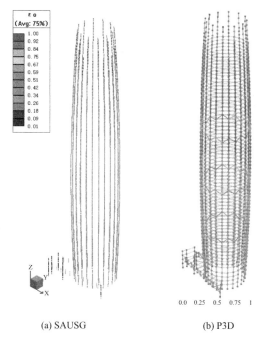

(a) SAUSG　　　　　　　　　　　　(b) P3D

图 5.4-12　外框柱应变状态 $\varepsilon/\varepsilon_y$

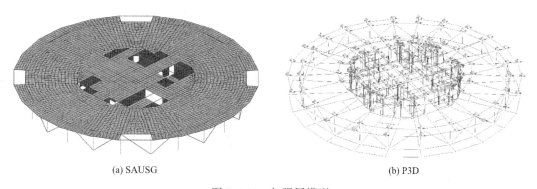

(a) SAUSG　　　　　　　　　　　　(b) P3D

图 5.4-13　加强层模型

7. 计算效率

SAUSG 采用 GPU 并行计算，P3D 采用 CPU 计算，计算设备为 NVIDIA Geforce 780/ Intel® Xeon® CPU E3-1230 v3 @ 3.30GHz，单个工况二者计算效率对比如表 5.4-2 所示。

计算效率对比　　　　　　　　　　　　　　　　表 5.4-2

计算效率	SAUSG	P3D	SAUSG/P3D
节点数量	247463	16032	15.44
计算时间	12.6h	98.6h	0.13

8. 结论

上述对比结果表明：

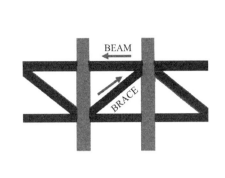

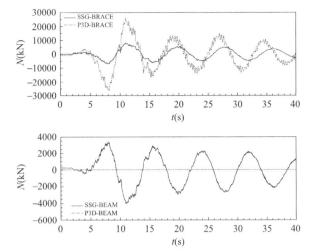

图 5.4-14 腰桁架内力分析

（1）SAUSG 与 P3D 分析整体指标基本一致，采用相同的材料本构的情况下，二者结构损伤规律也基本一致；

（2）对于部分特殊结构体系（例如结构加强层），刚性楼板假定会导致部分构件内力分析不够准确，在使用中需要注意这一点；

（3）对于复杂模型，显式算法在采用精细有限元模型时仍可显著提高计算效率；

（4）在进行多软件对比时，计算结果只是表象的东西，对于工程师来说，了解不同软件的计算原理和分析模型的差异更为重要，需要不断地反思自己的分析软件、分析模型是否能够满足分析需求，进而从浩如烟海的数据中读取对自己有用的信息，实现计算的价值。

点评：没有比较，就没有进步。

5.5 连体结构连接体极限承载力初步评估

作者：孙磊

发布时间：2021 年 2 月 1 日

问题：连体结构非线性分析有哪些要点？

1. 前言

连体结构是指除裙楼以外，两个或两个以上塔楼之间带有连接体的结构。此种结构体系的特点是由于连接体与塔楼的连接形成较强的空间耦联作用，结构的动力特性、受力性能以及破坏形式比一般的高层结构更复杂。历次震害表明，连体结构连接体破坏严重，连接体本身塌落的情况较多，同时使主体结构中与连接体相连的部分结构严重破坏，尤其两个主体结构层数和刚度相差较大时，采用连体结构更为不利。

连体高层结构具有多种分类方式，如果仅根据连接体的连接方式分类，可以分为刚性连接、铰接、滑动连接和弹性连接等。当连接体结构刚度足够，能够协调两侧塔楼在竖向和水平荷载作用下产生的内力和变形，即可采用刚性连接或铰接连接，连接体一般采用单层、叠层的普通桁架或空腹桁架等。当连接体刚度较弱，即使采用刚性连接也不能协调相邻塔楼的变形，此时可以采用滑动连接或者弹性连接，连接体一般采用梁式。

最近，我们协助结构工程师，在项目方案设计阶段用 SAUSG 分析了某项目连接体在支座水平荷载作用下的极限承载力，为方案阶段确定合理的支座刚度和消能器最大出力提供了依据。

2. 结构概况

塔楼高度分别为 180m 和 100m，在 90m 高度处两栋塔楼通过两层钢结构连接体相互连接，连接体跨度最大为 30m。连接体结构采用 H 型钢梁，连桥宽度最小处仅 3.2m。由于两栋塔楼动力特性相差较大，连接体为单层钢梁，刚度较弱，因此连接体采用一端刚性连接，一端弹性连接的形式。图 5.5-1 显示了连接体与一侧塔楼刚性连接情况。

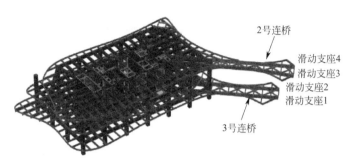

图 5.5-1　高层塔楼与连接体刚性连接部位

3. 材料本构模型

SAUSG 中的一维单元采用纤维单元，该单元基于铁木辛柯梁理论，可以考虑剪切变形刚度；连接体构件材料为钢材，对于一维的梁、柱和支撑构件，软件采用双线性随动强化模型（图 5.5-2），考虑包辛格效应，在循环过程中无刚度退化。分析中，钢材硬化段弹性模量折减系数取 0.0175。

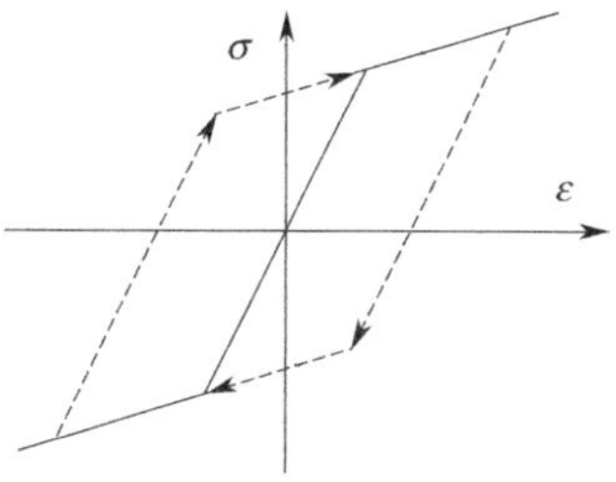

4. 连接体极限承载力分析方法

从图 5.5-1 可以看到，连桥比较薄，竖向刚度较小，跨度约 30m，跨高比较大。如果支座刚度或者消能器出力较大，连接体很可能发生平面外的失稳破坏。在正常使用阶段恒、活荷载作用下，结构产生的竖向位移叠加连接体结构的初始缺陷，加剧了这种失稳破坏的出现。因此了解连接体在水平荷载下的极限承载力是必要的。

图 5.5-2　钢材的双线性随动强化模型

选取跨度最大的上层连桥进行分析，考虑在中、大震时连接体楼板可能开裂失效，在分析中偏安全地取消了混凝土楼板，仅将楼板自重作为荷载施加在连接体上。分析目的是得到连接体的极限承载力，计算模型仅取连接体和与连接体相连的楼层进行分析。SAU-SG 计算模型如图 5.5-3 所示。

连接体结构的初始缺陷分布采用重力加载变形的方式，缺陷的最大计算值按连接体跨度的 1/750 采用，如图 5.5-4 所示。

分析中考虑了不同水平荷载作用方向对极限承载力的影响，分别沿着结构整体坐标 X 向、Y 向和顺桥向施加荷载，如图 5.5-5 所示。

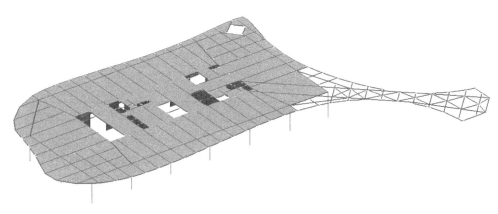

图 5.5-3　SAUSG 计算模型

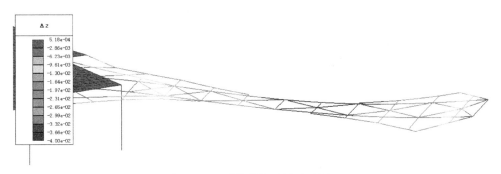

图 5.5-4　连接体初始缺陷云图

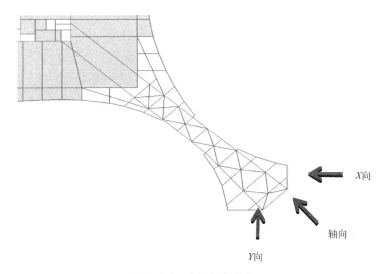

图 5.5-5　水平加载方向

5. 主要计算结果

本结构在 1.0 恒荷载＋0.5 活荷载的初始竖向荷载作用下，分别施加不同方向水平可变荷载，进行考虑几何非线性、材料非线性和结构初始缺陷的静力非线性分析。主要计算结果如图 5.5-6～图 5.5-13 所示。

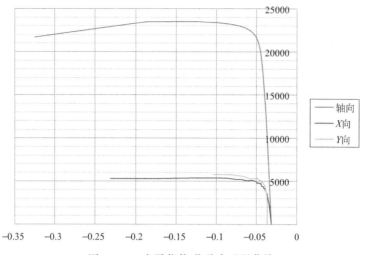

图 5.5-6　水平荷载-位移全过程曲线

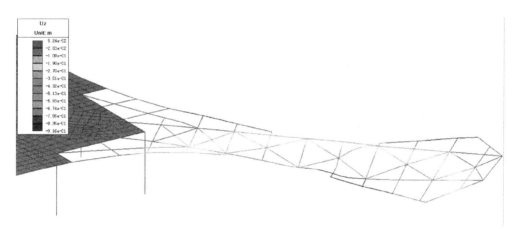

图 5.5-7　轴向水平加载结构荷载-位移全过程

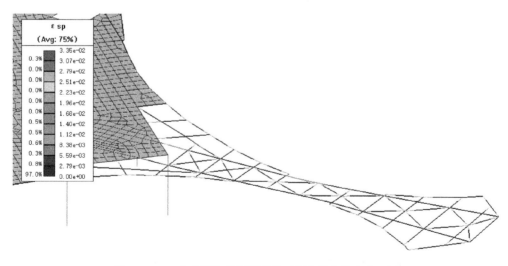

图 5.5-8　Y 向水平加载极限荷载时刻钢材塑性应变云图

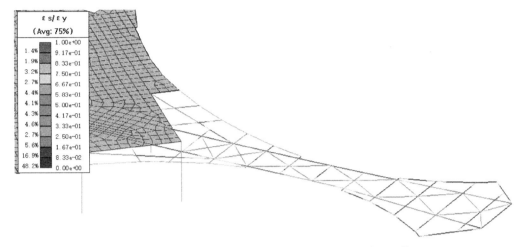

图 5.5-9　Y 向水平加载极限荷载时刻钢材应变与屈服应变比值云图

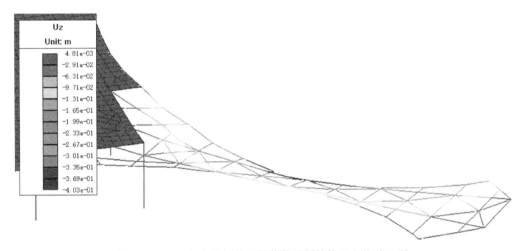

图 5.5-10　Y 向水平加载极限荷载时刻结构竖向位移云图

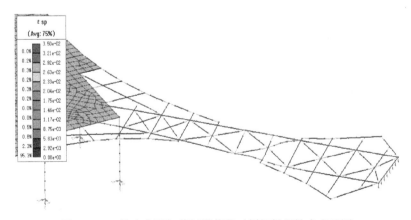

图 5.5-11　轴向水平加载极限荷载时刻钢材塑性应变云图

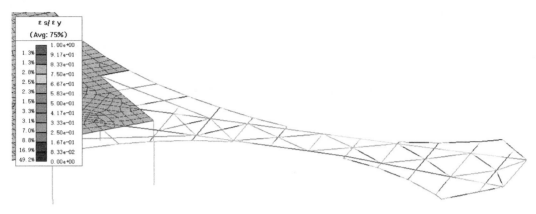

图 5.5-12　轴向水平加载极限荷载时刻钢材应变与屈服应变比值云图

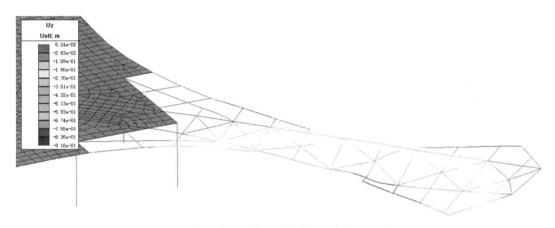

图 5.5-13　轴向水平加载极限荷载时刻结构竖向位移云图

从计算结果可以看出：

（1）连接体刚度较弱，在水平荷载作用下，结构可能发生平面外失稳或侧向倾覆；

（2）沿连接体轴向加载，极限承载力可以达到 22000kN，连接体中部宽度较小部位钢材最先屈服，达到极限荷载时大部分构件仍未屈服；

（3）沿整体坐标 Y 向加载，连接体平面内为压弯构件，在压力和弯矩的共同作用下，连接体极限承载力下降很快，极限承载力仅为 5000kN，连接体中部和与主楼连接部位钢材最先屈服，达到极限荷载时大部分构件仍未屈服；沿整体坐标 X 向加载，与沿整体坐标 Y 向计算结果基本一致。

6. 结论

（1）连接体是连体高层结构的重要组成部分，连接体结构形式较多，受力复杂，应进行专门研究；

（2）对于竖向刚度较弱的连接体，在较大水平荷载作用下，可能发生出平面的失稳破坏；

（3）通过考虑初始缺陷的双非线性分析，可以帮助我们了解连接体失稳破坏与强度破坏的先后次序，使我们更清晰地了解结构的破坏过程和薄弱环节，并予以加强。

（4）当连接体承载力较小时，可根据极限荷载分析结果确定支座和消能器参数，减小连接体内力，并进行整体建模分析验证，确保连接体和主体结构安全可靠。

点评：连体结构做非线性仿真分析是必要的，能看到通常经验涵盖不住的现象。

5.6 连体结构风振响应分析在 SAUSG 中的实现

作者：孙磊

发布时间：2021 年 10 月 28 日

问题：SAUSG 软件如何做风振响应分析？

1. 前言

建筑物所受风力作用包括平均风荷载和脉动风荷载，平均风荷载是与平均风速相对应的，脉动风荷载对建筑物的影响不仅跟脉动风特性有关，还与建筑物的尺寸和振动特性有关。现代高层结构设计中，会采用设置消能器的方式来提高风荷载作用下结构舒适度，减小结构变形。为了得到结构的风振响应，了解消能器的减振效果和设计参数需要对结构进行风荷载下的动力分析。

我们用 SAUSG 分析了一座连体结构在风荷载作用下的风振响应。风洞试验报告提供了 100 年重现期建筑各层风时程荷载数据，计算时分别按相对应的角度和年限折减将各层 X、Y、RZ 向的风时程数据输入到结构每层合力作用点上。本文计算分析了 50 年重现期风荷载下连廊处位移的发展情况，计算了消能器出力和相对变形。根据风洞报告 10 年重现期所有工况中塔顶峰值加速度，我们选取了该塔楼的最不利风向角为 40°。

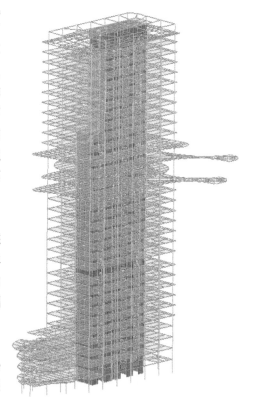

图 5.6-1 塔楼与连接体计算模型

2. 结构概况

两层连接体位于约 100m 高度处，将两栋塔楼相互连接，连接体跨度约为 30m。连接体采用一端刚性连接，一端滑动支座＋消能器的连接方式。图 5.6-1 仅显示与连接体刚接一侧主楼和连桥。

3. 消能器布置及参数

黏滞消能器的阻尼力 F 与活塞运动速度 v 之间具有下列关系：$F=Cv^{\alpha}$，其中 C 为阻尼系数，α 为速度指数。本项目选择 $\alpha<1$ 的非线性黏滞消能器，其在较低的相对速度下，可输出较大的阻尼力，而速度较高时，阻尼力的增长率较小。选定的消能器行程为 $\pm0.8m$，阻尼系数 C 为 81.7kN/（mm/s），速度指数 α 为 0.4，设计阻尼力为 1300kN（图 5.6-2、图 5.6-3）。

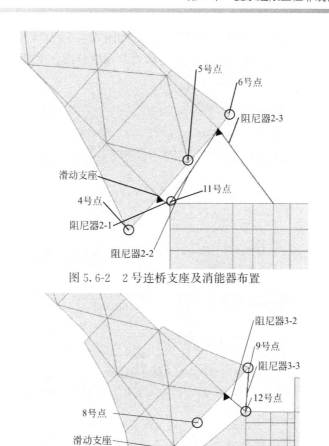

图 5.6-2　2 号连桥支座及消能器布置

图 5.6-3　3 号连桥支座及消能器布置

4. 软件设置

在 SAUSG 中导入模型后，点击动力工况，弹出动力荷载工况列表；点击新建，建立动力荷载工况。动力荷载工况定义完成后，点击时程函数，采用导入风洞试验提供的各层 X、Y、RZ 向的时程数据建立动力时程函数，如图 5.6-4 所示。分别选择各层的合力作用

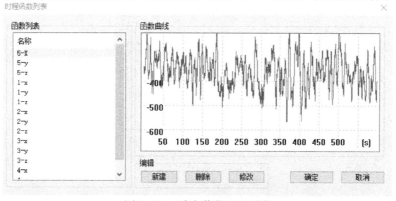

图 5.6-4　动力荷载工况列表

点，将风荷载时程函数按方向施加在各层节点上，如图 5.6-5 所示，这样就完成了荷载的布置。划分网格、执行一键初始分析后，点击动力非线性分析。生成计算工况，选择任意激励，材料选择弹性，即可进行计算分析。

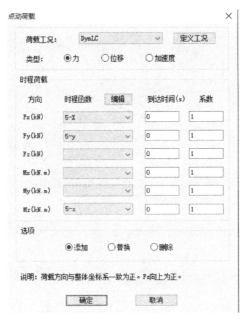

图 5.6-5　时程函数导入对话框

5. 主要计算结果

1）10 年塔顶加速度峰值验算

10 年重现期加速度计算的阻尼比取 2%，最不利工况如图 5.6-6 所示。塔顶峰值加速度提取点如图 5.6-7 所示。10 年重现期 40°风洞试验塔顶峰值加速度为 $0.0809\mathrm{m/s^2}$，塔顶峰值加速度对比如表 5.6-1 所示，满足在误差范围内，表明整个数值模拟分析合理，50 年重现期位移控制数值分析结果可信。

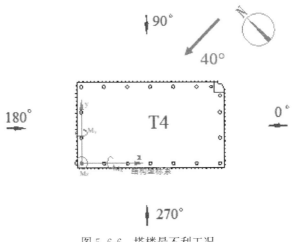

图 5.6-6　塔楼最不利工况

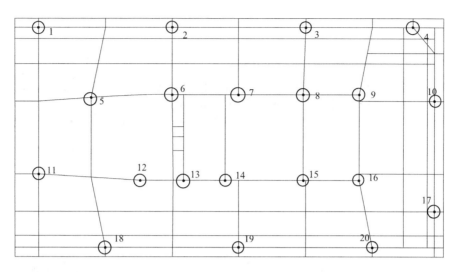

图 5.6-7　塔顶峰值加速度提取点

塔顶 10 年重现期 40°峰值加速度对比（加速度单位：m/s²）　　　　表 5.6-1

提取点	X 向	Y 向	RZ 向	合加速度	折减系数	折减后合加速度	风洞加速度	误差(%)
1	0.0634	0.1105	0.0029	0.1274	0.7	0.0892		−10.26
2	0.0634	0.0828	0.0029	0.1044	0.7	0.0730		9.70
3	0.0634	0.0790	0.0029	0.1013	0.7	0.0709		12.31
4	0.0634	0.0959	0.0029	0.1150	0.7	0.0805		0.46
5	0.0504	0.0977	0.0029	0.1099	0.8	0.0879		−8.69
6	0.0508	0.0828	0.0029	0.0971	0.8	0.0777		3.95
7	0.0508	0.0772	0.0029	0.0924	0.8	0.0739		8.65
8	0.0508	0.0788	0.0029	0.0937	0.8	0.0750		7.30
9	0.0508	0.0856	0.0029	0.0995	0.8	0.0796		1.59
10	0.0500	0.1009	0.0029	0.1126	0.7	0.0788		2.54
11	0.0483	0.1105	0.0029	0.1206	0.7	0.0844	0.0809	−4.37
12	0.0488	0.0877	0.0029	0.1004	0.8	0.0803		0.72
13	0.0488	0.0814	0.0029	0.0949	0.8	0.0759		6.16
14	0.0488	0.0777	0.0029	0.0918	0.8	0.0734		9.23
15	0.0488	0.0788	0.0029	0.0927	0.8	0.0742		8.33
16	0.0488	0.0856	0.0029	0.0985	0.8	0.0788		2.56
17	0.0527	0.1009	0.0029	0.1138	0.7	0.0797		1.49
18	0.0594	0.0946	0.0029	0.1117	0.7	0.0782		3.35
19	0.0594	0.0772	0.0029	0.0974	0.7	0.0682		15.69
20	0.0594	0.0878	0.0029	0.1060	0.7	0.0742		8.27
均值	0.0540	0.0887	0.0029	0.1041	—	0.0777	0.0809	3.95

2) 50 年连廊位移结果（图 5.6-8、图 5.6-9）

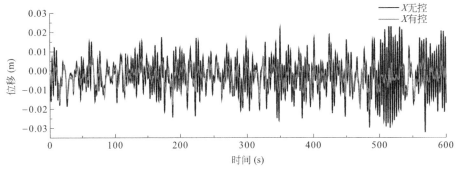

(a)1号支座X向位移时程曲线

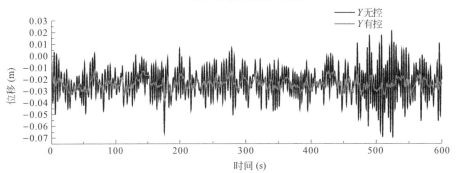

(b)1号支座Y向位移时程曲线

图 5.6-8　2 号连廊支座处位移时程无控有控对比

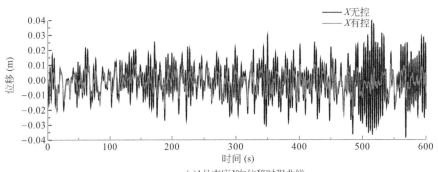

(a)1号支座X向位移时程曲线

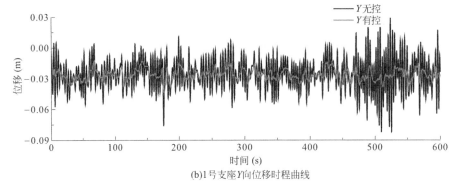

(b)1号支座Y向位移时程曲线

图 5.6-9　3 号连廊支座处位移时程无控有控对比

3）消能器滞回曲线（图 5.6-10）

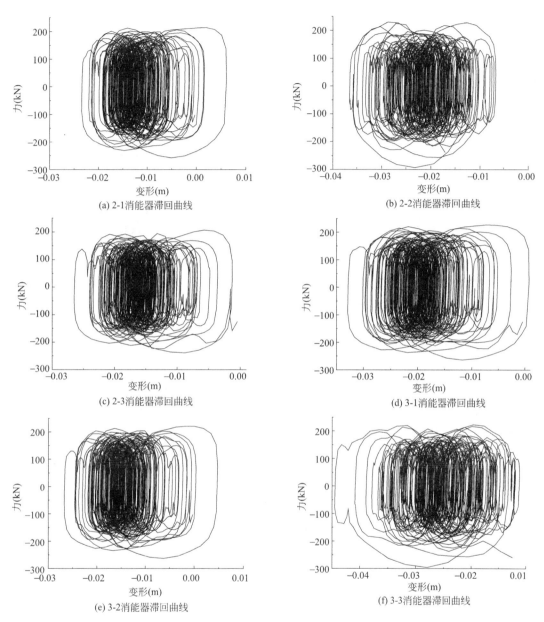

图 5.6-10　连廊支座处消能器滞回曲线

6. 结论

（1）10 年重现期下塔顶峰值加速度数值模拟分析和风洞试验数据结果在误差允许的范围内基本一致，说明风洞试验和数值模拟的结果均具有较高可靠性。

（2）连廊处的位移在 50 年重现期下得到有效控制，黏滞消能器发挥了良好的减震作用。

（3）从连廊处位移时程曲线可以看出，风振过程中消能器都发挥着有效作用，考虑到结构由稳态进入瞬态反应分析时初始位移和初始加速度偏大，提取 10 年重现期塔顶加速度峰值以及 50 年连廊处位移峰值需剔除前 20s 数据，以得到更加接近真实情况的风振响应结果。

点评：SAUSG 应用户要求，提供了风振仿真分析的功能。

5.7 一向少墙结构弹塑性分析

作者：贾苏

发布时间：2021 年 7 月 6 日

问题：现在很多一向少墙结构，感觉问题比较大，能给出一向少墙结构非线性分析的例子吗？

1. 一向少墙结构

一向少墙结构是指结构在一个方向剪力墙较多而在另外一个方向剪力墙稀少的剪力墙结构体系[1]。一向少墙结构在少墙方向上的受力特点与常规的剪力墙结构存在差异，表现为剪力墙弯曲型变形和框架结构剪切型变形的混合形式。

以某极端案例为例，结构剪力墙均为 Y 向一字形布置，墙厚 400mm，共 5 层，如图 5.7-1 所示。

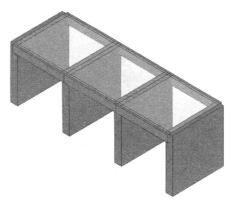

图 5.7-1 某一向少墙结构模型

在水平荷载作用下，结构 X 向为剪切型变形，Y 向为弯曲型变形，如图 5.7-2 所示。

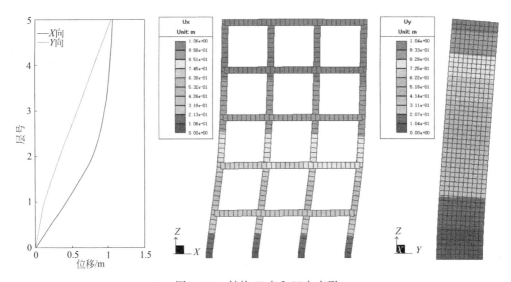

图 5.7-2 结构 X 向和 Y 向变形

在进行一向少墙结构分析和设计中，需要考虑剪力墙面外刚度并对面外和相关端柱的抗震承载力进行计算[2]。

2. 分层壳单元

分层壳单元可用于模拟剪力墙的面外非线性特性。

分层壳单元基于复合材料力学原理,将一个壳单元划分成很多层,各层可以根据需要设置不同的厚度和材料性质[3],例如,混凝土、钢筋、钢板等。在有限元计算时,首先得到壳单元中心层的应变和曲率,然后根据各材料层之间满足平截面假定,由中心层应变和曲率得到各层的应变,进而由各层的材料本构方程得到各层相应的应力,并积分得到整个壳单元的内力。分层壳单元考虑了面内弯曲、面内剪切、面外弯曲之间的耦合作用,比较全面地反映了壳体构件的空间力学性能,如图 5.7-3 所示。

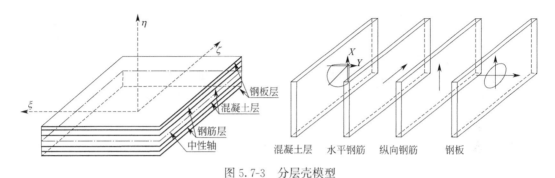

图 5.7-3 分层壳模型

3. 加载方式

以第一节案例为例,在结构 X 向进行侧向加载,如图 5-7-4 所示,分析结构变形和损伤情况。

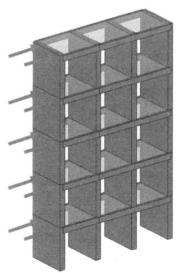

图 5.7-4 X 向加载

4. 剪力墙损伤

剪力墙损伤情况如图 5.7-5 所示,结果表明在侧向荷载作用下剪力墙底部、顶部钢筋和混凝土发生损伤或屈服。

剪力墙底面、顶面混凝土和钢筋应变曲线如图 5.7-6 所示,混凝土和钢筋层底面受

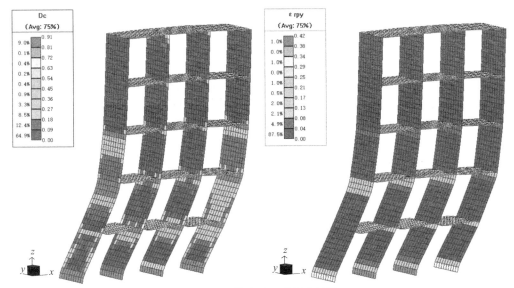

图 5.7-5　剪力墙面外损伤情况

压、顶面受拉，满足平截面假定。随着荷载增大，混凝土底面发生受压损伤、顶面发生受拉损伤，钢筋出现屈服。

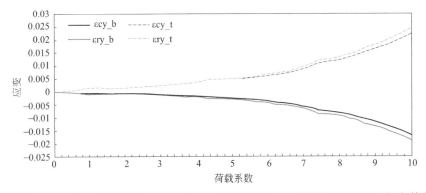

εcy_b—底面混凝土应变；εcy_t—顶面混凝土应变；εry_b—底面钢筋应变；εry_t—顶面钢筋应变
图 5.7-6　剪力墙混凝土和钢筋应变曲线

混凝土底面层压缩非线性本构和钢筋顶面层拉伸本构如图 5.7-7、图 5.7-8 所示。

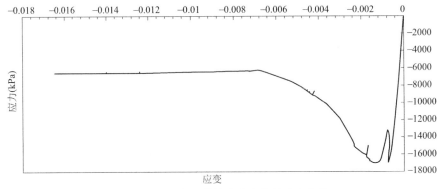

图 5.7-7　混凝土等效应力和等效应变曲线

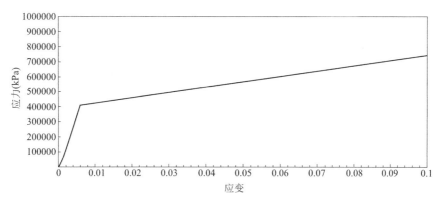

图 5.7-8　钢筋应力应变曲线

5. 楼板损伤

楼板模型同样采用分层壳单元，计算原理与剪力墙构件相同。同时，由于楼板与框架梁共同组成 T 形水平构件体系，如图 5.7-9 所示，楼板作为楼盖体系的上翼缘参与整体作用。楼板混凝土层受压损伤和钢筋层应变如图 5.7-10 所示。

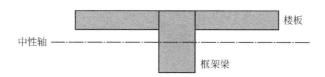

图 5.7-9　T 形水平构件体系

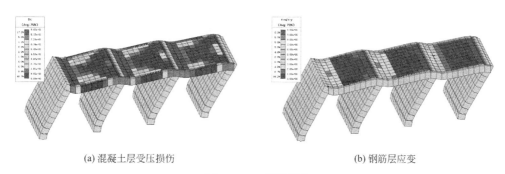

(a) 混凝土层受压损伤　　　　　　　　　　　　　　　(b) 钢筋层应变

图 5.7-10　楼板损伤

6. 案例分析

某高层剪力墙结构，共 34 层，结构高度 106m。由于建筑功能要求，结构 X 向剪力墙布置较少，形成一向少墙的剪力墙结构。结构标准层布置如图 5.7-11 所示。

进行 X 向静力推覆分析，结构标准层剪力墙损伤情况如图 5.7-12、图 5.7-13 所示。结果表明结构 Y 向剪力墙面外发生明显损伤，其中一字形剪力墙面外损伤严重。

7. 结论

（1）分层壳单元可模拟剪力墙、楼板等二维构件面内弯曲、面内剪切、面外弯曲之间的耦合作用，可以比较全面地反映壳体构件的空间力学性能；

（2）一向少墙结构在少墙方向上的受力特点与常规的剪力墙结构存在差异，需要考虑

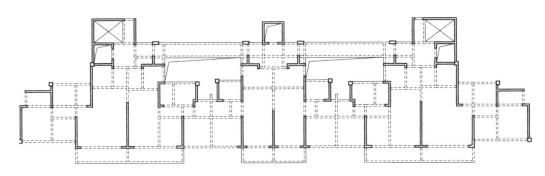

图 5.7-11   结构标准层平面布置

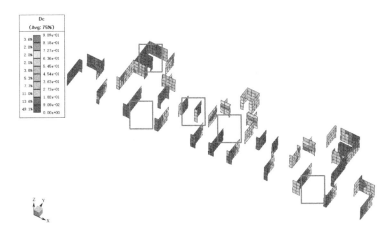

图 5.7-12   剪力墙混凝土受压损伤

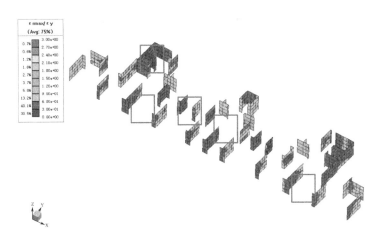

图 5.7-13   剪力墙钢筋应变

剪力墙面外承载力和损伤情况；

（3）SAUSG可对分层壳单元混凝土、钢筋、钢材的分层情况进行设定，模拟剪力墙和楼板的面外损伤情况。

参考文献：

［1］　魏琏，王森，曾庆立，等．一向少墙的高层钢筋混凝土结构的结构体系研究［J］．建筑结构，2017，47（1）：23-27.

［2］　魏琏，王森，曾庆立．一向少墙高层剪力墙结构抗震设计计算方法［J］．建筑结构，2020，50（7）：1-8.

［3］　林旭川，陆新征，缪志伟，等．基于分层壳单元的 RC 核心筒结构有限元分析和工程应用［J］．土木工程学报，2009，42（3）：49-54.

　　点评：一向少墙结构的设计应引起足够的重视，楼板参与抗侧力、剪力墙面外抗弯作用等与普通剪力墙结构是明显不同的，应增加相关设计或提高构造措施。

第6章 减震结构非线性分析与设计

6.1 SAUSG-Design 连梁刚度折减系数功能的另一种用法

作者：邱海

发布时间：2017年3月7日

问题：有什么简便方法了解连梁消能器放在哪最管用吗？

1. 前言

在剪力墙结构中，一般将连梁作为主要的耗能构件，在地震作用下使其先于墙肢屈服破坏以保护整体结构；但是实际工程中，连梁的耗能能力有限，且损伤后连梁可修复性也存在问题。因此，在提高连梁的耗能能力及改善其可修复性方面，不少学者都做了相关研究，促进了可更换连梁或连梁式剪切消能器的应用和发展。如何给出快速的布置方案，相关的研究不多，已有的方法也大多比较复杂，不易操作。下面就为大家介绍一种便捷的方法。

2. 连梁刚度折减系数功能

SAUSG-Design 中的连梁刚度折减系数功能，给出了一种快速确定剪力墙连梁刚度折减系数的较为科学的方法。原理是采用弹塑性时程分析得到较为真实连梁刚度折减系数进行设计。连梁刚度折减系数一方面反映连梁刚度退化的情况，另一方面可体现地震作用下能量在连梁上耗散的情况，即相同情况的连梁，刚度退化越严重，耗散的能量一般也越多。因而，通常将消能器布置在能量耗散较多的位置，以达到较好的耗能效果，充分实现其消能的功能。因此，可以将 SAUSG-Design 计算得到的连梁刚度折减系数作为连梁能量耗散分布情况的"求解器"，用来指导连梁剪切消能器的布置方案优化设计（图6.1-1、图6.1-2）。

可见，用 SAUSG-Design 来布置可更换连梁或连梁式剪切消能器不失为一种便捷

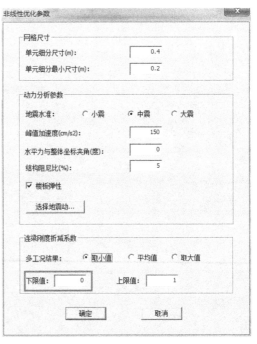

图6.1-1 下限值改为0，用于得到连梁耗能情况

的方法。那么，具体操作起来，是否快速呢？

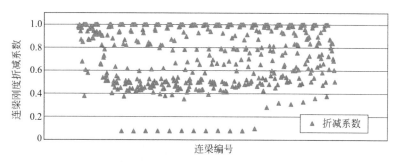

图 6.1-2　连梁刚度折减系数分布

3. 总结

SAUSG-Design 的内核就是 SAUSG，它根据 GPU 并行计算的特点，实现了计算速度和计算规模两方面的显著突破，首次研发了千万自由度规模建筑结构 GPU＋CPU 高性能精细化非线性并行分析系统。SAUSG 开发了一组适于模拟混凝土、钢材质构件的空间非线性力学行为的低阶稳定的有限单元模型和一套高效健壮的计算分析策略，尤其是对于大规模弹塑性动力时程分析，它们的健壮性、稳定性以及计算效率等均显著优于常见的高阶单元。SAUSG 的研发团队包括多位长期从事国内外知名非线性分析软件研发与应用的行业专家，采用精细网格非线性壳单元模拟剪力墙非线性性质，结果准确，计算高效，计算精度在国内几十家大型设计院的上百个大型复杂工程中得到了验证。

如此看来，大家不妨有机会就试试 SAUSG-Design 这一功能是否真正快速、方便、有效。

点评：普通剪力墙连梁坏的越厉害，那么对应位置设置连梁剪切型消能器效率一般就最高。按照这个思路，也可以实现其他类型消能器的方案初步设计和优化。

6.2　SAUSG 减震结构附加阻尼比的应用

作者：乔保娟

发布时间：2017 年 7 月 21 日

问题：减震结构附加阻尼比怎么能算准？

1. 前言

《建筑抗震设计规范》GB 50011—2010（以下简称《抗规》）规定，消能减震设计计算中，主体结构基本处于弹性工作阶段时可采用线性分析方法计算，按消能减震结构总阻尼比确定地震影响系数。其中，确定消能器的附加阻尼比是计算地震响应系数的关键。SAUSG 提供了两种消能器附加阻尼比算法：基于非线性时程结果的规范算法和能量算法。本文将重点探讨这两种附加阻尼比算法在实际工程中的应用及需要注意的问题。

2. 工程案例

剪切型消能器一般由芯板和约束钢板组成，约束钢板为内部芯板提供约束，保证芯板在遭受平面内剪力作用时平面外屈曲受到约束而只在平面内受剪屈服。人字支撑剪切型消能器布置如图 6.2-1 所示。

某框架结构地上 5 层,如图 6.2-2 所示,结构高度为 16.5m,设防烈度为 8 度 (0.30g),设计地震分组为第一组,场地类别为 Ⅲ 类。在 1～4 层每层端部和转角位置设置 5 个消能器,顶层设置 2 个消能器。消能器初始刚度为 466000kN/m,屈服力为 700kN,屈服后刚度比为 0.02。

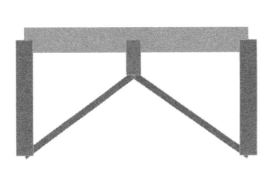

图 6.2-1　人字支撑剪切型消能器　　　　　　图 6.2-2　某减震框架结构

3. 附加阻尼比规范算法与能量算法对比

1) 按规范算法计算附加阻尼比

《抗规》第 12.3.4 条给出了消能构件附加给结构的有效阻尼比的计算方法。

$$\xi_{a} = \sum_{j} \frac{W_{cj}}{4\pi W_{s}} \tag{6.2-1}$$

式中　ξ_{a}——消能减震结构的附加有效阻尼比;

W_{cj}——第 j 个消能部件在结构预期层间位移 Δu_{j} 下往复循环一周所消耗的能量;

W_{s}——设置消能部件的结构在预期位移下的总应变能。

2) 消能器耗能 W_{cj}

位移相关性消能器在水平地震作用下往复循环一周所消耗的能量,可按下式进行计算:

$$W_{cj} = A_{j} \tag{6.2-2}$$

式中　A_{j}——第 j 个消能器的恢复力滞回环在相对水平位移 Δu_{j} 时的面积。

SAUSG 自动读取非线性时程分析每个消能器的最大位移,计算消能器耗能,计算过程如表 6.2-1 所示。

消能器循环一周耗能　　　　　　　　　　　表 6.2-1

初始刚度 k_{d0}(kN/m)	屈服后刚度 k_{d2}(kN/m)	$\alpha=k_{d2}/k_{d0}$	屈服位移 Δ_{dy}(m)	最大位移 Δ_{d}(m)	$\mu_{d}=\Delta_{d}/\Delta_{dy}$	割线刚度 (kN/m)	E_{d}(kJ)
466000	9320	0.02	0.0015	0.0048	3.2	151555.4	9.3
466000	9320	0.02	0.0015	0.0073	4.8	103585.4	16.4
466000	9320	0.02	0.0015	0.0106	7.1	73785.2	26.5
466000	9320	0.02	0.0015	0.0133	5.9	60791.2	34.9
466000	9320	0.02	0.0015	0.0083	5.5	91982.0	19.4
466000	9320	0.02	0.0015	0.0068	4.5	110251.2	15.0
466000	9320	0.02	0.0015	0.0104	7.0	74969.5	25.9
466000	9320	0.02	0.0015	0.0126	5.4	63782.6	32.6

续表

初始刚度 k_{d0}(kN/m)	屈服后刚度 k_{d2}(kN/m)	$\alpha=k_{d2}/k_{d0}$	屈服位移 Δ_{dy}(m)	最大位移 Δ_d(m)	$\mu_d=\Delta_d/\Delta_{dy}$	割线刚度 (kN/m)	E_d(kJ)
466000	9320	0.02	0.0015	0.0083	5.5	91695.7	19.5
466000	9320	0.02	0.0015	0.0015	1.0	452411.8	0.1
466000	9320	0.02	0.0015	0.0049	3.2	150067.9	9.4
466000	9320	0.02	0.0015	0.0084	5.6	91215.1	19.7
466000	9320	0.02	0.0015	0.0108	7.2	72584.3	27.1
466000	9320	0.02	0.0015	0.0069	4.6	108075.0	15.4
消能器总耗能							271.4

3）结构总应变能 W_s

不计及扭转影响时，消能减震结构在水平地震作用下的总应变能，可以按照如下公式进行计算：

$$W_s=\frac{1}{2}\sum F_i u_i \tag{6.2-3}$$

式中 F_i——质点 i 的水平地震作用标准值；

u_i——质点 i 对应于水平地震作用标准值的位移。

实际计算时，为简化，通常按照楼层提取地震作用（楼层剪力）和位移（层间位移），而后按照式（6.2-3）计算总应变能，计算过程如表 6.2-2 所示。

结构总应变能 表 6.2-2

楼层	楼层剪力(kN)	层间位移(m)	应变能(kJ)
1	12028.60	0.0124025	74.59236
2	10832.60	0.0165550	89.66685
3	8806.46	0.0136562	60.13139
4	5899.32	0.0100392	29.61223
5	2854.24	0.0102753	14.66409
		总应变能	268.66690

4）附加阻尼比

按照式（6.2-2）和式（6.2-3）计算消能器耗能和结构总应变能以后，可以按照式（6.2-1）计算消能器附加阻尼比，按照规范算法计算得到的附加阻尼比为 8.04%。

$$\xi_a=\sum_j\frac{W_{cj}}{4\pi W_s}=271.4/(4\times\pi\times268.67)=8.04\% \tag{6.2-4}$$

5）SAUSG 能量方法计算附加阻尼比

SAUSG 可以根据消能器耗能与阻尼耗能的比计算附加阻尼比。动力弹塑性分析后的能量图如图 6.2-3 所示。从图中可以分别得到消能器耗能、阻尼耗能、应变能、动能的相应数值。其中消能器耗能为 1191.47kJ，阻尼耗能为 1455.66kJ。

假定阻尼耗能部分的阻尼比为恒定值 5%，而耗能与阻尼比之间遵从线性的比例关系，则消能器耗能与阻尼耗能两部分能量之比等于消能器附加给结构的阻尼比与 5% 之比。据此可以得到消能器附加给结构的阻尼比。

消能器附加阻尼比：$\xi_a=1191.47/1455.66\times5\%=4.09\%$

6）能量算法与规范算法差异分析

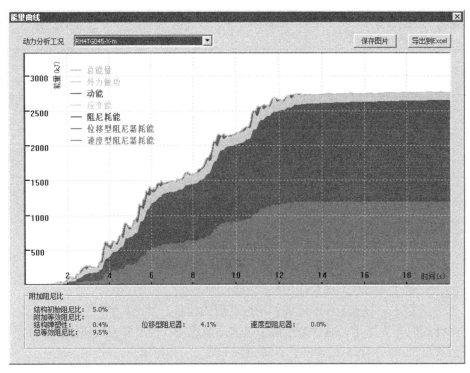

图 6.2-3　能量图

SAUSG 规范算法与能量算法得到的消能器附加阻尼比相差很大。原因总结如下：

（1）实际不同部位减震构件，耗散地震能量的峰值具有不同时性；

（2）实际楼层剪力和楼层位移的峰值，具有不同时性；

（3）实际减震构件耗散地震能量如图 6.2-4 所示，一、三象限并不对称。而实际计算消能器耗能时，一般采用消能器最大位移进行计算，无疑将夸大消能器的耗能。

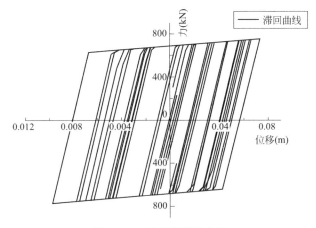

图 6.2-4　消能器滞回曲线

7）不同阻尼比对楼层剪力的影响

根据两种方法计算得到的附加阻尼比，采用相同地震波进行等效弹性时程分析，并与非线性时程分析进行对比，X 向楼层剪力如图 6.2-5 所示，可见，采用规范方法计算得到的附加阻尼比进行等效线性分析时，楼层剪力偏小，结构设计将会偏于不安全。

规范算法是一种实用化的计算方法，由于各种简化，可能导致阻尼比计算产生比较大的误差。因而实际计算时应该予以关注，可以采用能量算法进行附加阻尼比的精确计算。

8）地震波选取对能量算法附加阻尼比的影响

仍采用上述模型，按照规范要求分别选择 SAUSG 地震波库里的 2 组人工波 RH2TG045、RH4TG045 和 5 组天然波 TH015TG045、TH018TG045、TH049TG045、TH070TG045 以及 TH080TG045 共 7 组地震波进行弹塑性分析。

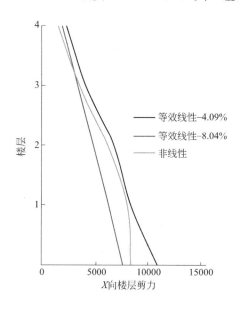
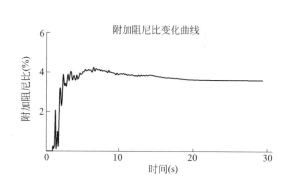

图 6.2-5　X 向楼层剪力　　　　　　图 6.2-6　附加阻尼比随时间变化曲线

SAUSG 按能量算法给的附加阻尼比分别为 3.5%、3.1%、2.2%、4.7%、3.7%、3.8%、2.0%，附加阻尼比结果具有一定的离散性，可根据规范要求取 7 组地震波计算结果的平均值为 3.29%。

9）时刻选取对能量算法附加阻尼比的影响

以 RH2TG045 为例，附加阻尼比随时间变化曲线如图 6.2-6 所示。附加阻尼比最小值在发生在初始时刻，由于消能器尚未开始耗能，因而附加阻尼比为 0。地震波加载末期，附加阻尼比稳定在 3.52%。附加阻尼比最大值为 4.14%，出现时刻为 6.52s，所有时刻的平均值为 3.466%。

消能器耗能曲线如图 6.2-7 所示，耗能最大值出现在 15.75s，而后基本保持恒定，该时刻附加阻尼比为 3.59%。选取角部竖向构件顶点，位移时程曲线如图 6.2-8 所示，最大变形出现在 3.37s，附加阻尼比为 3.95%。

不论是采用耗能最大值还是位移最大值所对应的时刻，都面临一个问题，即这些变量的不同时性。每个消能器耗能最大值出现的时间不同，每个节点达到位移最大值的时间也不同。地震波加载末期，附加阻尼比基本处于恒定值，因而本文推荐采用该值进行减震结构等效弹性计算。

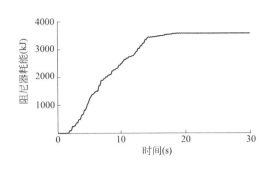

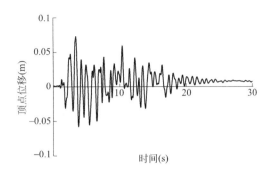

图 6.2-7 消能器耗能曲线   图 6.2-8 顶点位移时程曲线

4. 结论

本文从实际工程出发，对比了采用规范简化算法和能量算法计算附加阻尼比的结果。采用规范算法时，根据非线性时程分析各变量的峰值计算附加阻尼，由于各消能器达到耗能最大值具有不同时性，消能器的各向异性以及楼层剪力和楼层位移最大值也具有不同时性等原因，容易夸大消能器的阻尼效果，使减震结构设计偏于不安全。

采用能量算法计算附加阻尼比也存在两个基本问题：

1）地震波的离散性；

2）地震波加载各时刻附加阻尼比不同。

采用能量算法计算附加阻尼比时，可按照规范要求选择 7 条地震波，计算附加阻尼比后取平均值，或者选择 3 条地震波，计算附加阻尼比后取包络值。地震波加载各个时刻的附加阻尼比也不尽相同，从最初加载时刻的零逐渐增加到某一值后基本恒定，本文推荐采用最终时刻的附加阻尼比作为减震结构等效附加阻尼比进行减震结构设计。

点评：附加阻尼比的计算是减震结构设计的关键问题之一，不同计算方法得到的减震结构附加阻尼比区别较大。目前普遍采用的减震结构附加阻尼比规范简化算法计算简便，但当其前提假定与实际情况不符时会产生较大的计算偏差，甚至造成减震结构设计偏于不安全。基于非线性分析的能量比算法所采用的前提假定较少，建议在进行减震结构精细化设计时采用。

6.3 连梁剪切型消能器，别建错了模型

作者：邱海

发布时间：2017 年 7 月 26 日

问题：连梁剪切型消能器在计算分析与设计时，应该注意什么？

1. 前言

连梁作为剪力墙结构中主要的耗能构件，在地震往复作用下会先于墙肢屈服破坏，以耗散地震能量从而保护整体结构。因而，在结构设计中，连梁作为第一道防线。

在实际工程中，连梁的耗能能力有限，且损伤后连梁可修复性也存在问题。而连梁式剪切消能器即可通过剪切变形来耗散地震能量，也可提供一定的连接刚度，并且方便在地震后快速更换消能器。因此，连梁剪切消能器广泛应用于剪力墙结构的减震设计中。

2. 如何建模

在连梁剪切消能器的建模应用中，图 6.3-1 中的模型是最为大家接受的方式。这种方式有两点需要说明：（1）连接需要与楼板断开；（2）剪切消能器布置在连梁中间需打断原来的连梁。

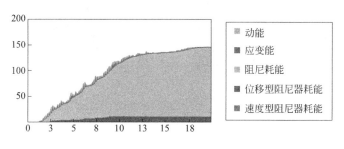

3. 应该注意的问题

图 6.3-1　连梁式剪切消能器布置

对于为何要将连梁与楼板断开，先看看下面的结果我们再寻找其中的原因。这里建了两个连梁剪切消能结构，第一个结构是连梁与楼板相连未做特殊处理，第二个结构将连梁下移一段距离，与楼板断开。

1）耗能情况

两结构总耗能相近，但设缝结构消能器耗能明显多于未设缝结构。未设缝结构附加阻尼比 0.4%，明显低于设缝附加阻尼比 2.1%，如图 6.3-2、图 6.3-3 所示。

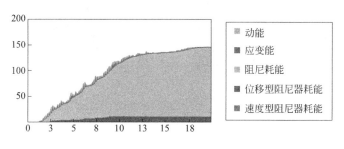

图 6.3-2　未设缝结构耗能情况

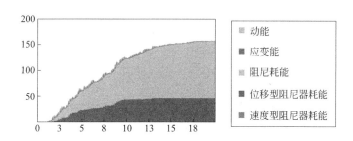

图 6.3-3　设缝结构耗能情况

2）变形情况

设缝消能器剪切变形明显大于未设缝消能器，设缝消能器滞回曲线明显较未设缝消能器饱满，如图 6.3-4、图 6.3-5 所示。

3）损伤情况

未设缝消能器两端连梁损伤明显较设缝消能器严重，如图 6.3-6、图 6.3-7 所示。

通过上面的数据我们明白为什么要把连梁做特殊处理，在楼板间设置缝隙。主要原因可能是这两点：（1）楼板的约束作用限制了消能器的剪切变形，消能器无法充分变形耗能；（2）楼板的水平传力作用会导致消能器两端容易屈服，降低两端应力水平，无法保证消能器正常工作。

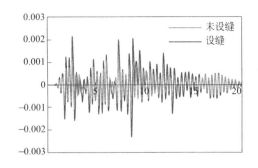

图 6.3-4　消能器相对剪切变形时程

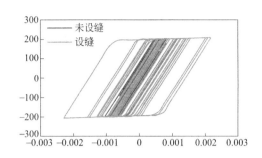

图 6.3-5　消能器滞回曲线

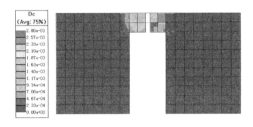

图 6.3-6　消能器损伤情况

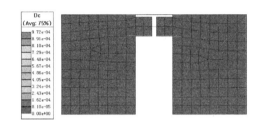

图 6.3-7　消能器损伤情况

还有一点需要注意的是，通常的弹塑性分析软件只有刚性楼板假定。但是，如果在模拟过程中采用刚性楼板假定，会明显地夸大连梁剪切消能器的耗能作用。图 6.3-8 为 SAUSG 通过删除楼板代替"平面外刚度为 0"的刚性楼板情况。

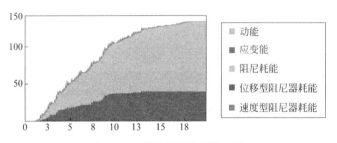

图 6.3-8　刚性板结构耗能情况

对比前面的结构，刚性板结构耗能明显"良好"，附加阻尼比也会达到 2.1%。但实际情况楼板不可能为刚性，其真实的附加阻尼比只有 0.4%！

4. SAUSG 快速建模

鉴于工程师们在连梁型剪切消能器的建模较为复杂，SAUSG 开发了便于建模的消能器组件。其中的"连梁式"就可一键完成连梁中间打断，并增加剪切消能器的功能。为了避免连接处应力集中，该功能中还增加了打断连梁两端边缘增加方钢管用以加强的选项，便于更好地模拟连梁剪切消能器的真实情况（图 6.3-9、图 6.3-10）。

定义好消能器组件，仅需单击需要增加消能器的连梁，一键即可完成所有操作，大家不妨试试是否解决了之前令人头疼的建模问题。

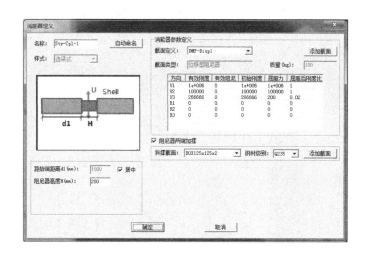

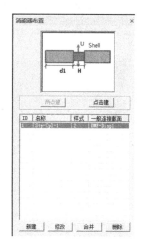

图 6.3-9　连梁型剪切效能器建模 　　　　　　图 6.3-10　消能器布置

点评：连梁剪切型消能器的分析应注意两点：楼板的面外刚度不可忽略；消能器及附属构件与楼板的连接关系应该精细模拟。

6.4　如何采用 SAUSG 进行防屈曲支撑减震设计

作者：邱海

发布时间：2017 年 11 月 22 日

问题：防屈曲约束支撑在计算分析与设计时，应该注意什么？

1. 前言

1）防屈曲支撑

防屈曲支撑又叫屈曲约束支撑（BRB：Buckling Restrained Brace）。防屈曲支撑一方面避免了普通支撑服役时可能出现的受压屈曲，另一方面可以提供金属屈服耗能能力，因而广泛应用在抗震结构和减震结构中（图 6.4-1、图 6.4-2）。

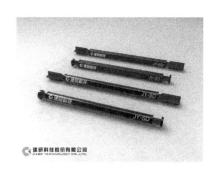

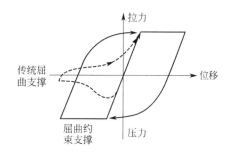

图 6.4-1　防屈曲支撑产品 　　　　　　　图 6.4-2　防屈曲支撑与普通支撑性能对比

2）基本原理

防屈曲支撑由芯材、无粘结填充材料和约束外套筒组成。防屈曲支撑仅芯板与其他构件相连接，所受的全部荷载由芯板承担，约束外套筒和无粘结填充材料仅起约束作用，约束芯板受压屈曲，使芯板在受拉和受压下均能进入屈服，因而形成优良的滞回性能。防屈曲支撑基本原理如图 6.4-3 所示。

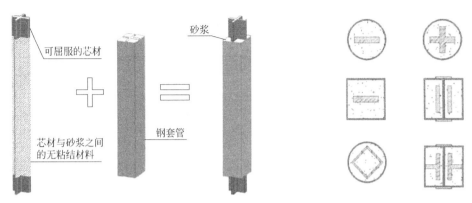

图 6.4-3　防屈曲支撑基本原理

3）功能分类

根据防屈曲支撑的"防屈曲"和"耗能"特点可见，在结构设计中偏重其不同结构特点进行设计，防屈曲支撑可以变换不同的角色。按照其使用的功能分类，防屈曲支撑可以分为：阻尼型支撑、耗能型支撑和承载型支撑。

阻尼型防屈曲支撑：通过调整芯板屈服力，使其可以在小震作用下就开始进入屈服耗能，从而提高结构的附加阻尼比以达到减震的目的。

耗能型防屈曲支撑：这可能是大家减震设计中应用比较广泛的一种方式。小震作用下防屈曲支撑不屈服，只提供承载作用，在中震及大震中防屈曲支撑开始屈服耗能，保护主体结构，起到结构中"保险丝"的作用。

承载型防屈曲支撑：在小、中、大震作用下均不发生屈服，给结构提供稳定的刚度和承载力，主要用于抗震结构设计中。

2. 附加阻尼比的准确计算

对于计算防屈曲支撑的附加阻尼比，PKPM 最近的版本提供了规范的迭代简化计算方法，SAUSG 和 SAUSG-Design 提供了时程计算的精确算法，现举个简单例子说明两种方法：

某设防烈度 8 度（0.2g）、Ⅱ类场地的四层混凝土框架结构，结构模型如图 6.4-4 所示。采用防屈曲支撑，在结构的 1～3 层的 X 向、Y 向分别设置 4 个支撑，具体位置如图 6.4-4 所示（圆圈为防屈曲支撑）。

采用 PKPM 建模，防屈曲支撑的有效刚度和有效阻尼比填 0，填写完整的双线性模型参数描述屈曲约束支撑。运行 SATWE 自动迭代计算附加阻尼比。迭代收敛时的结果汇总如表 6.4-1 所示。

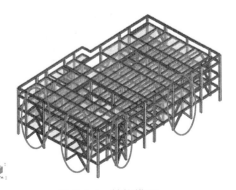

图 6.4-4　结构模型

SATWE 计算中震作用下的附加阻尼比　　　　　　　表 6.4-1

方向	迭代次数	初始阻尼比 (%)	结构应变能 (kN·m)	消能器耗能 (kN·m)	等效附加阻尼比 (%)
X	4	5	293.0843	64.42351	1.75
Y	4	5	287.8143	107.3213	2.97

采用 SAUSG-Design，直接读取 SATWE 模型，选用天然地震动 TH021TG045 进行计算，计算结果如表 6.4-2 所示。

中震时程的附加阻尼比计算结果　　　　　　　表 6.4-2

方向	工况	初始阻尼比 (%)	初始阻尼累计耗能 (kN·m)	消能器累计耗能 (kN·m)	等效附加阻尼比 (%)
X	TH021TG045-X	5	2946.31	1001.71	1.70
Y	TH021TG045-Y	5	5233.35	2608.48	2.49

两种计算方法还是存在一定的差别，主要原因是规范算法与 SAUSG 采用能量算法的差异，能量算法的每个消能器能量精确累计区别于假设所有消能器充分耗能的差距（详细分析可以查看"SAUSG 非线性仿真"微信公众号往期文章"SAUSG 软件减震结构附加阻尼比的应用"）。

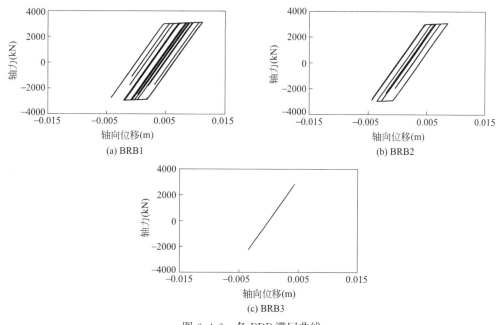

图 6.4-5　消能器滞回曲线功能

3. 消能器滞洄耗能

SAUAGE 提供了方便的消能器滞回曲线功能。在"数据结果—滞回曲线"功能中，如图 6.4-5 所示，可以方便查看所有一般连接的滞回情况。

考察上面算例在大震作用下的滞回曲线如图 6.4-6 所示。

(a) BRB1

(b) BRB2

(c) BRB3

图 6.4-6　各 BRB 滞回曲线

其中 BRB1、BRB2、BRB3 是 1～3 层对应位置的防屈曲支撑。可见 BRB1、BRB2 呈现标准双折线模型，滞回饱满，起到耗能型防屈曲支撑的作用。BRB3 未发生屈服，起到提供刚度和承载力的承载力型防屈曲支撑的作用。这也从侧面说明为什么能量法计算附加阻尼比会小于规范方法。

4. 支承结构保持弹性设计

《建筑抗震设计规范》GB 50011—2010 第 12.3.7 条和《建筑消能减震技术规程》JGJ 297—2013 第 6.4.5 条要求，与消能器连接的部件应该在弹性范围下工作，以确保消能器持续耗能。因而，在采用 SAUSG 进行罕遇地震弹塑性时程分析前，应设定连接部件为弹性设计属性，选中子结构，将其本构修改成弹性，并定义输出分组（图 6.4-7）。

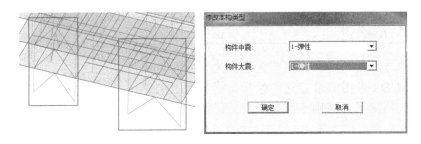

图 6.4-7　定义子结构计算属性

计算完成后，在"图形结果—分组结果"中即可查看和提取对应构件的时程内力。也可在"数据结果—数据文件"中查看提取（图 6.4-8）。

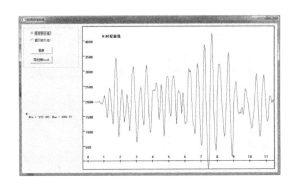

图 6.4-8　连接构件时程内力

5. 主体响应与损伤判断

查看大震作用下每条地震动的层间位移角是否都满足规范要求（图 6.4-9）。

查看整体结构的损伤情况及性能化评估结果，以确保结构每个部位都满足预定设计要求，结构是否存在薄弱环节需要加强（图 6.4-10）。

6. 结论

防屈曲支撑因其灵活、可变的结构特点，广泛应用于减震和抗震设计中。采用 SAUSG 配合 SATWE 进行防屈曲支撑的减震设计，可以非常方便地得到丰富的后处理结果，是减震设计一条相当便捷的途径。

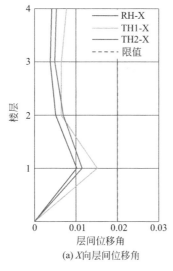
(a) X向层间位移角

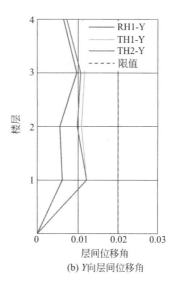
(b) Y向层间位移角

图 6.4-9　定义子结构计算属性

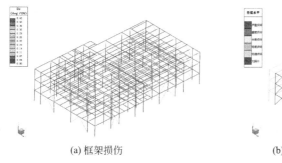
(a) 框架损伤

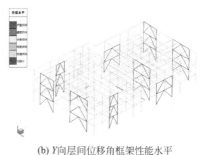
(b) Y向层间位移角框架性能水平

图 6.4-10　结构损伤及性能化评估

点评：防屈曲约束支撑同样推荐采用更加精细的基于非线性动力时程分析的能量比方法确定结构减震附加阻尼比。

6.5　Bouc-Wen 模型新手入门

作者：乔保娟

发布时间：2019 年 6 月 12 日

问题：减震设计时的 Bouc-Wen 模型是个啥？

1. 前言

相信有不少小伙伴刚接触 Bouc-Wen 模型的时候跟笔者一样，一头雾水，内部滞回变量 z 到底是什么，很抽象，下面笔者就分享一下自己的学习过程，欢迎讨论，共同进步。

2. Bouc-Wen 模型原理

Bouc-Wen 模型是模拟金属消能器精度较高的实用滞回模型，最先由 Bouc（1967 年）提出，并由 Wen（1976 年）进一步推广，局部坐标系中单元内力为：

$$f_{e,i} = \alpha k_i u_{e,i} + (1-\alpha) F_i z_i \tag{6.5-1}$$

$$z_i = z_i^0 + \frac{k_i}{F_i} \begin{cases} \Delta u_{e,i}(1 - |z_i|^{\exp}) & if(\Delta u_{e,i} z_i > 0) \\ \Delta u_{e,i} & if(\Delta u_{e,i} z_i \leqslant 0) \end{cases} \tag{6.5-2}$$

式中 $u_{e,i}$、$\Delta u_{e,i}$、$f_{e,i}$、k_i、F_i——分别为局部坐标系中 i 向单元位移全量、位移增量、内力、初始刚度和屈服力；

z_i^0 和 z_i——分别为上一时步和当前时步的内部滞回变量。

Bouc-Wen 模型是个数学模型，控制参数很抽象，内部滞回变量 z 是什么含义呢？查阅文献（天津大学张敬云硕士论文）后，才了解到 Bouc-Wen 模型的原始力学模型如图 6.5-1 所示，由一个线性弹簧和一个非线性单元组成，其中非线性单元由一个线性弹簧和一个 Coulomb 摩擦块串联组成。在此力学模型中包含两个自由度，即：整体位移 u 和弹簧的滞变位移 z，原来 z 就是弹簧 2 的位移，恍然大悟啊！Bouc 提出了一种平滑的从弹性到非弹性的过渡关系

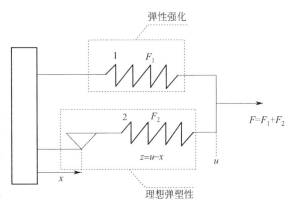

图 6.5-1　Bouc-Wen 滞回模型

式，直接的效果就是：在作用于摩擦块上的力没有达到屈服值时，摩擦块就开始滑动。此处不详述，感兴趣的小伙伴可以自行查阅。

3. 数值试验

为了进一步了解 Bouc-Wen 模型的滞回特性，笔者在 MATLAB 里编写了静力往复加载试验和单自由度体系正弦荷载激励试验的代码，原谅笔者脑容量小，不亲手实践、亲眼所见，就想象不出来，滞回曲线画出来了（图 6.5-2、图 6.5-3），心里就踏实啦，贴上源码，感兴趣的朋友可以自己试试。

1）静力往复加载试验 MATLAB 参考代码：

```
clear all;close all;clc;
ratio=0.002;
k=64800;
exp=0.5;
Fy=100;
x=0:pi/100:2*pi;
d=sin(x)/10;
f=x;
z0=0;
z=0;
for i=2:(length(d))
    u=d(i);
    du=(d(i)-d(i-1))/10;
    for j=1:10
```

```
            sign=0;
            if(du * z>0)
                sign=1;
            end
            dz=k/Fy * du * (1-sign * power(abs(z),exp));
            z=z+dz;
        end
        f(i)=ratio * k * u+(1-ratio) * Fy * z;
    end
        plot(d,f);
```

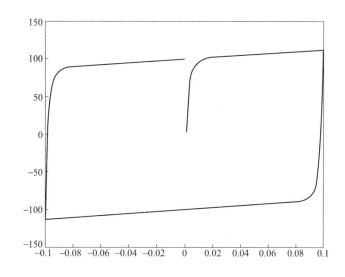

图 6.5-2　静力往复加载试验滞回曲线

2）单自由度体系正弦荷载激励试验（中心差分方法）MATLAB 参考代码：

```
% function [a,u]=centralWen(dt)
% central
dt=0.01;
% central
m=17.5; % 质量
c=0; % 阻尼比
t0=0; % 起始时间
t2=30; % 结束时间
t=t0:dt:t2;
u=t;u(1)=0;u(2)=0;
a=t;
fs=t;
a(1)=0;
```

```
fs(1)=0;
k1=m/dt/dt+c/2/dt;
b=m/dt/dt-c/2/dt;
c=2*m/dt/dt;
ratio=0.002;
k=64800;
exp=0.5;
Fy=100;
z=0;
for i=2:length(t)-1
    x=t(i);
    pi=100*sin(x);
    du=(u(i)-u(i-1))/10;
    for j=1:10
        sign=0;
        if(du*z>0)
            sign=1;
        end
        dz=k/Fy*du*(1-sign*power(abs(z),exp));
        z=z+dz   ;
    end
    fs(i)=ratio*k*u(i)+(1-ratio)*Fy*z;
    pi1=pi-fs(i)+c*u(i)-b*u(i-1);
    u(i+1)=pi1/k1;
    a(i)=(u(i+1)-2*u(i)+u(i-1))/dt/dt;
end
fs(length(t))=fs(length(t)-1);
ymax=max(u)
figure
subplot(1,2,1)
plot(t,u);
title('位移时程曲线');
subplot(1,2,2)
plot(u,fs);
title(' wen 模型滞回曲线');
```

同时，在 SAUSG 中建立了单自由度体系 Bouc-Wen 模型算例，参数与 MATLAB 中参数相同，如图 6.5-4 所示。图 6.5-5 为滞回曲线。可见，SAUSG 中 Bouc-Wen 模型滞回曲线与 MATLAB 完全相同，这下笔者就放心啦。

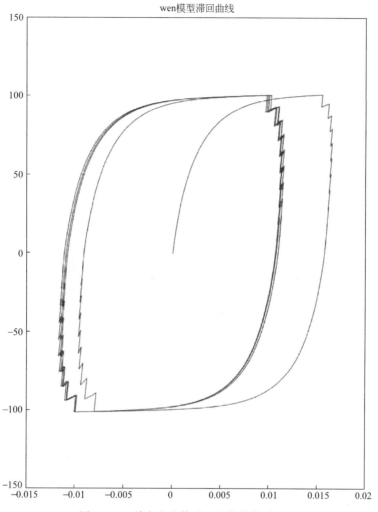

图 6.5-3 单自由度体系正弦荷载激励试验

图 6.5-4 SAUSG 中 Bouc-Wen 模型参数

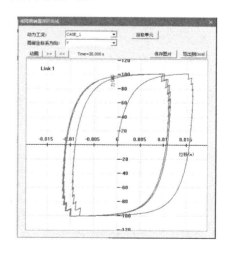

图 6.5-5 单自由度 Bouc-Wen 模型滞回曲线

4. 工程实例

为了进一步验证 Bouc-Wen 模型的使用效果，笔者找了个实际工程，如图 6.5-6 所示，典型楼层布置了 13 个墙式金属消能器，采用 Bouc-Wen 模型，参数如图 6.5-7 所示。

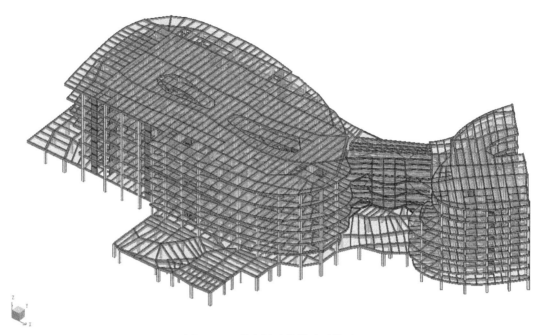

图 6.5-6　某金属消能器减震模型

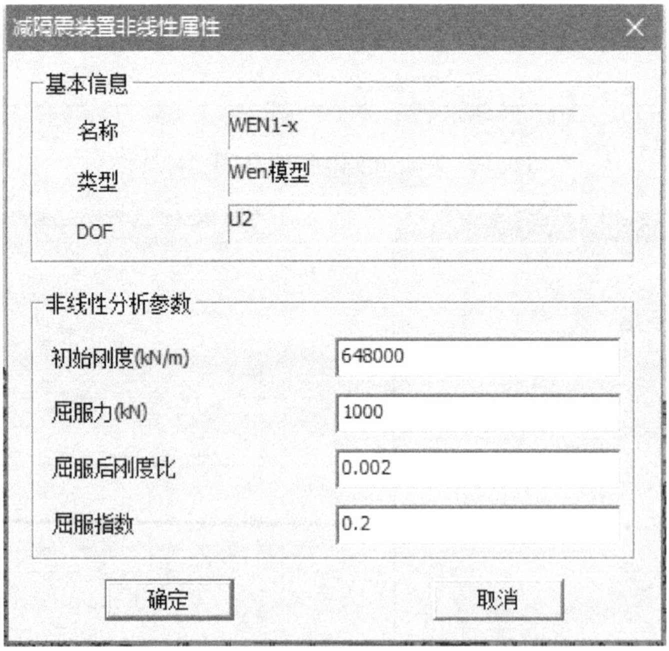

图 6.5-7　某减震模型 Bouc-Wen 模型参数

滞回曲线如图 6.5-8 所示，能量图如图 6.5-9 所示。可见，采用 Bouc-Wen 模型的金属消能器耗能饱满，达到了预期效果。

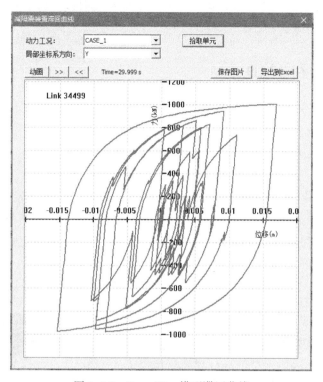

图 6.5-8　Bouc-Wen 模型滞回曲线

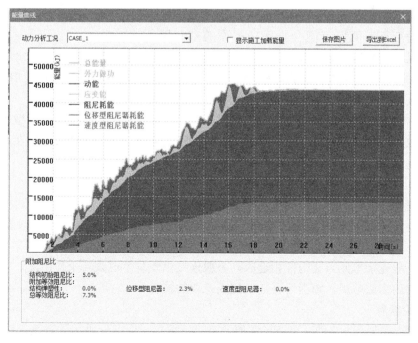

图 6.5-9　能量图

点评：编软件不容易，好的程序员能够以一当十并不夸张。热爱、认真，有长期主义精神才能编出好软件。另外，以人名命名计算模型体现了对人创造性工作的尊重，很希望看到"张模型""李模型"能够多起来，不只是体现个人创造性的工作，也涉及在世界范围内行业话语权的问题。

6.6 局部模态和 TMD

作者：邱海

发布时间：2019 年 8 月 15 日

问题：局部模态知多少？

1. 前言

有的用户在使用 SAUSG 进行较为复杂的结构分析时，偶尔会出现动力时程分析计算发散的情况，原因主要是模型的问题。一般通过查看隐式分析结果基本可以找到原因，局部模态就是其中的原因之一。

2. 局部模态

局部模态是指结构自由振动时，振型主要发生在结构的集中部位，对应的振型参与质量系数非常小的一种模态（图 6.6-1）。发生在高阶振型的局部模态一般是结构本身的真实模态，由于结构分析中一般考虑的振型数不会太多，高阶振型的局部模态一般不需要处理，而发生在低阶振型的局部模态往往是由于建模不当造成的一种假象模态。因此，如果在结构分析中出现了低阶局部模态，则需要做出相应处理。

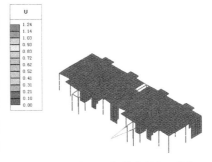

图 6.6-1 发生局部模态的振型图

低阶局部模态问题可能会表现出很大的基本周期，如常规结构的基本周期通常在 6s 以内，而具有局部模态模型的基本周期却在几十或上百秒。对这样的模型进行动力时程分析，计算时基本会发散。如果周期没有明显异常，通过查看振型图也可以非常方便地确定发生局部模态的位置及对应的构件。

结构的模态可以从整体反映结构的刚度，因而，局部模态一般是结构模型中出现了刚度较弱的地方。低阶振型出现局部模态，说明发生局部模态处的结构布置存在不合理的情况，应该定位到具体位置，根据不同的原因进行相应的调整。

出现低阶局部模态通常有如下几种情况：

（1）建模错误，如构件节点没连接上、构件存在多余铰接、局部构件出现机构等；

（2）构件截面过小或截面不合理，如 0 厚度板、截面某项参数为 0、截面参数错误等；

（3）一般连接单元与线构件相连时，一般连接单元只考虑某几个自由度，未考虑自由度无法传递内力或弯矩，相当于存在铰接或悬臂的情况。

3. 理论解释

局部模态是怎么发生的，可通过数值分析进行解释。模态分析实际就是求解式（6.6-1）的广义特征值问题：

$$K\phi - \omega^2 M\phi = 0 \tag{6.6-1}$$

即求解式（6.6-1）的特征方程式（6.6-2）：

$$|K - \omega^2 M| = 0 \tag{6.6-2}$$

如果刚度矩阵中有第 i 个对角元素相对其他元素很小（即局部刚度较弱），质量矩阵正常，则特征方程求解出对应该对角元素的特征值会非常小，如果用 0 作为极限情况，则有：

$$\omega_i \to 0 \Rightarrow T_i \to \infty \tag{6.6-3}$$

这就是基本周期为什么会特别大的原因。与 0 特征值对应的特征向量会是

$$\langle \phi \rangle_i = \begin{bmatrix} 0 & 0 & \cdots 1 & \cdots & 0 \end{bmatrix}^T \tag{6.6-4}$$

其中，除了第 i 个元素，其他元素都等于（实际是趋近于）0。

可见，该阶振型只有一个自由度在动，其他自由度的振动幅值为 0。与此同时，由此阶振型计算的振型参与质量系数一定非常小。

4. 调谐质量消能器（简称 TMD）

低阶的局部模态在结构分析中，尤其是基于振型叠加的反应谱分析往往是工程师不希望看到的。但是，从另一个层面来看，局部模态将结构的振动控制在局部范围发生，实际减小了整体的振动作用，从而降低结构的地震反应。调谐质量消能器（简称 TMD）正是利用这种原理来进行结构的减震设计。

TMD 装置应用的思想最早来源于 1909 年 Frahm 研究的动力吸振器。该吸振器由一个小质量块和弹簧组成，连接于主体结构。在简谐荷载作用下，当所连接的吸振器的固有频率为激励频率时，主体结构能保持完全静止。

现在 TMD 装置中除了质量块和弹簧，一般还增加了消能器。它的减震方式是通过调节 TMD 子结构的自振频率，将其与主体结构的基本频率或激励频率相近，则 TMD 子结构的振动将非常强烈，传入的能量可通过消能器消耗。同时，TMD 子结构还会对主体结构产生一个与外部激励反向的作用力，从而使得主结构的振动减小。

图 6.6-2　我国台北 101 大楼

采用 TMD 装置进行减震的结构中比较有名的建筑是我国台北的 101 大楼（图 6.6-2）。结构通过在 87~92 层之间悬吊直径 5.5m、重达 660t 的消能器，有效地减缓因强风造成建筑物振动而引起的不适感（图 6.6-3、图 6.6-4）。

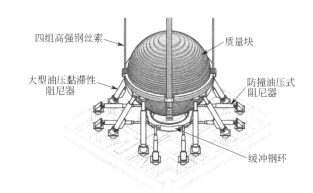

四组高强钢丝索　质量块

大型油压黏滞性
阻尼器

防撞油压式
阻尼器

缓冲钢环

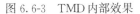

图 6.6-3　TMD 内部效果　　　　图 6.6-4　TMD 结构图示

5. 结论

本文简单介绍了使用 SAUSG 过程中出现的局部模态问题并通过数值分析，给出了产生的原因，希望在以后应用中会对大家有所帮助。另外，SAUSG 2019 版减隔震单元中也增加了 TMD 单元，欢迎大家使用。

点评：模态分析是个好工具，可以据此发现很多结构模型中的问题。TMD 的根本原理是"二次共振"，即当结构局部（如顶部 TMD 装置）主控周期与主体结构主控周期接近时，外界输入将引起结构局部的强烈振动并耗散能量，从而减小主体结构响应。

6.7　减震结构直接分析设计方法初探（一）

作者：侯晓武

发布时间：2019 年 9 月 29 日

问题：除附加阻尼比方式外，减震结构还有没有更好的设计方法？

1. 前言

按照现行规范对减震结构进行分析和设计时，一般采用小震弹性设计方法。结构的总刚度取为主体结构刚度与消能部件有效刚度的总和，结构的总阻尼比取为结构自身的阻尼比与消能部件附加给结构的有效阻尼比的总和，因而消能部件有效刚度以及有效附加阻尼比的计算显得尤为重要。

采用《建筑抗震设计规范》GB 50011—2010（以下简称《抗规》）方法进行减震结构设计存在如下几个问题：

（1）计算附加阻尼比时，需要计算地震作用下消能器吸收的能量以及结构的总应变能。无论是消能器耗能还是结构总应变能，都是根据消能器和结构产生的最大变形以及最大内力来计算，这些参数在地震作用下一般不会同时达到最大值，导致附加阻尼比计算带有一定程度的近似。

（2）时程分析结果表明，地震作用下消能器附加给结构的刚度以及附加阻尼比随时间变化，很难通过一个数值来准确反映消能器的作用。

（3）消能器对于结构不同振型、不同位置、不同变量的影响不同，通过一个整体的附加阻尼比很难准确反映消能器对于所有参数的影响。

规范方法是在特定阶段提出的简化算法，对于减震结构的发展起到了一定的促进作用；但随着计算机软件和硬件水平的提升，减震结构的分析设计方法也应该随之发展。众所周知，《建筑隔震设计标准》GB/T 51408—2021 已经取消了原有的水平减震系数法，而采用更加准确的整体分析设计方法，因而对减震结构采用直接分析方法进行设计是一个必然的趋势。本文重点对减震结构采用线性规范方法以及直接分析设计方法进行对比，并对分析结果进行说明。

2. 项目简介

某减震结构如图 6.7-1 所示，消能器采用速度型消能器。结构共 8 层，顶部高度为 31.2m，结构形式为框架-剪力墙结构体系，设防烈度为 8 度（0.20g），设计地震分组为第二组，场地类别为 II 类。

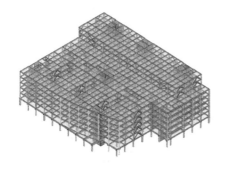

图 6.7-1　某减震结构

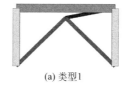 

(a) 类型1　　　　(b) 类型2

图 6.7-2　消能器形式

结构共设置消能器 125 个，包含两种类型（图 6.7-2）。阻尼系数为 1400kN·s/m，阻尼指数为 0.5。

选取 7 条地震波进行计算，包括 5 条天然波以及 2 条人工波。地震波曲线如图 6.7-3 所示。

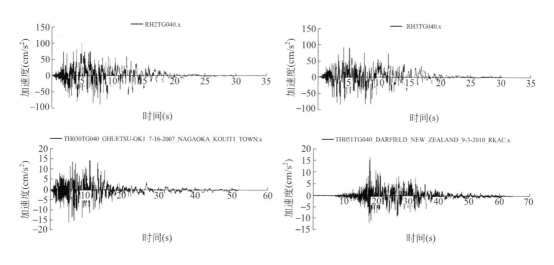

图 6.7-3　地震波曲线（一）

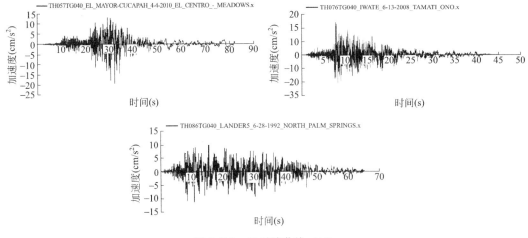

图 6.7-3　地震波曲线（二）

3. 附加阻尼比计算

1）能量算法

该减震结构在人工波 RH2TG040 作用下 X 向及 Y 向的能量图如图 6.7-4 所示。图中浅色部分为消能器耗能，深色部分为阻尼耗能。由于能量耗散与其对应的阻尼比成正比，因而由阻尼耗能、消能器耗能以及结构本身阻尼比三个数值计算得到消能器所附加给结构的阻尼比。

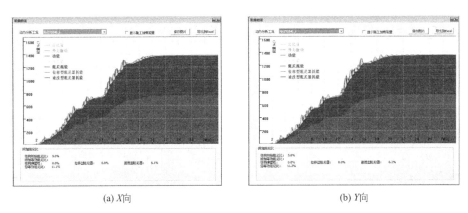

(a) X向　　　　　　　　　　(b) Y向

图 6.7-4　人工波 RH2TG040 作用下能量图

7 条地震波作用下采用能量算法计算的附加阻尼比如表 6.7-1 所示。各条地震波作用下 X 向附加阻尼比分别为 5.6%～6.2%，Y 向附加阻尼比分别为 5.9%～6.3%。7 条地震波作用平均值为 5.96% 和 6.1%。

减震结构附加阻尼比（能量比法）　　　　　　　　表 6.7-1

地震波	附加阻尼比（%）	
	X 向	Y 向
RH2	6.1	6.2
RH3	6.2	6.3
TH030	5.9	5.9

地震波	附加阻尼比（%）	
	X 向	Y 向
TH051	5.9	6.1
TH057	5.6	5.9
TH076	5.8	5.9
TH086	6.2	6.3
平均值	5.96	6.1

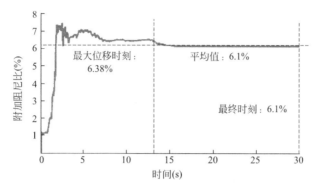

图 6.7-5　附加阻尼比时程变化曲线

　　按照能量算法，每一个时刻都对应一个附加阻尼比，其随时间变化曲线如图 6.7-5 所示。不同时刻附加阻尼比不同，最终时刻结构各部分能量趋于稳定，计算得到的附加阻尼比为 6.1%（表 6.7-1 中数值均采用地震加载最终时刻）。如果按照规范最大变形原则确定，如图 6.7-6 所示，最大位移发生在 13.16s，此时附加阻尼比为 6.38%。所有时刻附加阻尼比的平均值为 6.1%。

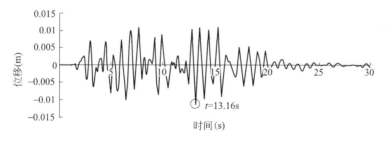

图 6.7-6　结构顶点位移时程曲线

　2）规范算法

　　按照《抗规》公式(12.3.4-2)计算减震结构在地震作用下的总应变能，如表 6.7-2 所示，两个方向的总应变能分别为 160.96J 和 147.58J。

RH2TG040 作用下结构总应变能　　　　　　　　　　表 6.7-2

楼层	X 向		Y 向	
	楼层剪力	层间位移	楼层剪力	层间位移
1	35556.30	0.001159	34915.70	0.000948
2	29434.00	0.002292	28645.30	0.001929
3	25708.90	0.002522	26061.90	0.002123

续表

楼层	X 向		Y 向	
	楼层剪力	层间位移	楼层剪力	层间位移
4	22091.30	0.002603	21844.00	0.002255
5	18188.10	0.002484	17502.30	0.002239
6	13029.10	0.002160	14027.00	0.002250
7	6307.16	0.001999	8631.28	0.002460
8	3464.95	0.001425	5003.24	0.002045
总应变能(J)	160.96		147.58	

消能器耗散能量按照《建筑消能减震技术规程》JGJ 297—2013 公式（6.3.2-4）进行计算。计算结果如表 6.7-3 所示，X 向和 Y 向地震动作用下消能器耗散能量分别为 105.76J 和 101.95J。

消能器耗散能量　　　　　　　　　　表 6.7-3

X 向			Y 向		
最大出力	最大变形	阻尼器耗能	最大出力	最大变形	阻尼器耗能
41.6265	0.00040187	0.016728566	0.001705	192.2660	0.3278347
72.4088	0.00049447	0.035803979	0.002057	203.8460	0.4192501
52.2574	0.0004713	0.024628756	0.001999	205.3880	0.4105069
18.3281	0.0001909	0.003498779	0.002153	212.9520	0.4585197
36.2331	0.00020092	0.007279918	0.001812	207.0930	0.3752877
64.9393	0.00040384	0.026225217	0.001621	191.1070	0.3097634
86.9018	0.00059697	0.051877594	0.001667	192.0130	0.3200012
98.1420	0.00072000	0.070661847	0.001677	189.8930	0.3184771
78.2237	0.00050826	0.039757978	0.001581	188.1000	0.2974030
72.0025	0.00056423	0.040625611	0.001664	183.3900	0.3050821
193.0460	0.00166565	0.321547070	0.000223	21.4754	0.0047936
194.3740	0.00177242	0.344512365	0.000286	42.4019	0.0121252
201.6790	0.00170905	0.344679495	0.000190	45.6179	0.0086597
154.8210	0.00060575	0.093782356	0.000926	168.8780	0.1564319
207.3350	0.00175953	0.364812153	0.000200	53.9548	0.0107675
201.5060	0.00196357	0.395671136	0.001051	135.3240	0.1422079
183.2650	0.00142576	0.261291906	0.000191	33.7048	0.0064252
170.4770	0.00099144	0.169018058	0.002297	219.0090	0.5031469
189.1820	0.00114350	0.216329617	0.001672	196.3370	0.3283540
180.7450	0.00121452	0.219518417	0.001635	191.4850	0.3131297
173.7520	0.00128819	0.223825589	0.000133	30.2735	0.0040349
114.2440	0.00034343	0.039234817	0.000564	140.7310	0.7932580
176.6490	0.00126934	0.224227642	0.000149	33.8990	0.0050450
192.6550	0.00182868	0.352304345	0.00106	136.9300	0.1451280
168.8020	0.00120266	0.203011413	0.000167	32.9417	0.0054955
141.1340	0.00068334	0.096442931	0.001952	201.0090	0.3924078
154.3870	0.00072704	0.112245370	0.001476	179.3460	0.2646483
151.1790	0.00084042	0.127053553	0.001411	174.5160	0.2462822
阻尼器耗能(J)	105.7630968		101.9507400		

按照《抗规》公式（12.3.4-1）计算附加阻尼比，X 向和 Y 向附加阻尼比分别为 5.23% 和 5.50%。略小于采用能量算法计算结果。

$$X \text{ 向附加阻尼比：} \frac{105.76}{4\pi \times 160.96} = 5.23\%$$

$$Y \text{ 向附加阻尼比：} \frac{101.95}{4\pi \times 147.58} = 5.50\%$$

4. 直接分析设计与规范等效设计方法对比

由于速度型消能器在地震作用下主要提供附加阻尼比而不提供刚度，因而根据小震时程分析计算得到的附加阻尼比，在减震结构模型基础上，删除消能器即可生成等效设计模型。直接分析设计模型（模型 1）与等效设计模型（模型 2）如图 6.7-7 所示，采用直接分析设计模型时，自动考虑消能器的非线性特性。

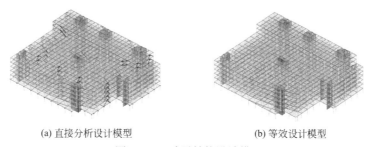

(a) 直接分析设计模型　　　　　　(b) 等效设计模型

图 6.7-7　减震结构设计模型

1）楼层剪力

各条地震动作用下楼层剪力对比如图 6.7-8 所示，天然波 TH030TG040 作用下，基底剪力误差值最大，约为 8%。

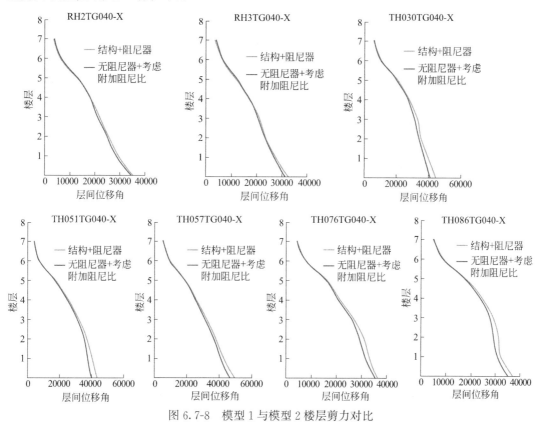

图 6.7-8　模型 1 与模型 2 楼层剪力对比

2）层间位移角

各条地震动作用下层间位移角对比如图 6.7-9 所示，天然波 TH086TG040 作用下，最大层间位移角误差值最大，约为 5%。

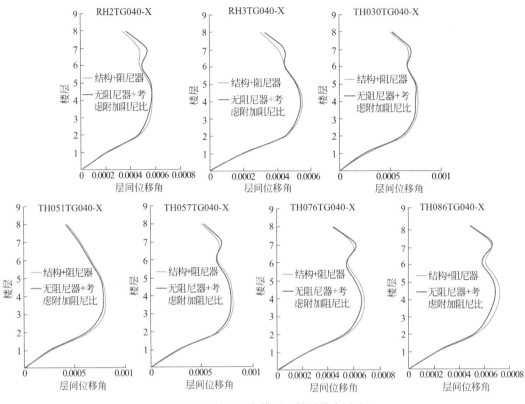

图 6.7-9　模型 1 与模型 2 楼层剪力对比

3）构件内力

人工波 RH2TG045 作用下，构件内力对比如图 6.7-10 所示，模型 1 和模型 2 左侧框架柱剪力分别为 135.8kN 和 121.5kN，误差为 10% 左右。

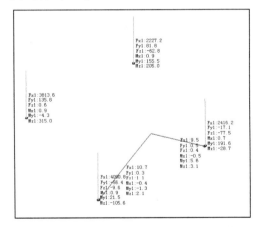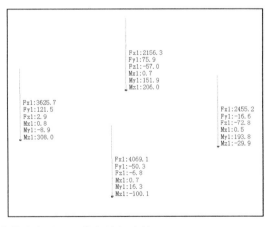

图 6.7-10　模型 1 与模型 2 构件内力对比（剪力最大时刻）

4）消能子结构内力

为了保证减震结构中的消能器能够充分耗能，消能子结构宜按照重要构件进行设计

（图 6.7-11、图 6.7-12）。《建筑消能减震技术规程》JGJ 297—2013 第 6.6.2 条规定，消能子结构应考虑罕遇地震作用效应和其他荷载作用效应的标准值的效应，其值应小于构件极限承载力。同时消能子结构构件设计时，应考虑消能器在极限荷载或极限速度下的阻尼力作用。由于罕遇地震作用下主体结构已经进入到弹塑性状态，因而对于消能子结构的设计应该采用弹塑性分析方法。

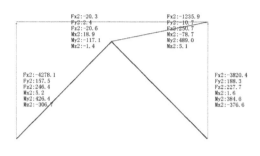
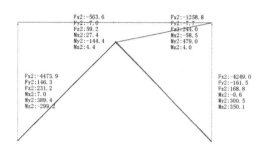

图 6.7-11　弯矩最大时刻内力　　　　　图 6.7-12　轴力最大时刻内力

5. 结论

通过本文速度型消能器减震结构直接分析设计结果，可以得出如下结论：

（1）采用规范算法计算得到的附加阻尼比略小于能量算法计算结果。根据弹性时程分析得到的能量图，消能器的附加阻尼比随时间变化，在地震加载末期趋于稳定。

（2）由于速度型消能器不提供刚度，因而采用规范等效模型以及真实模型进行分析。结果表明，两个模型得到的整体指标差异不大，基底剪力误差最大值为 8%，层间位移角误差最大值为 5% 左右。

（3）取一条人工波作用下的内力分析结果，框架柱构件剪力误差最大值在 10% 左右。

（4）对于消能子结构应该采用罕遇地震作用与其他荷载效应的标准值组合进行设计，同时准确考虑消能器阻尼力的影响。因而对于消能子结构应该采用整体结构进行弹塑性分析，根据罕遇地震作用下的分析内力进行设计或验算。

点评：建筑结构具有天然的非线性属性，附加阻尼比的计算是以一系列假定为前提，出现一定的误差是难以避免的。直接考虑消能器非线性状态的直接分析设计方法值得深入研究和工程实践尝试。

6.8　减震结构直接分析设计方法初探（二）

作者：侯晓武

发布时间：2019 年 11 月 28 日

问题：能再说说位移型消能器减震结构的直接分析设计方法吗？

1. 前言

与速度型消能器不同，位移型消能器除对整体结构提供附加阻尼比外，还会增加结构刚度。对于采用位移型消能器的减震结构，使用规范简化设计方法与减震结构直接分析设计方法是否存在较大的结果差异呢？本文将通过一个采用了位移型消能器的减震结构工程实例进行对比分析。

2. 项目简介

某减震结构如图 6.8-1 所示，结构共 8 层，高度 31.2m，结构形式为框架结构体系，设防烈度为 8 度（0.30g），设计地震分组为第一组，场地类别为Ⅲ类。

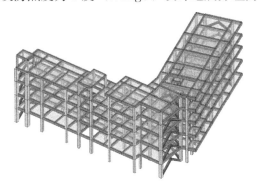

图 6.8-1　某减震结构

图 6.8-2　消能器形式

采用如图 6.8-2 所示布置的位移型消能器，结构共设置消能器 22 个，消能器刚度为 466000kN·m，屈服力为 700kN，屈服后刚度比为 0.02。

选取一条人工波 RH1TG045 进行分析，地震动时程曲线如图 6.8-3 所示。

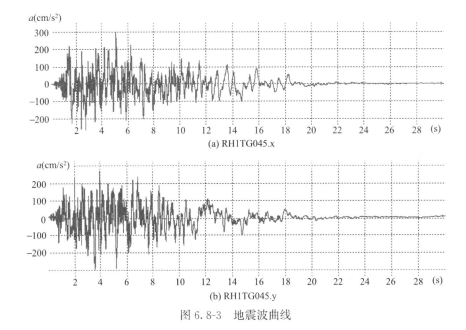

(a) RH1TG045.x

(b) RH1TG045.y

图 6.8-3　地震波曲线

3. 附加阻尼比计算

1）能量比算法

该减震结构在人工波 RH1TG045 作用下 X 向及 Y 向的能量图如图 6.8-4 所示，图中浅色部分为消能器耗能，深色部分为结构初始阻尼耗能。由于能量耗散与其对应的阻尼比成正比，因而由结构初始阻尼耗能、消能器耗能以及结构初始阻尼比计算得到消能器的附加阻尼比。人工波 RH1TG045 作用下 X 向附加阻尼比为 2.0%，Y 向附加阻尼比为 2.7%。

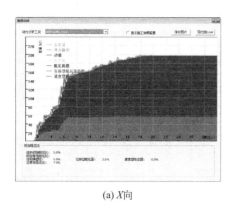 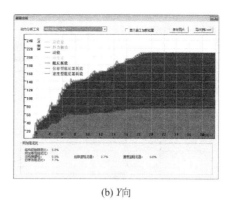

(a) X向　　　　　　　　　　　　(b) Y向

图 6.8-4　人工波 RH1TG045 作用下能量图

按照能量比算法，每一个时刻均对应一个附加阻尼比，其随时间变化曲线如图 6.8-5 所示，可以看出，不同时刻消能器的附加阻尼比是存在较大差异的。由于地震动作用结束时刻结构各部分能量耗散趋于稳定，本文采用此状态下的附加阻尼比。结构顶点位移时程曲线如图 6.8-6 所示。

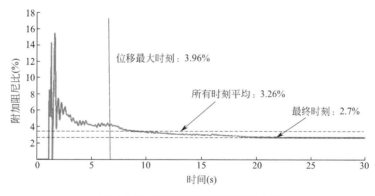

图 6.8-5　附加阻尼比时程变化曲线

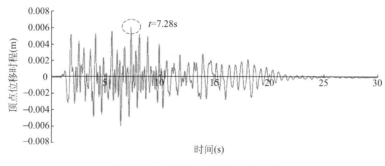

图 6.8-6　结构顶点位移时程曲线

2）规范简化算法

按照《建筑抗震设计规范》GB 50011—2010（以下简称《抗规》）公式（12.3.4-2）

计算减震结构在地震作用下的总应变能，两个方向的总应变能计算结果如表 6.8-1 所示，分别为 38.88J 和 29.01J。

人工波 RH2TG040 作用下结构总应变能 表 6.8-1

楼层	X 向		Y 向	
	楼层剪力	层间位移	楼层剪力	层间位移
1	4804.98	0.0044	4041.74	0.0038
2	4309.53	0.0066	3639.24	0.0057
3	3754.16	0.0047	2919.82	0.0046
4	2337.95	0.0029	2173.74	0.0025
5	1189.46	0.0035	1144.78	0.0026
总应变能	38.88		29.01	

消能器耗能按照《建筑消能减震技术规程》JGJ 297—2013 第 3.3.5 条条文说明计算。计算结果如表 6.8-2、表 6.8-3 所示，X 向和 Y 向地震动作用下消能器耗能分别为 19.69J 和 23.04J。

X 向位移型消能器耗能统计 表 6.8-2

序号	消能器编号	屈服力 F_y	屈服位移 U_y	最大阻尼力 F_{max}	最大相对变形 U_{max}	消能器耗能 W_c
1	835	700.00	0.0015	663.71	0.0014	0
2	836	700.00	0.0015	309.47	0.0007	0
3	837	700.00	0.0015	714.93	0.0031	4.46
4	840	700.00	0.0015	700.56	0.0016	0.17
5	841	700.00	0.0015	394.17	0.0008	0
6	842	700.00	0.0015	727.69	0.0045	8.15
7	845	700.00	0.0015	664.13	0.0014	0
8	846	700.00	0.0015	331.39	0.0007	0
9	847	700.00	0.0015	721.12	0.0038	6.22
10	850	700.00	0.0015	515.61	0.0011	0
11	851	700.00	0.0015	215.00	0.0005	0
12	852	700.00	0.0015	702.30	0.0018	0.69
13	854	700.00	0.0015	321.55	0.0007	0
14	855	700.00	0.0015	481.83	0.0010	0
消能器总耗能(J)	19.69					

Y 向位移型消能器耗能统计 表 6.8-3

序号	消能器编号	屈服力 F_y	屈服位移 U_y	最大阻尼力 F_{max}	最大相对变形 U_{max}	消能器耗能 W_c
1	834	700.00	0.0015	485.13	0.0010	0
2	838	700.00	0.0015	718.63	0.0035	5.52
3	839	700.00	0.0015	588.42	0.0013	0
4	843	700.00	0.0015	734.23	0.0052	10.13
5	844	700.00	0.0015	468.94	0.0010	0
6	848	700.00	0.0015	723.03	0.0040	6.80
7	849	700.00	0.0015	313.64	0.0007	0
8	853	700.00	0.0015	701.91	0.0017	0.59
消能器总耗能(J)	23.04					

按照《抗规》公式(12.3.4-1)计算附加阻尼比，X 向和 Y 向附加阻尼比分别为

4.0%和 6.3%，相比能量算法计算结果增大一倍左右。

X 向附加阻尼比：$\dfrac{19.69}{4\pi \times 38.88} = 4.0\%$

Y 向附加阻尼比：$\dfrac{23.04}{4\pi \times 29.01} = 6.3\%$

4. 直接分析设计方法与规范简化设计方法结果对比

直接分析设计模型（模型 1）与简化设计模型（模型 2）的主要区别为消能器的计算方法差异。直接分析设计模型中直接考虑了消能器的非线性特性进行计算，包括消能器的刚度实时变化情况以及由此产生的能量耗散；简化设计模型中消能器刚度按照《建筑消能减震技术规程》JGJ 297—2013 公式（5.6.3-2）进行等效，如图 6.8-7 所示，同时结构整体阻尼比中考虑消能器附加阻尼比的贡献。

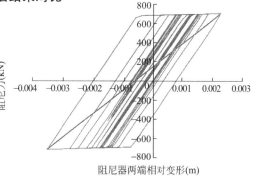

图 6.8-7　消能器有效刚度

1）楼层剪力及层间位移角

人工波 RH1TG045 作用下的楼层剪力对比如图 6.8-8 所示，基底剪力误差约为 8%；层间位移角对比如图 6.8-9 所示，最大层间位移角误差值约为 5%。

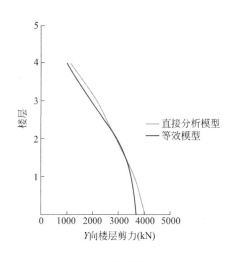

图 6.8-8　楼层剪力对比

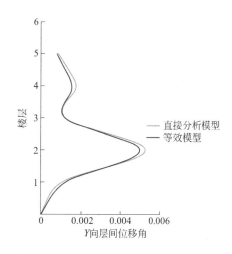

图 6.8-9　层间位移角对比

2）构件内力

人工波 RH2TG045 作用下，典型构件内力对比如图 6.8-10 所示，右上角框架柱弯矩分别为 187.2kN 和 219.3kN，误差为 14.6%；中间框架梁弯矩分别为 58.7kN 和 67.0kN，误差为 12.3%；子结构部分左侧框架柱弯矩分别为 604.7kN 和 790.9kN，误差为 19.0%；子结构左侧框架梁弯矩分别为 102.1kN 和 130.3kN，误差为 21.6%。可以看出，不同设计方法得到的减震结构主要构件内力差异明显。

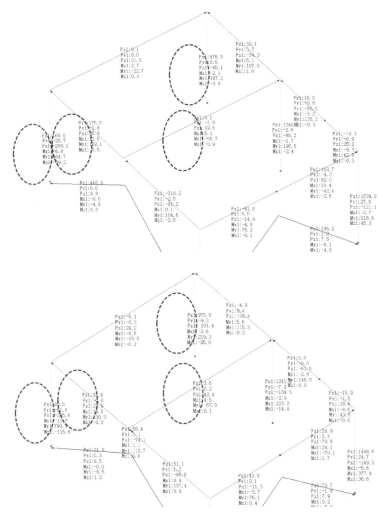

图 6.8-10　模型 1 与模型 2 典型构件内力对比（弯矩最大时刻）

3）消能子结构内力

为了保证减震结构中的消能器能够充分耗能，消能子结构宜按照重要构件进行设计。《建筑消能减震技术规程》JGJ 297—2013 第 6.4.2 条规定，消能子结构应考虑罕遇地震作用效应和其他荷载作用效应的标准值的效应，其值应小于构件极限承载力，同时消能子结构构件设计时，应考虑消能器在极限荷载或极限速度下的阻尼力作用。由于罕遇地震作用下主体结构已经进入到弹塑性状态，因而对于消能子结构的设计应该采用考虑主体结构弹塑性性质的分析方法。

图 6.8-11、图 6.8-12 为主体结构分别按照弹性和弹塑性考虑时消能子结构弯矩和轴力的计算结果对比，典型框架梁端弯矩误差约为 34.2%，框架梁端轴力误差约为 38.2%；框架柱端弯矩误差约为 81.4%，框架柱端轴力误差约为 18.4%。可以看出，考虑与不考虑主体结构的弹塑性对于消能子结构的内力影响很大。

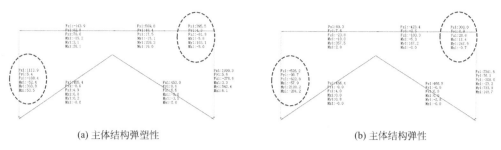

(a) 主体结构弹塑性　　　　　(b) 主体结构弹性

图 6.8-11　弯矩最大时刻子结构内力

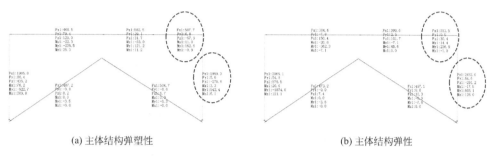

(a) 主体结构弹塑性　　　　　(b) 主体结构弹性

图 6.8-12　轴力最大时刻子结构内力

5. 结论

通过本文位移型消能器减震结构直接分析设计结果，可以得出如下结论：

（1）位移型消能器减震结构采用规范简化算法与非线性直接分析设计能量比算法所得到的附加阻尼比差异明显。

（2）由于位移型消能器刚度的实时变化特点，因而采用等效模型计算得到的框架构件内力与直接分析设计方法计算结果差异明显。

考虑主体结构的弹塑性发展，才能进行减震结构消能子结构的合理设计。

点评：采用位移型阻尼器时，进行直接分析设计的必要性要更大一些，减震子结构的直接分析设计尤其必要。

6.9　关于减震结构附加阻尼比，再简单归纳一下

作者：邱海

发布时间：2021 年 4 月 23 日

问题：附加阻尼比是减震结构设计过程中的一项重要指标，涉及的原理有哪些？

1. 前言

消能减震设计指在房屋结构中设置消能器，通过消能器的相对变形和相对速度提供附加阻尼，以消耗输入结构的地震能量，达到预期防震、减震要求。确定消能减震结构消能器的附加阻尼比是消能减震设计的重要工作之一。

2. 附加有效阻尼比计算公式

消能器附加给主体结构的有效阻尼比 ζ_d，计算方法通常有如下两种：

1）规范一周能量比法（《建筑结构抗震规范》GB 50011—2010 第 12.3.4 条及《建筑消能减震技术规程》JGJ 297—2013 第 6.3.2 条）

$$\zeta_d = \sum_{j=1}^{n} W_{cj} / 4\pi W_s \tag{6.9-1}$$

式中　W_{cj}——第 j 个消能部件在结构预期层间位移 Δu_j 下往复循环一周所消耗的能量；

　　　W_s——设置消能部件的结构在预期位移下的总应变能。

2）时程累积耗能比法

$$\zeta_d = \zeta_0 E_d / E_c \tag{6.9-2}$$

式中　E_d——消能减震结构消能器时程累积耗能；

　　　E_c——消能减震结构主体结构初始阻尼累积耗能；

　　　ζ_0——消能减震结构主体结构初始阻尼比。

对于两种附加阻尼比计算方法，"SAUSG 非线性仿真"微信公众号往期文章都已经进行了详细的讨论，这里不再赘述，现将基本结论罗列如表 6.9-1 所示。

两种附加阻尼比计算方法比较 表 6.9-1

计算方法	特点和问题
规范一周能量比法	1）适用反应谱分析及时程方法； 2）不同部位减震构件耗散地震能量的峰值具有不同时性； 3）楼层剪力和楼层位移的峰值具有不同时性； 4）消能器滞回曲线可能不对称
时程累积耗能比法	1）只适用于时程方法； 2）准确考虑每个消能器真实耗能情况； 3）不同地震动计算结果存在离散型； 4）时程分析结果如何考虑

可见，两种附加有效阻尼比的计算公式，都存在一定问题。如何将附加有效阻尼比的计算结果更加准确地用于主体结构设计，是工程师需要考虑的问题。

3. 结构设计中的"实际"阻尼比

在实际减震设计中，不仅应考虑理论计算公式与实际情况间存在的问题，还应考虑真实结构与计算模型等效之间存在的误差。

《云南省建筑消能减震设计与审查技术导则》第 4.1.9 条指出，"设计中应考虑消能器性能偏差、连接安全缺陷等的不利影响，在附加阻尼比取用时应留有安全储备。在进行主结构设计时，实际采用的附加阻尼比不宜高于计算值的 80%。"

上海市工程建设规范《建筑消能减震及隔震技术标准》DG/TJ 08—2326—2020 第 6.3.2 条中，同时考虑了附加有效阻尼比公式存在的问题和实际结构装配的影响，分别对规范算法和时程累积耗能比法进行了修正。

$$\zeta_d = \eta_1 \sum_{j=1}^{n} W_{cj} / 4\pi W_s \tag{6.9-3}$$

式中　η_1——有效阻尼比折减系数，一般取 0.7。

$$\zeta_d = \zeta_d(t)_{max} = \eta_2 \zeta_0 \left[\frac{E_d(t)}{E_c(t)} \right]_{max} \tag{6.9-4}$$

式中　η_2——有效阻尼比折减系数，一般取 0.9；

$\zeta_{\mathrm{d}}(t)_{\max}$——消能减震结构附加有效阻尼比时程最大值，宜在输入时程峰值较大的有效持续时间段内选取，即在 $E_{\mathrm{d}}(t)$ 时程增长激烈的时间段内考察。

可见，将根据公式得到的消能器附加有效阻尼比应用到主体结构设计时，对计算结果进行适当折减，是减震设计中不可或缺的一步。

4. SAUSG 中附加阻尼比

SAUSG 提供了两种消能器附加阻尼比算法（图 6.9-1）：基于非线性时程结果的规范算法和累积耗能比算法。

图 6.9-1　SAUSG 查看消能器附加有效阻尼比

用户可以根据软件提供的计算结果，通过适当折减得到最终用于设计的附加有效阻尼比。需要注意的是，SAUSG 根据时程累积耗能比法计算的附加阻尼比，默认采用最终时刻的能量进行比较，具体选取原则可在"SAUSG 非线性仿真"微信公众号往期文章讨论中得到。当然，SAUSG 支持导出能量曲线，因此可以得到任何时刻的基于累积耗能比的附加阻尼比时程曲线。

点评：既然短期内仍然要采用基于附加阻尼比的减震结构分析与设计方法，那就把附加阻尼比算得更准一些吧，尤其不能通过简单算法夸大消能器的作用，否则减震结构设计将偏于不安全。

6.10　SAUSG 减隔震 2021 增强版介绍

作者：侯晓武

发布时间：2021 年 11 月 4 日

问题：能介绍一下 SAUSG 减隔震 2021 增强版吗？

1. 前言

2021 年 5 月《建设工程抗震管理条例》已经通过，并于 2021 年 9 月 1 日正式实施。条例第十六条规定，位于高烈度设防地区、地震重点监视防御区的新建学校、幼儿园、医院等公共建筑或者对已经建成的该类建筑进行抗震加固时，应当采用隔震、减震等技术。可以预见减隔震技术将在未来得到更大规模的应用。

同时，《建筑隔震设计标准》GB/T 51408—2021（以下简称《隔标》）于 2021 年 9 月 1 日起正式实施。新《隔标》在设防目标、分析方法还有设计方法等方面都发生了本质性的变化。对此感兴趣可以参见"SAUSG 非线性仿真"微信公众号文章"《建筑隔震设计标准》GB/T 51408—2021 要点学习"。

因应减隔震技术发展的新形势，建研数力团队结合新标准以及用户需求，对于减震直接分析设计软件 SAUSG-Zeta 和隔震结构直接分析设计软件 SAUSG-PI 进行了更新与完善，下面将对部分重点功能进行介绍。

2.《隔标》相关修改

地震作用下隔震支座的刚度及阻尼特性具有实时变化的特点，为了充分考虑隔震支座的这种非线性特性，SAUSG-PI 推荐用户采用时程分析方法进行隔震结构整体模型的中震分析与设计。

根据《隔标》第 4.4.4 条要求，软件新增了隔震设计用荷载组合，如图 6.10-1 所示，与之前基本组合的区别是不再考虑地震作用与风荷载的组合。

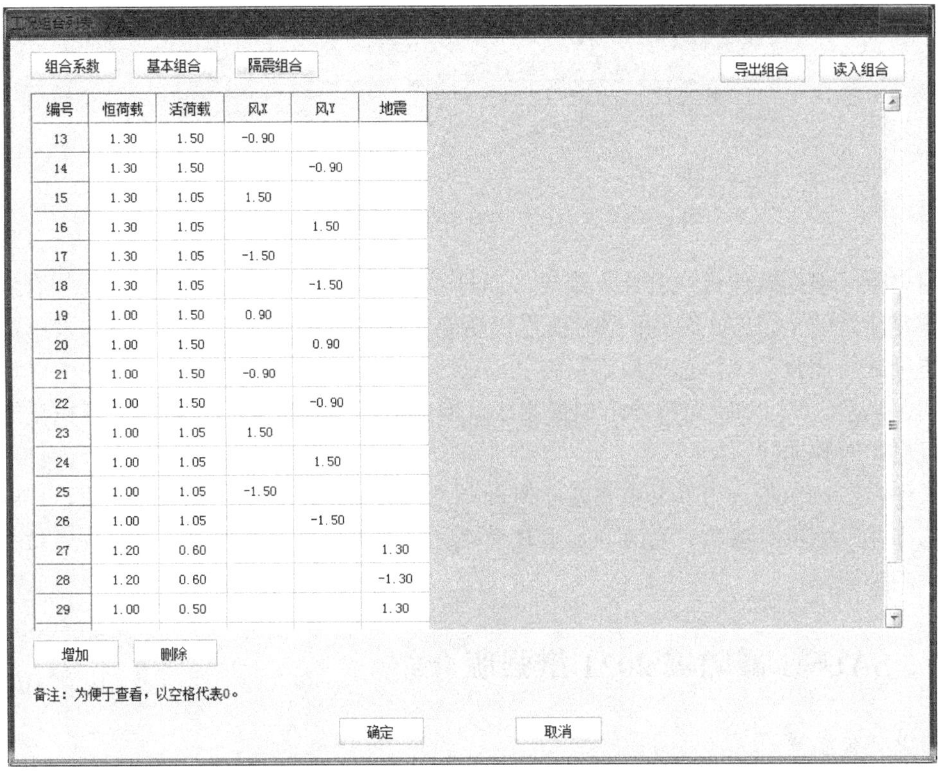

编号	恒荷载	活荷载	风X	风Y	地震
13	1.30	1.50	-0.90		
14	1.30	1.50		-0.90	
15	1.30	1.05	1.50		
16	1.30	1.05		1.50	
17	1.30	1.05	-1.50		
18	1.30	1.05		-1.50	
19	1.00	1.50	0.90		
20	1.00	1.50		0.90	
21	1.00	1.50	-0.90		
22	1.00	1.50		-0.90	
23	1.00	1.05	1.50		
24	1.00	1.05		1.50	
25	1.00	1.05	-1.50		
26	1.00	1.05		-1.50	
27	1.20	0.60			1.30
28	1.20	0.60			-1.30
29	1.00	0.50			1.30

备注：为便于查看，以空格代表0。

图 6.10-1 《隔标》设计用荷载组合

按照《隔标》第 4.4.6 条的规定，对隔震结构中关键构件进行设计时，需要考虑相应的增大系数和调整系数。用户可以通过设置构件内力调整系数，实现对组合以后的构件内力进行调整（图 6.10-2）。

此外，按照《隔标》要求，软件新增弹性滑板支座、摩擦摆隔震支座在竖向荷载作用下的压应力限值验算，各种隔震支座在罕遇地震作用下的压应力限值验算以及出现拉应力支座数量的验算等内容。

图 6.10-2 构件内力调整系数

3. 新增双阶屈服型消能器

双阶屈服型消能器是最近几年研究比较多的一种消能器，其布置如图 6.10-3 所示，基本特性如下：

Damper1 与一个钩和一个间隙并联，钩和间隙作为 Damper1 的变形限制装置。当变形限制装置变形小于容许变形时，钩和间隙刚度为 0，Damper1 与 Damper2 两个消能器串联，承载力主要由 Damper1 控制。当变形限制装置变形不小于容许变形时，钩或间隙刚度变为大值（刚性杆），Damper1 变形不再增加，整体承载力由 Damper2 控制。

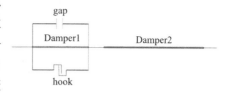

图 6.10-3 双阶屈服型消能器示意图

用户可以通过减震组功能，快速布置双阶屈服型消能器（图 6.10-4），程序内部支持消能器与钩和间隙的并联。

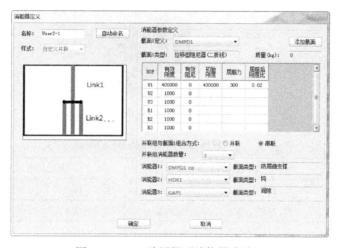

图 6.10-4 双阶屈服型消能器减震组

分别得到两个消能器的滞回曲线以后，将两个消能器变形相加即为双阶屈服型消能器的总变形，总内力可以取为 Link1 的内力，进而得到双阶屈服型消能器的滞回曲线，如图 6.10-5 所示。

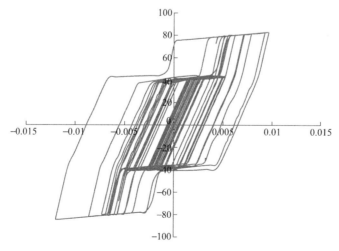

图 6.10-5 双阶屈服型消能器滞回曲线

4. 新增复模态反应谱分析

软件新增复模态反应谱分析，某隔震结构如图 6.10-6 所示。与某通用有限元软件分析结果对比如表 6.10-1 所示。

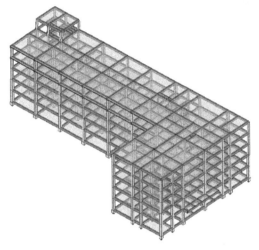

图 6.10-6　某隔震模型

复模态分析对比结果　　　　　　　　　　表 6.10-1

振型	SAUSG		某通用有限元分析软件	
	Real	Imag	Real	Imag
1	−0.616	−2.391	−0.621	2.393
2	−0.610	−2.404	−0.615	2.405
3	−0.770	−2.527	−0.774	2.524
4	−1.687	−11.610	−1.659	11.830
5	−1.585	−12.079	−1.563	12.325
6	−1.870	−12.970	−1.825	13.221
7	−2.507	−23.747	−2.397	24.163
8	−2.497	−24.553	−2.425	25.053
9	−2.331	−26.594	−2.398	26.007
10	−2.853	−26.610	−2.817	26.931

5. 位移型消能器等效刚度及有效阻尼系数输出

对减震结构进行设计时，目前一般采用等效线性化的方法，即考虑消能器的等效刚度以及消能器的附加阻尼比。消能器的等效刚度一般通过时程分析方法得到（图 6.10-7、图 6.10-8）。

6. PMM 曲线功能增强

新增二维形式的 PMM 屈服面（图 6.10-9），便于用户对消能子结构以及隔震层构件进行承载力验算。用户可以选择采用材料强度的设计值、标准值或极限值进行承载力验算。

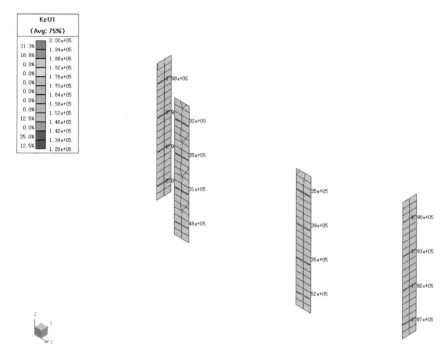

图 6.10-7　位移型消能器等效刚度

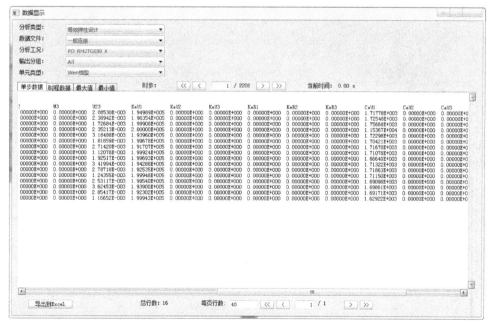

图 6.10-8　数据文件

7. FNA 快速非线性分析方法完善

该版本对 FNA 方法进行了完善，对位移型消能器减震结构、速度型消能器减震结构、隔震结构，与 ETABS 计算结果对比如下。

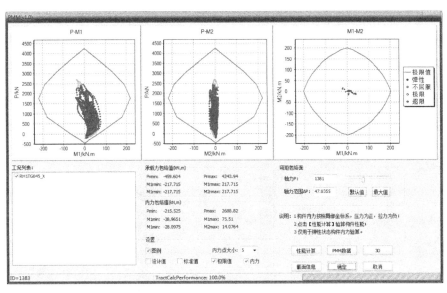

图 6.10-9　构件 PMM 曲线

1）某位移型消能器减震结构（图 6.10-10～图 6.10-14、表 6.10-2）

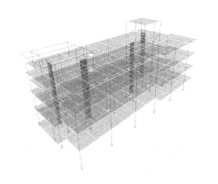

(a) ETABS模型

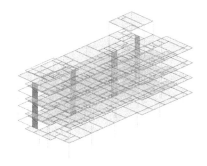

(b) SAUSG模型

(c) 消能器参数

图 6.10-10　模型及消能器参数

质量及周期　　　　　　　　　　　　　　表 6.10-2

项目	SAUSG	ETABS	误差(%)
质量(t)	5406.4	5280.0	2.34
第一周期(s)	0.560	0.549	1.96
第二周期(s)	0.539	0.529	1.86
第三周期(s)	0.476	0.470	1.26

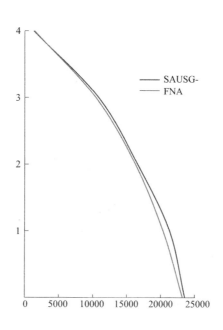

图 6.10-11　楼层剪力

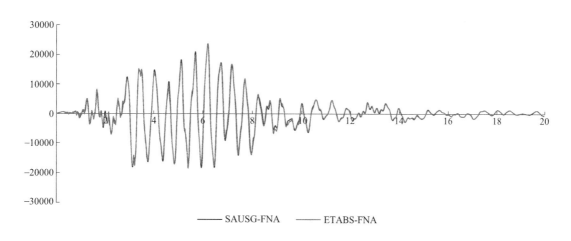

图 6.10-12　基底剪力时程

2）某速度型消能器减震结构（图 6.10-15～图 6.10-20、表 6.10-3）

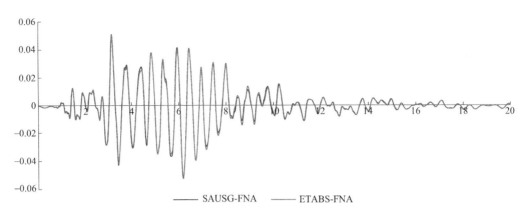

—— SAUSG-FNA —— ETABS-FNA

图 6.10-13 顶点位移时程曲线

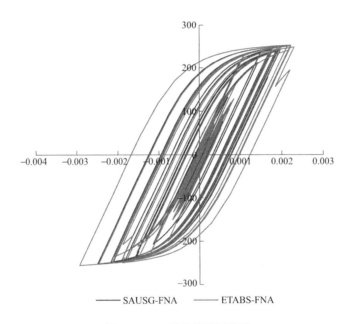

—— SAUSG-FNA —— ETABS-FNA

图 6.10-14 消能器滞回曲线

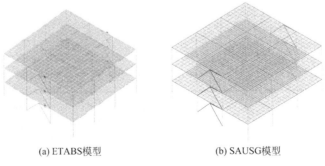

(a) ETABS模型   (b) SAUSG模型

图 6.10-15 模型及消能器参数 (一)

(c) 消能器参数

图 6.10-15 模型及消能器参数 (二)

质量与周期 表 6.10-3

项目	SAUSG	ETABS	误差
质量(t)	2698.5	2607.1	3.39%
第一周期(s)	0.698	0.685	1.86%
第二周期(s)	0.698	0.682	2.29%
第三周期(s)	0.565	0.552	2.30%

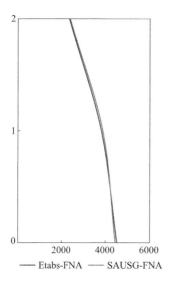

图 6.10-16 楼层剪力

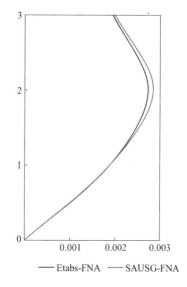

图 6.10-17 层间位移角

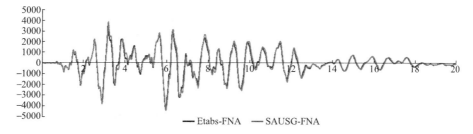

图 6.10-18 基底剪力时程曲线

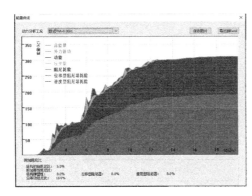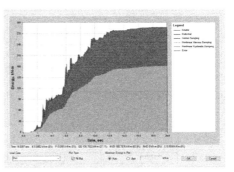

图 6.10-19　能量图

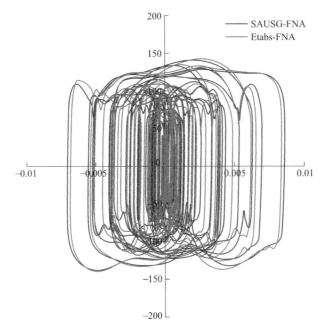

图 6.10-20　消能器滞回曲线

3）某隔震结构（图 6.10-21～图 6.10-27、表 6.10-4）

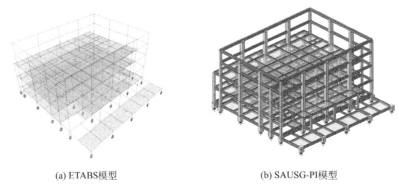

(a) ETABS模型　　　　　　　　(b) SAUSG-PI模型

图 6.10-21　模型简图

ETABS 中采用隔震支座与间隙两个 link 单元以模拟隔震支座的轴向拉压刚度异性，SAUSG-PI 中直接采用隔震支座即可模拟。

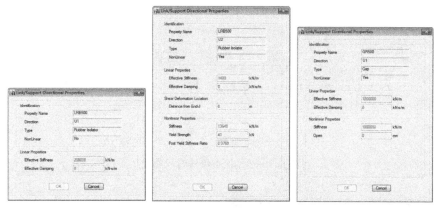

图 6.10-22　ETABS 隔震支座定义

图 6.10-23　SAUSG-PI 隔震支座定义

质量与周期　　　　　　　　　　　　　　　　表 6.10-4

项目	SAUSG	ETABS	误差
质量(t)	5068	5065	0.06%
第一周期(s)	2.129	2.129	0.00%
第二周期(s)	2.084	2.086	0.10%
第三周期(s)	1.757	1.765	0.46%

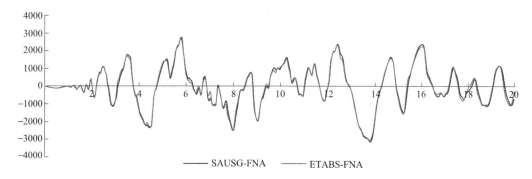

图 6.10-24　基底剪力时程曲线

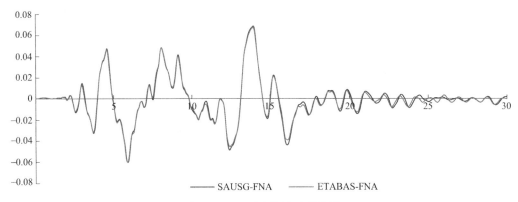

图 6.10-25　顶点位移时程曲线

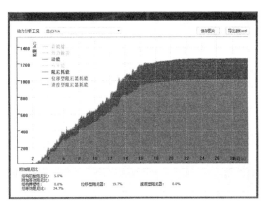 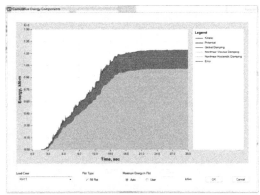

图 6.10-26　能量图

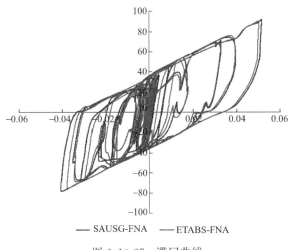

图 6.10-27　滞回曲线

除上述内容以外，软件在前后处理、计算速度等方面也做了相关的改进工作。同时软件支持采用《抗规》水平减震系数方法以及新《隔标》整体分析设计方法进行隔震结构分析，提供《抗规》方法以及累积能量比两种方法计算减震结构附加阻尼比，支持对减震结构进行大震弹塑性分析及验算，并可以一键生成减隔震结构计算书。新版本即将进入外部测试阶段，欢迎广大用户试用并给我们提出宝贵意见。

点评：对工具软件越了解，使用才能越得心应手。

6.11　减隔震结构分析的几个常见问题

作者：侯晓武

发布时间：2021 年 11 月 17 日

问题：能举例说明减隔震结构分析中的常见问题吗？

1. 前言

《建设工程抗震管理条例》中明确要求对于高烈度设防地区、地震重点监视防御区的新建学校、幼儿园、医院、养老机构、儿童福利机构、应急指挥中心、应急避难场所、广播电视等建筑以及对该类建筑进行加固时应当采用隔震、减震等技术。自 2021 年 9 月条例实施以来，各地的减隔震项目明显增多。SAUSG-Zeta 和 SAUSG-PI 作为专业的减隔震非线性分析软件越来越受到用户青睐。下面针对近期遇到的几个用户问题进行说明。

2. SAUSG 导入 PKPM 模型隔震支座屈服力不同

图 6.11-1　PKPM 隔震支座参数　　　　图 6.11-2　SAUSG 隔震支座非线性参数

PKPM 与 SAUSG 对于屈服力的定义有所不同（图 6.11-1、图 6.11-2）。PKPM 中的屈服力与《建筑隔震设计标准》GB/T 51408—2021 附录 D.0.2 中规定一致，为隔震支座滞回曲线与纵坐标的交点 Q_y；而 SAUSG 中的屈服力为双折线拐点在纵坐标上的投影 Q_{y1}，该数值一般略大于 Q_y。由于软件在导入时已经进行了处理，因而用户不需要修改该数值。

根据图 6.11-3 不难推出两个屈服力之间的关系 $Q_{y1}=$

$$\frac{Q_y}{1-\dfrac{K_y}{K_0}}=\frac{Q_y}{1-\alpha}$$，α 为隔震支座屈服前后的刚度之比。

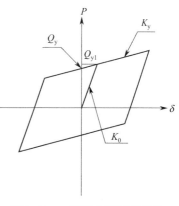

图 6.11-3　隔震支座滞回模型

3. 竖向荷载作用下消能器变形过大导致减震结构等效弹性分析发散

某减震结构如图 6.11-4 所示，进行等效弹性分析计算减震结构小震附加阻尼比时，计算发散，如图 6.11-5 所示。

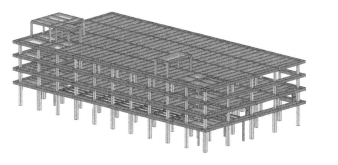

图 6.11-4　某减震结构　　　　　　　　图 6.11-5　输出信息

首先检查模型振型云图结果（图 6.11-6），并未发现异常。

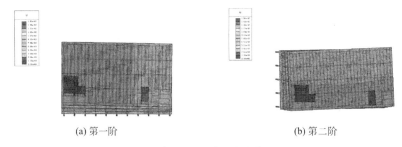

(a) 第一阶　　　　　　　　　　(b) 第二阶

图 6.11-6　振型云图

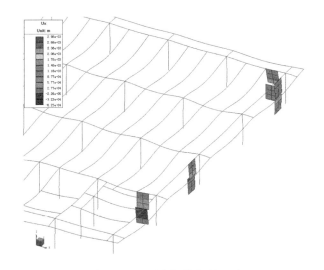

图 6.11-7　重力加载变形云图

查看重力加载变形结果（图 6.11-7），发现竖向荷载作用下，消能器出现了较大的变形。这个变形主要是由于竖向加载默认采用一次性加载的方法导致的。实际工程中消能器一般在主体结构施工以后进行施工，因而该变形实际并不存在。

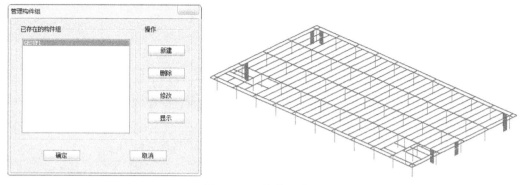

图 6.11-8　构件组定义

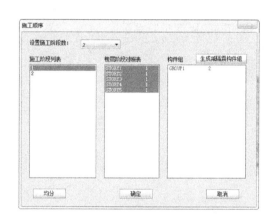

图 6.11-9　施工阶段定义

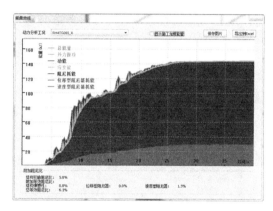

图 6.11-10　能量图

如图 6.11-8 及图 6.11-9 所示，将消能器连同上下的墙板定义为一个构件组，并将其定义到施工阶段 2，即主体结构施工结束以后再安装消能器。

设置以后，竖向荷载作用下消能器变形正常，等效弹性时程分析可以正常进行，能量图如图 6.11-10 所示。由于模型 X 方向仅设置 4 个消能器，因而附加阻尼比较小，仅为 1.3%。

4. 框架结构考虑周期折减系数选波问题

《高层建筑混凝土结构技术规程》JGJ 3—2010 第 4.3.16 条和第 4.3.17 条规定，计算高层结构自振周期时应考虑非承重砌体墙的刚度贡献进行折减，并根据折减后自振周期计算各振型地震影响系数。对于框架结构，一般周期折减系数可以取至 0.6~0.7。如图 6.11-11 所示，周期折减以后，其对应的地震影响系数增加，因而反应谱分析得到的地震作用也会有所增加。

选波时，需要将弹性时程分析得到基底剪力结果与 CQC 结果进行对比，单条波结果误差不能超过 35%，多条波平均值误差不能超过 20%。与反应谱分析不同，弹性时程分析无法考虑填充墙刚度引起的周期变化，因而即便是采用反应谱拟合得到的人工波，计算

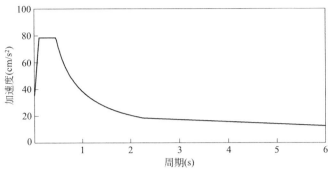

图 6.11-11　反应谱曲线

的基底剪力也会与反应谱结果存在较大差别。

　　软件进行自动选波（图 6.11-12）时，考虑时间成本，程序并非对每一条地震波进行一次弹性时程分析，而是将地震波转换为反应谱以后进行振型分解反应谱分析，因而计算每条地震动的基底剪力时，可以考虑与反应谱分析相同的周期折减系数。

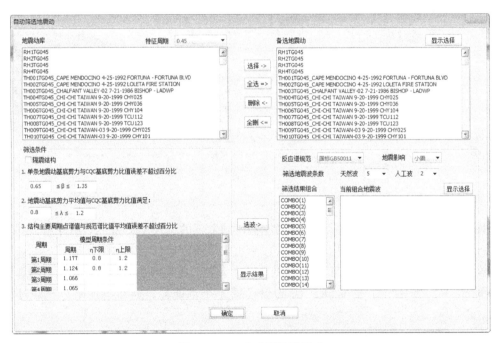

图 6.11-12　自动筛选地震动

　　程序进行弹性时程分析时不能考虑周期折减系数，这样会导致选波计算的基底剪力与同一条地震波弹性时程分析结果存在差异，这是由于反应谱分析可以考虑周期折减系数，而弹性时程分析无法考虑周期折减系数。如果要在弹性时程分析中也达到考虑周期折减系数的效果，仅能通过调整弹性时程分析用峰值加速度来解决。

5. FNA 方法与修正中心差分方法计算的附加阻尼比结果差异较大

　　某减震结构如图 6.11-13 所示，消能器为速度型消能器，采用 Maxwell 模型进行模拟（图 6.11-14）。

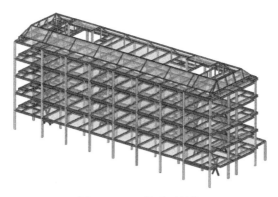

图 6.11-13　某减震结构

减震结构小震弹性时程分析时，由于主体结构为
弹性，仅考虑消能器的非线性特性，因而可以通过修
正中心差分方法或 FNA 方法，但两种方法对于振型个
数的要求不同。

由于 FNA 方法本质上是一种振型叠加方法，进行
弹性时程分析时需要设置足够的振型数以保证计算结
果准确。所需振型数不仅仅要求振型参与质量满足
90% 以上，还与结构本身自由度数以及消能器的非线
性自由度数有关。

采用修正中心差分方法进行弹塑性时程分析时，
振型个数主要影响结构的阻尼。计算量与所取的振型

图 6.11-14　速度型消能器非线性参数

个数成正比，振型数取的越多，固然计算结果可能越精确，但是由此也会导致计算效率降
低，这一点对弹塑性分析也影响较大。因而选择合适的振型数量是采用显式方法求解的一
个关键问题。对于规则结构，计算 10 个振型即可基本保证计算结果的精确性。对于一些
特殊结构，如果高阶振型影响较大，仅计算 10 个振型可能产生不小的误差，如多塔结构、
大跨度空间结构、大底盘结构等复杂结构，需要适当增加振型数。

本算例中，修正中心差分方法采用 10 个振型，FNA 方法采用 500 个振型以后，分析
得到的能量图以及附加阻尼比如图 6.11-15 及图 6.11-16 所示，二者基本一致。

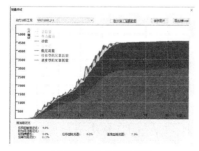

(a) 修正的中心差分方法

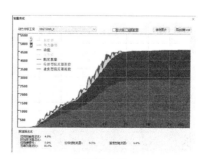

(b) FNA方法

图 6.11-15　能量图

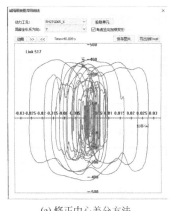
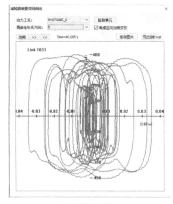

(a) 修正中心差分方法   (b) FNA方法

图 6.11-16　附加阻尼比

点评：本文是减隔震方面结合 2021 年用户问题的一些经验总结。

6.12　做好减隔震设计，你需要知道这些

作者：孙磊

发布时间：2021 年 12 月 29 日

问题：能再总结一下减隔震非线性分析方面的经验吗？

1. 前言

在使用 SAUSG 进行减隔震结构设计前，需要对如下简单且重要的概念有所了解：

（1）快速非线性方法；

（2）直接积分方法；

（3）黏滞消能器：Maxwell 模型和 Kelvin 模型；

（4）位移型消能器：二折线模型和 Wen 模型。

2. 快速非线性方法

快速非线性方法（Fast Nonlinear Analysis Method，简称 FNA 方法）是由 Edward L. Wilson 教授开发的一种快速非线性时程分析方法。FNA 方法在求解局部非线性动力问题时非常高效，与直接积分方法相比，求解速度可以提高几十倍。因此，FNA 方法常被用于分析仅考虑一定数量减隔震装置（如消能器、隔震支座等）而主体结构仍处于弹性状态下的减隔震结构的动力非线性问题。

在这种方法中，非线性单元内力被作为外部荷载处理，形成考虑非线性单元内力并进行修正的模态方程。该模态方程与结构线性模态方程相似，因此可以对模态方程进行类似于线性振型分解处理。对于非线性问题，每一时刻的基本力学方程，包括平衡、力-变形和协调等要求，FNA 算法也需要满足。在 t 时刻，结构的计算模型精确满足力平衡方程：

$$M\ddot{u}(t)+C\dot{u}(t)+Ku(t)+R_{\mathrm{NL}}(t)=R(t) \tag{6.12-1}$$

式中　M、C、K——分别为质量矩阵，阻尼矩阵，刚度矩阵；

　　　　K——线弹性单元（除了连接单元的所有单元）的刚度矩阵；

u、$\dot{u}$、$\ddot{u}$——位移、速度和加速度；

$R_{NL}(t)$——非线性单元力总和的整体节点力矢量；

$R(t)$——外部施加的荷载。

采用 FNA 方法需满足如下条件：

（1）结构仅具有有限数量的非线性单元（如消能器、隔震支座等），主体结构在外荷载作用下仍处于弹性状态；

（2）应使用 Ritz 向量方法来确定模态；应求解足够数量的 Ritz 向量，以捕捉足够非线性单元内的变形。

（3）所有非线性自由度应有质量。对于每一独立的非线性自由度，Ritz 初始向量应包括一个非线性变形荷载。

3. 直接积分方法

对主体结构进入弹塑性状态的体系进行动力非线性分析，为了正确求得结构的整体动力响应，应采用直接积分方法。

直接积分方法可分为两类：显式积分方法和隐式积分方法。隐式积分方法经常采用 Newmark-β 法；显式积分方法经常采用中心差分方法。

隐式求解过程中每个增量步都需要进行平衡迭代，需要实时形成切线刚度矩阵，计算量相对较大，求解速度与单元规模和迭代收敛速度相关。隐式求解方法的收敛性经常会出现困难，因此需要针对模型特性选择合适的增量步长以保证计算结果的收敛。

显式求解过程中每个增量步内不需要进行迭代求解，且无需组装整体刚度矩阵，更无需对刚度矩阵求逆，故每个增量步内计算速度快，不存在收敛性问题，但是需要非常小的时间步长以保证计算方法的稳定性。随着分析模型中自由度数的增加，显式分析的计算速度优势更加明显。

使用 SAUSG 进行动力非线性分析推荐采用修正中心差分方法，也是程序默认的分析方法。

4. 黏滞消能器

黏滞消能器是依据流体运动，特别是当流体通过节流孔时能产生黏滞阻力的原理制成的，是一种速度相关型消能器（图 6.12-1）。

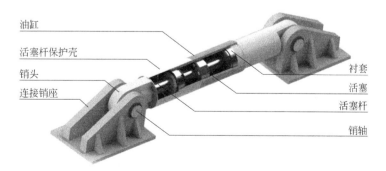

图 6.12-1　消能器结构

黏滞消能器的阻尼力 F 与活塞运动速度 V 之间具有下列关系：$F = Cv^{\alpha}$，其中 C 为阻尼系数，与油缸直径、活塞直径、导杆直径和流体黏度等因素有关；α 为速度指数，它与消能器内部的构造有关，不同的产品具有不同的取值。图 6.12-2 和图 6.12-3 为线性和非线性黏滞消能器输出的阻尼力与速度的关系曲线和阻尼力与位移的滞回曲线。

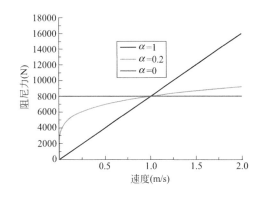

图 6.12-2　阻尼力与速度关系

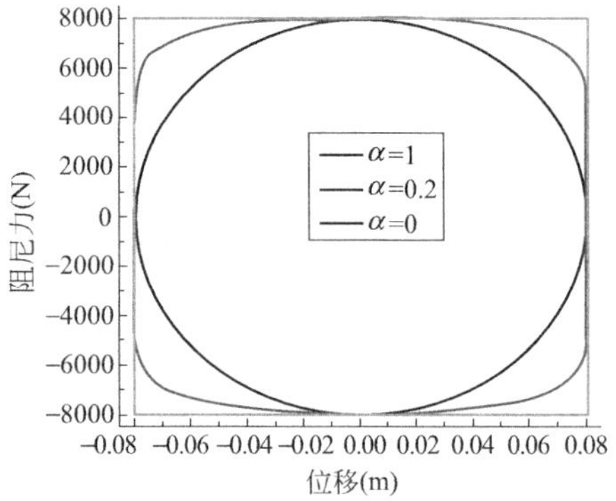

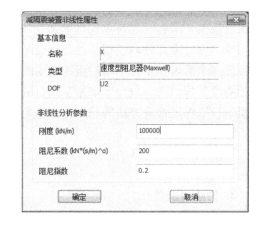

图 6.12-3　阻尼力与位移关系

SAUSG 中的黏滞消能器单元提供 Maxwell 和 Kelvin 两种计算模型，推荐采用 Maxwell 模型（图 6.12-4、图 6.12-5）。

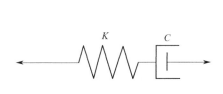

图 6.12-4　Maxwell 模型

减隔震装置非线性属性

基本信息

名称 X

类型 速度型阻尼器(Maxwell)

DOF U2

非线性分析参数

刚度 (kN/m) 100000

阻尼系数 (kN*(s/m)^α) 200

阻尼指数 0.2

确定　取消

图 6.12-5　SAUSG 参数设置

Maxwell 模型是将消能器与弹簧串联，此时刚度填阻尼系数的 100～1000 倍，阻尼系数和阻尼指数可以从产品手册中得到。此处需要特别注意 SAUSG 中阻尼系数的单位是 $\frac{kN}{(m/s)^{\alpha}}$，请注意单位换算。

Kelvin 模型由线性弹簧和黏性阻尼并联组成，采用 Kelvin 模型进行速度消能器计算时，一般将消能器刚度设置为小值，也可以直接取 0（图 6.12-6、图 6.12-7）。采用修正中心差分方法进行非线性计算时，若计算结果异常需要手工将加载时间步长调小。

5. 位移型消能器

位移型消能器如图 6.12-8 所示。金属消能器和防屈曲约束支撑可采用二折线模型或 Wen 模型，二折线本构曲线如图 6.12-9 所示。

位移型消能器包含 6 个自由度，各个方向之间相互独立，每个方向均可考虑线性和非线性特性。初始刚度可填入消能器初始弹性刚度，屈服力可以从消能器产品手册中查到，屈服后刚度比反映屈服后刚度退化的程度（图 6.12-10）。

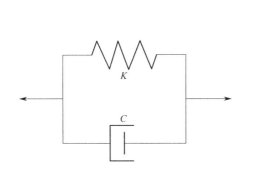

<table>
<tr><td>图 6.12-6　Kelvin 模型</td><td>图 6.12-7　SAUSG 参数设置</td></tr>
</table>

<table>
<tr><td>(a) 剪切消能器</td><td>(b) U形消能器</td><td>(c) BRB</td></tr>
</table>

图 6.12-8　位移型消能器

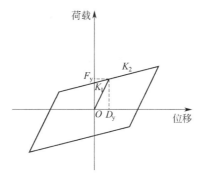

图 6.12-9　位移型消能器二折线本构曲线

　　Wen 模型采用 Bouc-Wen 本构模拟位移型消能器，常用于金属消能器、隔震支座切向本构的模拟，Wen 模型本构曲线如图 6.12-11 所示，计算参数如图 6.12-12 所示。

6. SAUSG-Zeta 减震软件特点

（1）减震结构专用设计软件，可接力多数常用结构设计软件，生成减震模型十分便捷；

（2）分析输出结果丰富，可实现减震结构精细化设计；

图 6.12-10 SAUSG 二折线模型计算参数

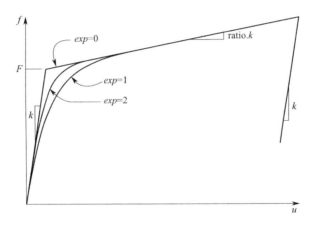

图 6.12-11 Wen 模型本构曲线

图 6.12-12 SAUSG Wen 模型计算参数

（3）内嵌 SAUSG 非线性核心，仿真模拟消能器性能；

（4）方便实现规范简化算法、能量法、自由振动法等附加阻尼比不同算法；

（5）消能器相连接的结构构件可进行直接分析设计。

7. 算例对比

对某速度型消能器减震结构采用不同软件 FNA 方法计算结果进行对比，主要参数及分析结果如下。

1）模型及消能器参数（图 6.12-13～图 6.12-15）

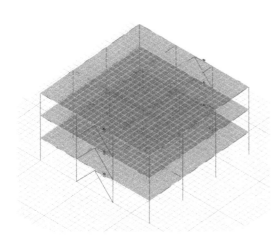

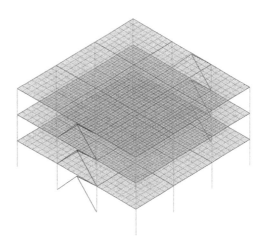

图 6.12-13　ETABS 模型　　　　　　　　图 6.12-14　SAUSG-Zeta 模型

图 6.12-15　消能器参数

2）质量与周期（表 6.12-1）

质量与周期对比　　　　　　　　　　　　　　　　　　表 6.12-1

项目	SAUSG	ETABS	误差
质量(t)	2698.5	2607.1	3.39%
第一周期(s)	0.698	0.685	1.86%
第二周期(s)	0.698	0.682	2.29%
第三周期(s)	0.565	0.552	2.30%

3）楼层剪力、层间位移角、基底剪力时程曲线（图 6.12-16～图 6.12-18）

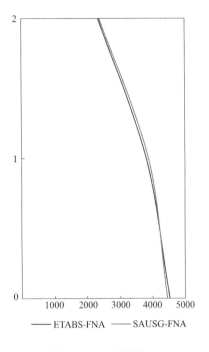

图 6.12-16　楼层剪力

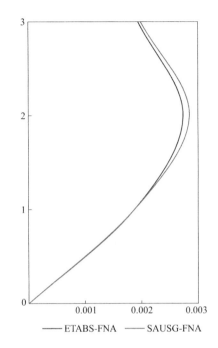

图 6.12-17　层间位移角

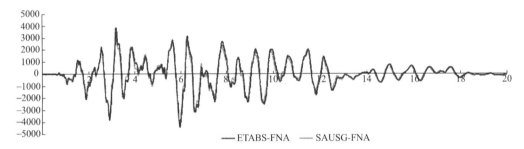

图 6.12-18　基底剪力时程曲线

4）能量图（图 6.12-19）

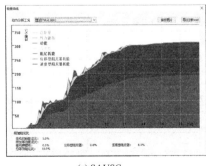

(a) SAUSG

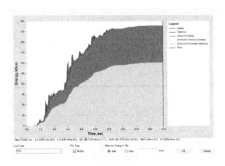

(b) ETABS

图 6.12-19　能量图

5）消能器滞回曲线（图 6.12-20）

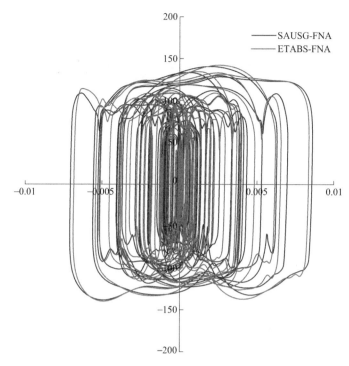

图 6.12-20　消能器滞回曲线

6）结论

当主体结构基本保持弹性时，SAUSG-Zeta 与 ETABS 的减震 FNA 方法分析结果是一致的，楼层剪力、层间位移角、能量图和滞回曲线等结果均比较吻合。这里仍需强调的是，当预期主体结构会发生较大非线性反应时，建议仍采用直接积分方法进行减震结构的非线性分析，以保证计算结果的准确性。

参考文献：

［1］　张瑾，杨律磊，等．动力弹塑性分析在结构设计中的理解与应用［M］．北京：中国建筑工业出版社，2016.

［2］　［美］爱德华·L·威尔逊．结构静力与动力分析——强调地震工程学的物理方法［M］．北京：中国建筑工业出版社，2006.

［3］　薛彦涛，常兆中，高杰．隔震建筑设计指南［M］．北京：中国建筑工业出版社，2016.
点评：这是减隔震非线性分析方面结合用户问题的一些经验总结。

第7章　隔震结构非线性分析与设计

7.1　新《隔标》中对于时程分析的规定

作者：邱海

发布时间：2018年2月2日

问题：《建筑隔震设计标准》中有哪些新规定呢？

1. 前言

2018年1月11日，住房和城乡建设部发布了《建筑隔震设计标准》征求意见稿（以下简称《隔标》）的函。《隔标》中提到了时程设计方法，相关内容较《建筑抗震设计规范》GB 50011—2010（以下简称《抗规》）存在一些变动，本文将相关内容做简单汇总，供大家学习参考。

2. 时程地震动的选取

《抗规》第12.2.2条第2款规定时程分析选取地震动参考《抗规》第5.1.2条，明确规定"计算结果宜取包络值"，通常选取3组加速度时程即可。《隔标》有别于《抗规》中的规定，用了4.1.3、4.2.4、4.3.4三个条文来规定地震动的选取。

首先，对人工地震动的要求有所提高。要求"所合成的人工模拟加速度时程曲线对应的反应谱与设计反应谱在对应于隔震结构各周期点的偏差平均值不宜大于5%，最大偏差不宜大于10%。"

其次，对于地震动数量的要求，《隔标》中给出"宜选取不少于2组人工模拟加速度时程曲线和不少于5组实际强震记录加速度时程曲线。地震作用取7组加速度时程曲线计算结果的平均值。"有别于按照《抗规》规定通常取3条地震动的包络值。相对于2组实际记录和1组人工模拟的加速度时程曲线，5组实际记录和2组人工模拟时程曲线的保证率更高。

还有，对于地震动的具体要求，《隔标》中也给出了更进一步的建议。《隔标》条文说明中指出："建议可采用3组实际强震记录加速度时程曲线和2组具有实际强震记录加速度相位信息的人工模拟时程曲线以及2组考虑实际强震记录加速度时程相位统计信息和目标反应谱的人工模拟加速度时程曲线。"

3. 进行时程分析时需考虑非线性性质

首先，《隔标》第4.1.3条第3款规定："对于高度大于60m，体型不规则，隔震层隔震支座、阻尼装置及其他装置的组合比较复杂的隔震建筑，尚应采用时程分析法进行补充计算"。

其次，《隔标》第 4.3.3 条规定了时程分析时需仿真考虑结构和隔震装置的非线性性质：

隔震层：隔震层应采用隔震产品试验提供的滞回模型，按非线性阻尼特性以及非线性荷载-位移关系特性进行分析。

隔震房屋上部、下部结构：设防地震作用下，隔震房屋上部和下部结构的荷载-位移关系特性可采用线弹性力学模型；在罕遇和极罕遇地震作用下，隔震房屋上部和下部结构宜采用弹塑性分析模型。

隔震支座单元：隔震支座单元应能够模拟隔震支座水平非线性和竖向非线性特性。

荷载工况：计算分析时，按实际荷载工况顺序依次加载，即采用非线性组合法。先采用非线性重力荷载工况加载，保持重力荷载恒定，再施加不同工况地震作用。

还有，《隔标》中将对隔震结构的仿真分析和保证安全性提高了不止一个档次。除了需要实现中震设计外，罕遇和极罕遇地震的验算也是设计时需要重点考虑的，非线性时程分析已成为隔震结构设计的必须手段，但规范中的相关规定内容还有待进一步详细完善。

4. 中震时程设计方法

《隔标》第 4.4.7 条规定："采用时程分析方法进行结构设计时，地震动加速度记录作用下的构件内力设计值，可根据构件类型选取主导内力在各个时刻的最大值及同时出现的其他内力分量。"

5. 时程设计疑问讨论：如何截面设计？

首先，叠加原理不适合于非线性问题。进行非线性时程设计时，恒、活工况构件内力如何与非线性时程分析构件内力进行组合？

其次，《隔标》第 4.4 节给出了构件截面设计的公式，是否同时适用于反应谱和时程设计？

对于关键构件的抗震承载力

$$\gamma_G S_{GE} + \gamma_{Eh} S_{Ehk}^* + \gamma_{Ev} S_{Evk}^* \leqslant R / \gamma_{RE}$$

对于普通竖向钢构件的承载力

$$S_{GE} + S_{Ehk}^* + 0.4 S_{Evk}^* \leqslant R_k$$

对于耗能构件的抗剪承载力

$$S_{GE} + S_{Ehk}^* + 0.4 S_{Evk}^* \leqslant R_k / 0.8$$

时程分析中，地震动一般都是 1：0.85 加载，已经是双向地震加载，时程的结果是否还需要乘以分项系数？还是在时程计算前，将地震动峰值直接乘以分项系数进行调整？

点评：本文总结了《隔标》与《抗规》中时程分析方面的差异。

7.2　用等效线性方法能设计好隔震结构吗

作者：邱海

发布时间：2018 年 4 月 16 日

问题：用等效线性方法能设计好隔震结构吗？

1. 前言

近年来，隔震结构因其性能优势明显受到广泛关注，国家政策也开始逐步推广。常见的隔震设计方法是《建筑抗震设计规范》GB 50011—2010（以下简称《抗规》）第 12.2.5 条中水平减震系数法，即通过计算隔震和非隔震各层楼层剪力（高层需考虑倾覆力矩）最大比值，修正水平地震影响系数最大值，对非隔震模型进行反应谱设计。

水平减震系数可通过时程方法较为精确地计算，也可通过等效线性化的方法近似计算。那么采用等效线性方法，真的可以做到近似吗？下面结合一个算例来说明问题。

某混凝土框架结构，设防烈度为 8 度（0.2g），Ⅱ类场地，地震分组为第二组，特征周期 T_g 为 0.4s。采用叠层橡胶支座隔震，隔震层设置在基础与上部结构之间，结构模型如图 7.2-1 所示。隔震层具体布置情况及隔震支座力学参数不在此详细列出。

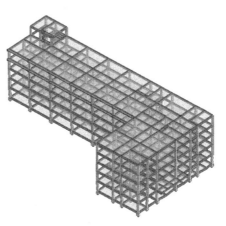

图 7.2-1　结构模型简图

2. 时程设计的水平向减震系数法

在 SAUSG 中选取 3 条人工地震动，RGB1、RGB2、RGB3 如图 7.2-2 所示，进行中震时程分析。对隔震模型及非隔震模型的每层楼层剪力对比结果如表 7.2-1、表 7.2-2 所示。

隔震与非隔震模型 *X* 向剪力比值线　　　　　　　　　　表 7.2-1

楼层	RGB1	RGB2	RGB3	最大值
6	0.18	0.25	0.20	0.25
5	0.21	0.38	0.27	0.38
4	0.31	0.41	0.32	0.41
3	0.34	0.37	0.29	0.37
2	0.28	0.28	0.25	0.28
1	0.30	0.21	0.21	0.30

隔震与非隔震模型 *Y* 向剪力比值线　　　　　　　　　　表 7.2-2

楼层	RGB1	RGB2	RGB3	最大值
6	0.34	0.44	0.26	0.44
5	0.27	0.39	0.28	0.39
4	0.33	0.39	0.31	0.39
3	0.32	0.35	0.25	0.35
2	0.30	0.28	0.25	0.30
1	0.32	0.22	0.24	0.32

考虑对于顶部小塔楼部分，其比值不作为计算控制值。确定该结构水平减震系数为 0.41。对应非隔震模型小震设计的水平地震影响系数最大值：

$$\alpha_{max1} = \beta \alpha_{max} / \psi = 0.41 \times 0.16 / 0.8 = 0.082$$

即上部结构可按水平地震影响系数最大值为 0.082 进行设计。

3. 隔震结构与减震结构设计方法对比

图 7.2-3 是减隔震原理中在地震影响系数曲线上的示意图。速度型消能器一般只增加附加阻尼比进而降低地震影响系数；位移型消能器一般不仅提供附加阻尼比，还提供一定的刚度，此时结构周期虽变短，但整体上地震影响系数还是减小的。隔震结构延长了结构

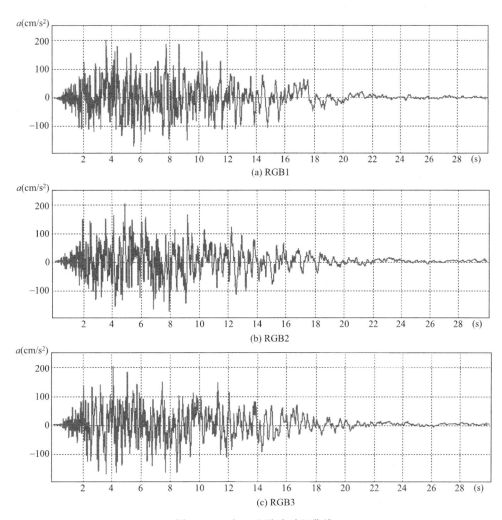

(a) RGB1

(b) RGB2

(c) RGB3

图 7.2-2　人工地震动时程曲线

的周期，同时增加了附加阻尼比，因而减小地震作用明显。

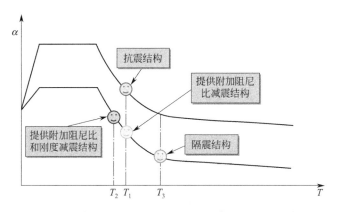

图 7.2-3　减隔震原理中在地震影响系数曲线上的示意图

4. 基于等效刚度和等效阻尼的隔震结构设计

若采用基于等效刚度和等效阻尼计算水平减震系数，隔震模型中隔震支座用100％剪切变形下的等效刚度和等效阻尼，通过反应谱计算的结果进行对比，如表7.2-3所示。

反应谱计算减震系数 表7.2-3

楼层	X 向减震系数	Y 向减震系数	楼层	X 向减震系数	Y 向减震系数
6	0.14	0.12	3	0.24	0.28
5	0.19	0.21	2	0.27	0.31
4	0.22	0.25	1	0.31	0.35

根据数据可确定水平减震系数为0.35，对应非隔震模型小震设计的水平地震影响系数最大值：

$$\alpha_{\max 1} = \beta \alpha_{\max} / \psi = 0.35 \times 0.16 / 0.8 = 0.07$$

即上部结构水平地震影响系数最大值可按0.07进行设计。

若与减震结构设计方法类似，将等效刚度和等效阻尼同隔震结构整体计算，不通过求水平减震系数来计算，会有什么样的效果呢？本文进行了一些计算研究工作。

在SAUSG中，采用前面提到的相同的地震动，计算隔震结构在小震下的附加阻尼比，结果如表7.2-4所示（各地震动结果为 X、Y 向分别加载包络值）。

小震时程附加阻尼比（％） 表7.2-4

阻尼比	RGB1	RGB2	RGB3	包络值
初始	5.0	5.0	5.0	5.0
附加	6.9	8.6	9.5	6.9

可见，小震下的附加阻尼比为6.9％。由于将隔震层按照等效刚度放入结构整体计算模型后，上部结构以刚体运动为主，层间变形较小，因此隔震结构的等效阻尼比只考虑隔震层的附加阻尼比，忽略结构的初始阻尼影响应该是更为合理的选择，但事实是这样吗？怎样等效才能算"合理"呢？

为说明问题，将小震下结构阻尼比为6.9％和小震下结构阻尼比为11.9％（5％＋6.9％）的模型，与上面采用时程和等效线性化分别计算的水平减震系数一同进行反应谱计算，得出各种情况下的 X 和 Y 向楼层剪力CQC结果如下。

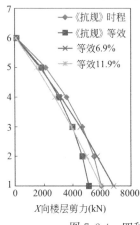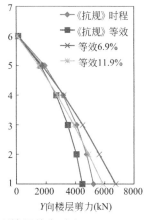

图7.2-4 四种模型楼层剪力对比

图 7.2-4 中：

《抗规》时程——按照《抗规》水平减震系数法非线性时程结果得到 α_{max1} 进行反应谱计算；

《抗规》等效——按照《抗规》水平减震系数法等效线性结果得到 α_{max1} 进行反应谱计算；

等效 6.9%——小震考虑等效刚度，结构阻尼比 6.9%，用 α_{max} 进行反应谱计算；

等效 11.9%——小震考虑等效刚度，结构阻尼比 11.9%，用 α_{max} 进行反应谱计算。

由图 7.2-4 可见：

（1）采用等效刚度和等效阻尼的隔震结构基底剪力计算结果与水平向减震系数法结果相近；但是由于两种计算方法所基于的结构振型完全不同，所以上部楼层的楼层剪力相差较大。

（2）使用水平向减震系数法进行隔震结构设计时，上部结构受力并不能反映隔震后结构的真实受力状态，当上部楼层数较高时，这种偏差会更加明显。

（3）等效线性化计算过程中，不同的等效方式计算结果存在差别，工程师很难判断等效的有效性，造成结果的不确定性。

可以看出，采用等效线性方法进行隔震结构设计也有其明显的缺点，关键是等效刚度和等效阻尼的取值问题。

本文中模型等效刚度采用小震单工况计算结果。《抗规》要求计算水平减震系数是按设防地震计算，那么按整体等效方法，隔震层的等效刚度是采用小震的，还是中震的？

考虑等效阻尼时，结构的初始阻尼是否考虑？根据隔震层算得的附加阻尼比用于整体结构是否合适？这些问题均是难以严谨回答的问题。

5. 结论

《建筑隔震设计标准》征求意见稿中直接进行"中震"设计是明确的进步，为了充分考虑隔震支座非线性性质，消除等效线性可能存在的问题，也提出了时程设计作为补充计算。

点评：隔震结构具有天然的非线性属性，等效线性设计方法难以做到隔震结构的精细化设计。

7.3　隔震设计时，反应谱迭代与非线性时程减震系数有多大差异

作者：乔保娟

发布时间：2018 年 7 月 20 日

问题：隔震设计时，反应谱迭代与非线性时程减震系数有多大差异？

1. 前言

按照《建筑抗震设计规范》GB 50011—2010 隔震结构设计流程，计算水平向减震系数是其中关键的一环，减震系数取隔震模型与非隔震模型层间剪力之比最大值（对于高层建筑结构，尚需考虑倾覆力矩之比）。计算减震系数有两种方法，反应谱等效线性化方法和非线性时程分析方法，PKPM V4.1 新增了迭代确定隔震支座等效刚度和等效阻尼比的功能，这两种方法计算的减震系数差别有多大呢？

2. 算例概述

采用 SAUSG-PI 自带模型"隔震算例"进行分析，第一层为隔震层，如图 7.3-1 所示。SATWE"参数定义"中勾选"迭代确定等效刚度和等效阻尼比"，阻尼比采用强制解耦方法确定，同时勾选"计算中震非隔震模型"和"计算中震隔震模型"，以便计算减震系数。SAUSG-PI 上部结构设为弹性，隔震支座非线性，进行非线性动力时程分析。

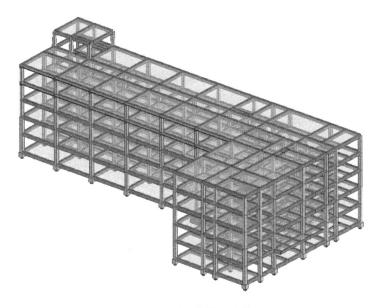

图 7.3-1　隔震结构三维模型

SATWE 结构总质量为 16636t，计算完成后导入 SAUSG，结构总质量为 16569t（扣除钢筋），误差为 -0.4%。SAUSG 前 10 阶周期与 SATWE 对比如表 7.3-1 所示。

非隔震模型周期对比　　　　　　　　　　　　表 7.3-1

振型号	SATWE(s)	SAUSG(s)	误差(%)
1	0.9934	0.951	-4.27
2	0.9279	0.914	-1.50
3	0.8886	0.835	-6.03
4	0.3232	0.31	-4.08
5	0.3082	0.3	-2.66
6	0.2924	0.277	-5.27
7	0.1829	0.226	23.56
8	0.1761	0.183	3.92
9	0.1666	0.173	3.84
10	0.1421	0.141	-0.77

在 SAUSG-PI 中选取 1 条人工波，反应谱如图 7.3-2 所示，计算地震水准为中震，峰值加速度为 200cm/s^2，考虑单向地震作用，分别设置 X 向为主和 Y 向为主两个工况，进行非线性动力时程分析。

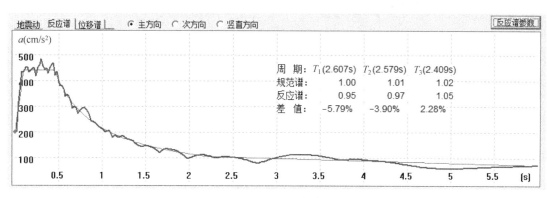

图 7.3-2　反应谱

3. 减震系数对比

1）反应谱迭代法减震系数

反应谱迭代法减震系数　　　　　　　　　　　　　　　　　　　表 7.3-2

层号	X 向剪力			Y 向剪力		
	非隔震(kN)	隔震(kN)	层剪比	非隔震(kN)	隔震(kN)	层剪比
8	633.80	98.61	0.16	681.64	99.66	0.15
7	9670.68	2227.23	0.23	8645.84	2242.02	0.26
6	15787.87	4241.51	0.27	13807.75	4267.37	0.31
5	20176.82	6202.43	0.31	17465.19	6237.49	0.36
4	23732.75	8107.67	0.34	20507.23	8147.93	0.40
3	26729.03	10056.90	0.38	23133.05	10098.21	0.44
2	27829.45	11894.68	0.43	24271.43	11931.00	0.49

隔震层位于 1 层；根据表 7.3-2 可得，水平向减震系数 β 为 0.49（发生在 2 层）。

2）非线性时程分析减震系数

非线性时程方法减震系数　　　　　　　　　　　　　　　　　　表 7.3-3

层号	X 向剪力			Y 向剪力		
	非隔震(kN)	隔震(kN)	层剪比	非隔震(kN)	隔震(kN)	层剪比
8	578.4	202.9	0.35	554.3	208.2	0.38
7	8150.0	3696.0	0.45	7891.1	3613.8	0.46
6	13973.3	5737.4	0.41	13326.0	5562.9	0.42
5	18987.1	6623.8	0.35	17189.3	6451.5	0.38
4	21899.2	7500.8	0.34	19404.4	7164.8	0.37
3	25334.8	7810.9	0.31	21763.0	7659.0	0.35
2	27129.7	8389.1	0.31	26111.7	8330.4	0.32

根据表 7.3-3 可得，水平向减震系数 β 为 0.46（发生在 7 层）。

由以上分析可见，反应谱迭代方法与非线性时程分析方法计算的水平向减震系数相差不大，非线性时程分析减震系数略小，但有一个很有意思的现象，反应谱迭代方法上部层剪比小，非线性时程分析下部层剪比小，如图 7.3-3、图 7.3-4 所示。

3）原因分析

非线性时程分析方法与反应谱迭代方法层剪比分布相差很大，我们对比一下这两种方法非隔震模型和隔震模型的楼层剪力，如图 7.3-5、图 7.3-6 所示。

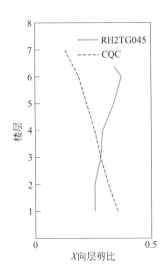

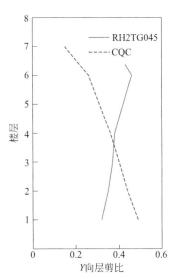

图 7.3-3　X 向层剪比　　　　　　　　　　　图 7.3-4　Y 向层剪比

可见，非隔震模型 SAUSG-PI 非线性时程分析方法与 SATWE 反应谱迭代方法楼层剪力相差不大，SAUSG-PI 非隔震模型层间剪力略小。隔震模型 SAUSG-PI 非线性时程分析方法与 SATWE 反应谱迭代方法楼层剪力相差较大，曲线形状完全不同，这是为什么呢？笔者做了一个对比算例，在 SAUSG 中采用隔震支座等效刚度进行弹性时程分析，为了便于对比，SATWE 不勾选"迭代确定等效刚度和等效阻尼比"，楼层剪力结果如图 7.3-7 所示。

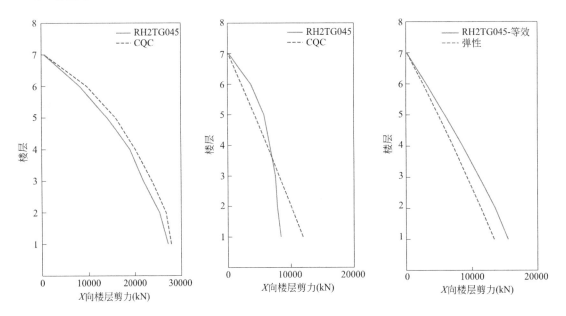

图 7.3-5　非隔震模型楼层剪力曲线　图 7.3-6　隔震模型楼层剪力曲线　图 7.3-7　等效弹性时程方法与
　　　　　　　　　　　　　　　　　　　　　　　　　　　　　　　　反应谱方法楼层剪力曲线

可见，SAUSG中等效弹性时程分析与反应谱方法层间剪力曲线相近，数值略大，这是由于反应谱方法按隔震支座的等效阻尼比调整了反应谱形状，地震影响系数变小了。SAUSG中等效弹性时程分析与非线性时程分析层间剪力不同，说明了等效线性化方法难以考虑每个隔震支座的非线性发展过程，与非线性时程方法相比误差还是比较大的，建议采用非线性时程方法模拟隔震结构的非线性特性。

查看SAUSG-PI非线性分析能量图及附加等效阻尼比如图7.3-8所示，可见，隔震层附加阻尼比为16.3%，结构总等效阻尼比为21.3%，SATWE反应谱迭代法计算出来的总等效阻尼比为19.6%，比较接近。《建筑隔震设计标准》（征求意见稿）第4.3.2条第3款规定"当隔震层阻尼比小于10%，且高度不超过24m、上部结构以剪切变形为主、质量和刚度沿高度分布比较均匀且隔震支座类型单一的隔震建筑，可采用本标准附录B.0.3的公式进行计算"，也就是说当隔震层阻尼比大于10%时，最好采用复振型反应谱分解法，本文采用的强迫解耦实振型分解法误差较大。

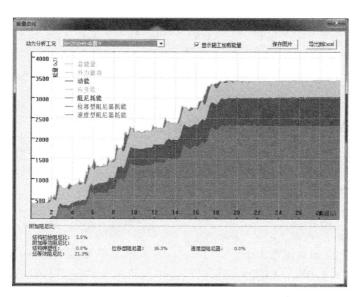

图7.3-8　能量图及附加阻尼比

4. 减震系数法

将地震影响系数乘以减震系数0.49对上部结构（非隔震模型）进行设计，并将层间剪力与隔震模型层间剪力对比，如图7.3-9所示。

可见，采用统一的减震系数，会使下部楼层设计过于保守，造成材料浪费，更准确的方法是采用整体结构进行中震设计（非线性时程方法或复振型反应谱分解法），直接得出构件的真实内力和配筋。

点评：水平向减震系数法是隔震结构设计的一种等效方法，简单实用，但也比较粗糙。水平向减震系数法是通过"降烈度"的方式，仍然采用"抗震"模型进行隔震设计，这会造成隔震结构计算结果沿竖向分布规律与实际受力情况不符。采用非线性动力分析进行隔震结构的直接分析设计是比较精细的隔震结构设计方法，值得继续深入研究和工程推广。

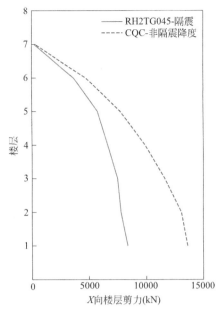

图 7.3-9　隔震模型楼层剪力曲线

7.4　应用 SAUSG-PI 进行隔震性能化设计

作者：邱海

发布时间：2018 年 9 月 28 日

问题：应用 SAUSG-PI 如何进行隔震性能化设计？

1. 前言

在"SAUSG-PI 如何快速上手？"一文中，为大家简单地总结了刚开始使用 SAUSG-PI 时需要注意的一些步骤，相信大家都已经迫不及待地开始使用 SAUSG-PI 进行隔震设计了。本文以软件中自带的基础隔震算例为例，结合 SAUSG-PI 的一些特色功能进行隔震性能化设计。

2. 隔震层设计

模型的预定减震目标为降半度。为了提高结构在地震作用下的性能，本文从严控制设计中规范要求的一些限值，取规范上限值的 80% 进行控制，给结构留出 20% 的安全冗余度。

某混凝土框架结构，乙类建筑，设防烈度为 8 度（0.2g），Ⅱ 类场地，地震分组为第二组，特征周期 T_g 为 0.4s。采用叠层橡胶支座隔震，隔震层设置在基础与上部结构之间，共布置 52 个隔震支座，其中 L800G4 支座 8 个，N800G4 支座 37 个，L900G4 支座 7 个。结构模型及隔震支座布置如图 7.4-1 所示，隔震支座力学参数不在此详细列出。

SAUSG-PI 的静力验算主要验算隔震结构的水平力、偏心率、抗风及屈重比情况。通过初始计算，可以得到该结构的静力验算结果如表 7.4-1～表 7.4-4 所示。

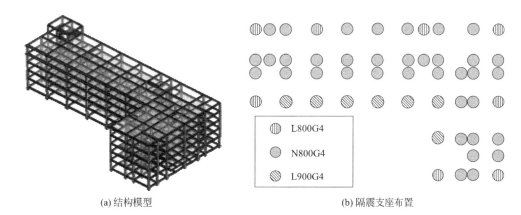

(a) 结构模型　　　　　　　　(b) 隔震支座布置

L800G4
N800G4
L900G4

图 7.4-1　结构图形

风荷载标准值产生的总水平力　　表 7.4-1

方向	总水平力(kN)	隔震层以上重力的 10%(kN)	是否满足
X	1013.9	16856.8	满足
Y	1989.2	16856.8	满足

抗风验算　　表 7.4-2

方向	风荷载标准值(kN)	风荷载设计值(kN)	隔震层屈服力(kN)	是否满足
X	1013.9	1419.4	47472.7	满足
Y	1989.2	2784.8	47472.7	满足

偏心率验算表格　　表 7.4-3

方向	刚心坐标(m)	质心坐标(m)	隔震层尺寸(m)	偏心率(%)	上限值(%)	是否满足
X	82.51	82.05	77.40	0.59	3.00	满足
Y	17.79	17.51	38.50	0.73	3.00	满足

屈重比表格　　表 7.4-4

方向	隔震层以上重力(kN)	隔震层屈服力(kN)	屈重比(%)	下限值(%)	是否满足
X	168567.9	10397.1	6.17	2.00	满足
Y	168567.9	10397.1	6.17	2.00	满足

根据《抗规》12.2.3 条第 3 款，乙类建筑的橡胶隔震支座在重力荷载代表值的竖向压应力 12MPa。为提高本隔震建筑在罕遇地震下的性能，提高地震安全储备，将竖向压应力限值降低到原限值的 80%，所有支座控制在 9.6MPa 以内。在 SAUSG-PI 中，可以调整规范限值，超过限值的支座会自动变红标出。如图 7.4-2 所示，最大隔震支座竖向压应力为 9.2MPa。

在 SAUSG-PI 中可以通过自动选波功能，直接给出符合要求的备选地震动。在备选地震动中，选取 1 条人工地震动 RG 和 2 条天然地震动 TR1、TR2 如图 7.4-3～图 7.4-6 所示。

根据自动选波结果，在 SAUSG-PI 中可以通过中震时程分析功能，采用快速非线性分析方法，高效地一键完成水平向减震系数的计算，并给出计算过程报告。该结构为多层框架，报告给出了隔震模型及非隔震模型的每层楼层剪力对比结果及水平向减震系数求解结果，如表 7.4-5、表 7.4-6 所示。

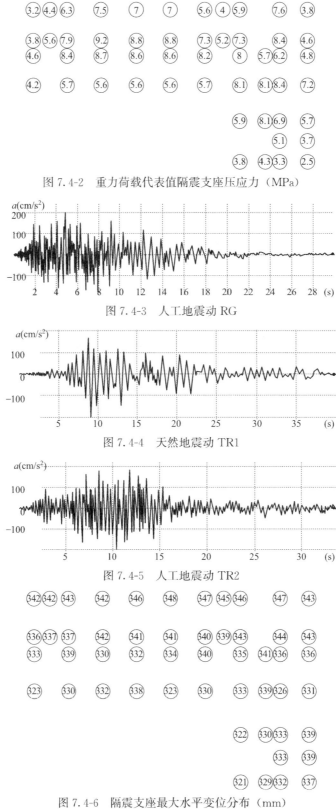

③.2 ④.4 ⑥.3　⑦.5　　⑦　　　⑦　　⑤.6 ④ ⑤.9　　⑦.6　⑧.8

③.8 ⑤.6 ⑦.9　⑨.2　　⑧.8　⑧.8　⑦.3 ⑤.2 ⑦.3　⑧.4　④.6
④.6　⑧.4　⑧.7　　⑧.6　　⑧.6　⑧.2　　⑧　⑤.7 ⑥.2　④.8

④.2　　⑤.7　⑤.6　　⑤.6　　⑤.6　⑤.7　　⑧.1 ⑧.1 ⑧.4　⑦.2

⑤.9　⑧.1 ⑥.9　⑤.7
⑤.1　③.7
③.8　④.3 ③.3　②.5

图 7.4-2　重力荷载代表值隔震支座压应力（MPa）

图 7.4-3　人工地震动 RG

图 7.4-4　天然地震动 TR1

图 7.4-5　人工地震动 TR2

㉔2 ㉔2 ㉔3　㉔2　　㉔6　㉔8　㉔7 ㉔5 ㉔6　㉔7　㉔3

㉛6 ㉛7 ㉛7　㉛2　　㉛1　㉛1　㉛0 ㉛9 ㉛3　㉛4　㉛3
㉛3　㉛9　㉛0　㉛2　　㉛4　㉛0　㉛5 ㉛1 ㉛6　㉛6

㉛3　㉛0　㉛2　㉛8　　㉛3　㉛0　㉛3 ㉛9 ㉛6　㉛1

㉛2　㉛0 ㉛3　㉛9
㉛3　㉛9
㉛1　㉛9 ㉛2　㉛7

图 7.4-6　隔震支座最大水平变位分布（mm）

隔震与非隔震 *X* 向层间剪力比值　　　　　　表 7.4-5

楼层	隔震(kN)			非隔震(kN)			隔震/非隔震
	RG	TR1	TR2	RG	TR1	TR2	包络值
8	118.4	136.6	113.4	702.8	860.4	570.7	0.20
7	2376.3	3109.8	2490.0	10382.0	18112.7	7992.6	0.31
6	4406.2	5581.6	4672.2	14715.2	32442.4	11405.0	0.41
5	6669.9	7285.3	6166.4	18969.3	42748.0	14543.4	0.42
4	8538.8	7261.5	6279.9	22631.5	48414.0	14606.5	0.43
3	9885.9	8183.4	5079.6	26653.1	51149.2	15847.2	0.37
2	10521.9	8623.8	4233.8	26755.3	51198.3	15901.1	0.39

隔震与非隔震 *Y* 向层间剪力比值　　　　　　表 7.4-6

楼层	隔震(kN)			非隔震(kN)			隔震/非隔震
	RG	TR1	TR2	RG	TR1	TR2	包络值
8	135.6	197.1	137.8	599.0	832.8	639.3	0.24
7	2295.6	3170.7	2547.5	8907.9	16352.4	8355.8	0.30
6	4601.1	5661.1	4709.5	13253.1	29050.7	11778.7	0.40
5	6913.0	7179.2	6170.8	18421.2	37949.8	13938.0	0.44
4	8776.6	7227.6	6266.8	22007.1	42759.2	13965.4	0.45
3	10032.1	8254.0	4897.0	25130.6	44514.4	15711.5	0.40
2	10561.3	8797.6	4120.9	25219.3	44539.2	15745.2	0.42

根据以上数据，结构 *X* 向水平向减震系数为 0.43，*Y* 向水平向减震系数为 0.45，本结构的水平向减震系数为 0.45。根据《抗规》12.2.5 条第 2 款及条文说明，本工程上部结构水平地震作用可以降低半度设计。根据《抗规》12.2.7 条第 2 款及条文说明，本工程上部结构抗震措施可以降低半度设计。可见，该隔震结构满足预定的减震目标。隔震后的水平地震影响系数最大值：$\alpha_{\max 1} = \beta\alpha_{\max}/\psi = 0.45 \times 0.16/0.80 = 0.09$，即上部结构可按水平地震影响系数最大值为 0.09 进行设计。

根据隔震结构和非隔震结构的动力特性（表 7.4-7）可见，非隔震模型基本周期在 1s 以内，隔震结构前三阶周期较非隔震模型均延长了 2 倍，隔震效果显著。

隔震结构及非隔震结构力特性　　　　　　表 7.4-7

周期	非隔震模型(s)	隔震模型(s)	周期比值隔震/非隔震
1	0.948	3.001	3.17
2	0.911	2.982	3.27
3	0.832	2.735	3.29

3. 罕遇地震验算

SAUSG-PI 的罕遇地震验算功能，采用 SAUSG 的修正直接积分法计算内核，自动将前面提到的三组地震动提高峰值加速度进行弹塑性时程分析。时程分析结束后，首先，软件会给出单工况包络结果，方便工程师查看隔震支座时程多项结果的最大和最小值。其次，软件会自动对计算完成的多工况时程结果包络，当地震动数大于或等于 7 组时，自动采取多工况平均结果，否则自动采取多工况包络结果。

SAUSG-PI 的罕遇地震隔震支座自动验算功能方便用户根据多工况包络结果进行验算。与前面静力验算相同，用户可以通过修改规范限值提高隔震结构设计的富余度。

由图 7.4-6 可见，罕遇地震下隔震支座最大水平变位为 347mm，满足 0.55D（最小直径为 800mm）和 3 倍橡胶厚度（隔震支座橡胶总厚度最小值为 160mm）的最小值 440mm，且同时满足限值 80%（352mm）。SAUSG-PI 中隔震支座的极限水平变位并不是简单的 X、Y 向位移的包络，而是 X、Y 向位移及 XY 平面内位移向径的包络值。

由图 7.4-7、图 7.4-8 可见，隔震支座在罕遇地震下最大压应力为 11MPa，最大拉应力为 0.1MPa，都满足小于规范限值的 80%。

图 7.4-7 隔震支座最大压应力分布（MPa）

图 7.4-8 隔震支座最大拉应力分布（MPa）

4. 结论

本文结合某基础隔震结构，采用 SAUSG-PI 进行了隔震性能化设计。分析结果表明，通过合理的隔震设计，该结构可以达到预定的减震目标，各项验算结果均能满足预定的设计要求，给结构的抗震性能提供了富余空间。

SAUSG-PI 操作简单方便，流程清晰明确，计算高效稳定，其自动验算、规范审查及自动生成隔震报告等特色功能对隔震设计效率的提高有很大的帮助，适用于隔震结构的性能化设计。

点评：隔震结构无论用什么软件进行设计，用 SAUSG 复核一下更让人放心。

7.5　SAUSG-PI 是如何提高隔震设计效率的

作者：邱海

发布时间：2018 年 12 月 7 日

问题：SAUSG-PI 作为隔震结构直接分析设计工具如何提高设计效率？

1. 前言

"SAUSG-PI 如何快速上手？"一文给大家简单地总结了刚开始使用 SAUSG-PI 时需要注意的一些步骤。在"应用 SAUSG-PI 软件进行隔震性能化设计"一文中，以基础隔震算例，给大家介绍了使用 SAUSG-PI 进行隔震性能化设计。本文介绍 SAUSG-PI 是怎么提高隔震设计的效率的，让您隔震设计事半功倍。

2. 隔震设计流程

目前，常规的隔震设计方法是分部设计法，即《建筑抗震设计规范》GB 50011—2010 中规定的"水平向减震系数法"。具体的隔震设计流程如图 7.5-1 所示。

由图 7.5-1 可见，明确了隔震目标以后，整个隔震设计主要是围绕"验算↔修改"的反复迭代展开的。其中隔震验算主要包括：隔震层及支座静力验算、水平向减震系数验算及大震时程验算。隔震设计中验算的指标在相关规范中已经非常明确。因此，如果能够快速给出验算结果是否满足规范要求，就可以快速迭代修改模型，从而提高隔震设计的效率。

然而，常用的设计软件主要关注量大面广的抗震结构设计，对于隔震结构设计往往没有给出直观的验算结果。工程师为得到验算结果往往需要耗费大量时间来处理数据。SAUSG-PI 鉴于隔震结构设计的以上特点，对软件进行专门的设计，研发了一系列的特色功能，方便用户快速验算迭代，提高隔震设计的效率。

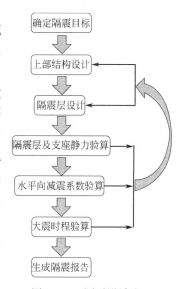

图 7.5-1　隔震设计流程

3. 静力验算

将导入的模型进行隔震设计信息补充并划分网格后，就可以进行隔震层和隔震支座的静力验算。隔震层的静力验算主要验算隔震结构的水平力、偏心率、抗风及屈重比情况。通过初始计算，可以立即得到结构的静力验算结果，如果不满足即可返回重新设计。

隔震支座的静力验算（图 7.5-2）主要考察重力荷载代表值下的支座面受压情况。软件会自动显红不满足的支座，方便直观定位修改模型替换支座。

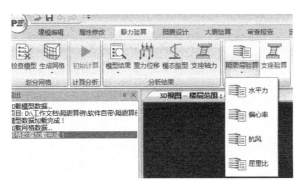

图 7.5-2　静力验算

4. 水平减震系数验算

通过了静力验算，就可以进行水平向减震系数的验算。虽然水平向减震系数的最终结果是一个数，但是其导出过程还是比较复杂的，需要处理隔震、非隔震两个模型，并对两个模型的多工况结果进行数据整理（图 7.5-3）。

SAUSG-PI 无需考虑非隔震模型的创建，在计算水平向减震系数时，程序会自动生成。多工况包络问题也不需要考虑，软件会自动按多条地震动进行包络或平均（当地震动数大于或等于 7 组时，自动采取多工况平均），最终给出水平向减震系数的结果。查看水平向减震系数也只需"一键"，水平向减震系数报告中会给出其推导的全过程及过程数据表格（图 7.5-4、图 7.5-5）。

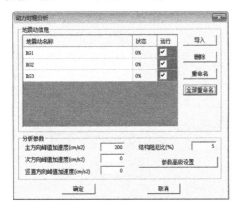

图 7.5-3　多工况时程分析　　　　　图 7.5-4　一键水平向减震系数

隔震与非隔震 X 向层间剪力比值表

楼层	隔震(kN)			非隔震(kN)			隔震/非隔震
	RG1_X	RG2_X	RG3_X	RG1_X	RG2_X	RG3_X	包络值
8	228.8	242.8	264.7	1401.2	1068.6	1415.4	0.23
7	2695.2	3628.8	3195.0	12775.6	10920.5	12258.5	0.33
6	5001.9	6300.0	4600.0	15833.0	17021.5	18806.7	0.37
5	6836.0	8141.5	6412.5	21722.8	23094.7	25428.2	0.35
4	8125.4	8176.6	7911.0	28904.3	31587.3	32131.9	0.28
3	9979.2	7621.2	7604.7	34010.7	35314.7	40750.0	0.29

图 7.5-5　自动生成的水平向减震系数表格

5. 大震验算

SAUSG-PI 的罕遇地震验算功能，采用 SAUSG 的修正直接积分法计算内核，自动将所选的地震动提高峰值加速度进行弹塑性时程分析。时程分析结束后，首先，软件会给出单工况包络结果，方便工程师查看隔震支座时程多项结果的最大和最小值。其次，软件会自动对计算完成的多工况时程结果包络或平均结果进行验算。同静力验算一样，软件会自动显红不满足的支座，方便直观定位修改模型替换支座（图 7.5-6）。

6. 审查报告

为了快速实现隔震设计的所有验算，SAUSG-PI 还设计了一键规范审查功能（图 7.5-7）。通过规范审查，用户可以非常快速地实现前面所有验算结果的校核，避免遗漏不满足规范的验算指标。不满足的项目会明确标出，并给出对应规范条文解释。

SAUSG-PI 的隔震报告是为隔震设计专门定制的计算报告。隔震设计中所有的验算结果及过程数据都会罗列在隔震报告中，用户无需自行提取整理，基本修改下自己的格式习惯即可。

图 7.5-6　大震时程验算面板

图 7.5-7　规范审查及结果

7. 结论

文本主要介绍了 SAUSG-PI 的一些特色功能，这些功能使隔震设计时迭代修改效率明显提高，这样工程师可以有更多的时间放在隔震设计上，而不是花费在整理数据中。

当然，软件可能还存在尚不友好的方面，我们也在不断改进，欢迎大家积极使用 SAUSG-PI 并提出宝贵的建议和意见。

点评：软件不单要"准"，还要"快"，好软件要"又准、又快"。

7.6　隔震结构指定剪切变形计算等效阻尼比问题探讨

作者：邱海

发布时间：2019 年 2 月 21 日

问题：规范按剪切变形 100% 来计算的等效刚度和等效阻尼比与实际相差多少呢？

1. 前言

隔震设计中，水平等效刚度和等效阻尼比是非常重要的两个概念。《建筑抗震设计规范》GB 50011—2010（以下简称《抗规》）第 12.2.4 条第 3 款指出，"对水平向减震系数计算，应取剪切变形 100％的等效刚度和等效黏滞阻尼比"。那么我们根据规范按剪切变形 100％来计算的等效刚度和等效阻尼比进行设计，与实际相差多少呢？本文通过非线性时程分析结果来检验在设防地震下隔震支座情况。

图 7.6-1　结构模型

2. 算例

采用 SAUSG-PI 自带算例进行时程分析，该模型基本信息如下：混凝土框架结构，设防烈度为 8 度（0.2g），Ⅱ类场地，地震分组为第二组，特征周期 T_g 为 0.4s。采用叠层橡胶隔震支座，隔震层设置在基础与上部结构之间，结构模型如图 7.6-1 所示。

隔震支座力学参数采用《建筑隔震橡胶支座》JG/T 118—2018 附录 C 中的产品。天然橡胶支座采用表 C.2 中 LNR600 和 LNR800，分别简化表示为 N600、N800；铅芯橡胶支座采用表 C.6 中 LRB600、LRB700、LRB800，分别简化表示为 R600、R700、R800。隔震支座布置如图 7.6-2 所示。隔震支座编号如图 7.6-3 所示。

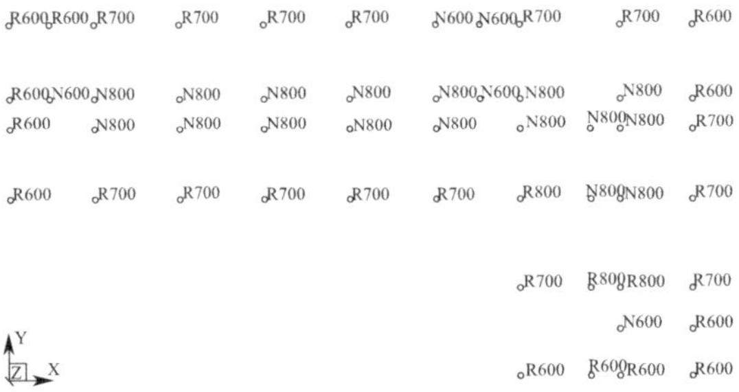

图 7.6-2　隔震支座布置

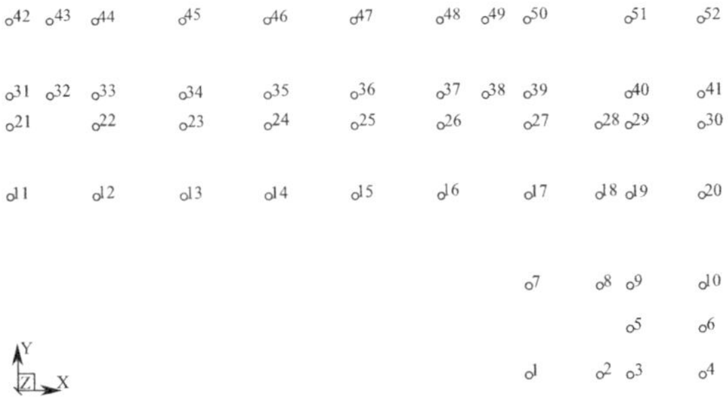

图 7.6-3　隔震支座编号

选取 2 组人工地震动（R1、R2）及 5 组天然地震动（T1～T5），按设防地震水准对结构单向加载，采用 SAUSG-PI 的快速非线性算法进行时程分析，地震动反应谱如图 7.6-4 所示。

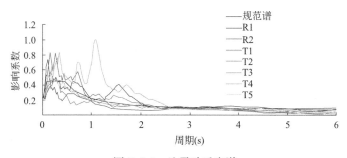

图 7.6-4　地震动反应谱

根据隔震结构的时程分析结果，采集 7 条地震动下隔震支座滞回曲线的骨架曲线及骨架曲线平均值进行分析，其横坐标为剪切变形，纵坐标为剪力。

对 N600 的隔震支座分别采集三个角点处的隔震支座：支座 42、支座 52、支座 4 的曲线如图 7.6-5～图 7.6-7 所示，其中 A 表示平均值结果。

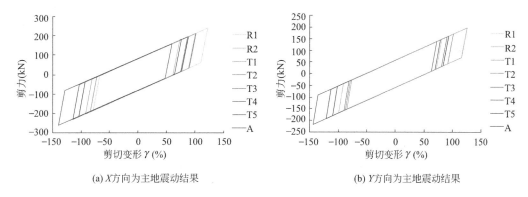

(a) X 方向为主地震动结果　　　　　　(b) Y 方向为主地震动结果

图 7.6-5　支座 42 （LRB600）骨架曲线

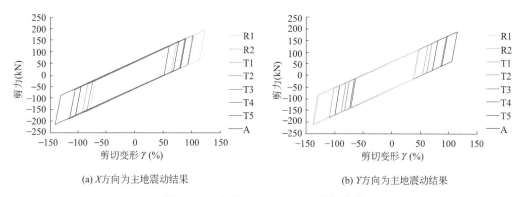

(a) X 方向为主地震动结果　　　　　　(b) Y 方向为主地震动结果

图 7.6-6　支座 52 （LRB600）骨架曲线

可见，设防地震下多条地震动平均值的骨架曲线基本满足 100％剪切变形，规范给出的根据 100％剪切变形下计算等效刚度和等效阻尼比的建议是恰当合理的。但是不同位置同类型的隔震支座还是存在一定的误差，采用相同的参数进行等效势必忽略不同位置支座间的个体差异，从而产生设计误差。

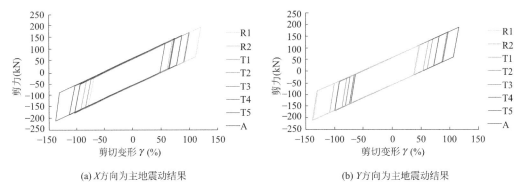

(a) X方向为主地震动结果　　　　　　　　(b) Y方向为主地震动结果

图 7.6-7　支座 4（LRB600）骨架曲线

分别采集 N700 的支座 12 和 N800 的支座 17 的时程结果，如图 7.6-8、图 7.6-9 所示。

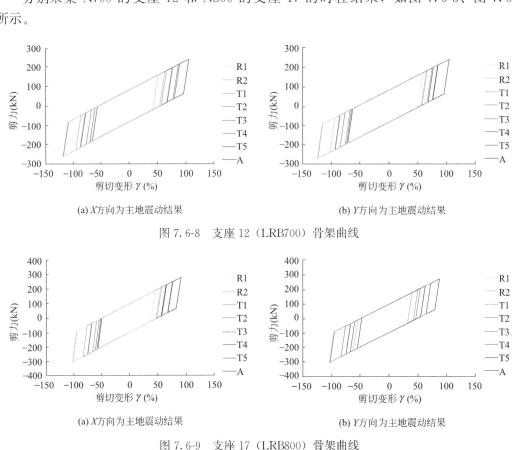

(a) X方向为主地震动结果　　　　　　　　(b) Y方向为主地震动结果

图 7.6-8　支座 12（LRB700）骨架曲线

(a) X方向为主地震动结果　　　　　　　　(b) Y方向为主地震动结果

图 7.6-9　支座 17（LRB800）骨架曲线

可见，有效直径为 700 和有效直径为 800 的支座均未达到 100％剪切变形，且有效直径越大剪切变形越小。因此，根据较小剪切变形来计算，等效刚度会更大，等效阻尼比更小，隔震效果实际未能达到预期效果，存在夸大隔震效果的可能。

对整个隔震层所有相同类型的铅芯隔震支座剪切变形情况进行统计，如表 7.6-1～表 7.6-3 所示。

LRB600 最大剪切变形（%）　　　　　　　　　　　　　表 7.6-1

支座编号	X 向		Y 向	
	$\gamma+$	$\gamma-$	$\gamma+$	$\gamma-$
1	87	−103	87	−101
2	87	−104	86	−100
3	88	−104	85	−100
4	87	−104	84	−99
6	87	−104	84	−99
11	88	−104	94	−111
21	89	−104	94	−112
31	89	−104	94	−112
41	88	−105	85	−99
42	89	−104	93	−112
43	89	−105	93	−111
52	88	−105	84	−99

LRB600 最大剪切变形（%）　　　　　　　　　　　　　表 7.6-2

支座编号	X 向		Y 向	
	$\gamma+$	$\gamma-$	$\gamma+$	$\gamma-$
7	75	−88	74	−87
10	74	−89	72	−84
12	75	−89	79	−93
13	75	−89	78	−92
14	75	−89	77	−90
15	75	−89	76	−89
16	75	−89	75	−88

LRB800 最大剪切变形（%）　　　　　　　　　　　　　表 7.6-3

支座编号	X 向		Y 向	
	$\gamma+$	$\gamma-$	$\gamma+$	$\gamma-$
8	65	−78	64	−75
9	66	−77	64	−74
17	66	−78	64	−76

　　可见，隔震支座几乎很难正负方向滞回对称耗能，如果采用理想对称模型等效，也将产生误差。剪切变形趋势与前面的结论基本相同，不同有效直径的隔震支座协调作用，只有有效直径最小的支座基本满足 100％剪切刚度等效，支座有效直径越大，等效误差越大。

3. 结论与展望

　　本文对隔震结构在设防地震作用下进行了非线性时程分析，主要考察了铅芯隔震支座的剪切变形情况。可以看出，不同隔震支座及相同隔震支座不同位置的变形是有差异的。根据相同的剪切变形进行等效，会产生一定的误差，从而影响隔震设计的结果。

《建筑隔震设计标准》（征求意见稿）（以下简称《隔标》）第 4.2.2 条及第 4.6.4 条对隔震支座水平刚度和阻尼的等效都增加了按滞回曲线确定参数，考虑到不同支座和地震烈度对隔震支座影响的差异，基本去掉了按 100% 剪切变形下的等效方式（采用底部剪力法除外），无疑提高了隔震设计的准确性。

提高隔震设计准确性最根本的方法是避免采用等效方式，而是采用基于非线性分析的隔震结构直接分析设计法。SAUSG-PI 就是基于这个思路开发的一款隔震结构设计专用软件，同时提供《抗规》的"水平向减震系数法"和《隔标》的"直接分析设计方法"可基于非线性分析结果，提供隔震结构的内力、配筋和隔震层设计功能。

点评：采用某种计算方法难免存在前提假定，清晰了解前提假定的适用范围才能用好一种计算方法。

7.7　隔震设计中结构周期是如何确定的

作者：邱海

发布时间：2019 年 4 月 23 日

问题：隔震设计中结构周期是如何确定的？

1. 前言

隔震结构计算周期时，模型需要按照弹性考虑，但是隔震支座具有天然的非线性性质，所以一般通过等效方法来给出隔震支座的等效水平刚度。如何合理等效隔震支座的水平刚度是确定隔震结构周期的关键。

2. 新《隔标》等效刚度计算方法

在《建筑隔震设计标准》（征求意见稿）（以下简称《隔标》）中，针对不同的情况，规范给出了不同的等效方法。对于隔震结构的基本周期确定有如下描述：

4.2.2 隔震结构自振周期、等效刚度和等效阻尼比，应根据隔震层中隔震装置及阻尼装置经试验所得滞回曲线，对应不同地震烈度作用时的隔震层水平位移值计算，并应符合下列规定：

（1）对采用底部剪力法计算并仅采用橡胶隔震支座的建筑隔震结构，隔震层橡胶隔震支座水平剪切位移在设防地震作用时可取 100%，罕遇地震作用时可取 250%，极罕遇地震作用时可取 400%；

（2）除（1）款以外的建筑隔震结构，可按对应不同地震烈度作用时的设计反应谱进行迭代确定，也可采用时程分析法计算取值。

可见，可以通过指定最大剪切位移、反应谱迭代、时程分析三种方法得到隔震装置等效刚度，进而计算隔震结构周期。隔震装置具体的等效刚度计算是根据对应的剪切变形量可以得到具体的等效刚度，在《隔标》附录 D 给出了具体的算法如下（图 7.7-1）。

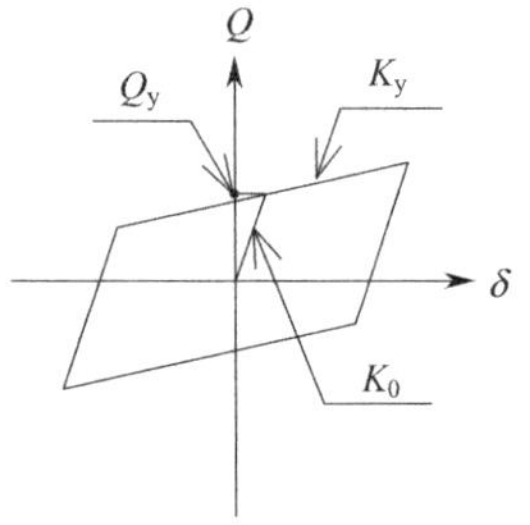

铅芯橡胶隔震支座等效水平刚度可按下式确定：

图 7.7-1　铅芯橡胶隔震支座滞回模型

$$K_{eq} = \frac{Q_y}{\gamma_h t_r} + K_y \qquad\qquad (D.0.2-7)$$

式中　K_{eq}——铅芯橡胶隔震支座等效水平刚度（kN/mm）；

　　　Q_y——铅芯橡胶隔震支座水平屈服剪力设计值（kN）；

　　　γ_h——叠层橡胶支座水平剪切应变，其数值为叠层橡胶支座水平位移与橡胶层总厚度之比值；

　　　t_r——橡胶层总厚度（mm）；

　　　K_y——铅芯橡胶隔震支座屈服后水平刚度设计值（kN/mm）。

3. 指定最大剪切位移方法

对于《隔标》第 4.2.2 条第 1 种情况，规范沿用了《建筑抗震设计规范》GB 50011—2010 中对隔震支座的等效方式，即根据不同的地震水准直接给出了隔震支座确定的剪切变形量（设防地震 100%，罕遇地震 250%，极罕遇地震 400%）。

采用"隔震设计中，等效刚度和等效阻尼到底等效几何？"一文中，相同模型参数进行分析。其中，对隔震支座的等效刚度，采用设防地震水准对应的 100% 剪切变形下的等效刚度。即《建筑隔震橡胶支座》JG/T 118—2018 附录 C 中建议标准化产品表中，铅芯橡胶支座力学性能表中"水平等效刚度（100%）K_{eq}"。将具体数据罗列如表 7.7-1～表 7.7-3 所示，其中隔震支座水平两个方向等效刚度相同。

LRB600　　　　　　　　　　　　　　　　　　　　　表 7.7-1

支座编号	γ(%)	K_{eq}(kN/mm)	支座编号	γ(%)	K_{eq}(kN/mm)
1	100	1.58	21	100	1.58
2	100	1.58	31	100	1.58
3	100	1.58	41	100	1.58
4	100	1.58	42	100	1.58
6	100	1.58	43	100	1.58
11	100	1.58	52	100	1.58

LRB700　　　　　　　　　　　　　　　　　　　　　表 7.7-2

支座编号	γ(%)	K_{eq}(kN/mm)	支座编号	γ(%)	K_{eq}(kN/mm)
7	100	1.87	30	100	1.87
10	100	1.87	44	100	1.87
12	100	1.87	45	100	1.87
13	100	1.87	46	100	1.87
14	100	1.87	47	100	1.87
15	100	1.87	50	100	1.87
16	100	1.87	51	100	1.87
20	100	1.87			

LRB800 表 7.7-3

支座编号	$\gamma(\%)$	$K_{eq}(kN/mm)$
8	100	2.05
9	100	2.05
17	100	2.05

4. 反应谱迭代方法

对于第 2 种情况采用"3. 指定最大剪切位移方法"中相同的模型，采用 PKPM-SATWE 进行隔震模型反应谱迭代计算。在"参数定义"—"隔震信息"中勾选"迭代确定等效刚度和等效阻尼比"选项，并将隔震支座的等效刚度及阻尼参数填为 0，程序会自动进行反应谱迭代计算。对每个隔震支座的等效刚度整理如表 7.7-4～表 7.7-6 所示，其中 X 及 Y 向等效刚度数据分别对应 X 及 Y 向为主地震工况。

LRB600 表 7.7-4

支座编号	$\gamma(\%)$	$K_{eq}\text{-}X(kN/mm)$	$K_{eq}\text{-}Y(kN/mm)$
1	—	1.20	1.21
2	—	1.20	1.21
3	—	1.20	1.21
4	—	1.20	1.22
6	—	1.20	1.22
11	—	1.19	1.18
21	—	1.19	1.18
31	—	1.19	1.18
41	—	1.19	1.22
42	—	1.19	1.18
43	—	1.19	1.18
52	—	1.19	1.22

LRB700 表 7.7-5

支座编号	$\gamma(\%)$	$K_{eq}\text{-}X(kN/mm)$	$K_{eq}\text{-}Y(kN/mm)$
7	—	1.44	1.45
10	—	1.44	1.46
12	—	1.43	1.41
13	—	1.43	1.42
14	—	1.43	1.43
15	—	1.43	1.43
16	—	1.43	1.44
20	—	1.43	1.46
30	—	1.43	1.46

支座编号	$\gamma(\%)$	K_{eq}-X(kN/mm)	K_{eq}-Y(kN/mm)
44	—	1.43	1.41
45	—	1.43	1.42
46	—	1.43	1.43
47	—	1.43	1.43
50	—	1.43	1.45
51	—	1.43	1.46

LRB800　　　　　　　　　　　　表 7.7-6

支座编号	$\gamma(\%)$	K_{eq}-X(kN/mm)	K_{eq}-Y(kN/mm)
8	—	1.64	1.67
9	—	1.64	1.67
17	—	1.64	1.66

5. 时程分析方法

对于《隔标》第4.2.2条第2种情况采用"3.指定最大剪切位移方法"中相同的模型，采用SAUSG-PI直接考虑隔震支座的非线性参数进行时程分析。对每个隔震支座的最大剪切变形包络数据及其对应的等效刚度整理如表7.7-7～表7.7-9所示，其中 X 及 Y 方向剪切变形已按正负方向平均，分别为 X 及 Y 向单向地震动工况平均结果。

LRB600　　　　　　　　　　　　表 7.7-7

支座编号	γ-X(%)	γ-Y(%)	K_{eq}-X(kN/mm)	K_{eq}-Y(kN/mm)
1	95.0	94.0	1.61	1.62
2	95.5	93.0	1.61	1.63
3	96.0	92.5	1.61	1.63
4	95.5	91.5	1.61	1.64
6	95.5	91.5	1.61	1.64
11	96.0	102.5	1.61	1.57
21	96.5	103.0	1.60	1.57
31	96.5	103.0	1.60	1.57
41	96.5	92.0	1.60	1.63
42	96.5	102.5	1.60	1.57
43	97.0	102.0	1.60	1.57
52	96.5	91.5	1.60	1.64

LRB700　　　　　　　　　　　　表 7.7-8

支座编号	γ-X(%)	γ-Y(%)	K_{eq}-X(kN/mm)	K_{eq}-Y(kN/mm)
7	81.5	80.5	2.03	2.04
10	81.5	78.0	2.03	2.06

续表

支座编号	γ-X(%)	γ-Y(%)	K_{eq}-X(kN/mm)	K_{eq}-Y(kN/mm)
12	82.0	86.0	2.02	1.98
13	82.0	85.0	2.02	1.99
14	82.0	83.5	2.02	2.01
15	82.0	82.5	2.02	2.02
16	82.0	81.5	2.02	2.03
20	81.5	78.5	2.03	2.06
30	82.0	78.5	2.02	2.06
44	82.5	86.0	2.02	1.98
45	82.5	85.0	2.02	1.99
46	82.5	83.5	2.02	2.01
47	82.5	82.5	2.02	2.02
50	82.5	83.5	2.02	2.01
51	82.5	82.5	2.02	2.02

LRB800 表 7.7-9

支座编号	γ-X(%)	γ-Y(%)	K_{eq}-X(kN/mm)	K_{eq}-Y(kN/mm)
8	71.5	69.5	2.33	2.36
9	71.5	69.0	2.33	2.37
17	72.0	70.0	2.32	2.35

6. 不同方法周期计算结果比较

根据不同等效方法得到的隔震支座的等效刚度进行隔震结构的模态分析，采用 SAU-SG 进行模态分析，具体数据结果罗列如表 7.7-10 所示。

模态分析结果对比 表 7.7-10

模态	$\gamma=100\%$	反应谱迭代	时程分析
1	3.031	3.276	2.988
2	3.006	3.243	2.949
3	2.729	2.999	2.677
4	0.546	0.550	0.546
5	0.523	0.526	0.523
6	0.484	0.487	0.484
7	0.263	0.263	0.263
8	0.254	0.254	0.254
9	0.240	0.240	0.240
10	0.234	0.235	0.234

7. 结论

（1）隔震结构中，隔震装置的刚度和阻尼是实时变化的，时程分析方法是最能反映隔震结构真实受力状态的分析与设计方法。

（2）以时程分析结果为基准，可以看出指定最大剪切位移方法得到的等效刚度和结构周期误差在可控范围内，且结构周期误差相对等效刚度误差更加不敏感；反应谱迭代方法得到的结构周期和等效刚度误差均较大。特别说明，上述结论仅限于本文算例得到的结果。

（3）指定最大剪切位移方法无法考虑不同隔震支座及隔震支座两个方向的性能差异，所以仅能在做简化计算时采用。

（4）反应谱迭代方法由于同样是按照最大剪切位移考虑等效刚度，所以无法考虑地震往复作用的影响，这可能是反应谱迭代方法存在较大误差的主要原因，此问题仍需深入研究和验证。

点评：考虑刚度和模态变化的"反应谱迭代"方法也不是真正意义上的非线性分析方法，从本文的算例分析可以比较清晰地理解这一点。

7.8　对新《隔标》设计方法的几点思考

作者：邱海

发布时间：2019 年 9 月 25 日

问题：新《隔标》中规定的设计方法好用吗？

1. 前言

隔震结构是抵御地震作用的优秀建筑结构形式，我们很欣喜地看到《建筑隔震设计标准》（征求意见稿）（以下简称《隔标》）中对隔震结构分析设计方法进行了大幅度改进，那么新《隔标》中的结构分析设计方法靠不靠谱、好不好用？我们在隔震结构直接分析设计软件（SAUSG-PI）研发过程中做了相关研究工作，希望对大家有所帮助。

2. 隔震结构直接分析设计法

在《隔标》中，隔震结构的设计方法不再采用分部设计法（水平向减震系数法），取而代之的是整体设计的思路，即直接分析设计方法。《隔标》第 4.1.3 条规定的主要分析方法是振型分解反应谱法和时程分析法。

由于振型分解反应谱法基于线性叠加原理，因而在考虑隔震层的非线性性质时会遇到困难。《隔标》第 4.2.2 条给出了隔震支座等效线性化的两种计算方法，即通过指定水平剪切变形或反应谱迭代确定隔震支座的等效刚度和等效阻尼。相对于反应谱法，时程分析法无需进行隔震支座刚度和阻尼的等效，计算过程中可直接考虑隔震支座的非线性性质。

指定水平剪切变形反应谱法、反应谱迭代法和时程分析法这三种计算方法的差异性会有多大呢？本文做了实际隔震结构算例的相关对比研究。

3. 隔震结构模型

采用 SAUSG-PI 自带的验证性工程算例，该模型基本信息如下：混凝土框架结构，设防烈度为 8 度（0.2g），II 类场地，地震分组为第二组，特征周期 T_g 为

图 7.8-1　隔震结构模型

0.4s。采用叠层橡胶隔震支座，隔震层设置在基础与上部结构之间，结构模型如图 7.8-1 所示。

隔震支座力学参数采用《建筑隔震橡胶支座》JG/T 118—2018 附录 C 中的产品。天然橡胶支座采用表 C.2 中 LNR600 和 LNR800，分别简化表示为 N600、N800；铅芯橡胶支座采用表 C.6 中 LRB600、LRB700、LRB800，分别简化表示为 R600、R700、R800。隔震支座布置如图 7.8-2 所示，隔震支座编号如图 7.8-3 所示。

图 7.8-2　隔震支座布置

图 7.8-3　隔震支座编号

4. 隔震结构分析结果

对上述隔震结构模型，采用指定水平剪切变形反应谱法、反应谱迭代法和时程分析法三种方法进行分析，具体信息如表 7.8-1 所示。

隔震结构模型信息　　　　　　　　　　　　　　　　　　　　　表 7.8-1

分析工况	设计软件	分析方法	备注
1	PKPM-SATWE	反应谱	隔震支座按 100% 剪切变形等效
2	PKPM-SATWE	反应谱	隔震支座由反应谱迭代考虑
3	SAUSG-PI	时程分析	隔震支座考虑非线性,7 条地震动平均

楼层剪力和层间位移角结果如图 7.8-4、图 7.8-5 所示。可以看出，方法 1 分析结果明显偏保守，方法 2 分析结果相对方法 1 有所改善，但下部楼层响应仍可能偏保守，上部楼层则可能偏不安全。

5. 三种分析方法差异性研究

从上述比较可以看出，指定水平剪切变形反应谱法、反应谱迭代法和时程分析法三种隔震结构分析设计方法存在一定差异性，研究差异性产生原因对于实现优秀的隔震结构设计是很有帮助意义的。

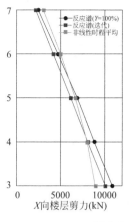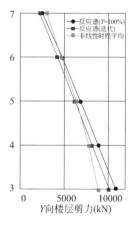

图 7.8-4　楼层剪力对比

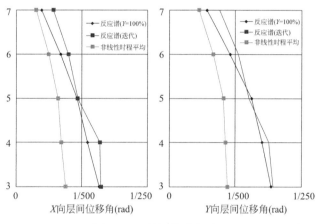

图 7.8-5　层间位移角对比

本文对典型铅芯隔震支座 R600 进行了统计分析（R700 和 R800 的变形趋势与 R600 基本相同）。根据《隔标》中给出的隔震支座等效刚度及等效阻尼比的计算公式 [式 (D. 0. 2-7) 和式 (D. 0. 2-8)]，计算得到的等效刚度及等效阻尼比如表 7.8-2～表 7.8-4 所示。

方法 1 等效刚度及等效阻尼比　　　　　　　表 7.8-2

支座编号	$\gamma(\%)$	K_{eq}(kN/mm)	$\zeta_{eq}(\%)$
1	100	1.58	23.0
2	100	1.58	23.0
3	100	1.58	23.0
4	100	1.58	23.0
6	100	1.58	23.0
11	100	1.58	23.0
21	100	1.58	23.0

续表

支座编号	$\gamma(\%)$	$K_{eq}(kN/mm)$	$\zeta_{eq}(\%)$
31	100	1.58	23.0
41	100	1.58	23.0
42	100	1.58	23.0
43	100	1.58	23.0
52	100	1.58	23.0

方法 2 等效刚度及等效阻尼比 表 7.8-3

支座编号	γ-$X(\%)$	γ-$Y(\%)$	K_{eq}-$X(kN/mm)$	K_{eq}-$Y(kN/mm)$	ζ_{eq}-$X(\%)$	ζ_{eq}-$Y(\%)$
1	301	286	1.20	1.21	10.1	10.5
2	301	286	1.20	1.21	10.1	10.5
3	301	286	1.20	1.21	10.1	10.5
4	301	273	1.20	1.22	10.1	10.9
6	301	273	1.20	1.22	10.1	10.9
11	318	337	1.19	1.18	9.6	9.2
21	318	337	1.19	1.18	9.6	9.2
31	318	337	1.19	1.18	9.6	9.2
41	318	273	1.19	1.22	9.6	10.9
42	318	337	1.19	1.18	9.6	9.2
43	318	337	1.19	1.18	9.6	9.2
52	318	273	1.19	1.22	9.6	10.9

方法 3 等效刚度及等效阻尼比 表 7.8-4

支座编号	γ-$X(\%)$	γ-$Y(\%)$	K_{eq}-$X(kN/mm)$	K_{eq}-$Y(kN/mm)$	ζ_{eq}-$X(\%)$	ζ_{eq}-$Y(\%)$
1	95.0	94.0	1.61	1.62	23.8	24.0
2	95.5	93.0	1.61	1.63	23.7	24.1
3	96.0	92.5	1.61	1.63	23.6	24.2
4	95.5	91.5	1.61	1.64	23.7	24.4
6	95.5	91.5	1.61	1.64	23.7	24.4
11	96.0	102.5	1.61	1.57	23.6	22.7
21	96.5	103.0	1.60	1.57	23.6	22.6
31	96.5	103.0	1.60	1.57	23.6	22.6
41	96.5	92.0	1.60	1.63	23.6	24.3
42	96.5	102.5	1.60	1.57	23.6	22.7
43	97.0	102.0	1.60	1.57	23.5	22.7
52	96.5	91.5	1.60	1.64	23.6	24.4

从表 7.8-3 与表 7.8-2 的对比可以看出，方法 2 得到的迭代最终剪切变形相对方法 1

指定的 100% 剪切变形增大 3 倍左右，所以等效刚度、等效阻尼比差异较大，进而造成反应谱迭代与指定水平剪切变形反应谱法基底剪力和层间位移角结果产生一定差异。

从表 7.8-4 与表 7.8-2 的对比可以看出，方法 3 得到的 7 条地震动时程分析平均剪切变形基本上与方法 1 指定的 100% 剪切变形相当，但为什么方法 3 得到基底剪力、层间位移角与方法 1 和方法 2 比较会相差很大呢？如下原因值得重视：

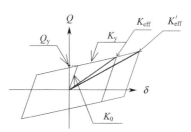

图 7.8-6　隔震支座等效刚度示意图

（1）如图 7.8-6 所示，采用方法 3 进行时程分析时，隔震结构达到峰值响应时隔震支座一般处于切线刚度状态；而方法 1 中隔震支座使用割线刚度，使得采用指定水平剪切变形反应谱法时隔震支座和结构整体刚度偏大，地震作用也偏大，隔震结构的受力状态与实际情况存在一定差异。

（2）方法 2 最终迭代得到的剪切变形远大于 100% 剪切变形，所以隔震支座的等效割线刚度相对方法 1 会明确减小，但距离隔震结构实际受力状态仍然存在差异，所以反应谱迭代法和时程分析法得到的结构响应仍然会存在一定差异。

（3）从图 7.8-7 可以看出，该隔震结构计算得到的基本周期为 3.03s，超过了 $5T_g$，而通常采用的规范反应谱在 $5T_g$ 之后是人为抬高的，会明显大于天然地震动的反应谱值，造成反应谱方法（指定水平剪切变形或迭代法）得到的地震作用相对时程分析法偏大。

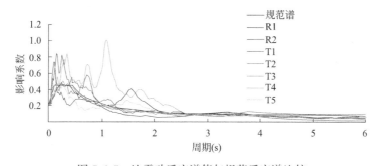

图 7.8-7　地震动反应谱值与规范反应谱比较

6. 结论

本文对《隔标》（征求意见稿）中指定水平剪切变形反应谱法、反应谱迭代法和时程分析法三种隔震结构直接分析设计方法进行了对比研究，结论如下：

（1）隔震结构不同分析方法得到的设计结果存在差异。

（2）反应谱迭代法相对指定水平剪切变形反应谱法有所改善，但仍然与隔震结构实际受力状态存在差异。

（3）现有规范反应谱能否适用于隔震结构设计应该深入研究。

（4）时程分析法可以更加仿真地模拟隔震结构实际受力状态，在隔震结构直接分析设计中值得大力推广应用。

点评：隔震结构"反应谱迭代"方法与时程分析结果是有明显差异的。

7.9 快速非线性算法与修正中心差分算法的对比

作者：邱海

发布时间：2019 年 11 月 6 日

问题：快速非线性算法与修正中心差分算法有啥区别？

1. 前言

工程师使用 SAUSG-PI 进行隔震设计可以提高隔震设计效率，"SAUSG-PI 是如何提高隔震设计效率的"一文中，我们介绍了 SAUSG-PI 是如何提高隔震设计效率的。SAU-SG-PI 可以方便地确定隔震结构设计的重要指标，并可以一键隔震验算及进行规范审查，便于工程师快速迭代设计。与此同时，软件中提供的快速非线性算法也是提高水平向减震系数计算效率和罕遇地震全结构弹塑性试算的有力工具。计算效率提高了，那么计算精度会不会受影响？今天我们就来讨论一下这个问题。

2. 隔震模型

选用两个框架基础隔震模型进行分析对比。

模型一：乙类建筑，设防烈度为 8 度（0.2g），Ⅱ类场地，地震分组为第三组，特征周期 T_g 为 0.45s。采用叠层橡胶支座隔震，隔震层设置在基础与上部结构之间，共布置 135 个隔震支座，其中 N600G4 支座 19 个，L600G4 支座 14 个，N800G4 支座 28 个，L900G4 支座 36 个，N1000G4 支座 4 个，L1000G4 支座 34 个，如图 7.9-1（a）所示。

模型二：乙类建筑，设防烈度为 8 度（0.2g），Ⅱ类场地，地震分组为第二组，特征周期 T_g 为 0.4s。采用叠层橡胶支座隔震，隔震层设置在基础与上部结构之间，共布置 52 个隔震支座，其中 L800G4 支座 8 个，N800G4 支座 37 个，L900G4 支座 7 个，如图 7.9-1（b）所示。

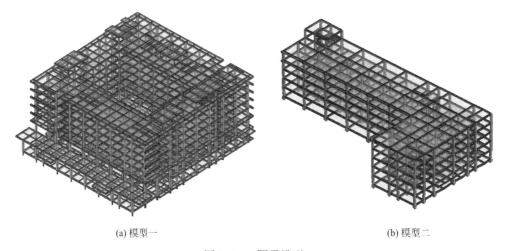

(a) 模型一   (b) 模型二

图 7.9-1 隔震模型

3. 水平向减震系数的计算

对两个模型，分别各自选取 2 条人工地震动 RG1、RG2 和 5 条天然地震动 TR1～

TR5 进行中震时程分析。计算水平减震系数分别采用快速非线性算法和修正中心差分格式进行比较。计算结果如表 7.9-1～表 7.9-8 所示。

模型一快速非线性算法计算 X 向水平向减震系数

表 7.9-1

楼层	RG1_X	RG2_X	TR1_X	TR2_X	TR3_X	TR4_X	TR5_X	平均值
9	0.44	0.39	0.35	0.37	0.39	0.37	0.34	0.38
8	0.43	0.42	0.43	0.44	0.42	0.46	0.39	0.43
7	0.44	0.42	0.45	0.44	0.43	0.51	0.42	0.44
6	0.52	0.43	0.36	0.41	0.45	0.47	0.41	0.44
5	0.55	0.44	0.29	0.42	0.39	0.41	0.35	0.41
4	0.55	0.52	0.33	0.40	0.37	0.44	0.37	0.43
3	0.55	0.50	0.37	0.36	0.36	0.43	0.46	0.43
2	0.45	0.45	0.26	0.32	0.24	0.32	0.40	0.35

模型一快速非线性算法计算 Y 向水平向减震系数

表 7.9-2

楼层	RG1_Y	RG2_Y	TR1_Y	TR2_Y	TR3_Y	TR4_Y	TR5_Y	平均值
9	0.43	0.39	0.43	0.40	0.37	0.37	0.33	0.39
8	0.42	0.40	0.48	0.45	0.41	0.43	0.36	0.42
7	0.43	0.43	0.50	0.46	0.42	0.48	0.39	0.45
6	0.51	0.40	0.40	0.41	0.43	0.46	0.43	0.43
5	0.56	0.41	0.30	0.42	0.37	0.39	0.34	0.41
4	0.54	0.48	0.33	0.40	0.36	0.42	0.35	0.41
3	0.52	0.50	0.38	0.33	0.34	0.44	0.41	0.42
2	0.42	0.46	0.27	0.29	0.21	0.33	0.38	0.34

模型一修正中心差分格式计算 X 向水平向减震系数

表 7.9-3

楼层	RG1_X	RG2_X	TR1_X	TR2_X	TR3_X	TR4_X	TR5_X	平均值
9	0.41	0.38	0.43	0.55	0.45	0.36	0.33	0.42
8	0.46	0.50	0.38	0.52	0.38	0.46	0.35	0.44
7	0.47	0.45	0.45	0.45	0.43	0.51	0.38	0.44
6	0.51	0.47	0.39	0.42	0.46	0.46	0.40	0.44
5	0.53	0.44	0.34	0.42	0.39	0.43	0.35	0.41
4	0.50	0.50	0.33	0.39	0.36	0.43	0.36	0.41
3	0.51	0.47	0.34	0.35	0.36	0.44	0.46	0.42
2	0.43	0.50	0.30	0.38	0.32	0.36	0.49	0.40

模型一修正中心差分格式计算 Y 向水平向减震系数

表 7.9-4

楼层	RG1_Y	RG2_Y	TR1_Y	TR2_Y	TR3_Y	TR4_Y	TR5_Y	平均值
9	0.42	0.38	0.40	0.53	0.42	0.36	0.35	0.41
8	0.47	0.49	0.41	0.51	0.37	0.42	0.38	0.44

楼层	RG1_Y	RG2_Y	TR1_Y	TR2_Y	TR3_Y	TR4_Y	TR5_Y	平均值
7	0.45	0.49	0.41	0.45	0.44	0.48	0.36	0.44
6	0.52	0.45	0.43	0.41	0.46	0.45	0.38	0.44
5	0.58	0.42	0.37	0.42	0.40	0.42	0.36	0.42
4	0.52	0.45	0.34	0.41	0.37	0.40	0.34	0.40
3	0.52	0.47	0.35	0.33	0.34	0.45	0.41	0.41
2	0.47	0.49	0.30	0.34	0.28	0.37	0.46	0.39

模型二快速非线性算法计算 *X* 向水平向减震系数　　　　表 7.9-5

楼层	RG1_X	RG2_X	TR1_X	TR2_X	TR3_X	TR4_X	TR5_X	平均值
9	0.21	0.32	0.19	0.31	0.30	0.28	0.15	0.25
8	0.25	0.36	0.17	0.30	0.29	0.27	0.16	0.26
7	0.31	0.29	0.15	0.30	0.25	0.27	0.20	0.25
6	0.35	0.29	0.14	0.32	0.29	0.28	0.24	0.27
5	0.37	0.34	0.14	0.37	0.29	0.26	0.27	0.29
4	0.37	0.36	0.15	0.41	0.29	0.26	0.28	0.30
3	0.41	0.40	0.17	0.45	0.30	0.26	0.30	0.33
2	0.21	0.32	0.19	0.31	0.30	0.28	0.15	0.25

模型二快速非线性算法计算 *Y* 向水平向减震系数　　　　表 7.9-6

楼层	RG1_Y	RG2_Y	TR1_Y	TR2_Y	TR3_Y	TR4_Y	TR5_Y	平均值
9	0.27	0.29	0.16	0.34	0.24	0.29	0.18	0.25
8	0.30	0.37	0.15	0.29	0.29	0.29	0.16	0.26
7	0.33	0.29	0.13	0.34	0.25	0.25	0.19	0.25
6	0.35	0.32	0.12	0.37	0.29	0.26	0.21	0.27
5	0.38	0.37	0.12	0.42	0.31	0.24	0.24	0.30
4	0.40	0.42	0.14	0.44	0.31	0.26	0.26	0.32
3	0.43	0.47	0.16	0.50	0.32	0.26	0.28	0.35
2	0.27	0.29	0.16	0.34	0.24	0.29	0.18	0.25

模型二修正中心差分格式计算 *X* 向水平向减震系数　　　　表 7.9-7

楼层	RG1_X	RG2_X	TR1_X	TR2_X	TR3_X	TR4_X	TR5_X	平均值
9	0.24	0.22	0.26	0.31	0.19	0.24	0.24	0.24
8	0.29	0.27	0.18	0.31	0.24	0.26	0.19	0.25
7	0.31	0.29	0.15	0.31	0.23	0.27	0.19	0.25
6	0.35	0.29	0.14	0.32	0.26	0.26	0.24	0.27
5	0.36	0.33	0.14	0.36	0.28	0.25	0.26	0.28
4	0.39	0.36	0.15	0.41	0.31	0.27	0.28	0.31

续表

楼层	RG1_X	RG2_X	TR1_X	TR2_X	TR3_X	TR4_X	TR5_X	平均值
3	0.43	0.40	0.17	0.45	0.35	0.31	0.29	0.34
2	0.24	0.22	0.26	0.31	0.19	0.24	0.24	0.24

模型二修正中心差分格式计算 *Y* 向水平向减震系数　　　　表 7.9-8

楼层	RG1_Y	RG2_Y	TR1_Y	TR2_Y	TR3_Y	TR4_Y	TR5_Y	平均值
9	0.24	0.21	0.21	0.36	0.16	0.33	0.21	0.25
8	0.31	0.29	0.14	0.32	0.25	0.27	0.18	0.25
7	0.34	0.28	0.12	0.32	0.24	0.26	0.19	0.25
6	0.34	0.30	0.12	0.36	0.27	0.25	0.21	0.26
5	0.37	0.35	0.12	0.40	0.29	0.23	0.23	0.28
4	0.41	0.42	0.13	0.45	0.32	0.27	0.27	0.32
3	0.46	0.50	0.15	0.48	0.36	0.30	0.30	0.36
2	0.24	0.21	0.21	0.36	0.16	0.33	0.21	0.25

可见，采用快速非线性算法和修正中心差分格式计算出的水平向减震系数平均值在两个方向基本相同（表 7.9-9）。可以采用快速非线性算法进行水平向减震系数的计算。

水平向减震系数结果对比　　　　表 7.9-9

计算方法	模型一		模型二	
	X 向	Y 向	X 向	Y 向
修正中心差分	0.44	0.44	0.34	0.36
快速非线性	0.44	0.45	0.33	0.35

4. 罕遇地震隔震支座验算

SAUSG-PI 中的罕遇地震验算功能，采用 SAUSG 的修正中心差分格式计算内核，默认自动将地震动提高峰值加速度进行弹塑性时程分析，并自动进行计算结果多工况包络（平均），用于罕遇地震隔震支座自动验算。

这里我们从上面提到的两个模型的 7 组地震动中分别选取 3 组地震动（1 条人工地震动，2 条天然地震动）进行罕遇地震下的结构全弹塑性时程分析，再分别采用快速非线性算法和修正中心差分格式进行分析，隔震支座的罕遇地震结果对比如表 7.9-10、表 7.9-11 所示。

模型一罕遇地震支座结果　　　　表 7.9-10

方法 ＼ 验算值	最大变形（mm）	最大压应力（MPa）	最大拉应力（MPa）
修正中心差分	243	13.4	0
快速非线性	229	16.3	0.1

模型二罕遇地震支座结果 表 7.9-11

验算值 方法	最大变形 （mm）	最大压应力 （MPa）	最大拉应力 （MPa）
修正中心差分	471	15.7	1.1
快速非线性	481	17.9	0.7

可见，采用快速非线性算法和修正中心差分格式计算出的罕遇地震支座结果存在一定的误差，但是基本可以满足通过快速非线性算法进行模型罕遇地震试算的目的，从而缩短模型迭代设计的周期。

5. 结论

本文对隔震结构直接分析设计软件 SAUSG-PI 提供的快速非线性算法和修正中心差分算法进行了比较研究，通过对两个基础隔震框架结构的计算结果对比，可以看出：

（1）计算水平向减震系数时，两种方法的计算结果比较接近，可以通过快速非线性算法替代修正中心差分格式进行水平向减震系数的计算。

（2）进行整体隔震结构大震弹塑性分析时，快速非线性算法与修正中心差分格式计算结果存在一定差异，可作为初步设计时的试算方法，最终全隔震结构大震弹塑性分析仍然建议采用更加准确的修正中心差分格式进行计算。

点评："快速"与"准确"往往处于矛盾状态，实际工程应用需要在二者之间找到平衡点。在硬件环境不变的前提下，计算的快速通常以牺牲准确性为前提。

7.10 SAUSG-PI 导入模型以后，这个细节您注意了吗？

作者：邱海

发布时间：2020 年 5 月 27 日

问题：隔震支座偏心的问题怎么处理呢？

1. 前言

SAUSG-PI 是 SAUSG 系列软件中的隔震直接分析设计软件，具有操作简单、计算高效、验算便捷等特点。除此之外，其具有丰富的软件接口，方便用户直接导入其他软件的设计模型（图 7.10-1）。使用 SUASG-PI 进行隔震设计时，往往是直接导入设计软件的隔震模型，导入模型过程中，关于隔震支座偏心的问题您遇到过没有，您是怎么处理的呢？

2. 柱子偏心处理

在结构设计中，柱子可能会设置偏心，这样实际上上下柱子的节点可能已经不在一条轴线上，而是错开了两个柱子偏移量差值的距离。在进行有限元分析时，需要网格节点耦合，因此需要进行柱节点耦合处理。处理的方法一般有两种：直接移动柱节点，使其耦合；不移动柱节点，通过刚域转换。

3. 隔震支座偏心

对于抗震结构，不同柱子偏心处理方式计算结果基本是相同的。对于隔震结构，当隔震支座上下支墩柱存在偏心时，两种处理情况计算的结果怎么样呢？我们以导入 PKPM-SATWE 模型为例，检验一下偏心处理方式对隔震结构的影响。

在 SATWE 参数定义—总信息中，有处理构件偏心方式的两个选项：传统移动节点方式和刚域变换方式。

为说明问题，采用的隔震模型，在隔震支座以上的边柱和角柱都设置了柱子和梁边偏心对齐，下支墩未设置偏心数据。分别选择传统移动节点方式和刚域变换方式进行 SATWE 计算，用 SAUSG-PI 导入计算结果（图 7.10-2），分别形成两种导入的隔震模型如图 7.10-3～图 7.10-6 所示。可见，不同偏心处理方式导入模型差异还是很大的。通过移动节点方式处理偏心问题使结构最外面一圈形成了倾斜的隔震支座。而通过刚域变换方式处理偏心问题时，隔震支座仍然竖直布置，但在其底部 SATWE 增加了刚性杆进行转换，SAUSG-PI 自动将刚性杆转换成了弹簧。

图 7.10-1　SAUSG-PI 接口导入

图 7.10-2　SAUSG-PI 接口导入

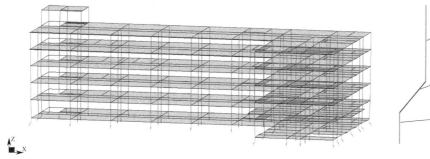
图 7.10-3　按移动节点方式导入模型整体图

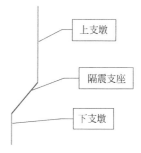
图 7.10-4　按移动节点方式导入模型局部图

对于传统移动节点方式，隔震支座的倾斜角度很夸张，其实这也跟隔震模型本身的特点有关。隔震支座单元一般按真实高度建模，总高度大概在 40cm，在隔震支座上下偏心距离在 10cm 时，隔震支座相对整体坐标系 Z 轴倾斜角度就在 25°左右。相同的偏移量，如果发生在抗震模型的柱子身上，以柱高 3m 计算，则倾斜角度为 2°左右。对于本身就倾斜的隔震支座，由于坐标系本身就是倾斜的（上下节点轴为局部 x 轴），所以无法准确计算隔震支座的轴力和水平力。

采用刚域变换的方式，由于隔震支座仍然是竖直的，就很好地解决了这个问题。但刚

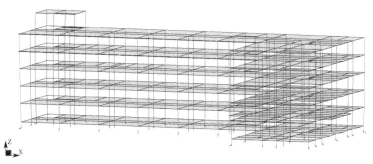

图 7.10-5 按刚域变换方式导入模型整体图

域变换新增了托着隔震支座的转换弹簧，弹簧刚度的控制就成为应该关注的问题。理论上弹簧的刚度越大，刚域变换越准确。在计算时，太大的刚度往往造成计算上增加最大频率，从而减小最大稳定步长等问题，因此需要调试适中的弹簧刚度。

4. 隔震支座偏心影响

把文中模型改成下支墩柱的偏心与上支墩相同，则隔震支座上下节点不存在偏心错开，将此模型作为参考模型，与移动节点考虑偏心的情况以及刚域变换不同刚度的取值情况进行对比，考察不同偏心

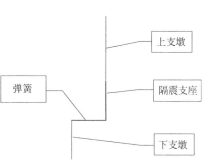

图 7.10-6 按刚域变换方式导入模型局部图

处理方式对隔震支座轴力结果和最大稳定步长的影响。其中，采用刚域变换方式的支撑弹簧刚度（kN/m）分别取 1E5、5E5、1E6、5E6 和 1E7。对轴力的计算误差如图 7.10-7 所示，对最大稳定步长结果如表 7.10-1 所示。

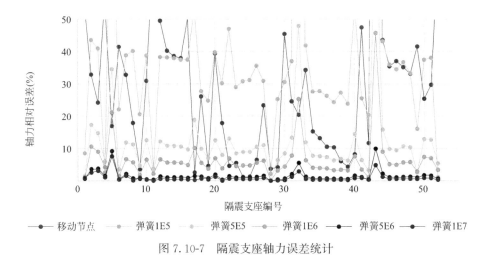

图 7.10-7 隔震支座轴力误差统计

不同偏心处理方式最大稳定步长 (s)　　　　　　　　　　　　　　　表 7.10-1

模型	无偏心	移动节点	刚域变换				
			弹簧 1E5	弹簧 5E5	弹簧 1E6	弹簧 5E6	弹簧 1E7
稳定步长	9.19E-05	9.17E-05	9.19E-05	9.19E-05	8.88E-05	5.35E-05	3.80E-05

可见，采用弹簧刚度为 $5\times10^5\text{kN/m}$ 时即可满足在不影响结构最大稳定步长的条件下，使隔震支座的轴力误差控制在 10% 以内（个别误差较大是对应轴力相对大多数支座轴力小一个数量级，这里不作为评价标准）。当采用 $5\times10^6\text{kN/m}$ 以上的弹簧刚度时，隔震支座的轴力基本不发生变化，已经满足足够刚的要求，但较大的刚度在没明显改善支座的轴力的情况下，却减小了最大稳定步长。

5. 结论

隔震模型中构件偏心，由于隔震支座的特殊性，如果隔震支座上下节点存在偏心错开的情况，大家还是要注意的。针对不同建模情况选取合适的偏心处理方式才能得到准确的计算结果。

刚域变换方式如何采用适当的弹簧刚度，不妨试算对比隔震支座轴力的误差以及最大稳定步长等因素，综合考虑再做选择。

点评：要注意不同软件对隔震支座的"偏心"考虑方式，不准确的考虑方式可能带来很大的计算结果偏差。

7.11　隔震支座的形状系数是干什么用的

作者：邱海
发布时间：2020 年 7 月 8 日
问题：隔震支座的形状系数是干什么用的？

1. 前言

隔震支座的选择是隔震结构设计中最为重要的环节，选择什么样的隔震支座，除了隔震结构本身的设计要求以外，隔震支座本身的参数也是重要的参考指标。对于隔震支座的形状系数，您了解多少呢？今天就跟大家一起了解一下这个参数。

2. 隔震支座的内部结构

传统的隔震支座全称是叠层橡胶隔震支座，其内部结构如图 7.11-1 所示。通过名字和图 7.11-2 可见，隔震支座的截面是通过不同材料叠合而成的，通常就是一层钢板一层橡胶叠合而成的复合材料。复合材料的结构造成隔震支座力学特性上既可拥有橡胶大变形的特性，又可拥有钢板承载力高的特性，是一种各向异性的结构。

图 7.11-1　隔震支座内部结构

由此而形成的隔震支座的参数，大家也都非常熟悉了：轴向拉压异性，剪切向二折线或 Wen 模型的双向非线性模型。对于这些参数，我们已经在"隔震支座的这些力学特性

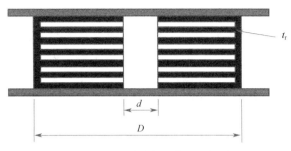

图 7.11-2　隔震支座截面几何图

您都掌握了吗？”一文中进行了详细的介绍。除此之外，隔震支座的形状系数您一定也或多或少了解过，形状系数对隔震支座的影响怎么样呢？

3. 第一形状系数 S_1

由于隔震支座是多层钢板和多层橡胶片叠合而成，因此，单层的力学特性会影响整体的力学特性。第一形状系数是控制每层橡胶的厚度的形状系数，为 1 层橡胶的约束面积与自由表面积之比。

$$S_1 = \frac{\frac{\pi}{4}(D^2 - d^2)}{\pi(D+d)t_r} = \frac{D-d}{4t_r} \tag{7.11-1}$$

式中　D——隔震支座的有效直径；

　　　d——隔震支座的中孔直径；

　　　t_r——单层橡胶的厚度。

由图 7.11-3 可见，S_1 越大，相对直径橡胶片的厚度就越薄，橡胶片的自由表面就越小，受到钢板约束的橡胶片占比就多。因此，隔震支座在受压时，橡胶中心部分为 3 轴受压状态的占比更多，橡胶片的弹性模量比橡胶本身的弹性模型大得多。所以，S_1 越大，隔震支座的受压承载力越大，竖向刚度也就越大，可以保证隔震支座竖向承载力的稳定性。

4. 第二形状系数 S_2

隔震结构主要通过隔震层在地震作用下的大变形来延长隔震结构的周期，从而降低结构的地震反应，这就要求隔震支座在较大的水平变形和竖向压力下保持本身的稳定性而不发生压屈的情况。第二形状系数是控制橡胶支座稳定性的形状系数，为多层橡胶直径与橡胶各层总厚度之比。

$$S_2 = \frac{D}{mt_r} \tag{7.11-2}$$

式中　m——橡胶片层数。

由图 7.11-4 可见，S_2 越大，相对直径多层橡胶越扁平，隔震支座越矮粗，弯曲变形占总变形的比例就越小，隔震支座越不容易压屈；S_2 越小，隔震支座越细高，水平变形较大时稳定性变差。同时，多层橡胶受水平力时，中间钢板不能约束剪切变形，隔震支座的剪切变形为橡胶的剪切变形。因此，S_2 越大，隔震支座的水平刚度就越大，太大的水平刚度会限制隔震支座的水平变形能力，从而影响隔震层的变形。因此，S_2 的数值也不能太大。

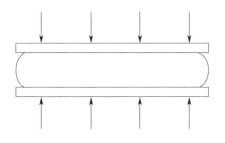

图 7.11-3　单层橡胶和钢板叠合受压

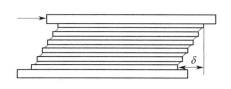

图 7.11-4　隔震支座剪切变形

5. 相关规范

《建筑抗震设计规范》GB 50011—2010（以下简称《抗规》）第 12.2.3 条条文说明给出第一形状系数和第二形状系数的取值范围，这一范围被写在《建筑隔震橡胶支座》JG/T 118—2018 第 5.2 节关于形状系数的取值中。

对于第二形状系数对隔震支座轴向压应力限值的影响，在《抗规》第 12.2.3 条第 3 款中和《建筑隔震设计标准》（征求意见稿）第 4.6.3 条第 3 款中均有体现，《抗规》原文摘录如下：

3. 橡胶隔震支座在重力荷载代表值的竖向压应力不应超过表 12.2.3 的规定。

橡胶隔震支座压应力限制　　　　　　　　　　　表 12.2.3

建筑类别	甲类建筑	乙类建筑	丙类建筑
压应力限制（MPa）	10	12	15

注：1. 压应力设计值应按永久荷载和可变荷载的组合计算；其中，楼面活荷载应按现行国家标准《建筑结构荷载规范》GB 50009 的规定乘以折减系数；

　　2. 结构倾覆验算时应包括水平地震作用效应组合，对需进行竖向地震作用计算的结构，尚应包括竖向地震作用效应组合；

　　3. 当橡胶支座的第二形状系数（有效直径与橡胶层总厚度之比）小于 5.0 时应降低压应力限值；小于 5 不小于 4 时降低 20%，小于 4 不小于 3 时降低 40%；

　　4. 外径小于 300mm 的橡胶支座，丙类建筑的压应力限值为 10MPa。

6. 一道应用题

根据上面对隔震支座的形状系数的规定，请推算出有效直径为 1m 的隔震支座的高度大概在什么范围？

解：

根据第二形状系数 $S_2 \geqslant 5$ 和式（7.11-2）可知：

$$mt_r \leqslant 200\text{mm}$$

根据《抗规》第 12.2.3 条条文说明，一般中间钢板厚度是橡胶厚度的一半，因此

$$T_{叠层} = 1.5mt_r \leqslant 300\text{mm}$$

考虑隔震支座在叠层板的上下还有较厚的法兰板，因此，一般有效直径为 1m 的隔震支座，高度在 300mm 以上。

点评：计算分析的重要价值在于丰富和完善结构工程师的基本概念，而不是相反。

7.12 不考虑隔震支座的附加弯矩行不行

作者：乔保娟

发布时间：2020 年 7 月 15 日

问题：不考虑隔震支座的附加弯矩行不行？

1. 前言

《建筑隔震设计标准》（征求意见稿）第 4.7.1 条规定："隔震层下部结构的承载力验算，应考虑上部结构传来的轴力、弯矩、水平剪力以及由隔震层水平变形产生的附加弯矩，可按本标准附录 C 规定计算"，第 9.2.8 条第 2 款规定："隔震层支墩或支柱及相连构件，应采用隔震建筑在极限安全地震动作用下橡胶隔震支座底部的竖向力、水平力和力矩进行承载能力验算。支墩或支柱设计应计入隔震层 P-Δ 效应产生的附加弯矩"。

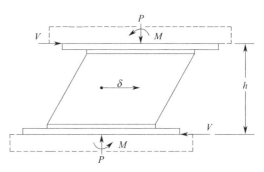

图 7.12-1　隔震支墩及连接部位变形示意图

橡胶隔震支座水平变形后，隔震支墩及连接部位（图 7.12-1）的附加弯矩应按下式计算：

$$M=\frac{P\delta+Vh}{2}\qquad(7.12\text{-}1)$$

式中　M——隔震支墩及连接部位所受弯矩（kN·mm）；

P——上部结构传递的竖向力（kN）；

δ——支座的水平剪切变形（mm）；

V——支座所受水平剪力（kN）；

h——支座含连接板的总高度（mm）。

相信不少刚接触减隔震结构设计的小伙伴会疑惑：在 SAUSG-PI 中勾选了考虑几何非线性，输入了弯曲刚度，为什么还要计算附加弯矩呢？笔者用亲身的数值试验来说明，不考虑附加弯矩行不行？

2. 算例分析

建立简化模型如图 7.12-2 所示，支墩截面 400mm×400mm，隔震支座采用 SAUSG-PI 产品库中 L300G4 型号，轴向刚度 1.088×10^6 kN/m，U2、U3 方向初始刚度 4810kN/m，屈服力 22.5kN，屈服后刚度比 0.1，弯曲刚度为 1×10^6 kN·m/rad（对于本例需要设置隔震支座的弯曲刚度，否则相当于铰接，将形成机构，导致分析失败）。下支墩、隔震层和上支墩高度均为 1m，上支墩顶部施加竖向荷载 1000kN、水平荷载 1000kN。静力分析变形如图 7.12-3 所示。

分别计算不考虑附加弯矩＋不考虑几何非线性、不考虑附加弯矩＋考虑几何非线性、考虑附加弯矩＋不考虑几何非线性、考虑附加弯矩＋考虑几何非线性四种工况。同时建立隔离体平衡方程，并根据实际节点位移计算各节点弯矩理论值，如表 7.12-1 所示。

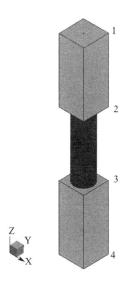

图 7.12-2 隔震支座简化模型

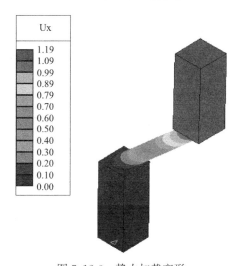

图 7.12-3 静力加载变形

各工况计算结果   表 7.12-1

分析类型	节点	U_x(m)	U_z(m)	M(kN·m)	手算 M(kN·m)
工况 1 不考虑附加弯矩 不考虑几何非线性	上支墩顶	2.076230	−0.00132	0	0
	上支墩底	2.047970	−0.00112	1000	1028
	下支墩顶	0.012563	−0.00020	1000	4063
	下支墩底	0	0	2000	5075
工况 2 不考虑附加弯矩 考虑几何非线性	上支墩顶	2.077170	−0.00181	0	0
	上支墩底	2.048240	−0.00120	1028	1028
	下支墩顶	0.012833	−0.00028	1028	4063
	下支墩底	0	0	2040	5075

续表

分析类型	节点	$U_x(m)$	$U_z(m)$	$M(kN \cdot m)$	手算 $M(kN \cdot m)$
工况 3 考虑附加弯矩 不考虑几何非线性	上支墩顶	2.144690	−0.00132	0	0
	上支墩底	2.070280	−0.00112	1000	1074
	下支墩顶	0.034877	−0.0002	4036	4109
	下支墩底	0	0	5036	5143
工况 4 考虑附加弯矩 考虑几何非线性	上支墩顶	2.147070	−0.00483	0	0
	上支墩底	2.070980	−0.00174	1073	1073
	下支墩顶	0.035576	−0.00083	4110	4107
	下支墩底	0	0	5144	5142

对比可见，只有工况 4 的结果与手算结果吻合，其他计算结果均存在不可忽略的偏差，为什么呢？

首先，查看上支墩底部弯矩，发现只有考虑几何非线性的工况结果是正确的，说明勾选"考虑几何非线性"后，SAUSG-PI 在变形后的构形上建立平衡方程，考虑了支墩的 $P\text{-}\Delta$ 效应。

其次，查看下支墩顶部弯矩，可以发现，没考虑隔震支座附加弯矩的工况，隔震支座顶部的剪力无法形成隔震支座底部的弯矩，这是因为隔震支座刚度矩阵中剪切项和弯曲项不耦合造成的，而梁柱等结构构件的刚度矩阵中却有耦合项，图 7.12-4、图 7.12-5 为支墩和隔震支座单元刚度矩阵，其中浅色字体部分为弯剪耦合项。

```
 5013334
        0    650407
        0         0    650407
        0         0         0     45000
        0         0   -325203         0    230571
        0    325203         0         0         0    230571
-5013334         0         0         0         0         0   5013334
        0   -650407         0         0         0   -325203         0    650407
        0         0   -650407         0    325203         0         0         0    650407
        0         0         0    -45000         0         0         0         0         0     45000
        0         0   -325203         0     94633         0         0    325203         0         0    230571
        0    325203         0         0         0     94633         0   -325203         0         0         0    230571
```

图 7.12-4　支墩单元刚度矩阵

```
 1088000
        0       869
        0         0       869
        0         0         0   1000000
        0         0         0         0   1000000
        0         0         0         0         0   1000000
-1088000         0         0         0         0         0   1088000
        0      -869         0         0         0         0         0       869
        0         0      -869         0         0         0         0         0       869
        0         0         0 -1000000         0         0         0         0         0   1000000
        0         0         0         0 -1000000         0         0         0         0         0   1000000
        0         0         0         0         0 -1000000         0         0         0         0         0   1000000
```

图 7.12-5　隔震支座单元刚度矩阵

对比可见，支墩单元刚度矩阵比隔震支座单元刚度矩阵多了弯剪耦合项，因而可以计算出由剪力引起的弯矩。如果想直接通过有限元分析得出隔震支座中由剪力引起的弯矩，就需要定义这些弯剪耦合项，而这将增加用户操作上的麻烦，SAUSG-PI 考虑到用户操作便利性，提供了"考虑附加弯矩"选项，用户勾选后，软件自动根据《建筑隔震设计标准》（征求意见稿）附录 C.0.1 条计算隔震支座的附加弯矩，叠加到支墩内力中，并计算出支墩在大震下的配筋。

3. 结论

建议用户直接勾选"考虑附加弯矩"选项进行非线性动力时程分析，这不仅省去了定义一般连接单元刚度矩阵中弯剪耦合项系数的麻烦，还能得到每个时刻隔震支座上下支墩真实的内力、变形及配筋，比分析完成后再手算支墩附加弯矩进行配筋更准确。

点评：软件通常采用"一般连接单元"模拟隔震支座，可能会丢掉弯剪耦合作用，计算弯矩会偏小，使得设计结果偏于不安全，SAUSG 注意到了这一点并做了比较精细的考虑。

7.13　隔震结构不同设计方法算例对比——框架结构

作者：邱海

发布时间：2020 年 7 月 31 日

问题：能举例说明不同隔震结构设计方法存在多大差异吗？

1. 前言

《建筑抗震设计规范》GB 50011—2010（以下简称《抗规》）第 12 章规定了隔震结构的水平向减震系数计算方法，即分部设计方法；《建筑隔震设计标准》（征求意见稿）采用了隔震结构整体设计思路，即直接分析设计方法。

两种隔震结构设计方法存在多大差异？我们通过 SAUSG-PI 进行算例分析对比。

2. 算例

采用 SAUSG-PI 的示范算例，框架结构，乙类建筑，设防烈度为 8 度（0.2g），Ⅱ类场地，地震分组为第二组，特征周期 T_g 为 0.4s。采用叠层橡胶支座隔震，隔震层设置在基础与上部结构之间，共布置 52 个隔震支座，结构模型如图 7.13-1 所示。

图 7.13-1　结构模型

3. 水平向减震系数计算

选取 2 组人工地震动（R1、R2）及 5 组天然地震动（T1～T5），按设防地震水准（峰值加速度为 200cm/s^2）施加地震作用。采用 SAUSG-PI 分部设计方法及快速非线性算法进行动力时程分析，其中非隔震模型由软件自动生成，边界条件取上支墩底部铰接。

SAUSG-PI 可"一键"计算完成水平向减震系数，结果如表 7.13-1、表 7.13-2 所示。

X 向水平向减震系数 表 7.13-1

楼层	R1	R2	T1	T2	T3	T4	T5	平均值
8	0.29	0.31	0.41	0.40	0.24	0.49	0.37	0.36
7	0.29	0.35	0.40	0.38	0.20	0.56	0.41	0.37
6	0.25	0.42	0.36	0.28	0.19	0.51	0.43	0.35
5	0.25	0.42	0.31	0.21	0.19	0.42	0.43	0.32
4	0.25	0.38	0.29	0.20	0.20	0.37	0.35	0.29
3	0.23	0.40	0.29	0.23	0.22	0.32	0.37	0.29
2	0.15	0.10	0.19	0.16	0.19	0.16	0.19	0.16

Y 向水平向减震系数 表 7.13-2

楼层	R1	R2	T1	T2	T3	T4	T5	平均值
8	0.31	0.27	0.39	0.36	0.22	0.54	0.49	0.37
7	0.30	0.37	0.39	0.38	0.23	0.57	0.45	0.38
6	0.27	0.46	0.35	0.30	0.20	0.56	0.48	0.37
5	0.26	0.45	0.24	0.23	0.20	0.43	0.45	0.33
4	0.27	0.39	0.30	0.23	0.21	0.39	0.36	0.31
3	0.27	0.41	0.24	0.25	0.21	0.36	0.36	0.32
2	0.18	0.11	0.19	0.18	0.21	0.18	0.18	0.18

根据计算结果，结构 X 向水平向减震系数为 0.37，Y 向水平向减震系数为 0.38，本结构的水平向减震系数取为 0.38。根据《抗规》第 12.2.5 条的规定，本工程上部结构水平地震作用可以降低一度设计；根据第 12.2.7 条的规定，本工程上部结构抗震措施可以降低一度设计；隔震后的水平地震影响系数最大值 α_{max1} 取为 0.08。

4. 分部设计方法

将隔震模型去除隔震支座，上支墩底部取铰接，作为非隔震结构，采用 PKPM-SAT-WE 进行反应谱分析，将水平地震影响系数最大值设为 0.08；为进行计算结果对比，在 SAUSG-PI 中采用上述 7 条地震动进行小震弹性时程分析，峰值加速度取 7 度（0.2g）对应的 35cm/s^2。各条地震动的楼层剪力如图 7.13-2 所示，其中为对比楼层结果，对应去除隔震支座后的楼层号不变，上支墩及隔震层顶板层仍为第 2 层。

5. 直接分析设计方法

采用上述 7 条地震动在 SAUSG-PI 中进行中震动力时程分析，峰值加速度取 8 度（0.2g）对应的 200cm/s^2，考虑隔震支座的非线性属性。各地震动的楼层剪力如图 7.13-3 所示。

6. 计算结果对比

分部设计方法与直接分析设计方法两个方向楼层剪力的平均值及对比如图 7.13-4 所示，其中分部设计方法两个方向的楼层剪力以"小震-X"及"小震-Y"表示，直接分析设计方法两个方向的楼层剪力以"中震-X"和"中震-Y"表示。

7. 结论

（1）隔震结构直接分析设计方法得到的楼层剪力要大于分部设计方法的结果，各层剪

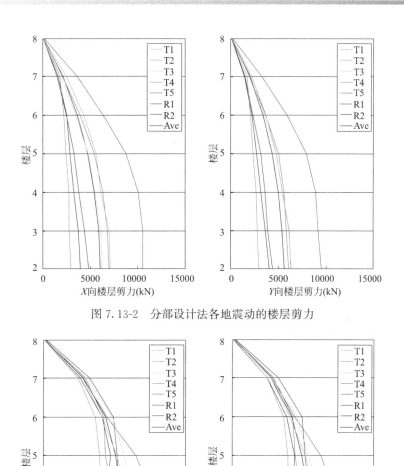

图 7.13-2　分部设计法各地震动的楼层剪力

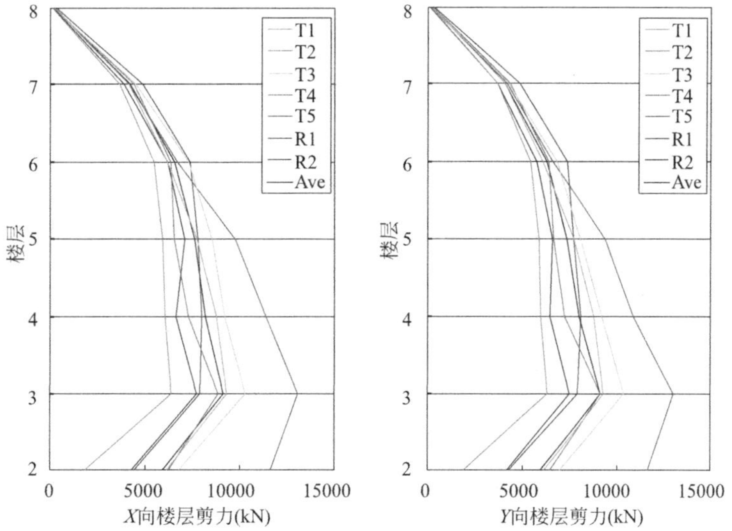

图 7.13-3　各地震动直接分析设计的楼层剪力

力差异在 1.5～2.0 倍；

（2）直接分析设计方法更加符合隔震结构真实的受力状态，虽然直接采用了设防地震作用，但由于考虑了隔震支座的真实非线性属性，地震作用虽然与分部设计比较增大了 200/35＝5.7 倍，但楼层最大剪力比仅为 2.06 倍；

（3）分部设计方法是在计算条件不具备的历史条件下采用的一种简化隔震结构计算方法，可能存在计算结果偏于不安全的情况。

SAUSG-PI 可以方便地实现隔震结构直接分析设计，相关理论和方法也值得进一步深入研究。

点评：隔震结构"分部设计法"与"直接分析设计法"结果差异较大。

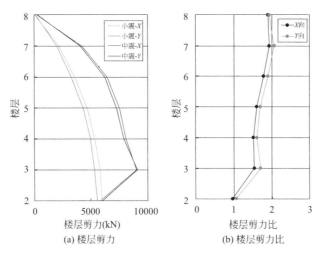

(a) 楼层剪力　　　　　　　　(b) 楼层剪力比

图 7.13-4　直接分析设计与分部设计楼层剪力比较

7.14　从滤波角度看隔震

作者：乔保娟

发布时间：2020 年 8 月 19 日

问题：能不能把隔震原理讲得更清晰一点？

1. 前言

做隔震设计的小伙伴都知道，隔震层侧向刚度较小，设置隔震层后，结构基本周期增大，相应的加速度反应谱值减小，地震作用降低，这就是延长周期原理，是目前通常采用的隔震原理解释。然而，延长周期原理关注的是地震作用的变化，没有关注结构最大绝对加速度响应，本文从滤波角度来分析隔震层对结构加速度响应的影响。滤波原理（曲哲，叶列平，潘鹏，2009）认为地震波经过侧向刚度较小的隔震层滤波后，衰减为新的输入波，隔震层以上楼层的地震响应，可以认为是经过隔震层滤波后的新的输入波使上部结构产生的响应。一般来说，由于上部结构刚度比隔震层刚度大很多，也可采用以隔震层为弹簧、上部结构为质量的单自由度模型来近似确定滤波后的新的输入波。笔者就将隔震层简化为弹簧、上部结构简化为质量，来分析隔震层的滤波效应。

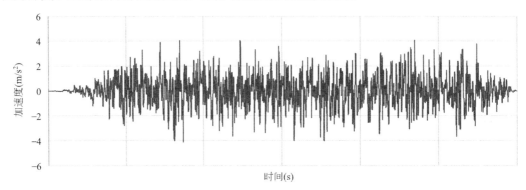

图 7.14-1　地震加速度时程曲线

2. 隔震层的滤波效应

隔震层简化为弹簧，刚度 541N/m，上部结构简化为质量，100kg，阻尼比 5%，地震加速度峰值 400cm/s^2，时程曲线如图 7.14-1 所示（算例来源：上海大学陈睦锋博士）。

采用 SAUSG 建立模型如图 7.14-2 所示。

图 7.14-2　计算模型

为了便于校核，同时编写了 MATLAB 代码，采用中心差分方法，代码如下：

```
clear all;close all;clc;
fid_in=fopen('1RGB1.txt','r');
ug=fscanf(fid_in,'%f',[6000 1]);
fclose(fid_in);
coef=4.0/0.40028;
ug=ug*coef;
dt=0.005;
m=100;%质量
k=541;%刚度
c=23.27;%阻尼比
%dt=0.1;%时间步长
t0=0;%起始时间
t2=30;%结束时间
t=t0:dt:t2;
u=t;u(1)=0;u(2)=0;
a=t;
aa=t;
a(1)=0;
k1=m/dt/dt+c/2/dt;
```

```
b=m/dt/dt-c/2/dt;
c=2*m/dt/dt;
for i=2:(length(t)-1)
    x=t(i);
    pi=-ug(i)*m;
    fs=k*u(i);
    pi1=pi-fs+c*u(i)-b*u(i-1);
    u(i+1)=pi1/k1;
    a(i)=(u(i+1)-2*u(i)+u(i-1))/dt/dt;
    aa(i)=a(i)+ug(i);
end
    ymax=max(u);
    a(6001)=0;
    aa(6001)=0;
    %aa=a+ug;
    figure
    plot(t,aa);
fid_in=fopen('Acc.txt','w');
for i=2:(length(t)-1)
    fprintf(fid_in,'%f,%f,%f,%f\n',a(i),ug(i),aa(i),u(i));
end
fclose(fid_in);
```

对比 SAUSG 和 MATLAB 计算结果如图 7.14-3～图 7.14-5 所示。

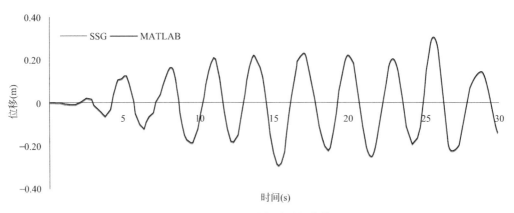

图 7.14-3　相对位移时程曲线

可见，SAUSG 和 MATLAB 结果是一致的。

对比原始地震动时程曲线和隔震层滤波后的加速度时程曲线，如图 7.14-6 所示。可见，滤波前加速度峰值为 4.0m/s^2，滤波后加速度峰值为 1.1m/s^2，滤波后加速度幅值大大减小。

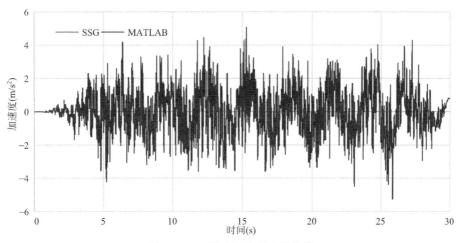

图 7.14-4　相对加速度时程曲线

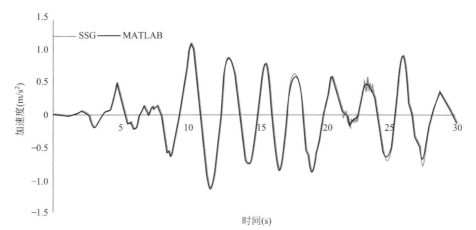

图 7.14-5　绝对加速度时程曲线

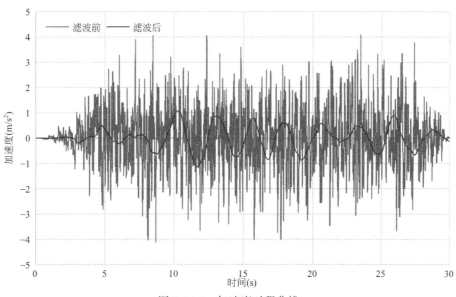

图 7.14-6　加速度时程曲线

对比原始地震动反应谱和隔震层滤波后的反应谱如图 7.14-7 所示。可见，滤波后反应谱值大幅度减小，尤其是短周期段。

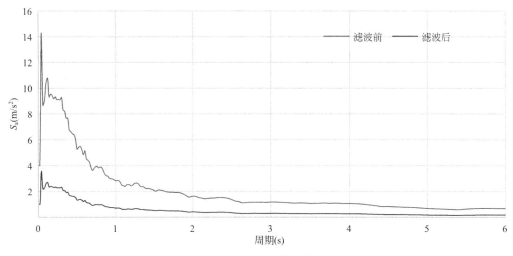

图 7.14-7　反应谱曲线

对比原始地震动傅里叶谱和隔震层滤波后的地震动傅里叶谱，如图 7.14-8 所示。可见，滤波后中、高频段幅值大幅削减。

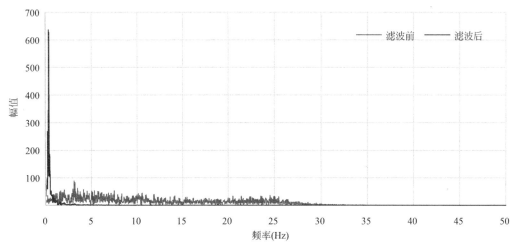

图 7.14-8　傅里叶谱曲线

3. 工程实例

说了这么多，拿个工程实例跑跑吧！

隔震模型 1，框架结构，共 12 层，高 47.4m，隔震前第一周期为 1.45s，隔震后为 3.16s，采用前述地震波，对隔震模型和非隔震模型进行动力时程分析，查看结构顶部（图 7.14-9 右上角）绝对加速度如图 7.14-10 所示，可见隔震后绝对加速度峰值大幅度减小，非隔震模型顶点绝对加速度峰值为 13.33m/s^2，隔震模型顶点绝对加速度峰值为 4.70m/s^2，为非隔震模型的 0.35 倍。

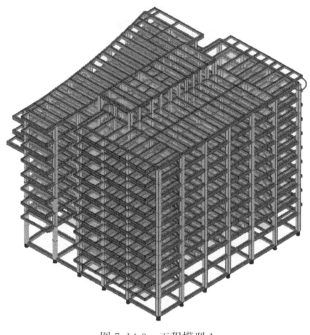

图 7.14-9　工程模型 1

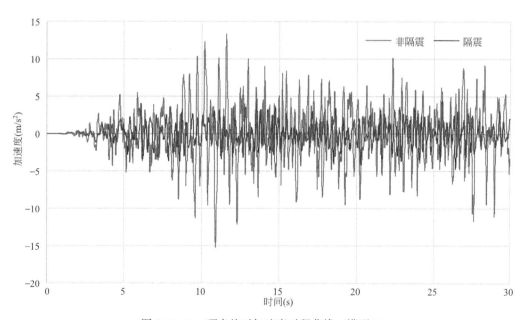

图 7.14-10　顶点绝对加速度时程曲线（模型 1）

　　隔震模型 2，剪力墙结构，共 18 层，高 52.6m，隔震前第一周期为 0.94s，隔震后为 2.76s，采用前述地震波，对隔震模型和非隔震模型进行动力时程分析，查看结构顶部 （图 7.14-11 右上角）绝对加速度如图 7.14-12 所示。可见，隔震后绝对加速度峰值大幅度减小，非隔震模型顶点绝对加速度峰值为 17.78m/s^2，隔震模型顶点绝对加速度峰值为 5.67m/s^2，为非隔震模型的 0.38 倍。

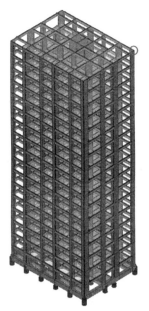

图 7.14-11　工程模型 2

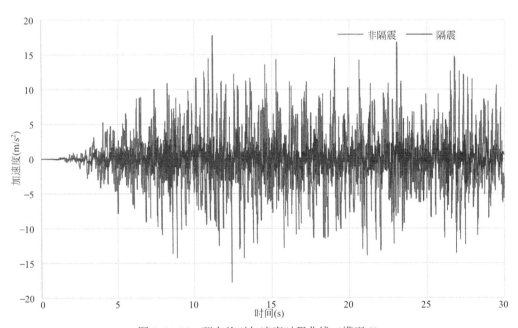

图 7.14-12　顶点绝对加速度时程曲线（模型 2）

4. 结论

增加隔震层后，结构已经变成另外一个结构了，最直接准确的分析方法就是直接分析设计法。然而如何来直观地理解隔震层的作用呢？不同的小伙伴有不同的理解方式，有延长周期原理（着眼于隔震层对结构动力特性的改变），有滤波原理（着眼于地震动输入的改变），也有能量原理（着眼于地震动能量的转化），本文从滤波角度展示了隔震层降低结构绝对加速度响应的效果。总之，合理的隔震方案可以延长结构周期、降低地震作用、减小结构绝对加速度，提高舒适度，这对保证地震下结构内部各种仪器设备正常工作，减小经济损失，保障人员安全具有重要意义。

点评：站在振动台上，我的两条大长腿是不是就是隔震垫，能起到很好的滤波作用？

7.15　隔震结构不同设计方法算例对比——剪力墙结构

作者：邱海

发布时间：2020 年 9 月 16 日

问题：不同计算方法对剪力墙结构隔震设计有什么影响？

1. 前言

在"隔震结构不同设计方法算例对比——框架结构"一文中，我们一起初步研究了采用水平向减震系数法和直接分析设计法对基础隔震框架结构的影响，本文对剪力墙结构也进行算例分析，对比两者的差异。

2. 算例

某剪力墙结构，乙类建筑，设防烈度为 8 度（0.2g），Ⅱ类场地，地震分组为第一组，特征周期 T_g 为 0.35s。采用叠层橡胶支座隔震，隔震层设置在基础与上部结构之间，共布置 26 个隔震支座，结构模型如图 7.15-1 所示。

3. 水平向减震系数计算

选取 2 组人工地震动（R1、R2）及 5 组天然地震动（T1～T5），按设防地震水准（峰值加为 200cm/s²）施加地震作用。采用 SAUSG-PI 分部设计方法及快速非线性算法进行动力时程分析，其中非隔震模型由软件自动生成，边界条件取上支墩底部铰接。

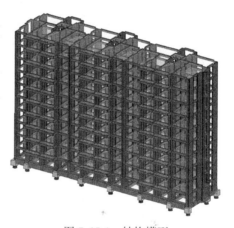

图 7.15-1　结构模型

SAUSG-PI 可 "一键" 计算完成水平向减震系数，结果如表 7.15-1～表 7.15-4 所示。

楼层剪力 X 向水平向减震系数 　　　　　　　　　　　　表 7.15-1

楼层	R1	R2	T1	T2	T3	T4	T5	平均值
12	0.12	0.15	0.23	0.32	0.30	0.27	0.19	0.23
11	0.12	0.16	0.21	0.39	0.31	0.37	0.25	0.26
10	0.12	0.16	0.20	0.46	0.39	0.38	0.29	0.29
9	0.12	0.16	0.19	0.49	0.44	0.40	0.30	0.30
8	0.12	0.14	0.18	0.54	0.54	0.43	0.31	0.32
7	0.12	0.13	0.18	0.52	0.68	0.42	0.33	0.34
6	0.11	0.13	0.17	0.49	0.60	0.38	0.35	0.32
5	0.10	0.12	0.17	0.46	0.55	0.36	0.35	0.30
4	0.10	0.12	0.16	0.42	0.49	0.36	0.31	0.28
3	0.09	0.12	0.17	0.34	0.44	0.39	0.31	0.26
2	0.08	0.17	0.22	0.29	0.53	0.49	0.41	0.31

楼层剪力 *Y* 向水平向减震系数　　　　　　　　　　　表 7.15-2

楼层	R1	R2	T1	T2	T3	T4	T5	平均值
12	0.20	0.21	0.24	0.23	0.23	0.29	0.24	0.24
11	0.18	0.20	0.22	0.22	0.25	0.31	0.29	0.24
10	0.17	0.19	0.19	0.21	0.26	0.29	0.35	0.24
9	0.15	0.19	0.17	0.21	0.27	0.29	0.35	0.23
8	0.15	0.18	0.17	0.21	0.26	0.30	0.32	0.23
7	0.15	0.18	0.17	0.21	0.25	0.33	0.32	0.23
6	0.15	0.17	0.17	0.22	0.25	0.37	0.32	0.23
5	0.15	0.17	0.16	0.21	0.26	0.33	0.29	0.22
4	0.14	0.16	0.14	0.19	0.26	0.28	0.26	0.20
3	0.12	0.15	0.14	0.14	0.24	0.27	0.23	0.18
2	0.14	0.20	0.19	0.12	0.27	0.35	0.26	0.22

楼层倾覆力矩 *X* 向水平向减震系数　　　　　　　　　表 7.15-3

楼层	R1	R2	T1	T2	T3	T4	T5	平均值
12	0.20	0.21	0.24	0.23	0.23	0.29	0.24	0.24
11	0.19	0.20	0.22	0.23	0.24	0.30	0.27	0.24
10	0.18	0.20	0.21	0.22	0.25	0.30	0.31	0.24
9	0.17	0.19	0.19	0.21	0.26	0.29	0.36	0.24
8	0.16	0.19	0.19	0.21	0.27	0.29	0.36	0.24
7	0.16	0.19	0.18	0.21	0.28	0.30	0.35	0.24
6	0.16	0.18	0.18	0.21	0.29	0.32	0.34	0.24
5	0.15	0.18	0.18	0.21	0.28	0.33	0.34	0.24
4	0.15	0.18	0.17	0.21	0.28	0.34	0.33	0.24
3	0.14	0.17	0.15	0.20	0.27	0.34	0.31	0.23
2	0.14	0.17	0.14	0.19	0.26	0.33	0.30	0.22

楼层倾覆力矩 *Y* 向水平向减震系数　　　　　　　　　表 7.15-4

楼层	R1	R2	T1	T2	T3	T4	T5	平均值
12	0.12	0.15	0.23	0.32	0.30	0.27	0.19	0.23
11	0.12	0.15	0.22	0.36	0.31	0.33	0.23	0.25
10	0.12	0.16	0.21	0.41	0.32	0.38	0.27	0.27
9	0.12	0.16	0.20	0.45	0.37	0.39	0.28	0.28
8	0.12	0.16	0.19	0.48	0.43	0.40	0.29	0.30
7	0.12	0.15	0.18	0.50	0.46	0.42	0.30	0.31
6	0.12	0.15	0.17	0.52	0.53	0.43	0.31	0.32
5	0.12	0.14	0.17	0.54	0.61	0.44	0.33	0.34

续表

楼层	R1	R2	T1	T2	T3	T4	T5	平均值
4	0.11	0.14	0.17	0.55	0.68	0.44	0.35	0.35
3	0.11	0.13	0.17	0.52	0.71	0.44	0.35	0.35
2	0.11	0.13	0.17	0.49	0.72	0.45	0.34	0.34

根据计算结果，结构 X 向水平向减震系数为 0.35，Y 向水平向减震系数为 0.24，本结构的水平向减震系数取为 0.35。根据《建筑抗震设计规范》GB 50011—2010 第 12.2.5 条的规定，本工程上部结构水平地震作用可以降低一度设计；根据第 12.2.7 条的规定，本工程上部结构抗震措施可以降低一度设计；隔震后的水平地震影响系数最大值 α_{max1} 取为 0.08。

4. 分部设计方法

将隔震模型去除隔震支座，上支墩底部取铰接，作为非隔震结构，采用 PKPM-SAT-WE 进行反应谱分析，将水平地震影响系数最大值设为 0.08；为进行计算结果对比，在 SAUSG-PI 中采用上述 7 条地震动进行小震弹性时程分析，峰值加速度取 7 度（0.1g）对应的 $35\mathrm{cm/s}^2$。各条地震动的楼层剪力如图 7.15-2 所示，其中为对比楼层结果，对应去除隔震支座后的楼层号不变，上支墩及隔震层顶板层仍为第 2 层。

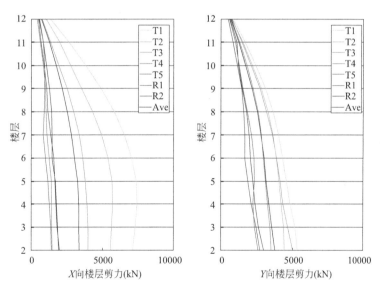

图 7.15-2　分部设计法各地震动的楼层剪力

5. 直接分析设计方法

采用上述 7 条地震动在 SAUSG-PI 中进行中震动力时程分析，峰值加速度取 8 度（0.2g）对应的 $200\mathrm{cm/s}^2$，考虑隔震支座的非线性属性。各地震动的楼层剪力如图 7.15-3 所示。

6. 计算结果对比

分部设计方法与直接分析设计方法两个方向楼层剪力的平均值及对比如图 7.15-4 所示，其中分部设计方法两个方向的楼层剪力以"小震-X"及"小震-Y"表示，直接分析

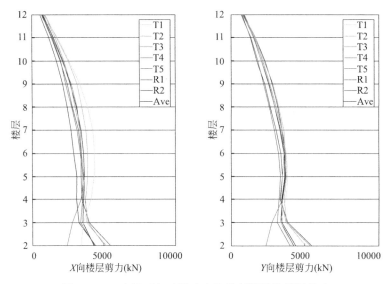

图 7.15-3　中震下各地震动直接分析设计的楼层剪力

设计方法两个方向的楼层剪力以"中震-X"和"中震-Y"表示；直接分析设计与分部设计方法两个方向楼层剪力比值分别以"X 向"和"Y 向"表示。

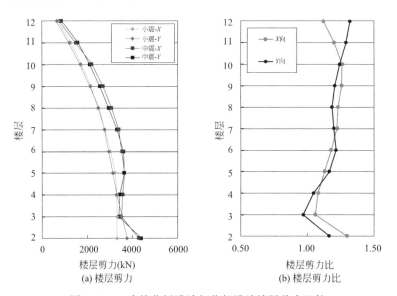

| (a) 楼层剪力 | (b) 楼层剪力比 |

图 7.15-4　直接分析设计与分部设计楼层剪力比较

7. 结论

（1）隔震结构直接分析设计方法得到的楼层剪力总体要大于分部设计方法的结果，各层剪力差异在 0.97～1.32 倍左右；

（2）直接分析设计方法更加符合隔震结构真实的受力状态，虽然直接采用了设防地震作用，但由于考虑了隔震支座的真实非线性属性，地震作用虽然与分部设计比较增大了 200/35＝5.7 倍，但楼层最大剪力比仅为 1.32 倍，甚至个别楼层出现楼层剪力接近小震剪力水平（隔震层上支墩顶板层 Y 向层剪力比为 0.97）的情况；

（3）分部设计方法是在计算条件不具备的历史条件下采用的一种简化隔震结构计算方法，可能存在计算结果偏于不安全的情况；

（4）SAUSG-PI 可以方便地实现隔震结构直接分析设计，相关理论和方法也值得深入研究。

点评：尽量采用"直接分析设计法"进行隔震结构设计吧，麻烦一些，但确实要准确不少。

7.16　直接分析设计并考虑附加弯矩才能做好隔震层设计

作者：乔保娟

发布时间：2020 年 10 月 16 日

问题：能否以实际隔震结构为例，分析一下考虑隔震支座附加弯矩对上、下支墩及与其相连的梁内力及配筋的影响。

1. 工程模型

某隔震结构如图 7.16-1 所示，采用 L600G4、L700G4、L800G4、N600G4、N800G4 五种型号隔震支座，参数如表 7.16-1 所示。隔震支座布置如图 7.16-2 所示。

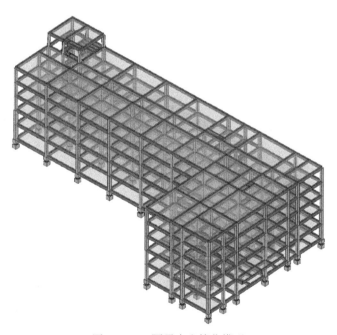

图 7.16-1　隔震支座简化模型

隔震支座参数　　　　　　　　　　　　　　　　　　　　　　　表 7.16-1

隔震支座型号	轴向压缩刚度 （×10⁶kN/m）	轴向拉伸刚度 （×10⁵kN/m）	初始刚度 （kN/m）	屈服力 （kN）	屈服后刚度比
L600G4	2.667	2.667	10140	90.2	0.1
L700G4	4.148	4.148	13800	122.7	0.1

续表

隔震支座型号	轴向压缩刚度 （×10⁶kN/m）	轴向拉伸刚度 （×10⁵kN/m）	初始刚度 （kN/m）	屈服力 （kN）	屈服后刚度比
L800G4	4.104	4.104	12390	160.3	0.1
N600G4	2.282	2.282	990	—	—
N800G4	3.664	3.664	1210	—	—

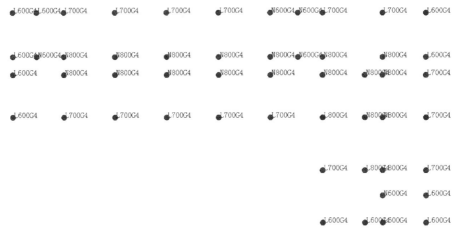

图 7.16-2　隔震支座布置平面图

2. 算例分析

选取一条人工地震动，采用直接分析设计法进行罕遇地震作用下的隔震层设计，地震动主方向峰值加速度为 400gal，次方向峰值加速度为 340gal，计算考虑附加弯矩和不考虑附加弯矩两种情况下隔震支座及相连梁的内力及配筋。典型隔震支座（图 7.16-3）支墩及相连梁的内力分别如表 7.16-2 和表 7.16-3 所示。为了节省篇幅，仅列出隔震支座 1 下支墩及其连系梁 a 的控制内力。

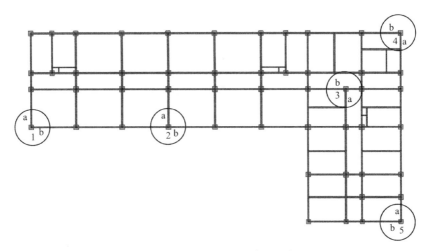

图 7.16-3　典型支墩及梁位置示意图

隔震支座 1 下支墩控制内力对比   表 7.16-2

分析类型	控制内力	F_{x1}	F_{y1}	F_{z1}	M_{x1}	M_{y1}	M_{z1}	F_{x2}	F_{y2}	F_{z2}	M_{x2}	M_{y2}	M_{z2}
不考虑附加弯矩	$F_{x\text{-}Max}$	2775	−121	220	0	−220	−121	−2775	121	−220	0	0	0
	$F_{x\text{-}Min}$	1313	−13	−214	0	214	−13	−1313	13	214	0	0	0
	$F_{y\text{-}Max}$	1560	−384	83	0	−83	−385	−1560	384	−83	0	0	0
	$F_{y\text{-}Min}$	2306	271	−69	0	69	271	−2306	−271	69	0	0	0
	$F_{z\text{-}Max}$	1620	−63	−266	0	266	−63	−1620	63	266	0	0	0
	$F_{z\text{-}Min}$	2548	8	263	0	−263	8	−2548	−8	−263	0	0	0
	$M_{x\text{-}Max}$	2670	−95	259	0	−259	−95	−1549	284	−9	0	0	0
	$M_{x\text{-}Min}$	1620	−63	−266	0	266	−63	−1526	154	−3	0	0	0
	$M_{y\text{-}Max}$	2548	8	263	0	−263	8	−2244	−78	−80	0	0	0
	$M_{y\text{-}Min}$	1620	−63	−266	0	266	−63	−1526	154	−3	0	0	0
	$M_{z\text{-}Max}$	1560	−384	83	0	−83	−385	−2090	37	−96	0	0	0
	$M_{z\text{-}Min}$	2306	271	−69	0	69	271	−1775	−52	102	0	0	0
考虑附加弯矩	$F_{x\text{-}Max}$	2753	−120	216	0	−490	−197	−2753	120	−216	0	274	77
	$F_{x\text{-}Min}$	1320	−16	−216	0	343	24	−1320	16	216	0	−128	−40
	$F_{y\text{-}Max}$	1500	−379	81	0	−93	−672	−1500	379	−81	0	13	293
	$F_{y\text{-}Min}$	2349	270	−66	0	103	538	−2349	−270	66	0	−38	−267
	$F_{z\text{-}Max}$	1551	−63	−261	0	448	−63	−1551	63	261	0	−187	0
	$F_{z\text{-}Min}$	2567	−4	262	0	−541	−39	−2567	4	−262	0	279	35
	$M_{x\text{-}Max}$	2140	−153	155	0	−266	−431	−2097	−74	111	0	−49	−171
	$M_{x\text{-}Min}$	2523	233	63	0	−54	462	−1434	154	−8	0	−49	82
	$M_{y\text{-}Max}$	2719	−81	259	0	−547	−145	−2719	81	−259	0	288	63
	$M_{y\text{-}Min}$	1583	−60	−260	0	450	−57	−1588	59	260	0	−190	−5
	$M_{z\text{-}Max}$	1577	−377	67	0	−70	−679	−1590	376	−65	0	1	303
	$M_{z\text{-}Min}$	2349	270	−66	0	103	538	−2349	−270	66	0	−38	−267

隔震支座 1 梁 a 控制内力对比   表 7.16-3

分析类型	控制内力	F_{x1}	F_{y1}	F_{z1}	M_{x1}	M_{y1}	M_{z1}	F_{x2}	F_{y2}	F_{z2}	M_{x2}	M_{y2}	M_{z2}
不考虑附加弯矩	$F_{x\text{-}Max}$	497	121	266	−30	−657	57	−769	53	−57	16	−383	−24
	$F_{x\text{-}Min}$	−193	100	84	−33	−66	41	33	17	103	−29	134	−8
	$F_{y\text{-}Max}$	−18	23	108	−35	−148	9	−153	169	119	52	67	−78
	$F_{y\text{-}Min}$	216	234	165	63	−254	94	−57	11	87	−13	62	−5
	$F_{z\text{-}Max}$	277	96	−5	−9	241	48	−550	47	223	−34	470	−23
	$F_{z\text{-}Min}$	478	139	285	−28	−723	66	−680	54	−60	−1	−363	−24
	$M_{x\text{-}Max}$	215	234	167	63	−254	93	−187	89	87	−77	131	−39
	$M_{x\text{-}Min}$	49	131	87	−97	−122	51	−167	168	110	52	51	−79
	$M_{y\text{-}Max}$	478	139	285	−28	−723	66	−550	47	223	−34	470	−23
	$M_{y\text{-}Min}$	277	96	−5	−9	241	48	−769	53	−57	16	−383	−24
	$M_{z\text{-}Max}$	−18	23	108	−35	−148	9	−57	11	87	−13	62	−5
	$M_{z\text{-}Min}$	244	232	187	53	−347	95	−167	168	110	52	51	−79

续表

分析类型	控制内力	F_{x1}	F_{y1}	F_{z1}	M_{x1}	M_{y1}	M_{z1}	F_{x2}	F_{y2}	F_{z2}	M_{x2}	M_{y2}	M_{z2}
考虑 附加弯矩	$F_{x\text{-Max}}$	573	159	310	−16	−788	73	−961	78	−87	33	−486	−35
	$F_{x\text{-Min}}$	−167	116	79	−30	−52	46	50	61	83	−31	64	−27
	$F_{y\text{-Max}}$	176	22	140	−19	−262	11	−271	232	134	83	73	−110
	$F_{y\text{-Min}}$	252	293	180	102	−259	119	−57	12	95	−13	86	−5
	$F_{z\text{-Max}}$	366	124	−30	−22	303	62	−712	72	248	−39	545	−33
	$F_{z\text{-Min}}$	573	163	312	−21	−792	75	−949	74	−92	23	−484	−33
	$M_{x\text{-Max}}$	252	293	180	102	−259	119	−221	116	78	−97	132	−52
	$M_{x\text{-Min}}$	63	161	80	−113	−114	64	−274	231	127	84	64	−110
	$M_{y\text{-Max}}$	573	163	312	−21	−792	75	−712	72	248	−39	545	−33
	$M_{y\text{-Min}}$	358	117	−26	−10	311	60	−961	78	−87	33	−486	−35
	$M_{z\text{-Max}}$	−17	23	108	−35	−147	9	−61	12	90	−12	72	−5
	$M_{z\text{-Min}}$	252	293	180	102	−259	119	−284	231	126	84	57	−110

可见，考虑隔震支座附加弯矩对隔震支座支墩轴力、剪力的影响有增有减，但会大大增加弯矩；对连系梁轴力、剪力和弯矩多数情况下有明显的增加。

进一步查看典型隔震支座上、下支墩及相连梁（图 7.16-3）的配筋，如表 7.16-4 和表 7.16-5 所示。

隔震支座支墩配筋对比

表 7.16-4

位置	下支墩纵筋面积（cm²）			上支墩纵筋面积（cm²）		
	不考虑附加弯矩	考虑附加弯矩	纵筋增加百分比	不考虑附加弯矩	考虑附加弯矩	配筋增加百分比
1	132	196	48	92	148	61
2	274	284	4	192	284	48
3	224	284	27	144	248	72
4	152	214	41	76	156	105
5	126	184	46	80	168	110

与隔震支座上支墩相连的梁配筋对比

表 7.16-5

位置	梁 a 纵筋面积（cm²）			梁 b 纵筋面积（cm²）		
	不考虑附加弯矩	考虑附加弯矩	纵筋增加百分比	不考虑附加弯矩	考虑附加弯矩	配筋增加百分比
1	40	47	18	44	57	30
2	42	59	40	42	60	43
3	37	50	35	37	54	46
4	31	39	26	31	51	65
5	35	40	14	36	43	19

可见，考虑附加弯矩后，隔震支座上、下支墩及相连梁的配筋都有明显增加。如果分析时不考虑连接单元的附加弯矩，分析完成后对支墩进行配筋设计时再叠加附加弯矩的做

法，将漏掉对隔震支座相连梁的内力调整，导致梁配筋被人为降低，存在安全隐患。

3. 结论

由以上分析可见：

（1）在隔震结构分析时，若不考虑隔震支座的附加弯矩，将可能造成隔震支座上、下支墩及相连梁、柱的配筋偏小，存在安全隐患；

（2）建议用户在使用 SAUSG-PI 进行隔震结构直接分析设计时，勾选"考虑附加弯矩"选项，并考虑几何非线性，可以较为准确地得到隔震支座上、下支墩及相连梁、柱的真实内力、变形及配筋。

点评：附加弯矩对隔震支座上、下支墩及相邻构件的配筋影响是不可忽略的。

7.17　隔震结构不同设计方法算例对比——层间隔震结构

作者：邱海

发布时间：2020 年 12 月 2 日

问题：不同计算方法对层间隔震结构有什么区别？

1. 引言

在"隔震结构不同设计方法算例对比——框架结构""隔震结构不同设计方法算例对比——剪力墙结构"文中，初步研究了采用水平向减震系数法和直接分析设计法对基础隔震结构的影响，本文对层间隔震结构进行算例分析，对比两者的差异。

2. 算例

截取某大底盘多塔隔震结构典型隔震塔楼部分进行分析，丙类建筑，设防烈度为 8 度（$0.2g$），Ⅲ类场地，地震分组为第二组，特征周期 T_g 为 0.55s。采用叠层橡胶支座隔震，隔震层设置在第 6 层，共布置 32 个隔震支座，结构模型如图 7.17-1 所示。

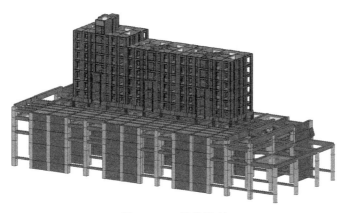

图 7.17-1　结构模型

3. 水平向减震系数计算

选取 2 组人工地震动（R1、R2）及 5 组天然地震动（T1～T5），按设防地震水准（峰值加为 200cm/s^2）施加地震作用。采用隔震结构直接分析设计软件 SAUSG-PI 中分部设计方法及快速非线性算法进行动力时程分析，其中非隔震模型由软件自动生成，边界条件取上支墩底部铰接。

SAUSG-PI 可"一键"计算完成水平向减震系数,结果如表 7.17-1、表 7.17-2 所示。

楼层剪力 X 向水平向减震系数　　　　　　　　　　　　表 7.17-1

楼层	R1	R2	T1	T2	T3	T4	T5	平均值
14	0.11	0.07	0.10	0.15	0.12	0.10	0.11	0.11
13	0.09	0.08	0.12	0.14	0.13	0.10	0.12	0.11
12	0.10	0.10	0.15	0.14	0.14	0.11	0.15	0.13
11	0.11	0.11	0.17	0.16	0.15	0.12	0.15	0.14
10	0.11	0.12	0.19	0.17	0.14	0.13	0.16	0.15
9	0.13	0.14	0.21	0.19	0.14	0.13	0.16	0.16
8	0.15	0.15	0.24	0.20	0.15	0.15	0.17	0.17
7	0.18	0.17	0.26	0.23	0.16	0.16	0.18	0.19
6	0.22	0.19	0.28	0.27	0.19	0.18	0.19	0.22

楼层剪力 Y 向水平向减震系数　　　　　　　　　　　　表 7.17-2

楼层	R1	R2	T1	T2	T3	T4	T5	平均值
14	0.30	0.18	0.22	0.30	0.26	0.17	0.26	0.24
13	0.29	0.17	0.20	0.28	0.25	0.17	0.25	0.23
12	0.25	0.16	0.17	0.20	0.21	0.16	0.22	0.19
11	0.23	0.17	0.17	0.18	0.19	0.15	0.21	0.18
10	0.21	0.15	0.19	0.16	0.18	0.15	0.19	0.17
9	0.19	0.15	0.20	0.17	0.17	0.14	0.16	0.17
8	0.16	0.15	0.22	0.18	0.18	0.14	0.15	0.17
7	0.16	0.16	0.25	0.18	0.18	0.13	0.14	0.17
6	0.17	0.17	0.29	0.21	0.19	0.15	0.14	0.19

根据计算结果,结构 X 向水平向减震系数为 0.22,Y 向水平向减震系数为 0.24,本结构的水平向减震系数取为 0.24。根据《建筑抗震设计规范》GB 50011—2010 第 12.2.5 条的规定,本工程上部结构水平地震作用可以降低一度设计;根据第 12.2.7 条的规定,本工程上部结构抗震措施可以降低一度设计;隔震后的水平地震影响系数最大值 α_{max1} 取为 0.08。

4. 分部设计方法

将隔震模型去除隔震支座及以下裙房,上支墩底部取铰接,作为非隔震结构,采用 PKPM-SATWE 进行反应谱分析,将水平地震影响系数最大值设为 0.08;为进行计算结果对比,在 SAUSG-PI 中采用上述 7 条地震动进行小震弹性时程分析,峰值加速度取 7 度(0.1g)对应的 $35\mathrm{cm/s^2}$。各条地震动的楼层剪力如图 7.17-2 所示,其中为对比楼层结果,对应去除隔震支座后的楼层号不变,隔震层上楼层为第 7 层。

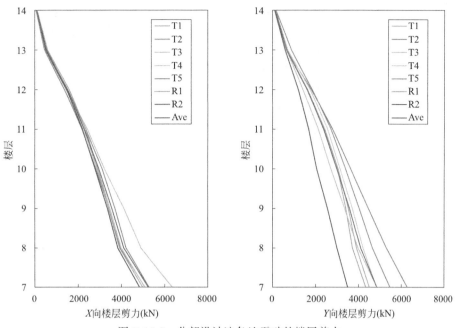

图 7.17-2　分部设计法各地震动的楼层剪力

5. 直接分析设计方法

采用上述 7 条地震动在 SAUSG-PI 中进行中震动力时程分析，峰值加速度取 8 度（0.2g）对应的 200cm/s^2，考虑隔震支座的非线性属性。各地震动的楼层剪力如图 7.17-3 所示。

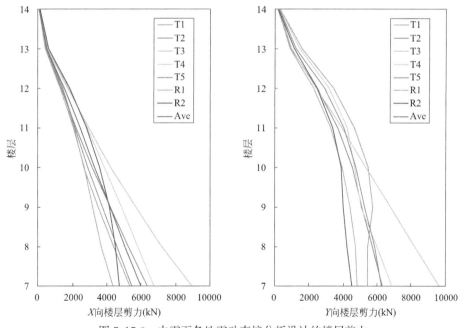

图 7.17-3　中震下各地震动直接分析设计的楼层剪力

6. 计算结果对比

分部设计方法与直接分析设计方法两个方向楼层剪力的平均值及对比如图 7.17-4 所

示，其中分部设计方法两个方向楼层剪力以"小震-X"及"小震-Y"表示，直接分析设计方法两个方向楼层剪力以"中震-X"和"中震-Y"表示；直接分析设计与分部设计方法两个方向楼层剪力比值分别以"X 向"和"Y 向"表示。

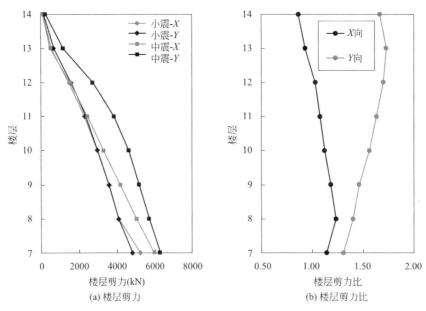

图 7.17-4 直接分析设计与分部设计楼层剪力比较

7. 结论

（1）隔震结构直接分析设计方法得到的楼层剪力总体要大于分部设计方法的结果，各层剪力比值在 0.93～1.73 倍左右；

（2）由于直接分析设计方法直接考虑了隔震支座的非线性属性，所以地震作用相比分部设计方法增大了 200/35＝5.7 倍，但楼层最大剪力比仅为 1.73 倍，个别楼层剪力比小于 1.0；

（3）采用设防地震作用下的直接分析设计方法更加符合隔震结构真实受力状态，也符合即将发布的《建筑隔震设计标准》规定；

（4）相较于基础隔震结构，层间隔震结构采用分部设计方法可能存在设计结果更加偏于不安全的情况；

（5）采用隔震结构直接分析设计软件 SAUSG-PI，可以方便并更加准确地实现层间隔震结构设计。

点评：层间隔震相对基底隔震有较多优势，但目前国内应用不多，值得重视和推广。

7.18 层间隔震结构大震验算的几点思考

作者：邱海

发布时间：2021 年 2 月 24 日

问题：层间隔震结构做大震验算关注哪些指标？

1. 前言

层间隔震结构被广泛应用于商业综合体、地铁上盖等大底盘建筑。相对基础隔震结构，层间隔震结构更加复杂，本文通过罕遇地震验算来讨论其特点。

2. 算例

某大底盘多塔隔震结构典型隔震塔楼，丙类建筑，设防烈度为 8 度（0.2g），Ⅲ 类场地，地震分组为第二组，特征周期 T_g 为 0.55s。采用叠层橡胶支座隔震，隔震层设置在第 3 层，共布置 30 个隔震支座，如图 7.18-1 所示。

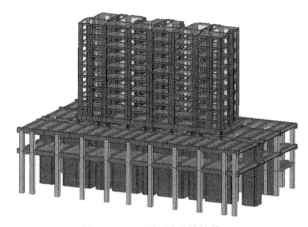

图 7.18-1　层间隔震结构模型

3. 罕遇地震分析

选取两组天然波（T1、T2）和一组人工波（R1），按峰值加速度为 $400\mathrm{cm/s^2}$ 施加双向地震作用，使用 SAUSG-PI 的修正中心差分方法进行罕遇地震弹塑性时程分析。

为方便讨论，将层间隔震结构分为隔震层、上部结构和下部结构。下部结构设定：模型一底盘设定为弹性，模型二底盘设定为弹塑性，如表 7.18-1 所示。

模型本构设置　　　　　　　　　　　　　　　　　　　　　　表 7.18-1

分析模型	模型一	模型二
上部结构	弹塑性	弹塑性
隔震层	弹塑性	弹塑性
下部结构	弹性	弹塑性

4. 上、下部结构响应

采用上述三组地震动，分别进行 X、Y 两个主向弹塑性分析，并进行结果包络。

1）楼层剪力

由图 7.18-2、图 7.18-3 可见，层间隔震使上部结构的楼层剪力明显减小；并且模型一的楼层剪力明显偏大，即下部结构在罕遇地震作用下会一定程度进入弹塑性状态。

2）隔震支座响应

从图 7.18-4～图 7.18-6 可以看出，罕遇地震分析时应充分考虑上、下部结构的弹塑性状态，否则可能造成夸大隔震支座响应等失真情况。

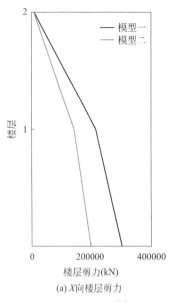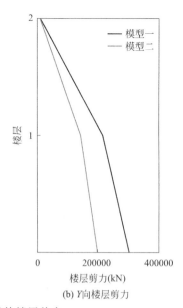

(a) X向楼层剪力　　　　　　　　　　(b) Y向楼层剪力

图 7.18-2　下部结构楼层剪力

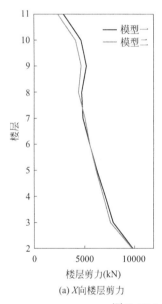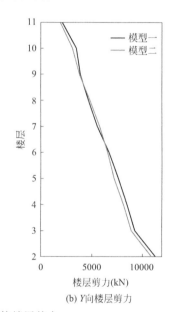

(a) X向楼层剪力　　　　　　　　　　(b) Y向楼层剪力

图 7.18-3　上部结构楼层剪力

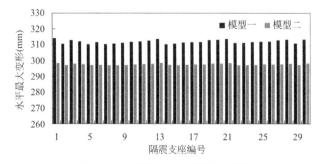

图 7.18-4　隔震支座水平最大变形

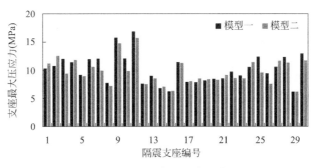

图 7.18-5　隔震支座最大压应力

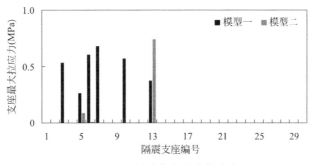

图 7.18-6　隔震支座最大拉应力

3）能量图

从图 7.18-7、图 7.18-8 可以看出，无论是否考虑下部结构的弹塑性状态，隔震层均可较好地降低上部结构地震输入能量，间接体现了层间隔震的作用。

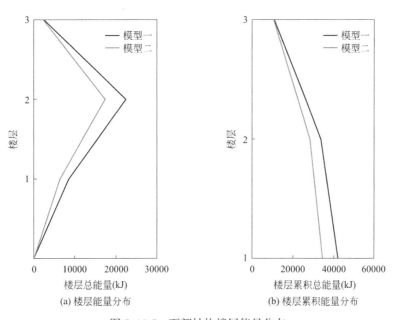

(a) 楼层能量分布　　　　　　　　　(b) 楼层累积能量分布

图 7.18-7　下部结构楼层能量分布

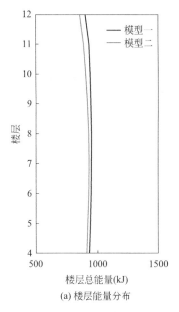
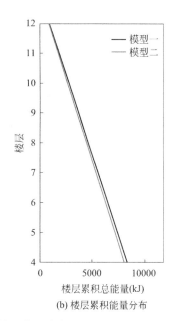

(a) 楼层能量分布　　　　　　　　　　(b) 楼层累积能量分布

图 7.18-8　上部结构楼层能量分布

5. 结论

（1）层间隔震可以起到较好的隔震效果；

（2）罕遇地震分析时，上、下部结构及隔震支座均应准确考虑其弹塑性发展，避免隔震层响应验算结果失真；

（3）SAUSG-PI 可以方便地实现层间隔震结构全弹塑性模型罕遇地震的分析与验算。

点评：地铁上盖结构很适合做层间隔震设计。

7.19　《建筑隔震设计标准》GB/T 51408—2021 要点学习

作者：侯晓武

发布时间：2021 年 7 月 14 日

问题：能总结一下《隔标》的技术要点吗？

1. 前言

《建筑隔震设计标准》GB/T 51408—2021（以下简称《隔标》）2021 年 4 月 27 日由住房和城乡建设部发布，于 2021 年 9 月 1 日开始实施。按照《隔标》进行隔震结构设计，无论是设防目标、分析方法还是设计方法都将产生本质性的改变，将对今后的隔震结构设计产生比较大的影响。SAUSG 团队对《隔标》进行了比较深入的研究，学习心得供大家参考。

2. 基本设防目标

设防目标是结构设计的基础，只有明确了设防目标才能够具体谈结构的设计方法。《隔标》第 1.0.3 条即明确了隔震建筑的基本设防目标，可以概括为 12 个字："中震不坏、大震可修、巨震不倒"，相较于之前《建筑抗震设计规范》GB 50011—2010（以下简称

《抗规》）的设防目标提高了一个等级。从而也决定了按照《隔标》进行隔震结构设计不再是小震设计，而是中震设计（表 7.19-1）。

<table>
<thead>
<tr><td rowspan="2">地震水准</td><td rowspan="2">设计及验算内容</td><td colspan="2">《抗规》</td><td colspan="2">《隔标》</td></tr>
<tr><td>上部结构</td><td>隔震层</td><td>上部结构</td><td>隔震层</td></tr>
</thead>
<tbody>
<tr><td rowspan="2">小震</td><td>承载力</td><td>√</td><td></td><td></td><td></td></tr>
<tr><td>变形</td><td>√</td><td></td><td></td><td></td></tr>
<tr><td rowspan="2">中震</td><td>承载力</td><td></td><td></td><td>√</td><td>√</td></tr>
<tr><td>变形</td><td></td><td></td><td>√</td><td>√</td></tr>
<tr><td rowspan="2">大震</td><td>承载力</td><td></td><td>√</td><td></td><td>√</td></tr>
<tr><td>变形</td><td>√</td><td>√</td><td>√</td><td>√</td></tr>
<tr><td rowspan="2">极大震</td><td>承载力</td><td></td><td></td><td></td><td></td></tr>
<tr><td>变形</td><td></td><td></td><td>√ *</td><td>√ *</td></tr>
</tbody>
</table>

《抗规》与《隔标》对比　　　　表 7.19-1

* 对特殊设防类建筑需考虑。

3. 设计方法

《隔标》中第二个比较显著的变化是隔震结构设计方法的改变（图 7.19-1、图 7.19-2）。之前按照《抗规》进行隔震结构设计采用的是水平减震系数法，将隔震层以上结构与隔震层以及隔震层以下结构分开进行设计。对于隔震层以上结构，根据计算得到的水平减震系数对结构进行降度或者直接调整地震影响系数并对其进行小震下的承载力设计。采用该方法进行隔震结构设计时，需要根据设置隔震层以后的隔震模型人为生成一个假定的非隔震模型，并以该非隔震模型为基础进行设计。由于与实际结构不一致，导致计算得到的地震作用也存在较大差别。

《隔标》不再生成非隔震模型，而是将上部结构与隔震层作为一个整体进行设计，更能体现隔震结构真实的地震响应和受力状态。

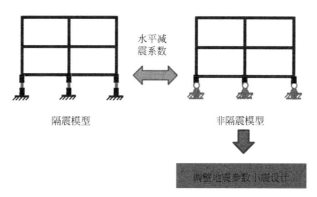

图 7.19-1　《抗规》分步设计法

4. 分析方法

《隔标》中隔震结构分析方法在原来实振型分解反应谱法的基础上，增加了复振型分解反应谱方法（图 7.19-3）。振型分解反应谱法的基础是由于振型对于质量、刚度和阻尼

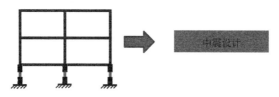

图 7.19-2 《隔标》整体设计法

矩阵具有正交性，因而可以将 N 阶动力学方程式分解为 N 个解耦的动力学方程式，这样就可以将多自由度动力学问题转换为单自由度的动力学问题，降低求解难度。

将上部结构和隔震层作为整体进行分析设计时，上部楼层与隔震层阻尼比存在明显差异导致振型对于阻尼矩阵不再满足正交条件，动力方程式无法直接进行解耦求解，如果强行解耦（舍弃阻尼矩阵的非对角线元素），则会导致计算结果产生较大误差。复模态分析方法的引入就是为了解决这个问题，对于复模态分析方法的介绍可以参考相关文献。

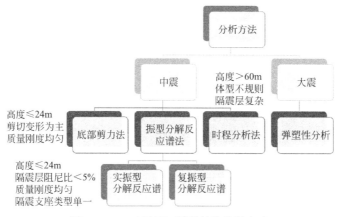

图 7.19-3 《隔标》隔震结构分析方法

5. 反应谱函数

《隔标》中的反应谱函数，将《抗规》中长周期（$5T_g \sim 6s$）部分的直线下降段调整为曲线下降段，与 $T_g \sim 5T_g$ 段保持一致。这样处理以后会明显减小长周期段的地震作用（图 7.19-4）。

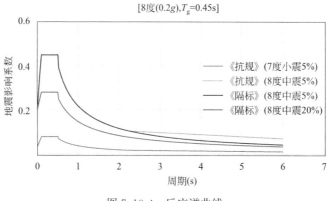

图 7.19-4 反应谱曲线

假定设防烈度为 8 度（0.2g），场地特征周期为 0.45s，《抗规》和《隔标》中规定的地震影响系数曲线如图 7.19-5 所示。当阻尼比相同时，中震反应谱的谱值在长周期段相差最大为 40％左右。

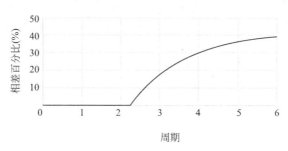

图 7.19-5　中震地震影响系数差异

假定非隔震模型周期为 1s，隔震模型周期为 3s。按照《抗规》方法进行设计时，非隔震模型采用降低一度以后的地震作用进行计算，基本周期所对应的地震影响系数为 0.039。按照《隔标》方法进行设计时，假定隔震层附加了 15％的阻尼比，隔震模型的阻尼比为 20％，基本周期所对应的地震影响系数为 0.0617，主振型所对应的地震作用增加约为 58.2％。

6. 性能化设计

《隔标》中引入了性能化设计的思想，将隔震结构构件划分为关键构件、普通竖向构件、重要水平构件和普通水平构件。对于这四种类型的构件，分别采用不同的性能目标进行承载力设计（表 7.19-2）。

不同构件对应的性能目标　　　　　　　　　　　　　　　　　表 7.19-2

构件类型	正截面设计	斜截面设计
关键构件	中震弹性	中震弹性
普通竖向构件/重要水平构件	中震不屈服	中震弹性
普通水平构件	中震不屈服	中震不屈服

对普通水平构件进行正截面承载力设计时，仍然采用材料强度标准值计算构件的承载力，但对于钢筋混凝土梁支座或节点边缘截面可考虑钢筋的超强系数 1.25。这里部分参考了《抗规》中构件极限承载力的计算方法，构件极限承载力是根据材料的最小极限强度值计算承载力，钢筋强度取为屈服强度的 1.25 倍，混凝土强度取为立方体强度的 0.88 倍。因而普通水平构件正截面承载力介于承载力标准值和极限值之间。

由于不是所有构件都满足中震弹性的性能目标，因而隔震结构的性能目标并不是真正意义上的"中震不坏"，而是"中震基本不坏"。

7. 《隔标》配套直接分析设计软件 SAUSG-PI

隔震结构直接分析设计软件 SAUSG-PI 是建研数力公司开发的一款专门用于隔震结构分析和设计的软件（图 7.19-6），同时支持《抗规》的水平减震系数法和《隔标》的整体设计法，可以进行隔震结构精细化模型的大震弹塑性分析，准确进行隔震支座的验算以及隔震层的设计，是工程师进行精细化隔震结构设计的好帮手。

图 7.19-6 SUSG-PI 启动界面

SAUSG-PI 主要特色功能：

（1）一键导入 SATWE、PMSAP、YJK、MIDAS、ETABS、SAP2000 等软件模型；

（2）提供规范隔震支座数据库；

（3）隔震层快速布置与编辑；

（4）隔震结构双模型自动选波；

（5）自动生成非隔震模型（固接、铰接及大刚度弹簧）；

（6）非线性弹性时程分析精确计算水平减震系数；

（7）按照《隔标》进行隔震结构中震整体设计；

（8）隔震结构精细化模型大震弹塑性分析；

（9）一键自动完成隔震结构设计结果规范审查；

（10）一键生成高质量隔震结构计算报告。

点评：《隔标》与《抗规》对隔震结构的设计规定差异较大。

7.20 底部剪力比与水平向减震系数概念相同吗

作者：邱海

发布时间：2021 年 2 月 24 日

问题：底部剪力比与水平向减震系数概念相同吗？

1. 引言

2021 年 9 月 1 日，《建筑隔震设计标准》GB/T 51408—2021（以下简称《隔标》）将开始实施，相信大家都已经开始学习。SAUSG 小伙伴的一些学习成果可见"SAUSG 非线性仿真"微信公众号往期文章"《建筑隔震设计标准》GB/T 51408—2021 学习体会"。

《隔标》与《建筑抗震设计规范》GB 50011—2010（以下简称《抗规》）中的隔震设计方法不同，不再采用通过计算"水平向减震系数"进行分部设计，而是采用整体设计法。在《隔标》有关抗震措施确定的规定中，出现了一个"底部剪力比"的概念，它与《抗规》中的"水平向减震系数"是否相同呢？今天我们就来讨论一下。

2. 水平向减震系数

我们先简单回顾下《抗规》中的"水平向减震系数"。"水平向减震系数"是分部设计法的重要概念，出自《抗规》12.2.5 条第 2 款，即：对于多层建筑，为按弹性计算所得的隔震与非隔震各层层间剪力的最大比值。对高层建筑结构，尚应计算隔震与非隔震各层倾覆力矩的最大比值，并与层间剪力的最大比值相比较，取二者的较大值。"水平向减震系数"通常采用时程分析法按设计基本地震加速度输入进行计算。

"水平向减震系数"用于确定隔震后水平地震作用计算的水平地震影响系数（《抗规》12.2.5 条第 2 款）。同时，对于隔震层以上的上部结构的抗震措施，当"水平向减震系数"小于 0.4 时（设置消能器时为 0.38）可适当降低，但烈度降低不得超过 1 度（《抗规》12.2.7 条第 2 款）。

3. 底部剪力比

"底部剪力比"出自《隔标》第 5.1.3 条有关抗震措施的规定中，是指设防地震作用下建筑结构隔震后与隔震前上部结构底部剪力之比。

隔震结构底部剪力比不大于 0.5 时，上部结构可按本地区设防烈度降低 1 度确定抗震措施（《隔标》第 5.1.3 条第 2 款）。

4. 两者一样么？

"底部剪力比"和"水平向减震系数"在概念上有较为相似之处，但是区别也非常明显，具体异同如表 7.20-1 所示。

水平向减震系数与底部剪力比异同　　　　　　表 7.20-1

项目	水平向减震系数	底部剪力比
地震水准	设防地震水准	设防地震水准
计算模型	隔震结构/非隔震结构	隔震结构/非隔震结构
计算方式	各层剪力（倾覆力矩）最大比值	底部剪力比
结果使用	抗震措施降1度(比值＜0.4)水平地震影响系数折减	抗震措施降1度(比值＜0.5)

可见，"水平向减震系数"和"底部剪力比"两者虽然都是通过在设防地震作用下计算隔震模型与非隔震模型的剪力比，但对剪力比的取值及应用则有较大区别。首先，"水平向减震系数"要考虑各楼层剪力比（高层需考虑倾覆力矩比）的最大值，而"底部剪力比"仅考虑底部剪力比即可。其次，"水平向减震系数"通过折减水平地震影响系数进而计算地震作用，并可据此降低抗震措施。而"底部剪力比"仅应用于降低抗震措施。

《建筑消能减震技术规程》JGJ 297—2013（以下简称《减规》）第 6.4.4 条对主体结构抗震构造措施的规定中已有类似的"地震剪力比"概念。其中第 2 款规定：当消能减震结构的抗震性能明显提高时，主体结构的抗震构造措施要求可适当降低，降低程度可根据消能减震主体结构地震剪力与不设置消能部件的结构的地震剪力之比确定，最大降低程度应控制在 1 度以内。当消能减震的地震影响系数不到非消能减震的 50% 时，主体结构的构造措施可降低 1 度执行。

《减规》中的"地震剪力比"与《隔标》中的"底部剪力比"计算方法及作用基本一

致。区别在于：（1）减震结构设计中，剪力比为减震模型与非减震模型（不设置消能部件的结构）的剪力比值；隔震结构设计中，剪力比为隔震模型与非隔震模型的剪力比值；（2）隔震设计按设防地震水准考虑地震作用，而减震设计按多遇地震考虑地震作用。

5. 结论

可见，《隔标》中的"底部剪力比"不同于《抗规》中的"水平向减震系数"，而类似于《减规》中的"地震剪力比"。《隔标》已不再采用分部设计的方式进行隔震设计，隔震与非隔震模型计算结果的对比只对构造措施产生影响。

SAUSG-PI已经实现基于非线性分析结果的隔震结构设计，同时也兼顾《抗规》的水平向减震系数法，期望帮助工程师实现精细化的隔震结构设计。

点评：隔震结构需要进行精细化设计，《隔标》有了较大进步，还有很多方面可以继续进步。

7.21 隔震设计中的非隔震模型还有用吗

作者：邱海

发布时间：2021年9月17日

问题：隔震设计中的非隔震模型还有用吗？

1. 引言

什么是非隔震模型？

非隔震模型通常是指采用水平向减震系数法进行隔震设计时，与隔震模型进行楼层剪力（倾覆力矩）对比，进行隔震效果评价的计算模型。

《建筑隔震设计标准》GB/T 51408—2021（以下简称《隔标》）已经开始实施，非隔震模型还有用吗？

前文"底部剪力比与水平向减震系数概念相同吗？"介绍了无论采用《建筑抗震设计规范》GB 50011—2010中的水平向减震系数法，还是采用《隔标》的整体设计法，都需要进行隔震模型与非隔震模型的计算对比，因此非隔震模型的计算还是必要的。

2. 如何设置

一般通过对隔震支座的上支墩底部进行固接或铰接设置，形成非隔震模型。为了与隔震模型中隔震支座不传递弯矩相对应，通常做法是对上支墩底部进行铰接设置。

随着隔震技术的发展，层间隔震结构越来越多。为了解决层间隔震结构模型对应的非隔震模型，一般可采用大刚度法。此方法是用大刚度弹簧替换隔震支座，作为对应的非隔震模型。

SAUSG-PI提供了快速生成非隔震模型的途径。通过"非隔震模型"设置，可以快速通过隔震模型自动生成非隔震模型（图7.21-1）。

对应基底隔震的隔震结构和层间隔震的隔震结构，软件分别可以考虑三种不同的非隔震模型生成情况（图7.21-2）。

"底层处理"用于解决基底隔震结构的非隔震模型生成问题；"中间层处理"用于解决层间隔震结构的非隔震模型生成问题。三种非隔震模型处理方法如图7.21-3所示。

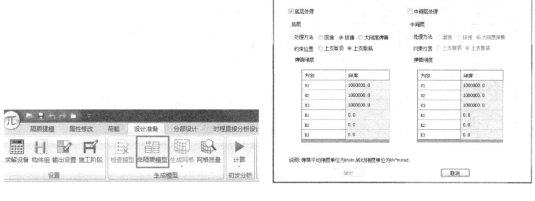

图 7.21-1　SAUSG-PI 设置非隔震模型　　　　图 7.21-2　SAUSG-PI 非隔震模型设置参数

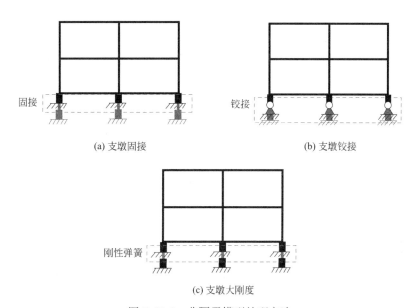

(a) 支墩固接　　　　　　　　　　(b) 支墩铰接

(c) 支墩大刚度

图 7.21-3　非隔震模型处理方法

3. 如何查看结果

初始分析后处理查看，如图 7.21-4、图 7.21-5 所示。

设置完非隔震模型，在 SAUSG-PI 中可以同时进行隔震模型及非隔震模型的初始分析，并通过后处理显示两个模型的初始分析结果，方便工程师快速初步判断隔震结构的隔震效果。通过隔震前后结构周期的延长情况，工程师通常可以对隔震效果做出初步的判断。

图 7.21-4　隔震、非隔震模型初始分析后处理查看

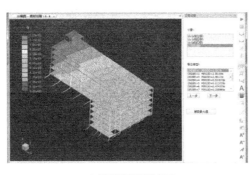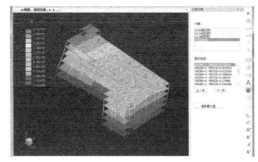

(a) 隔震模型振型显示　　　　　　　　　　(b) 非隔震模型振型显示

图 7.21-5　振型结果后处理显示

分部设计后处理查看，如图 7.21-6 所示。

采用分部设计方法进行隔震设计时，在 SAUSG-PI 中可同时查看隔震模型及非隔震模型的楼层位移曲线结果、楼层剪力（倾覆力矩）曲线及由两个模型楼层剪力（倾覆力矩）计算的水平向减震系数。在 SAUSG-PI 中，工程师不仅可以查看隔震结构总体的水平向减震系数，还可以查看每条地震动作用下隔震及非隔震模型的楼层剪力（倾覆力矩）结果。

图 7.21-6　隔震、非隔震模型分部设计后处理查看

4. 总结

SAUSG-PI 可以方便地进行非隔震模型设置、生成、计算及结果查看，提高了隔震结构设计效率。SAUSG-PI 2021 年 9 月发布了最新版本的外测版，提供了很多隔震结构设计的特色功能供结构工程师朋友们去尝试使用。

点评：隔震结构设计结果需要与非隔震模型进行比较，这是相关设计经验比较缺乏的一种表现。这种比较是经验性的，当比较结果超出经验范围时，应做进一步的详细分析与研究工作。

7.22　隔震结构基本计算方法（欧标）简介（上）

作者：卞媛媛

发布时间：2021 年 10 月 21 日

问题：能介绍一下国外如何做隔震结构设计吗？

1. 前言

在土建领域，欧洲规范是具有影响力和权威性的国际规范。随着我国《建筑隔震设计标准》GB/T 51408—2021（以下简称《隔标》）的推出，越来越多的注意力被集中到了隔震建筑领域，本文概括给出了《欧洲规范 8-结构抗震设计》（以下简称"EC 8"）中关于基础隔震的相关内容，并与我国《隔标》进行了简单的比较和评述。希望通过对比两本标准的异同引发对于建筑隔震设计更深入的思考。

2. 一般规定

（1）隔震结构体系的动态响应应结合加速度、惯性力和位移综合分析。

（2）隔震结构的扭转效应应结合偶然偏心效应加以考虑。

偶然偏心效应：为考虑质量位置的不确定性和结构在地震作用下的空间可变性，应对每个楼层的计算质量中心在两个水平方向上添加以下偶然偏心距：

$$e_{1,i} = \pm 0.05 \cdot L_i \tag{7.22-1}$$

式中　L_i——垂直于地震作用方向的楼层尺寸。

扭转效应：扭转效应可表示为一系列绕各层竖轴的扭矩组合，计算公式如下：

$$M_j = e_j F_j \tag{7.22-2}$$

式中　M_j——作用于第 j 楼层绕其竖轴的扭矩；

$\quad\ e_j$——第 j 楼层质量的偏心距；

$\quad\ F_j$——第 j 楼层的水平力。

根据《欧洲规范 8-德国国家附录》（以下简称"EC 8/NA"），楼层在外力作用下的偏心距范围可以由下式确定（图 7.22-1）：

$$e_{max,i} = e_{0,i} + e_{1,i} + e_{2,i} \tag{7.22-3}$$

$$e_{min,i} = 0.5 \cdot e_{0,i} - e_{1,i} \tag{7.22-4}$$

式中　i——偏心方向，$i = x$，y；

$\quad\ e_{0,i}$——楼层实际偏心距；

$\quad\ e_{1,i}$——考虑结构构造不确定性的偶然偏心距；

$\quad\ e_{2,i}$——额外偏心距。

额外偏心距 $e_{2,i}$ 可由下式计算：

$$e_{2,i} = 0.1 \cdot (L_x + L_y) \cdot \sqrt{\frac{10 \cdot e_{0,i}}{L_i}} \leqslant 0.1 \cdot (L_x + L_y) \tag{7.22-5}$$

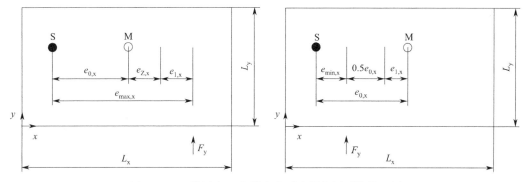

图 7.22-1　楼层在 y 向单向水平地震作用下的偏心距

（3）隔震结构的分析模型应能够准确反应隔震支座的空间分布，便于充分描述隔震体在两个水平方向上的位移、相应的倾覆力矩以及绕竖向轴的转动。分析模型应能够充分考虑各隔震支座的不同性质。

小结：从上述规定可以看出，两规范（EC 8 和《隔标》）中对于隔震结构设计均建议计入扭转效应的影响，但考虑方法有所不同。EC 8 采用对结构直接添加偏心距的方法，将扭转效应表示为一系列绕各层竖轴的扭矩组合；而《隔标》中考虑地震的扭转耦联效应，对各楼层分别取两个正交水平位移和一个转角共三个自由度，按相应公式计算结构的地震作用和扭转效应（详见《隔标》第 4.3.2 条）。

3. 地震作用

（1）需考虑地震作用的两个水平分量和垂直分量同时作用。

（2）地震作用按照弹性反应谱取值：

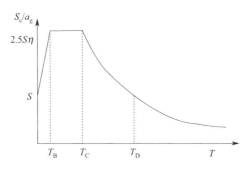

图 7.22-2　弹性反应谱形状

对于地震作用的水平分量，弹性反应谱 $S_e(T)$ 由下式定义：

$$\begin{cases} 0 \leqslant T \leqslant T_B \text{ 时}, S_e(T) = a_g \cdot S \cdot \left[1 + \dfrac{T}{T_B} \cdot (\eta \cdot 2.5 - 1)\right] \\[2mm] T_B \leqslant T \leqslant T_C \text{ 时}, S_e(T) = a_g \cdot S \cdot \eta \cdot 2.5 \\[2mm] T_C \leqslant T \leqslant T_D \text{ 时}, S_e(T) = a_g \cdot S \cdot \eta \cdot 2.5 \left[\dfrac{T_C}{T}\right] \\[2mm] T_D \leqslant T \leqslant 4s \text{ 时}, S_e(T) = a_g \cdot S \cdot \eta \cdot 2.5 \left[\dfrac{T_C T_D}{T^2}\right] \end{cases} \qquad (7.22\text{-}6)$$

式中　　T——单自由度线性系统振动周期；

$\quad\quad\quad a_g$——A 类场地的设计地面加速度（$a_g = \gamma_1 a_{gR}$）；

$\quad\quad\quad S$——土壤因子；

T_B, T_C, T_D——决定弹性反应谱形状的周期，数值取决于场地类别；

$\quad\quad\quad \eta$——阻尼调整系数（黏滞阻尼为 5% 时，相应 $\eta = 1$）。（详见《中德地震影响系数曲线异同分析》）。由图 7.22-2 可以看出，欧标中使用的是 4 段谱，这与《建筑抗震设计规范》GB 50011—2010 中推荐的谱型是类似的，但是长周期段（$>T_D$）的定义方式有所区别，而《隔标》中使用的是三段式反应谱。

对于地震作用的竖向分量，弹性反应谱 $S_{ve}(T)$ 由下式定义：

$$\begin{cases} 0 \leqslant T \leqslant T_B \text{ 时}, S_{ve}(T) = a_{vg} \cdot \left[1 + \dfrac{T}{T_B} \cdot (\eta \cdot 3.0 - 1)\right] \\[2mm] T_B \leqslant T \leqslant T_C \text{ 时}, S_{ve}(T) = a_{vg} \cdot \eta \cdot 3.0 \\[2mm] T_C \leqslant T \leqslant T_D \text{ 时}, S_{ve}(T) = a_{vg} \cdot \eta \cdot 3.0 \left[\dfrac{T_C}{T}\right] \\[2mm] T_D \leqslant T \leqslant 4s \text{ 时}, S_{ve}(T) = a_{vg} \cdot \eta \cdot 3.0 \left[\dfrac{T_C T_D}{T^2}\right] \end{cases} \quad (7.22\text{-}7)$$

与水平弹性谱相对应，EC 8 中也推荐了两种类型的竖向谱：1 型和 2 型。反应谱对应的参数值如表 7.22-1 所示。这些参数值不适用于特殊场地类型 S1 和 S2。

竖向弹性反应谱参数取值　　　　　　　　　　　表 7.22-1

反应谱	a_{vg}/a_g	$T_B(s)$	$T_C(s)$	$T_D(s)$
1 型（面波震级 $\geqslant 5.5$）	0.90	0.05	0.15	1.0
2 型（面波震级 < 5.5）	0.45	0.05	0.15	1.0

（3）对于重要性类别（详见《〈欧洲结构抗震设计规范〉所对应的〈德国国家附录〉中弹性反应谱相关系数的介绍（上）》表 1）为 IV 的结构，当结构处于震级 $M_s \geqslant 6.5$ 的发震断层 15km 内时，应使用考虑近场效应的特殊场地谱，且所采用的场地谱不应小于上文规定的标准弹性反应谱。

（4）对于隔震结构，地震作用分量的组合按下式定义（以下结果取包络值），

$$E_{Ed} = \sqrt{(E_{Edx})^2 + (0.30 E_{Edy})^2 + (0.30 E_{Edz})^2} \quad (7.22\text{-}8)$$

$$E_{Ed} = \sqrt{(0.30 E_{Edx})^2 + (E_{Edy})^2 + (0.30 E_{Edz})^2} \quad (7.22\text{-}9)$$

$$E_{Ed} = \sqrt{(0.30 E_{Edx})^2 + (0.30 E_{Edy})^2 + (E_{Edz})^2} \quad (7.22\text{-}10)$$

式中　E_{Edx}——x 向单向水平地震作用下的地震效应；

　　　E_{Edy}——y 向单向水平地震作用下的地震效应；

　　　E_{Edz}——竖向单向水平地震作用下的地震效应。

（5）如果需要进行时程分析，则时程曲线应满足下列要求，

a. 地震运动必须由三个同时作用的加速度曲线组成，在两个水平方向上不能同时使用相同的加速度曲线。

b. 地震波加速度谱值在零周期时的平均值应不小于 $a_g S$（弹性反应谱值）。

c. 在 $0.2T_1$ 到 $2T_1$ 的周期范围内（T_1 为结构在地震波作用方向上的基本周期），地震波谱值的平均值不应小于弹性反应谱谱值的 90%（阻尼比取 5%）。

d. 人工加速度时程曲线必须与黏性阻尼为 5%（$\eta = 5\%$）的弹性反应谱相一致。

e. 人工波的持续时间必须与确定 a_g 所依据的地震震级和其他相关特征一致，如果场地信息不可用，则人工波的稳定部分的最小持续时间 T_s 应等于 10s。

小结：在地震作用的规定上两本标准也有很大的差别，欧标中建议对于隔震结构需同时考虑三向地震作用，且水平反应谱与竖向反应谱的定义公式有所差别，对于地震作用分量的组合，欧标中给出了三项加载情况下的综合地震作用效应。《隔标》中只需对于特殊结构进行三向加载分析，且竖向地震作用效应是通过添加分项系数（0.5 或 1.3）的方法

来综合考虑的。如需进行时程分析，两国规范对于地震波的选波原则也有很大差异，我国标准中的选波原则详见《建筑抗震设计规范》GB 50011—2010 第 5.1.3 条。

4. 隔震层计算——等效线性法

（1）符合第（5）点规定的隔震体系，如果隔震层由层积弹性支承装置组成，可采用等效线性粘弹性模型模拟；如果由弹塑性装置组成，可使用双线性滞回模型模拟。

（2）使用等效线性法模拟时，应计算每个隔震支座的有效刚度（即隔震支座设计总位移 d_{db} 的割线刚度）。隔震层的总有效刚度 K_{eff} 为隔震支座的有效刚度之和。

计算有效刚度时，应考虑结构全使用周期内的最不利工况组合，下列因素须在计算的时候加以考虑：

① 加载速率；

② 同时作用的竖向荷载；

③ 在横向上发生的水平荷载；

④ 温度荷载；

⑤ 预定使用周期内结构性质的改变。

（3）当使用等效线性模型时，隔震层的能量耗散应该用等效黏性阻尼来描述，即"有效阻尼 ξ_{eff}"。支座中的能量耗散应表示为在循环中耗散的能量，循环的频率在所考虑振型对应的频率范围之内。对于该频率范围之外的高阶模态，应将整个结构的模态阻尼作为与基础固定上部结构的阻尼比。

（4）如果某些隔震支座的有效刚度或有效阻尼值取决于设计位移 d_{dc}，则应进行迭代计算，直到假定值与确定值之间的差异小于假定值的 5%。

（5）如果满足以下所有条件，则可以假定隔震层的行为等效为弹性：

a. 第（2）点中定义的隔震系统的有效刚度至少为位移 $0.2d_{dc}$ 处有效刚度的 50%；

b. 隔震系统的有效阻尼，如第（3）点所定义，不大于 30%；

c. 由于加载速度或同时作用的竖向载荷导致的隔震系统的载荷-变形特性的变化小于 10%；

d. 对于在 $0.5d_{dc}$ 和 d_{dc} 之间的位移，隔震系统恢复力的增加应不小于隔震层上方总重力载荷的 2.5%。

（6）如果隔震系统按等效线性模拟并且地震效应按弹性反应谱取值，那么结构阻尼应按下式进行修正，

$$\eta = \sqrt{10/(5+\xi)} \geqslant 0.55 \qquad (7.22\text{-}11)$$

式中，ξ 为结构的黏性阻尼比。

小结：两本标准对于隔震层的计算方法是相似的，都采取迭代的方法计算出隔震层的等效刚度和等效阻尼，从而对隔震结构进行等效线性计算，只是具体计算方式有所差别。

5. 结论

通过前文对比可以看出，两本标准的基本计算原理基本相同，主张在计算中考虑结构的扭转效应，以及适当使用简化方法对隔震结构进行等效线性化计算，但具体计算公式以及参数又有所不同，如：欧标中对于弹性反应谱的划分更细，充分考虑不同的震级以及场地类别对于建筑物所承受地震作用的影响；而我国标准中对于扭转效应的考虑显然更加细致，能够充分考虑不同振型之间的相互影响。

参考文献：

[1] DIN EN 1998-1，2010-12.

[2] DIN EN 1998-1/NA，2011-01.

点评：从"土木工程大国"到"土木工程强国"的一个表现是当别人指定标准规范时，更多地参考中国规范，而不是相反。

7.23　隔震结构基本计算方法（欧标）简介（下）

作者：卞媛媛

发布时间：2021 年 12 月 22 日

问题：能介绍一下国外如何做隔震结构设计吗？

1. 前言

在 7.22 节中，介绍了《欧洲规范 8-结构抗震设计》（以下简称《欧标》）中关于隔震结构计算的一般规定、地震作用的考虑方式以及隔震层计算的常用方式——等效线性法，本文将介绍《欧标》中推荐的隔震结构分析时的常用方法。

2. 模态分析法

如果隔震支座的性能可以按照等效线性考虑，应根据《欧标》第 4.3.3.3 条进行模态分析。

（1）应考虑对结构整体反应有重要贡献的所有振型的反应，需满足下列任一项要求：

① 所考虑振型的有效振型质量之和至少等于结构总质量的 90%；

② 考虑了有效振型质量超过总质量 5% 的所有振型。

（2）当采用空间模型时，应在每一个相关方向上校核是否满足上述条件。

（3）如果（1）中规定的条件不满足（例如，扭转振型影响较大的建筑），进行空间分析时应考虑的最小振型数 k 应同时满足下列两个条件：

$$k \geqslant 3\sqrt{n} \tag{7.23-1}$$

$$T_k \leqslant 0.2s \tag{7.23-2}$$

式中　k——考虑的振型数；

　　　n——基础或刚性地下室顶面以上的楼层数；

　　　T_k——振型 k 对应的自振周期。

（4）振型响应组合：

① 如果振型 i、j（包括平动振型和扭转振型）对应的自振周期 T_i 与 T_j（$T_j \leqslant T_i$）满足下列条件，则认为振型 i 和振型 j 彼此独立：

$$T_j \leqslant 0.9T_i \tag{7.23-3}$$

② 当所有有关振型反应被认为是相互独立时，地震作用影响的最大值 E_E 取为：

$$E_E = \sqrt{E_{Ei}^2} \tag{7.23-4}$$

③ 若不满足①的条件，应采用更精确的如"完全二次方组合"的振型组合方法。

（5）当采用空间模型进行分析时，应考虑结构的扭转效应。

3. 模态简化线性分析

（1）如果满足下列条件，可采用简化分析方法考虑水平位移和绕竖向轴的转动，并假定下部结构和上部结构为刚性。在这种情况下，在分析中应考虑上部结构质量的总偏心距（包括偶然偏心距）。结构任意点的位移计算值应为平动位移和扭转位移的组合。对任一隔震单元有效刚度的计算，尤其应考虑这一要求。对隔离单元以及上部结构和下部结构的校核，应考虑惯性力和惯性矩。

① 场地到最近的 $M_s \geqslant 6.5$ 的潜在活跃断层的距离大于 15km；

② 上部结构在平面内的最大尺寸不超过 50m；

③ 下部结构应有足够的刚度，以减小场地差动位移的影响；

④ 所有的隔震装置均位于承受竖向荷载的上部结构单元以上；

⑤ 有效周期 T_{eff} 应满足下面的条件：

$$3T_f \leqslant T_{\text{eff}} \leqslant 3\text{s} \tag{7.23-5}$$

式中，T_f 为假定基础固定的上部结构的基本周期。

⑥ 结构的抗侧力体系应是规则的，并在平面内沿结构的两个主轴对称；

⑦ 应忽略下部结构基础的摇摆旋转；

⑧ 隔震体系的竖向和水平刚度之比应满足下式：

$$\frac{K_V}{K_{\text{eff}}} \geqslant 150 \tag{7.23-6}$$

⑨ 竖向基本周期 T_V 不应大于 0.1s，式中：

$$T_V = 2\pi \sqrt{\frac{M}{K_V}} \tag{7.23-7}$$

（2）简化线性分析方法考虑两水平动态位移并叠加的静态扭转效应。假定上部结构为刚体在隔震体系以上平动。平动的有效周期为：

$$T_{\text{eff}} = 2\pi \sqrt{\frac{M}{K_{\text{eff}}}} \tag{7.23-8}$$

式中 M——上部结构质量；

K_{eff}——隔震体系的水平有效刚度。

（3）在任一水平方向上，由于地震作用引起的刚度中心的位移应按下式计算：

$$d_{\text{dc}} = \frac{MS_e(T_{\text{eff}}, \xi_{\text{eff}})}{K_{\text{eff,min}}} \tag{7.23-9}$$

式中 $S_e(T_{\text{eff}}, \xi_{\text{eff}})$——谱加速度。

（4）在任一水平方向上，作用于上部结构任一平面处应用的水平力应根据下式计算：

$$f_j = m_j S_e(T_{\text{eff}}, \xi_{\text{eff}}) \tag{7.23-10}$$

式中 m_j——楼层 j 的质量。

（5）根据上述确定的地震作用体系，由于自然偏心和偶然偏心，会引起扭转效应。

（6）如果在两主水平方向的任一方向上，隔震体系刚度中心和上部结构质量中心的竖向投影之间的总偏心距（包括偶然偏心距）不超过上部结构在所考虑水平方向上长度的7.5%，可忽略绕竖向轴的扭转。

（7）如果（6）中忽略绕竖向轴扭转运动的条件得以满足，在任一方向上，单个隔震

单元中的扭转效应可通过在式(7.23-9)、式(7.23-10) 中增加放大系数 δ_i 来反映，

$$\delta_{xi}=1+\frac{e_{\text{tot},y}}{r_y^2}y_i \tag{7.23-11}$$

式中　　y——与考虑的 x 方向相交的水平方向；

(x_i,y_i)——隔震单元 i 相对于有效刚度中心的坐标；

$e_{\text{tot},y}$——在 y 方向上的总偏心距；

r_y——在 y 方向上隔震体系的扭转半径，由下式给出：

$$r_y^2=\sum(x_i^2 K_{yi}+y_i^2 K_{xi})/\sum K_{xi} \tag{7.23-12}$$

式中　K_{xi} 和 K_{yi}——分别为单元 i 在 x 方向和 y 方向的有效刚度。

4. 时程分析

如果隔震体系不能用等效线性模型模拟（即不满足 7.22 节中第 4 部分中的条件），应采用时程分析法进行地震反应分析，分析中应选择合适的隔震支座的本构关系，使得模型能够正确描述隔震结构在地震作用下的响应。

5. 承载能力极限状态下的安全性校核

（1）在下部结构直接承受地震作用，以及力和弯矩通过隔震体系传递到下部结构的情况下，应对下部结构进行校核。

（2）下部结构和上部结构的极限状态验算应采用欧洲规范中相关章节规定的 γ_M 值（构件承载力调整系数）。

（3）应对隔震结构在重力荷载和地震作用下进行承载力验算，计算时二阶效应（$P\text{-}\Delta$ 效应）按如下考虑。

① 如果所有楼层都满足下面的条件，不需考虑二阶效应。

$$\theta=\frac{P_{\text{tot}}d_r}{V_{\text{tot}}h}\leqslant 0.10 \tag{7.23-13}$$

式中　θ——层间侧移敏感性系数；

P_{tot}——抗震设计状况下所考虑楼层及以上楼层的总重力荷载；

d_r——设计层间侧移，按所考虑楼层的顶部和底部平均侧向位移之差确定；

V_{tot}——总层间剪力；

h——楼层高度。

② 如果 $0.1<\theta\leqslant 0.2$，可通过对相关的地震作用乘以系数 $1/(1-\theta)$ 来近似考虑二阶效应。

③ θ 不应大于 0.3。

（4）应验证结构的整体延性，并考虑预期的延性发展。对于二层及以上框架结构，其主要和次要抗震梁与主要抗震柱相交的节点应满足下式，

$$\sum M_{Rc}\geqslant 1.3\sum M_{Rb} \tag{7.23-14}$$

式中　$\sum M_{Rc}$——节点上下柱端弯矩抗力设计值，本式采用设计地震作用下柱轴力范围内产生的弯矩最小值；

$\sum M_{Rb}$——梁端抵抗弯矩设计值。

注：上式的精确解需要计算节点中心的弯矩。该弯矩等于节点中心处的弯矩设计值加上节点边缘处剪力产生的弯矩。然而，如果忽略剪力，引起精度损失较小，极大地简化了

计算，这种近似是可以接受的。

（5）楼板承载力校核

① 水平面内的楼板和支撑应能以足够的强度将地震作用效应传递给与其连接的各结构构件。

② 在楼板承载力验算中，楼板上的地震作用应乘以一个大于 1.0 的超强系数 γ_d，以满足①的要求。

注：γ_d 的值可参见各国家标准附录。对于脆性破坏，如混凝土楼板受剪，γ_d 的建议值为 1.3；对于延性破坏，γ_d 为 1.1。

（6）根据隔震支座的类型，应对隔震支座从以下方面进行承载力极限状态验算：

① 承载力，在设计地震条件下考虑最大可能的竖向力和水平力，包括倾覆效应；

② 隔震支座水平位移，水平位移应包括由于设计地震作用导致的变形和收缩、徐变、温度和预应力影响（如果上部结构为预应力结构）。

6. 总结

可以看出，《欧标》和我国标准对于隔震结构的计算原理基本相同，对于大部分结构都可以对隔震层采用等效线性分析，使用振型分解反应谱法进行结构计算，对于非线性较强的结构推荐使用时程分析法进行计算。不同点在于，在《欧标》中只需使用实振型反应谱进行分析，而且对于满足条件的结构也给出了相应的简化算法，而在我国标准（《建筑隔震设计标准》GB/T 51408—2021）中则推荐使用复模态反应谱法进行分析。在结构的承载力校核中，《欧标》则强调了结构二阶效应的影响，指出隔震结构二阶效应系数不应大于 0.3。

点评：其实，国外建筑结构标准规范也没先进到哪里去。参考借鉴是需要的，更有意义的是突破与创新。

第8章　钢结构非线性直接分析设计

8.1　钢框架算例SAUSG与通用有限元结果对比

作者：乔保娟

发布时间：2018年9月4日

问题：SAUSG能把钢结构的非线性算准吗？

1. 前言

关于 SAUSG 与通用有限元实际工程的结果背靠背对比已经做过很多了，基本是比较吻合的，但不是完全重合，笔者很好奇，如果 SAUSG 与通用有限元采用完全相同的几何模型、单元划分方式、单元类型、本构关系、显式积分方法、阻尼模型，能做到结果完全一样吗？本文通过一个小模型进行对比。

2. 模型及周期

5 层钢框架模型如图 8.1-1 所示。

图 8.1-1　5 层钢框架模型

柱截面：方钢管 BOX130×130×4

梁截面：工字形 H250×125×6×9

材料：Q345

单元尺寸：0.3m

SAUSG 与通用有限元模型总质量及周期对比如表8.1-1、表8.1-2所示，可见还是比较吻合的。

质量对比 表 8.1-1

	SAUSG	通用有限元	误差(%)
总质量(t)	49.961	49.9578	0.01

周期对比 表 8.1-2

序号	SAUSG	ABAQUS	误差(%)
1	1.618	1.619	−0.07
2	1.618	1.619	−0.07
3	1.274	1.278	−0.35
4	0.613	0.614	−0.14
5	0.559	0.559	−0.08
6	0.559	0.559	−0.08
7	0.429	0.432	−0.67
8	0.382	0.387	−1.34
9	0.362	0.384	−5.73
10	0.362	0.363	−0.16

3. 弹性动力时程分析

采用中心差分方法，瑞利阻尼 $\alpha=0.353028$，地震波 RH1TG030，主方向峰值加速度 220cm/s^2，次方向峰值加速度 187cm/s^2。地震动时程曲线如图 8.1-2 所示。

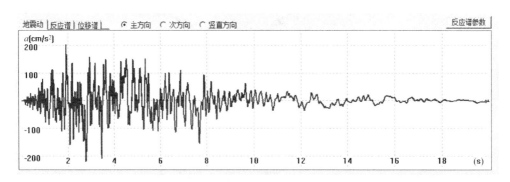

图 8.1-2 地震动时程曲线

弹性时程分析层间位移角、楼层剪力、基底剪力时程曲线、顶点位移时程曲线对比如图 8.1-3～图 8.1-5 所示。

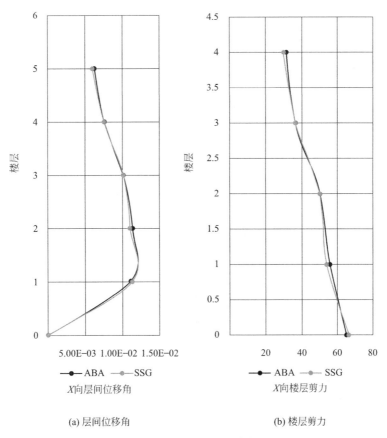

(a) 层间位移角   (b) 楼层剪力

图 8.1-3　楼层最大响应

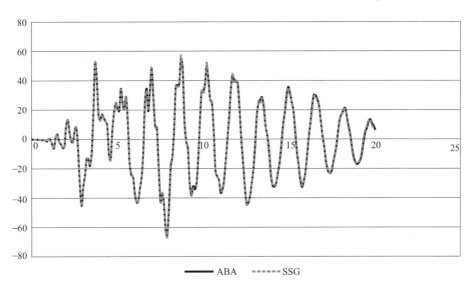

图 8.1-4　基底剪力时程曲线

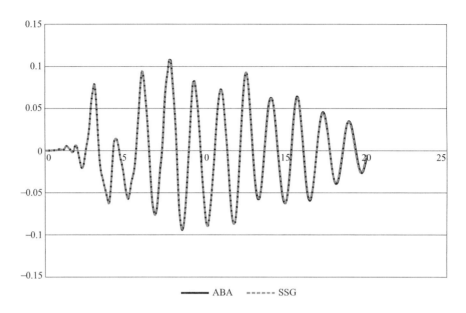

图 8.1-5 顶点位移时程曲线

4. 结论

可见 SAUSG 与通用有限元弹性动力时程分析结果误差很小，几乎完全重合。

点评：软件的准确性校核是很有必要性的。越小的模型越能体现出不同软件之间的差异性。结果对比不能证明软件一定是"仿真"的，但能体现出相关方法是否实现正确。

8.2 线性屈曲分析及应用

作者：贾苏

发布时间：2020 年 6 月 10 日

问题：怎样从非线性角度深入理解钢结构的屈曲？

1. 前言

屈曲（Buckling）是一种不稳定的现象，指细长件在受到压缩力时，因弯曲变形而造成的结构失效（图 8.2-1）。

线性屈曲实际上是一种分叉点稳定问题。结构在受力增加到一定程度后，物体会出现两种平衡状态，一个是纯压缩平衡，另一个是有侧向偏移变形的平衡状态（图 8.2-2）。

2. 计算原理

线性屈曲分析与结构的几何刚度矩阵有关。在常规线性分析中，可以很容易得到结构的平衡方程：

$$K_E u = p \tag{8.2-1}$$

式中 K_E——弹性刚度矩阵。

图 8.2-1　屈曲现象（来源于网络）

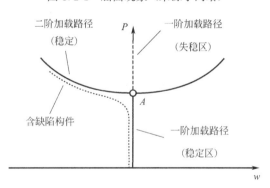

图 8.2-2　屈曲现象原理

在考虑几何非线性的分析中，结构平衡方程还受到几何刚度的影响：

$$(K_E + K_G)u = p \tag{8.2-2}$$

式中　K_G——几何刚度矩阵，结构的几何刚度与结构变形有关，例如，绳子在受拉和受
　　　　　压状态下刚度存在很大区别。

将上式写成增量形式，并假定结构弹性刚度和几何刚度保持不变：

$$(K_E + \lambda_G K_{G0})\Delta u = \Delta p \tag{8.2-3}$$

当 $\Delta p = 0$、$\Delta u \neq 0$（即失稳状态，在荷载不变的情况下发生位移）时，$\det(K_E + \lambda_G K_{G0}) = 0$。

求解上述方程组即可得到结构在该荷载模式下的屈曲特征值 λ_G 和屈曲模态。

3. 跨层柱屈曲分析

在跨层柱或空间构件稳定性分析时，可根据线性屈曲分析和欧拉稳定公式确定构件计
算长度。

第一步：通过屈曲分析计算构件极限承载力 P_{cr}；

第二步：根据欧拉稳定公式计算长度 $\mu = \dfrac{1}{L}\sqrt{\dfrac{\pi^2 EI}{P_{cr}}}$。

在进行跨层柱屈曲分析时，常用两种方法：单位力法和直接计算法，SAUSG 软件可以很方便地实现两种方法计算。

4. 单位力法

在柱顶施加 1kN 单位力，以单位力工况进行线性屈曲分析（图 8.2-3～图 8.2-5），构件极限承载力即为结构第一阶屈曲模态×1kN。

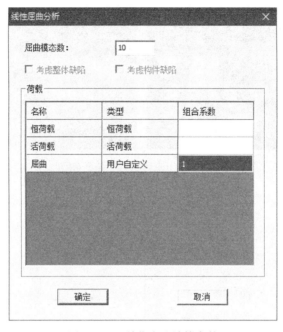

图 8.2-3　单位力法计算参数

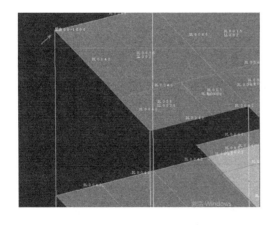

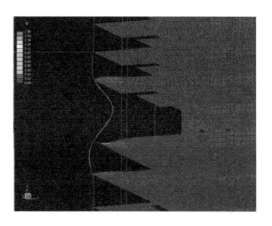

图 8.2-4　单位力定义　　　　　　图 8.2-5　屈曲状态（单位力法）

计算得到屈曲因子 $\lambda = 1046767$，$\mu = \dfrac{1}{L}\sqrt{\dfrac{\pi^2 EI}{P_{cr}}} = \dfrac{1}{9.2}\sqrt{\dfrac{\pi^2 3.6\times10^7\times0.0729}{1046767}} = 0.54$。

5. 直接计算法

由于单位力法仅在所关注构件上施加荷载，与结构实际受力情况存在差别，因此计算结果会存在误差。直接计算法以结构实际受力状态为分析条件（1.0DL＋0.5LL 或其他荷载条件），进行屈曲特征值计算，所得到的结果更加接近实际（图 8.2-6、图 8.2-7）。

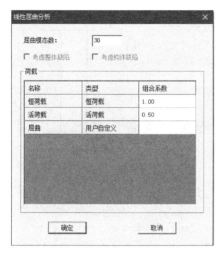

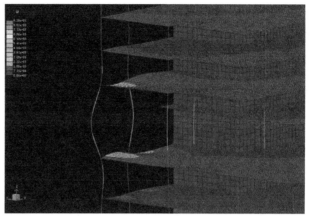

图 8.2-6　直接计算法计算参数　　　　图 8.2-7　屈曲状态（直接计算法）

计算得到屈曲因子 $\lambda = 56.97$，$P_{cr} = \lambda P_0 = 56.97\times13000 = 740640\text{kN}$（$P_0$ 可通过静力分析的构件内力得到），$\mu = \dfrac{1}{L}\sqrt{\dfrac{\pi^2 EI}{P_{cr}}} = \dfrac{1}{9.2}\sqrt{\dfrac{\pi^2 3.6\times10^7\times0.0729}{740640}} = 0.65$。

6. 限制条件

根据线性屈曲分析的计算原理，线性屈曲分析方法的使用存在一定限制条件：

（1）线弹性假定，不考虑材料非线性；

（2）基于小变形理论，不考虑几何非线性；

（3）屈曲荷载是关于 λ_G 的线性函数；

（4）不支持位移荷载。

因此，若要得到更准确的稳定分析结果，需要采用考虑材料非线性和几何非线性的直接分析方法进行计算。

点评：线性屈曲分析（Buckling 分析）可以得到钢结构的分叉点稳定临界荷载，并且根据欧拉公式反算出钢构件的计算长度系数，据此可以进一步进行钢构件的稳定承载力设计。要注意线性屈曲分析是有前提假定和适用范围的，否则容易错误地得到较大的临界荷载，造成设计上的不安全。实际钢结构的稳定问题并非理想化的"分叉点稳定"问题，而是包含了几何非线性、材料非线性、初始缺陷和初始变形的"极值点稳定"问题。

8.3 二阶分析是什么？快速了解钢结构直接分析法

作者：贾苏

发布时间：2020 年 9 月 4 日

问题：钢结构的二阶分析是什么意思？钢结构直接分析设计法是什么意思？

1. 前言

当我们看《钢结构设计标准》或教材时，经常会看到"一阶分析"和"二阶分析"，那么二阶分析到底是什么？

根据《现代钢结构设计师手册》（陈绍蕃，2006）中的介绍，一阶分析和二阶分析的区别如下。

一阶分析：平衡方程按结构变位前的轴线建立；

二阶分析：平衡方程按结构变位后的轴线建立。

变位前？变位后？怎么来理解呢？我们用一个经典的例子加以分析。

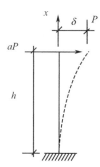

图 8.3-1 悬臂柱模型与荷载

2. 例子

某悬臂柱模型（图 8.3-1），柱顶受轴向力 P 和水平力 αP，假设构件为弹性，弹性模量为 E，柱截面惯性矩为 I，求作用点挠度？

| 一阶分析：
平衡方程：$M_1 = \alpha P(h-x)$

挠曲线方程：$EIy'' = \alpha P(h-x)$

挠度：$\delta = \dfrac{\alpha P h^3}{3EI}$ | 二阶分析：
平衡方程：$M_2 = \alpha P(h-x) + P(\delta - y)$
挠曲线方程：$EIy'' = \alpha P(h-x) + P(\delta - y)$
挠度：$\delta = \dfrac{\alpha P h^3}{3EI} \dfrac{3[\tan(kh) - kh]}{(kh)^3}$
其中 $k^2 = P/EI$ |

通过以上推导可以发现，一阶分析中，δ 随 P 线性增大；而二阶分析中，不是线性关系，受系数 $\dfrac{3[\tan(kh) - kh]}{(kh)^3}$ 影响，当 $kh \to \pi/2$ 时，$\delta \to \infty$，可以得出悬臂柱的极限稳定荷载 $P_{cr} = \dfrac{\pi^2 EI}{(2h)^2}$。

以上分析可以看出，一阶分析是无法反映构件的极限稳定承载力的，因此，我们采用一阶分析进行结构设计时要采用计算长度系数验算构件的稳定性。

3. 一阶分析方法

一阶分析方法是结构分析中最常用的算法也是最简单的算法，但是由于一阶分析无法考虑构件的稳定承载力，在进行轴心受压构件稳定性分析的时候，需要引入计算长度系数进行稳定性设计（图 8.3-2）。

4. 二阶分析方法

根据《钢结构设计标准》GB 50017—2017（以下简称《钢标》），二阶分析方法包括二阶 P-Δ 弹性分析方法和直接分析设计法。

1）二阶 P-Δ 弹性分析方法

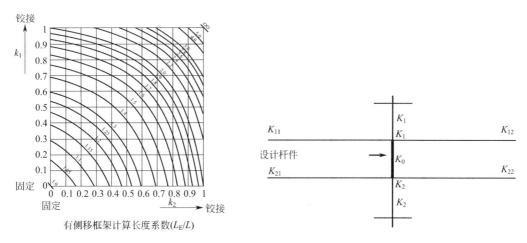

图 8.3-2　计算长度系数计算（来源于 HKSC2011）

在计算分析中，二阶 P-Δ 弹性分析方法需要考虑结构整体初始缺陷和结构 P-Δ 效应，如《钢标》第 5.4.1 条所示。

> **5.4.1**　采用仅考虑 P-Δ 效应的二阶弹性分析时，应按本标准第 5.2.1 条考虑结构的整体初始缺陷，计算结构在各种荷载或作用设计值下的内力和标准值下的位移，并应按本标准第 6 章～第 8 章的有关规定进行各结构构件的设计，同时应按本标准的有关规定进行连接和节点设计。计算构件轴心受压稳定承载力时，构件计算长度系数 μ 可取 1.0 或其他认可的值。

如果采用一阶方法进行结构计算，我们也可以根据结构的二阶效应系数 θ_i^{II} 对构件的一阶弯矩进行放大，近似采用二阶分析方法进行分析设计，这也是众多弹性分析软件所采用的二阶分析方法。

2）直接分析法

直接分析法相比二阶 P-Δ 弹性分析方法，除了考虑结构整体初始缺陷和结构 P-Δ 效应外，还需要考虑构件初始缺陷和构件 P-δ 效应，在特殊情况下还需要考虑其他对结构稳定性有显著影响的因素，例如节点连接刚度等。此外直接分析法还允许考虑材料的弹塑性发展和内力重分布，如《钢标》第 5.5.1 条所示。

> **5.5.1**　直接分析设计法应采用考虑二阶 P-Δ 和 P-δ 效应，按本标准第 5.2.1 条、第 5.2.2 条、第 5.5.8 条和第 5.5.9 条同时考虑结构和构件的初始缺陷、节点连接刚度和其他对结构稳定性有显著影响的因素，允许材料的弹塑性发展和内力重分布，获得各种荷载设计值（作用）下的内力和标准值（作用）下位移，同时在分析的所有阶段，各结构构件的设计均应符合本标准第 6 章～第 8 章的有关规定，但不需要按计算长度法进行构件受压稳定承载力验算。

需要特别说明的是，直接分析法在考虑构件初始缺陷和 P-δ 效应时，必须对结构构件进行单元细分或采用高阶形函数单元模拟（图 8.3-3）。

采用直接分析法可以考虑材料非线性也可以不考虑材料非线性。根据 HKSC2011《Code of practice for the structural use of steel 2011》，不考虑材料非线性的直接分析方法

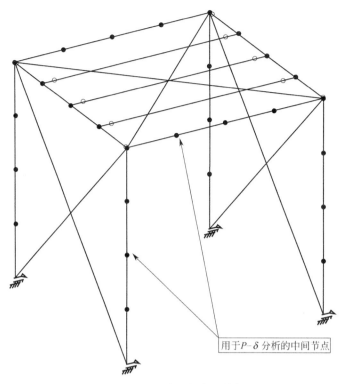

用于 P-δ 分析的中间节点

图 8.3-3　二阶分析典型算例

也叫作二阶 P-Δ-δ 弹性分析方法，考虑材料非线性的直接分析方法也叫作高级分析方法（Advanced analysis）。

3）算法对比

根据《钢标》，表 8.3-1 列出了各种分析方法的计算条件，供参考。

钢结构分析方法的计算条件　　　　　　　　　　　表 8.3-1

分析设计方法		分析阶段					设计阶段		
		整体缺陷 P-Δ_0	P-Δ	构件缺陷 P-δ_0	P-δ	材料非线性	设计内力	计算长度系数 μ	稳定系数 φ
一阶弹性分析与设计		—	—	—	—	—	M^{I}	附录 E	附录 D
二阶 P-Δ 弹性分析与设计	内力放大法	—	—	—	—	—	$M_\Delta^{\mathrm{II}}=M_q+\alpha_\tau^{\mathrm{II}}M_{\mathrm{H}}$	≤1.0	附录 D
	考虑几何变形	考虑	考虑	—	—	—	M^{II}	≤1.0	附录 D
直接分析设计法	二阶 P-Δ-δ 弹性分析与设计	考虑	考虑	考虑	考虑	—	M^{II}	1.0	—
	弹塑性分析	考虑	考虑	考虑	考虑	考虑	M^{II}	1.0	—

5. 算法对比

某单柱模型（图 8.3-4），采用圆钢管柱截面 $D=100\mathrm{mm}$、$t=3\mathrm{mm}$，材料取 Q345，下端固定，上端铰接，顶部施加竖向压力 P。

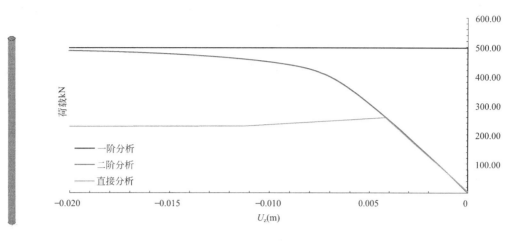

图 8.3-4　柱模型　　　　　　　　　　　图 8.3-5　荷载-位移曲线

分别采用 SAUSG-Delta 进行一阶分析、二阶分析（弹性）、直接分析（弹塑性），构件加载曲线如图 8.3-5 所示。

容易得知构件计算长度系数为 0.7，根据欧拉稳定性公式计算可得，构件一阶稳定承载力为 $P_{cr} = \dfrac{\pi^2 EI}{(\mu L)^2} \dfrac{3.14^2 \times 2.06 \times 10^8 \times 1.07625 \times 10^{-6}}{(0.7 \times 3)^2} = 496\text{kN}$。通过加载曲线可得二阶分析和直接分析极限承载力如表 8.3-2 所示。

二阶分析和直接分析极限承载力对比　　　　　　　　　　表 8.3-2

方法	屈曲荷载 P_{cr}(kN)	误差(%)
一阶分析(计算长度系数 0.7)	496	N. A.
二阶分析(弹性)	490	−1.2
直接分析(弹塑性)	255	−48.6

结果表明，一阶分析无法直接得到构件的加载曲线；二阶分析（弹性）极限承载力与一阶分析结果基本一致；当考虑材料弹塑性时进行直接分析，构件极限承载力下降显著。

点评：阅读本文可以更好地理解钢结构二阶分析与直接分析设计方法。可以看出钢结构的材料非线性对构件极限承载力影响显著，必须正确考虑。

8.4　几何非线性，只知道欧拉公式是不够的

作者：乔保娟

发布时间：2020 年 6 月 3 日

问题：几何非线性在 SAUSG 中是怎么考虑的？

当结构变形远小于结构构件自身尺寸时，可在原始构形上建立平衡方程，采用位移的一次项来度量应变；当结构发生大位移或大转动时，应在变形后的位形上建立

平衡方程，以考虑变形对平衡的影响，同时应变表达式应包含位移的二次项。这样一来，平衡方程和几何关系都将是非线性的。这种由于大位移和大转动引起的非线性问题称为几何非线性问题。此外，工程中还有另一类几何非线性问题，如金属成型及橡胶材料受荷变形等，属于大应变问题，此时，除了采用非线性的平衡方程和几何关系外，还需要引入相应的应力应变关系。建筑结构中遇到的几何非线性问题一般是大位移、大转动小应变问题。

对于结构变形状态的度量，按坐标选取不同，有两种描述方法：

（1）Lagrange 法，以变形前的初始构形为基准，确定它与变形构形间的相对变形，导出的应变张量称为 Green 应变张量。

（2）Euler 法，以变形构形为基准，确定其余初始构形间的相对变形，由此导出的应变张量称为 Almansi 应变张量。

（3）现在广泛应用的是 Lagrange 列式，分为 T. L 和 U. L 两种。

（4）完全拉格朗日列式法（T. L 列式法，Total Lagrange Formulation）。选取 $t_0 = 0$ 时刻未变形结构构形作为参照构形进行分析，采用初始时刻各单元局部坐标系，在整个求解过程中，它是不变的。

（5）更新拉格朗日列式法（U. L 列式法，Updated Lagrange Formulation）。选取每一荷载增量或时间步长开始时的构形作为参照构形，结构构形和坐标随计算是变化的，每时步更新单元局部坐标系。

SAUSG 采用的是更新拉格朗日列式法（U. L 列式法），每时步更新节点坐标及单元局部坐标系。以下以扁拱模型为例来验证 SAUSG 几何非线性分析功能的有效性。

算例来源：清华大学陆新征《钢筋混凝土有限元》课件。

扁拱模型如图 8.4-1 所示，两端铰接杆长 $L = 3\text{m}$，拱高 $H = 0.1\text{m}$，圆钢管截

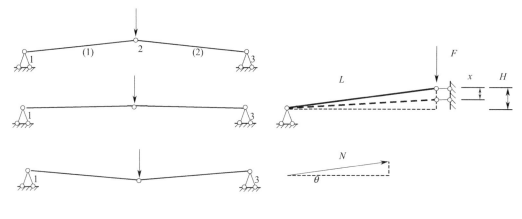

$$L' = \sqrt{(H-x)^2 + (\sqrt{L^2 - H^2})^2} = \sqrt{L^2 - 2Hx + x^2}$$

$$N = EA\varepsilon = EA\frac{L-L'}{L}$$

$$F = N\sin\theta, \ \text{其中}, \ \sin\theta = \frac{H-x}{L'}$$

图 8.4-1　扁拱模型及加载

面，外径 $0.4\mathrm{m}$，壁厚 $0.02\mathrm{m}$，截面面积 $A=0.0238761\mathrm{m}^2$，Q390 钢材，弹性模量 $E=206\mathrm{GPa}$，拱顶施加向下位移 $0.25\mathrm{m}$。绘制拱顶竖向位移与反力曲线。取半边结构，受力分析如下。

MATLAB 代码如下：

```
H=0.1;
L=3;
A=0.0238761;
E=206000000;
x=0:0.01:0.25;
F=x;
for i=1:(length(x))
    L1=sqrt(L*L-2*H*x(i)+x(i)*x(i));
    F(i)=(H-x(i))/L1*E*A*(L-L1)/L;
end
% 绘制荷载位移曲线
figure
plot(x,2*F);
```

运行得荷载-位移曲线如图 8.4-2 所示。

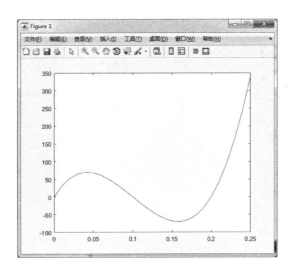

图 8.4-2　荷载-位移曲线

在 SAUSG 中建立扁拱模型如图 8.4-3 所示。

每根杆件只划分一个单元，采用中心差分方法，考虑几何非线性，拱顶线性施加位移 $-0.25\mathrm{m}$，得拱顶位移与反力曲线如 8.4-4 所示。

将 MATLAB 曲线与 SAUSG 曲线导出绘制在一张图上，如图 8.4-5 所示。可见，SAUSG 考虑几何非线性的计算结果与 MATLAB 精确解完全一致。

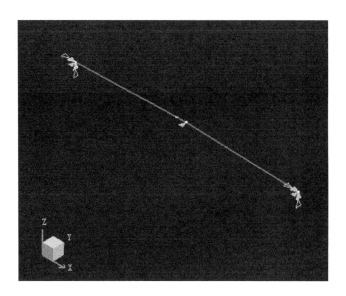

图 8.4-3　扁拱模型（SAUSG）

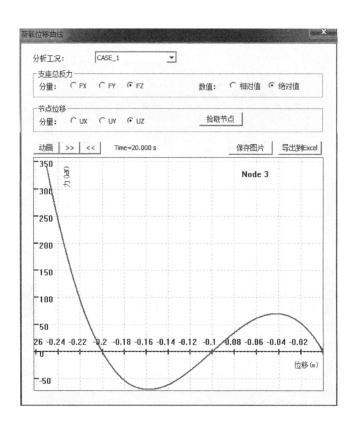

图 8.4-4　拱顶位移与反力曲线（SAUSG）

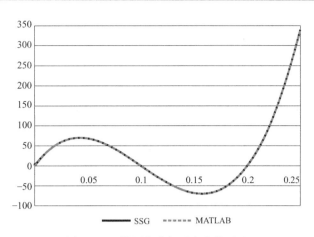

图 8.4-5　拱顶位移与反力曲线对比

点评：几何非线性是钢结构稳定问题的重要方面，SAUSG 进行了较为准确的几何非线性实现。

8.5　钢结构直接分析设计方法对稳定系数的校核

作者：贾苏

发布时间：2020 年 9 月 4 日

问题：如何深入理解钢结构稳定系数？钢结构稳定系数与直接分析设计方法能够很好对应吗？

1. 前言

从"二阶分析是什么？快速了解钢结构直接分析法"一文可以看出，一阶分析与直接分析得到的钢构件稳定承载力差异很大，一阶分析结果是不能直接用于钢结构设计的，因此《钢结构设计标准》GB 50017—2017（以下简称《钢标》）采用通过拟合大量试验数据得到的稳定系数来进行轴心受压构件和压弯构件的稳定承载力计算。那么规范中给出的稳定系数的精度如何？SAUSG-Delta 直接分析设计结果与基于试验得到的稳定系数有多大差异？笔者很感兴趣这些问题，本文以单根圆钢管悬臂柱作为算例对轴心受压构件的稳定系数进行了一些研究工作。

方法一：采用轴心受压构件的稳定性承载力计算公式。

根据《钢标》第 7.2 节规定，轴心受压构件的稳定性承载力：

$$P_{cr} = \varphi A f \tag{8.5-1}$$

式中　φ——轴心受压构件的稳定系数，即临界应力与钢材屈服强度之比[1]，与构件长细比、钢材屈服强度有关，可由《钢标》附录 D 求得。

为便于计算，采用 Perry 公式计算构件稳定系数[2]：

$$\varphi = \frac{1 + \dfrac{1 + \varepsilon_0}{\lambda_n^2}}{2} - \sqrt{\left(\frac{1 + \dfrac{1 + \varepsilon_0}{\lambda_n^2}}{2}\right)^2 - \frac{1}{\lambda_n^2}} \tag{8.5-2}$$

式中 λ_n——假定长细比 $\lambda_n = \dfrac{\lambda}{\pi}\sqrt{\dfrac{f_y}{E}}$；

ε_0——等效初始偏心率。

方法二：采用非线性直接分析设计方法。考虑构件的初始缺陷、几何非线性和材料非线性。使用 SAUSG-Delta 的非线性屈曲分析功能计算，如图 8.5-1 所示。

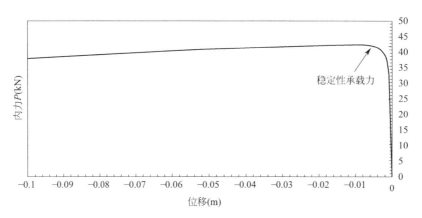

图 8.5-1　非线性屈曲典型加载曲线

2. 计算条件

计算模型柱截面采用圆钢管截面，直径 $D=100\text{mm}$，厚度 $t=3\text{mm}$，材料取 Q345，底部固结；通过调整构件长度获得不同长细比的分析模型。

构件截面采用纤维模型进行模拟，沿截面划分 16 根纤维，材料采用双线性本构，屈服应力取 345MPa，如图 8.5-2、图 8.5-3 所示。

圆形截面类型为 a 类，$\varepsilon_0 = 0.152\lambda_n - 0.014$。

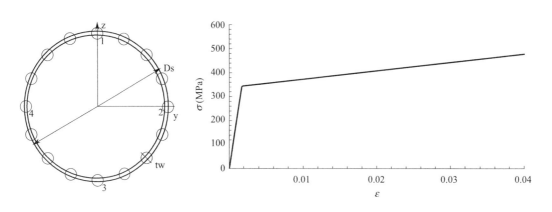

图 8.5-2　截面纤维划分　　　　　　　图 8.5-3　钢材非线性本构

3. 上端自由模型

上端自由模型不同长细比构件两种方法计算结果对比如表 8.5-1 和图 8.5-4 所示。可以看出，上端自由模型两种方法计算结果接近，误差均不超过 3%，稳定性承载力-长细比曲线基本重合。

上端自由模型稳定性承载力计算结果　　　　　　表 8.5-1

长细比 λ	稳定系数 φ	方法一 公式计算(kN)	方法二 直接分析(kN)	误差(%)
0	1.00	315.40	315.40	0
29.1	0.95	300.19	302.39	0.73
58.3	0.84	263.75	265.72	0.75
87.4	0.59	186.88	187.47	0.32
116.6	0.38	118.83	119.21	0.32
145.7	0.25	79.44	79.69	0.32
174.9	0.18	56.39	56.66	0.49
204.0	0.13	41.98	42.23	0.59
233.2	0.10	32.44	32.63	0.60
262.3	0.08	25.80	26.19	1.53
291.5	0.07	21.00	21.45	2.15

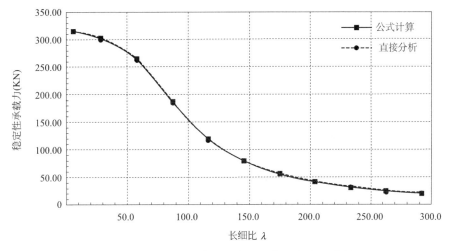

图 8.5-4　上端自由模型稳定性承载力-长细比曲线

4. 上端铰接模型

上端铰接模型不同长细比构件两种方法计算结果对比如表 8.5-2 和图 8.5-5 所示。可以看出，上端铰接模型两种方法计算结果在长细比 60～120 之间误差较大，直接分析结果小于公式计算结果，应与《钢标》确定稳定系数时所采用的最大强度理论存在一定理想假定有关。

上端铰接模型稳定性承载力计算结果　　　　　　表 8.5-2

长细比 λ	稳定系数 φ	方法一 公式计算(kN)	方法二 直接分析(kN)	误差(%)
0	1.00	315.40	315.40	0
20.4	0.97	306.71	300.00	2.19
40.8	0.92	289.32	267.64	7.49

续表

长细比 λ	稳定系数 φ	方法一 公式计算(kN)	方法二 直接分析(kN)	误差(%)
61.2	0.82	257.86	222.73	13.62
81.6	0.65	203.84	171.87	15.68
102.0	0.47	148.68	128.37	13.66
122.4	0.35	109.07	97.30	10.79
142.8	0.26	82.46	75.01	9.04
163.2	0.20	64.26	59.62	7.22
183.6	0.16	51.38	48.38	5.85
204.0	0.13	41.98	39.75	5.32
224.4	0.11	34.93	33.41	4.33
244.8	0.09	29.50	28.48	3.47
265.2	0.08	25.25	24.56	2.71
285.6	0.07	21.85	21.47	1.74
306.0	0.06	19.09	18.90	1.00

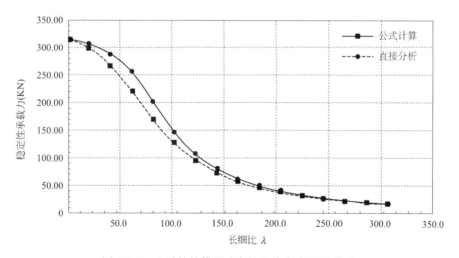

图 8.5-5　上端铰接模型稳定性承载力-长细比曲线

5. 结论与展望

本文采用 SAUSG-Delta 的直接分析设计方法对《钢标》中轴心受压杆件的稳定系数进行了复核，得到的初步结论如下：

（1）SAUSG-Delta 直接分析设计结果是可靠的，通过单个悬臂钢管构件可以进行准确性复核。

（2）实际钢结构设计时为了简化计算过程，采用了稳定系数修正一阶分析结果的方式进行稳定承载力计算，稳定系数的准确性受到前提假定的限制，是否存在改进空间仍需深入研究。

（3）考虑初始缺陷、几何非线性和材料非线性的钢结构直接分析设计方法已具备了一定的软件基础，值得在工程实践中大力推广。

（4）钢构件初始缺陷的定义方式和大小对稳定承载力的影响有多大？实际钢构件一般处于弹性支座约束状态下，并非简单处于有侧移或无侧移状态，如何准确得到钢构件的计算长度系数？这些问题笔者将在后续文章中与读者一起继续探讨。

参考文献：

[1] 魏明钟. 轴心受压钢构件的稳定系数和截面分类 [J]. 钢结构，1991（2）.
[2] 罗邦富. 新订钢结构设计规范（GBJ 17-88）内容介绍 [J]. 钢结构，1989（1）.

点评：《钢标》规定的稳定系数与非线性仿真结果是可以相互印证的，二者的部分差异可作为科研人员继续研究的对象。

8.6　整体几何初始缺陷对网壳结构直接分析的影响

作者：贾苏
发布时间：2022 年 1 月 13 日
问题：钢结构初始缺陷的影响大吗？

1. 前言

为了研究网壳结构整体初始缺陷对结构整体稳定系数和构件内力的影响程度，本文以某网壳模型为例，分别根据不同的缺陷形态和缺陷代表值定义结构初始缺陷，采用钢结构直接分析设计软件 SAUSG-Delta（图 8.6-1）进行直接分析，并对分析结果进行讨论。

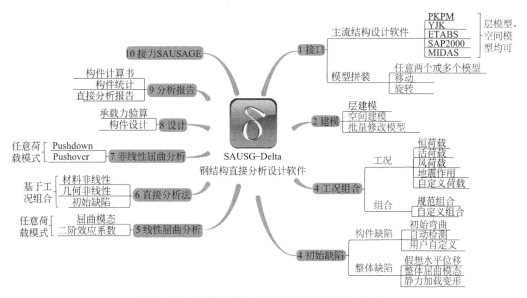

图 8.6-1　钢结构直接分析设计软件 SAUSG-Delta

2. 模型

本结构为椭圆形网壳结构（图 8.6-2），长轴最大支座间距为 89m，短轴最大支座间距为 45.5m，主要构件参数如表 8.6-1 所示。

主要构件参数 表 8.6-1

构件类型		截面类型	尺寸(mm)	材质
径线构件		方钢管	$700 \times 250 \times 12 \times 12$	Q345
纬线构件	支座	方钢管	$800 \times 300 \times 16 \times 16$	Q345
	其他	方钢管	$680 \times 250 \times 8 \times 8$	Q345

3. 线性屈曲分析

以 1.0DL＋1.0LL 作为初始荷载工况进行线性屈曲分析，结构前三阶整体屈曲模态如图 8.6-3～图 8.6-5 所示。

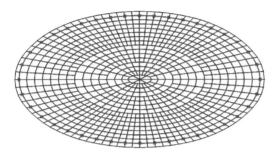

图 8.6-2　分析模型　　　　图 8.6-3　1 阶屈曲模态（屈曲因子 6.08）

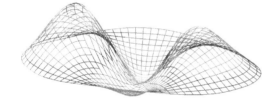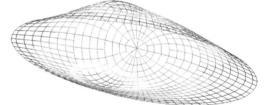

图 8.6-4　2 阶屈曲模态（屈曲因子 9.71）　　图 8.6-5　3 阶屈曲模态（屈曲因子 10.00）

4. 初始缺陷

分别根据结构 1 阶、2 阶和 3 阶屈曲模态定义结构整体缺陷形态，缺陷代表值分别取 $L/3000$、$L/1000$、$L/1500$、$L/600$ 和 $L/300$ 进行直接分析，各分析模型及工况名称定义如表 8.6-2 所示。

分析模型及工况名称定义 表 8.6-2

模型工况编号		模型 O	模型 A	模型 B	模型 C
缺陷形态		无缺陷	1 阶屈曲模态	2 阶屈曲模态	3 阶屈曲模态
初始缺陷代表值	0	O			
	$L/3000$		A1	B1	C1
	$L/1500$		A2	B2	C2
	$L/600$		A3	B3	C3
	$L/300$		A4	B4	C4

5. 直接分析

分别基于第 3 部分定义的初始缺陷，对结构进行网格细分（网格尺寸 0.4m）。分别进行二阶 P-Δ-δ 弹性分析和直接分析（考虑材料非线性），提取结构极限承载力和构件内力进行分析。

6. 极限承载力

1）二阶 P-Δ-δ 弹性分析

二阶 P-Δ-δ 弹性分析各工况结构极限承载力如表 8.6-3 所示、图 8.6-6。1 阶屈曲模态模型结构极限承载力随初始缺陷代表值的增大逐渐下降，当缺陷代表值为 $L/300$ 时，其极限承载力相比无缺陷工况下降 21.5%；采用第 2 阶或第 3 阶屈曲模态定义结构整体缺陷时，结构极限承载力变化不显著，甚至会出现略微增加的现象。当缺陷代表值取为 $L/300$ 时，其极限承载力相比无缺陷工况分别下降 5.7% 和 1.8%。

二阶 P-Δ-δ 弹性分析结果表明在不考虑结构初始缺陷的情况下，结构安全系数为 3.21，当结构取 $L/300$ 初始缺陷时，结构安全系数下降为 2.52，均与线性屈曲分析得到的屈曲因子 6.08 有较大差距。说明对于空间网壳结构，通过线性屈曲分析确定结构二阶效应会存在较大误差。

二阶 P-Δ-δ 弹性分析各工况结构极限承载力（kN）　　表 8.6-3

缺陷代表值	1 阶屈曲模态	2 阶屈曲模态	3 阶屈曲模态
无缺陷		34892.6（3.21）	
$L/3000$	33901.4（3.12）	35014.7（3.22）	34892.1（3.21）
$L/1500$	32942.1（3.03）	35092.0（3.23）	34881.8（3.21）
$L/1000$	32066.5（2.95）	35121.4（3.23）	34857.0（3.21）
$L/600$	30464.9（2.81）	34953.5（3.22）	34743.7（3.20）
$L/300$	27385.0（2.52）	32918.4（3.03）	34258.8（3.15）

注：括号内为安全系数。

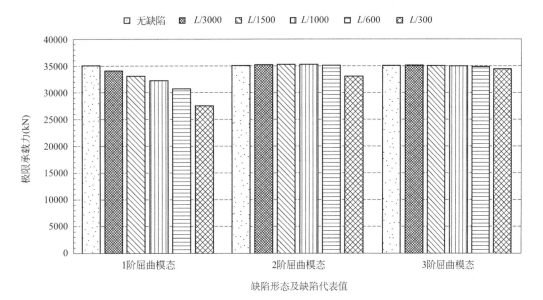

图 8.6-6　二阶 P-Δ-δ 弹性分析各工况结构极限承载力对比

2）直接分析

直接分析各工况结构极限承载力如表 8.6-4、图 8.6-7 所示，与二阶 P-Δ-δ 弹性分析结果变化规律类似。1 阶屈曲模态模型结构极限承载力随初始缺陷代表值的增大逐渐下降，当缺陷代表值为 $L/300$ 时，其极限承载力相比无缺陷工况下降 19.5%；采用第 2 阶或第 3 阶屈曲模态定义结构整体缺陷时，结构极限承载力变化不显著，当缺陷代表值取为 $L/300$ 时，其极限承载力相比无缺陷工况分别下降 6.7% 和 3.8%。直接分析相比二阶 P-Δ-δ 弹性分析，结构极限承载力下降 15% 左右。

直接分析各工况结构极限承载力（kN）   表 8.6-4

缺陷代表值	1 阶屈曲模态	2 阶屈曲模态	3 阶屈曲模态
无缺陷		29743.5(2.74)	
$L/3000$	29060.2(2.68)	29974.8(2.76)	29737.8(2.74)
$L/1500$	28407.6(2.62)	30216.4(2.78)	29703.6(2.74)
$L/1000$	27752.8(2.56)	30297.6(2.79)	29625.9(2.73)
$L/600$	26501.3(2.44)	30082.4(2.77)	29386.4(2.71)
$L/300$	23942.4(2.20)	27737.0(2.55)	28611.7(2.63)

注：括号内为安全系数。

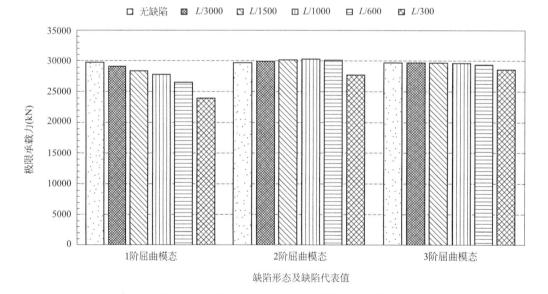

图 8.6-7　直接分析各工况结构极限承载力对比

7. 失稳形态

缺陷代表值取 $L/300$ 时，采用直接分析计算，不同缺陷形态工况下结构失稳过程存在区别。

A4 工况（1 阶屈曲模态）结构失稳临界状态如图 8.6-8 所示，网壳过渡区构件最先发生较大塑性应变，导致网壳结构发生整体屈曲。

B4 工况（2 阶屈曲模态）结构失稳临界状态如图 8.6-9 所示，网壳跨中构件最先发生较大塑性应变导致网壳结构发生整体屈曲。

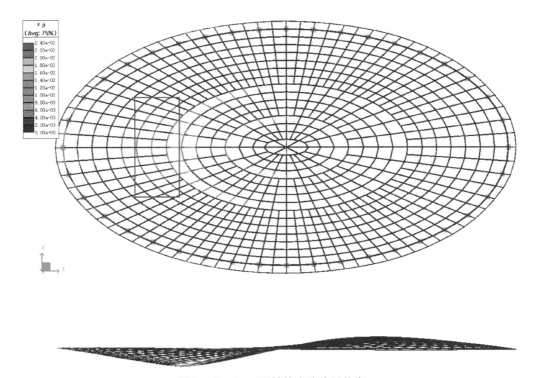

图 8.6-8　A4 工况结构失稳临界状态

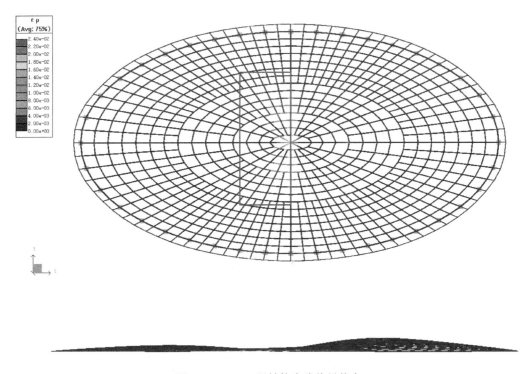

图 8.6-9　B4 工况结构失稳临界状态

C4 工况（3 阶屈曲模态）结构失稳临界状态如图 8.6-10 所示，网壳过渡区构件最先发生较大塑性应变导致网壳结构发生整体屈曲，与 A4 工况不同之处在于，屈曲构件处于结构 45°方向。

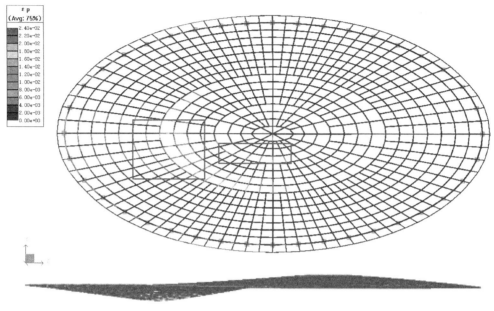

图 8.6-10　C4 工况结构失稳临界状态

8. 内力对比

构件编号如图 8.6-11 所示。初始缺陷形态为 1 阶屈曲模态，不同缺陷代表值工况下，直接分析构件内力对比如表 8.6-5～表 8.6-10 所示。结果表明，初始缺陷代表值对构件轴力影响较小，对构件弯矩影响较大，导致构件最大应力对缺陷代表值较敏感，并且随着结构荷载的增加差异增大。在 1 倍静力荷载作用下，$L/300$ 缺陷代表值工况相比无缺陷工况，构件最大应力增大 11.6%，当荷载增大到 2 倍时，构件最大应力增大 28.46%。

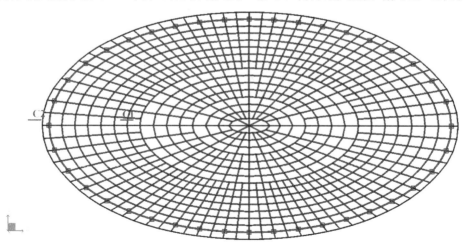

图 8.6-11　构件编号示意图

构件 C1 轴力对比　　　　　　　　　　　　　　　　表 8.6-5

轴力(kN)	1.0(DL+LL)		2.0(DL+LL)	
无缺陷	1713.03	0	3610.56	0
$L/3000$	1708.16	−0.28%	3622.71	0.34%
$L/1500$	1702.02	−0.64%	3631.37	0.58%
$L/1000$	1694.72	−1.07%	3636.73	0.72%
$L/600$	1678.48	−2.02%	3639.75	0.81%
$L/300$	1642.89	−4.09%	3618.40	0.22%

构件 C1 弯矩对比　　　　　　　　　　　　　　　　表 8.6-6

弯矩(kN·m)	1.0(DL+LL)		2.0(DL+LL)	
无缺陷	147.17	0	375.01	0
$L/3000$	151.84	3.17%	394.32	5.15%
$L/1500$	156.53	6.36%	413.46	10.25%
$L/1000$	161.49	9.73%	433.85	15.69%
$L/600$	172.16	16.98%	479.78	27.94%
$L/300$	205.47	39.61%	642.98	71.46%

构件 C1 应力对比　　　　　　　　　　　　　　　　表 8.6-7

最大应力(MPa)	1.0(DL+LL)		2.0(DL+LL)	
无缺陷	112	0	253	0
$L/3000$	113	0.89%	259	2.37%
$L/1500$	115	2.68%	265	4.74%
$L/1000$	116	3.57%	270	6.72%
$L/600$	118	5.36%	283	11.86%
$L/300$	125	11.61%	325	28.46%

构件 C2 轴力对比　　　　　　　　　　　　　　　　表 8.6-8

轴力(kN)	1.0(DL+LL)		2.0(DL+LL)	
无缺陷	691.6	0	1466.0	0
$L/3000$	692.7	0.16%	1479.8	0.94%
$L/1500$	693.6	0.29%	1492.3	1.79%
$L/1000$	694.3	0.39%	1504.4	2.62%
$L/600$	696.1	0.65%	1530.6	4.41%
$L/300$	708.1	2.39%	1602.7	9.32%

构件 C2 弯矩对比 表 8.6-9

弯矩(kN·m)	1.0(DL+LL)		2.0(DL+LL)	
无缺陷	128.8	0	285.1	0
L/3000	130.1	1.01%	291.6	2.28%
L/1500	131.4	2.02%	298.1	4.56%
L/1000	132.8	3.11%	304.9	6.94%
L/600	136.0	5.59%	319.7	12.14%
L/300	147.0	14.13%	352.0	23.47%

构件 C2 应力对比 表 8.6-10

最大应力(MPa)	1.0(DL+LL)		2.0(DL+LL)	
无缺陷	56.0	0	122.0	0
L/3000	56.4	0.71%	124.0	1.64%
L/1500	56.7	1.25%	126.0	3.28%
L/1000	57.1	1.96%	128.0	4.92%
L/600	58.0	3.57%	133.0	9.02%
L/300	61.2	9.29%	143.0	17.21%

9. 结论

以上分析结果表明，对于空间网壳结构，结构二阶 P-Δ-δ 弹性分析与直接分析极限承载力和构件内力受整体缺陷形态、缺陷代表值影响显著，结论如下：

（1）采用不同初始缺陷形态，结构失稳模式存在区别；采用结构第一阶屈曲模态作为结构初始缺陷形态，结构极限承载力最低，与《钢结构设计标准》GB 50017—2017 中的相关规定一致。

（2）采用二阶 P-Δ-δ 弹性分析和直接分析得到的结构安全系数均小于线性屈曲分析结果，对于空间结构应采用直接分析方法或二阶 P-Δ-δ 弹性分析方法计算结构安全系数，若结构二阶效应明显，应采用直接分析法计算。

（3）整体缺陷代表值对构件弯矩存在较大影响，对构件轴力影响较小，构件最大应力随着整体缺陷代表值的增大而增加。

点评：初始缺陷和初始变形对钢结构稳定承载力影响较大，钢结构直接分析设计时应充分考虑初始缺陷和初始变形。

8.7 钢结构弹塑性分析，你做对了吗

作者：孙磊

发布时间：2021 年 6 月 24 日

问题：再总结一下钢结构弹塑性分析的注意事项吧？

1. 前言

众所周知，我国抗震设计目前采用"二阶段设计法"。对于钢结构，第一阶段设计一

般基于线弹性分析内力，采用计算长度系数法进行设计；对于一些重要的、复杂的钢结构，还要进行第二阶段的设计和验算，一般采用弹塑性分析方法。

进行钢结构弹塑性分析时，要符合如下规定[1]：

（1）框架柱和框架主梁至少要划分 4 个单元；斜支撑考虑受压承载力时，每一段应划分 4 个单元，只受拉支撑可以只划分为一个单元。

（2）钢材的应力-应变曲线可为理想弹塑性，混凝土的应力-应变曲线参照《混凝土结构设计规范》GB 50010—2010；其中的屈服强度取规范规定的强度设计值，弹性模量取标准值。

（3）梁柱形心线的偏心要得到精确模拟。

（4）纯钢构件必须考虑残余应力，组合构件则无需考虑残余应力。构件的初始弯曲建议取杆长的 1/750，楼层的初始倾斜建议取层高的 1/750；受压斜支撑的初始弯曲为斜支撑总长的 1/500，跨层支撑为每层内长度的 1/500。

SAUSG 钢材本构采用双线性随动强化模型。在进行钢结构弹塑性计算分析时，可以考虑几何非线性、材料非线性以及结构和构件的初始缺陷。由于对杆件进行了网格细分，可以较为真实地模拟出杆件的受压失稳状态，以及由于失稳产生的构件承载力下降。

现以一个钢框架-中心支撑结构的实际工程作为算例，对以下三种计算模型的计算结果进行对比分析：

模型一，考虑几何非线性＋材料非线性；

模型二，考虑几何非线性＋材料非线性＋斜撑网格细分；

模型三，考虑几何非线性＋材料非线性＋构件初始缺陷＋斜撑网格细分；

模型四，考虑几何非线性＋材料非线性＋构件初始缺陷＋整体初始缺陷＋斜撑网格细分。

2. 结构概况

本工程结构形式为钢框架-中心支撑结构体系，地上 11 层，结构高度 39.3m；柱子为方钢管柱，底层柱截面为 600mm×600mm，框架梁为工字钢梁，楼板为压型钢板组合楼板；抗震设防烈度为 8 度（0.20g），设计地震分组为第二组，场地类别为Ⅱ类，模型如图 8.7-1 所示。

3. 主要计算结果（仅列出 Y 向）

主要计算结果 表 8.7-1

项目	模型一	模型二	模型三	模型四
层间位移角	1/60	1/51	1/52	1/54
基底剪力	45817	40290	38070	37680

由图 8.7-2～图 8.7-7、表 8.7-1 可以看出：

（1）模型三的基底剪力仅为模型一的 83％，位移角却为模型一的 115％，在基底剪力大幅减少的情况下，最大层间位移角不减反增，说明模型三相对于模型一刚度退化严重；从图 8.7-2 中可以看出，由于模型三底部几层的斜撑失稳或屈服，底部位移角增加较多，顶部楼层斜撑依然保持弹性未失稳状态。

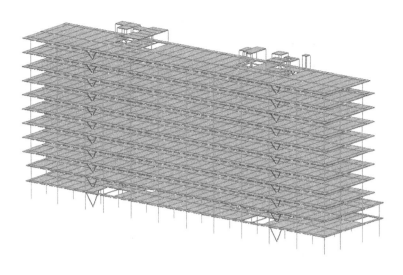

图 8.7-1　模型示意图

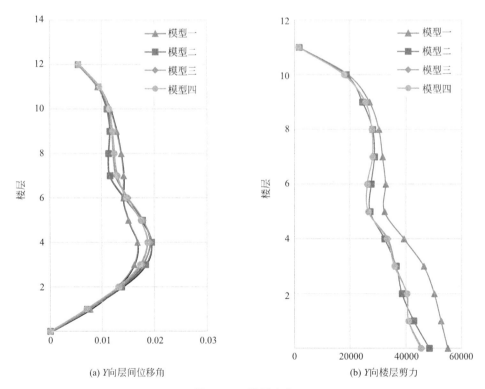

(a) Y向层间位移角

(b) Y向楼层剪力

图 8.7-2　楼层响应

　　(2) 由于模型一没有对斜撑进行网格划分，无法真实地模拟出杆件的受压失稳以及由于失稳产生的构件承载力下降，所以较高地估计了结构的刚度和构件的承载力，屈服的钢构件占比为 1.0%，斜撑基本处于无损坏和轻度损坏。

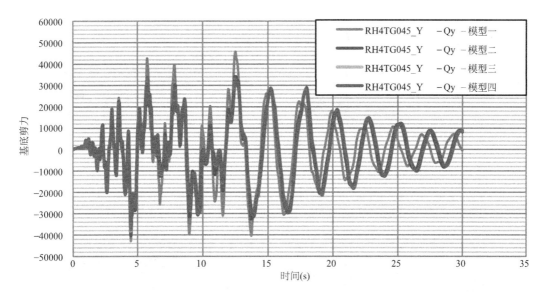

图 8.7-3　基底剪力时程曲线

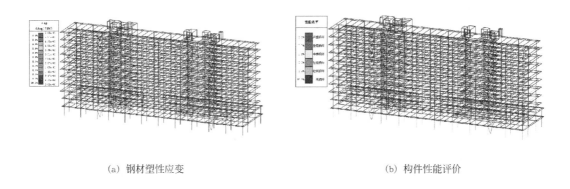

（a）钢材塑性应变　　　　　　　　　　　（b）构件性能评价

图 8.7-4　结构损伤与破坏情况（模型一）

（3）模型二对斜撑进行了网格划分，能够模拟出杆件的受压失稳以及由于失稳产生的构件承载力下降；从图 8.7-5 可见底部部分斜撑受压屈曲或屈服，屈服的钢构件占比为 1.4%，半数斜撑达到中度以上损坏。

（4）模型三不仅对斜撑进行了网格划分，还考虑了构件初始缺陷，构件初始缺陷对刚度影响较小，但是有更多的斜撑受压屈曲或屈服，屈服的钢构件占比为 1.6%，斜撑达到中度以上损坏的数量进一步增加。

（5）模型四是在模型三的基础上，考虑了结构整体初始缺陷，其计算结果与模型三基本一致，可知结构整体初始缺陷对结构计算结果的影响不如构件初始缺陷明显，但是对于局部构件的屈服和失稳有一定影响。

4. 结论

进行钢结构弹塑性分析仅考虑几何非线性、材料非线性是不够的，要得到更加准确的

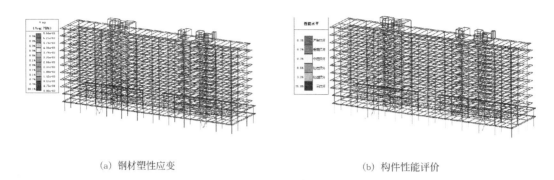

(a) 钢材塑性应变　　　　　　　　　　　(b) 构件性能评价

图 8.7-5　结构损伤与破坏情况（模型二）

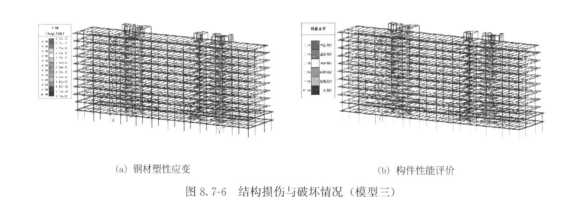

(a) 钢材塑性应变　　　　　　　　　　　(b) 构件性能评价

图 8.7-6　结构损伤与破坏情况（模型三）

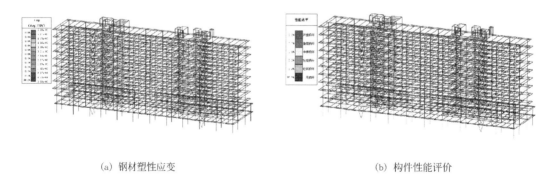

(a) 钢材塑性应变　　　　　　　　　　　(b) 构件性能评价

图 8.7-7　结构损伤与破坏情况（模型四）

分析结果，还应该细致地模拟杆件的受压失稳以及由于失稳产生的构件承载力下降，同时还需要考虑结构和构件的初始缺陷对结构稳定和承载力的影响。

参考文献：

[1] 童根树. 钢结构设计方法 [M]. 北京：中国建筑工业出版社，2007.

点评：钢结构直接分析设计＝考虑初始缺陷（变形）＋几何非线性＋材料非线性，三个方面缺一不可。

8.8 中、美规范钢结构直接分析设计法对比

作者：侯晓武

发布时间：2021 年 4 月 16 日

问题：能对比一下中、美两国的钢结构直接分析设计方法吗？

1. 前言

《钢结构设计标准》GB 50017—2017（以下简称《钢标》）增加了直接分析设计方法，这种方法之前已经列入美标 AISC 360-16（以下简称《美标》）中，下文将针对两个规范中直接分析方法的一些规定进行对比。如果要了解《美标》中的详细规定，可以参见"SAUSG 非线性仿真"微信公众号中"美标钢结构稳定性分析方法介绍"一文。

2. 直接分析设计法的适用范围

《钢标》第 5.1.6 条规定，结构内力分析可以根据最大二阶效应系数进行判断，当 $\theta_{i,\max}^{\mathrm{II}} \leqslant 0.1$ 时，可采用一阶弹性分析；$0.1 < \theta_{i,\max}^{\mathrm{II}} \leqslant 0.25$ 时，宜采用二阶 $P\text{-}\Delta$ 弹性分析或采用直接分析；当 $\theta_{i,\max}^{\mathrm{II}} > 0.25$ 时，应增大结构的侧移刚度或采用直接分析。

《钢标》条文说明中指出，二阶效应系数也可以通过下式进行计算：

$$\theta_i^{\mathrm{II}} = 1 - \frac{\Delta u_i}{\Delta u_i^{\mathrm{II}}} \tag{8.8-1}$$

式中　Δu_i——按一阶弹性分析求得的计算第 i 楼层的层间位移；

Δu_i^{II}——按二阶弹性分析求得的计算第 i 楼层的层间位移。

《美标》中将直接分析设计方法作为首选方法，而将有效长度法和一阶弹性分析方法作为直接分析设计方法的备选方法，使用这两种方法需要满足一些限制条件。有效长度法要求各层最大二阶侧移与最大一阶侧移之比应小于或等于 1.5。按照式(8.8-1)进行计算，则二阶效应系数 $\theta_i^{\mathrm{II}} \leqslant 0.333$。可见《钢标》中对于需要使用直接分析设计法进行分析和设计的要求更加严格。

3. 初始缺陷

初始缺陷包含结构整体缺陷和构件缺陷两种。

1）整体缺陷

两个规范中均规定了假想位移和假想水平力的方法。

（1）假想位移

结构整体缺陷代表值的最大值，《美标》中一般取为 1/500，《钢标》中规定可取为 1/250，或者根据结构的高度和楼层数按照下式进行计算。

$$\Delta_i = \frac{h_i}{250}\sqrt{0.2 + \frac{1}{n_s}} \tag{8.8-2}$$

式中　Δ_i——所计算第 i 楼层的初始几何缺陷代表值（mm）；

n_s——结构总层数；

h_i——所计算楼层的高度（mm）。

由于 $\frac{2}{3} \leqslant \sqrt{0.2 + \frac{1}{n_s}} \leqslant 1$，所以竖向构件整体初始缺陷最大值可以根据结构高度和楼

层数取为 1/375 和 1/250 之间的数值。

（2）假想水平力

与假想位移相对应，《美标》中规定假想水平力为 $G_i/500$，G_i 为第 i 楼层的总重力荷载设计值（N）。而《钢标》则根据结构的高度和楼层数，可以定义假想水平力为 $G_i/375$ 和 $G_i/250$ 之间的数值。

因而无论采用假想位移或假想水平力，《钢标》中结构整体缺陷的数值要比《美标》中更大一些。

除此以外，对于假想水平力的施加方向，由于《钢标》中未做明确规定，因而可以参考《美标》中的一些规定。

①假想水平力应作用在可以引起最大失稳效应的方向上。

②对于不包括水平荷载的荷载组合，应在结构两个正交方向分别施加正向和反向的假想荷载。

③对于包含水平荷载的荷载组合，则应将假想荷载施加到所有水平荷载的合力方向。

2）构件缺陷

《美标》中规定：可以参考 ASTM 标准。对于宽翼缘柱构件，取为构件无支撑长度的 1/1000。构件缺陷只需施加到屈曲可能发生的方向上。

《钢标》中规定：直接分析不考虑材料弹塑性发展时，可按照表 8.8-1 确定构件缺陷代表值，构件缺陷按照正弦函数形式考虑（图 8.8-1）。考虑材料弹塑性发展时，如果用塑性铰方法，也按照表 8.8-1 采用。如果采用塑性区方法，应按不小于 1/1000 的出厂加工精度考虑构件的初始几何缺陷。

构件缺陷代表值　　　　　　　　　　　　　　　　表 8.8-1

构件截面分类	构件缺陷代表值	构件截面分类	构件缺陷代表值
a 类	1/400	c 类	1/300
b 类	1/350	d 类	1/250

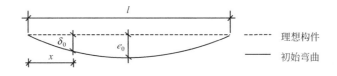

(a) 等效几何缺陷

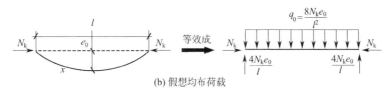

(b) 假想均布荷载

图 8.8-1　构件初始缺陷

4. 残余应力

残余应力是由于构件在生产和制作过程中不均匀冷却引起，其数值和分布取决于制作过程以及构件的几何形状。

图 8.8-2 是陈骥编著的《钢结构稳定理论与设计》中给出的各种不同截面的残余应力分布情况。(a) 为 18 号普通工字钢截面,(b) 是由 3 块 8×140 钢板焊接成的工字截面,(c) 是轻型轧制宽翼缘工字钢,(d) 是翼缘具有火焰切割边的焊接工字钢,(e) 为厚钢板的焊接工字钢,(f) 为箱形截面的残余应力分布,(g) 是等边角钢。可见各种截面的残余应力分布差别很大。书中提到,残余压应力的峰值以及该峰值所在的截面对于受压构件和板件的稳定性影响最大。

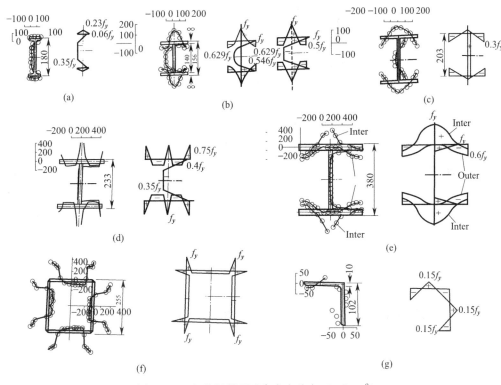

图 8.8-2 各种钢截面残余应力分布(N/mm²)

《美标》中标明,大多数情况下,最大受压残余应力为屈服应力的 30%~50%。

《钢标》中规定,采用塑性区法进行直接分析设计时,应考虑初始残余应力。采用塑性铰法未规定需要考虑残余应力,主要是因为按照图 8.8-1 考虑构件缺陷时,已经考虑了残余应力的影响。

由于残余应力与截面形式和生产制作过程有关,很难给出一种通用的残余应力分布模式,因而两个规范中均未直接给出残余应力的考虑方法。《美标》中将残余应力的考虑体现到刚度折减当中,而《钢标》则是在定义构件缺陷的时候进行考虑。

5. 刚度折减

刚度调整的目的是考虑构件局部屈服导致结构软化并进一步影响结构的稳定。

《美标》中规定,对于所有对结构稳定有影响的刚度,均乘以折减系数 0.8。对于抗弯刚度,再乘以一个额外的系数 τ_b。

《钢标》中规定,采用塑性铰法进行直接分析设计时,当受压构件所受轴力大于

$0.5A_f$ 时，其弯曲刚度还应乘以刚度折减系数 0.8。当采用塑性区法时，未对刚度调整进行规定。

对于构件刚度折减的规定《美标》与《钢标》有较大差别，《钢标》中未对抗弯刚度以外的其他刚度进行调整。

另外，如果不考虑结构或构件的材料非线性，或者无法考虑局部屈服以后应力重分布时，应对构件的刚度进行折减。如果上述内容可以在分析中充分考虑时则不需要对构件刚度进行调整。

6. 结语

由建研数力公司开发的国内首款钢结构直接分析设计软件 SAUSG-Delta 已经于 2020 年发布，程序可以按照《钢标》的规定定义结构整体缺陷和构件缺陷，同时考虑几何非线性和材料非线性的影响。对于钢梁和钢柱构件采用纤维模型进行模拟，对构件沿长度方向进行细分以后，可以考虑构件局部屈服后沿构件截面和构件长度方向的应力重分布，因而不需要再考虑刚度折减系数。由于残余应力本身的复杂性，因而可以按照《钢标》第 5.2.2 条定义构件的初始缺陷以考虑残余应力的影响。

钢结构直接分析设计方法是《钢标》中加入的一种新的方法，这种方法的提出是为了解决现有工程中采用传统方法遇到的一些问题。参考《美标》可知，钢结构直接分析设计方法相较于传统方法有着更为广阔的适用范围。但是我们也看到，由于这种方法在国内提出时间较短，在实际工程中应用还比较少，希望各位工程师跟我们一起促进这种方法在实际工程中的应用，提高钢结构分析和设计的安全性。

点评：中、美两国规范中的钢结构直接分析设计方法并不完全相同。区分细节差异并不是最重要的，认识到钢结构是非常适合走直接分析设计道路才更加重要。

8.9　美标钢结构稳定性分析方法介绍（一）

作者：贾苏
发布时间：2021 年 4 月 2 日
问题：能介绍一下美标的钢结构稳定性分析方法吗？

1. 前言

美国钢结构协会（American Institute of Steel Construction inc. 简称 AISC）于 1923 年制定了第一本钢结构设计规范，以容许应力设计法（Allowable Stress Design，简称 ASD）为设计准则，容许应力设计法作为钢结构设计的基础沿用了相当长的时间，后历经多次修改，1989 年出版了最后一版基于 ASD 的设计规范。1986 年 AISC 推出了以概率理论为基础的荷载抗力系数钢结构设计规范（Load and Resistance Factor Design，简称 LRFD），作为与基于 ASD 并行的设计规范供设计人员选用，最新版本为 1999 年发布的 AISC2000b。

2005 年 AISC 正式发布 AISC360-05《Specification for structural Steel Buildings》，该规范融合了 ASD 和 LRFD 两种设计方法，是一本同时包括两种设计方法的设计规范，设计人员可选择其中之一进行设计。后修订为 AISC360-10，现行最新版本为 AISC360-16（图 8.9-1）。

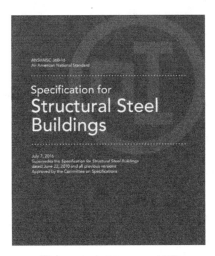

图 8.9-1　AISC360-16 封面

　　AISC360-16 第 C 章主要介绍钢结构稳定性设计，本文主要介绍该章节内容。另外，附录 1、附录 7 和附录 8 也有相关设计规定，将在今后逐步介绍。

2. 内容简介

　　AISC360-16 第 C 章及附录 1、附录 7、附录 8 构成了美标钢结构稳定设计的主要内容，各章节及附录主要内容如下：

CHAPTER C DESIGN FOR STABILITY

　　（第 C 章　稳定性设计）

　　C1 GENERAL STABILITY REQUIREMENTS

　　（C1 一般稳定性设计要求——概述了稳定设计的一般要求）

　　C2. CALCULATION OF REQUIRED STRENGTHS

　　（C2 需求强度计算——直接分析法分析阶段的相关要求）

　　C3. CALCULATION OF AVAILABLE STRENGTHS

　　（C3 可用强度计算——直接分析法构件验算阶段的相关要求）

APPENDIX 1 DESIGN BY ADVANCED ANALYSIS

（附录 1 高等分析设计方法——直接考虑构件缺陷及非弹性的分析方法）

APPENDIX 7 ALTERNATIVE METHODS OF DESIGN FOR STABILITY

（附录 7 稳定性设计的替代方法——有效长度法（ELM）和一阶分析方法）

APPENDIX 8 APPROXIMATE SECOND-ORDER ANALYSIS

（附录 8 近似的二阶分析方法）

　　由上述主要章节内容可以看出，在美标中直接分析方法作为规范推荐的结构整体分析与稳定计算的方法，其他作为替代的分析方法还有高等分析方法、有效长度法、一阶分析方法和近似二阶分析方法。

1. C1 一般稳定性要求

　　钢结构设计中应保证结构整体及其每根构件的稳定性。应考虑下列因素对结构及构件稳定性的影响：

（1）构件弯曲、剪切和轴向变形，以及引起结构变形的所有其他构件和连接的变形；

（2）二阶效应（包括 P-Δ 和 P-δ 效应）；

（3）几何缺陷；

（4）非弹性导致的刚度折减，包括因残余应力的存在而加剧的横截面部分屈服的影响；

（5）系统、构件和连接强度和刚度的不确定性。

可采用 LRFD 荷载组合或 1.6 倍的 ASD 荷载组合计算结构的相关效应。

钢结构稳定性分析可采用直接分析法或其他替代方法进行计算。直接分析法适用于所有的结构分析，可基于弹性或非弹性分析，对于弹性分析设计应根据 C2 节和 C3 节计算所需强度和可用强度。对于高等分析设计还需满足附录 1 中的相关规定。当结构满足一定条件时可采用替代方法分析，替代方法包括有效长度法（Effective Length Method）和一阶分析法（First-order Analysis Method），相关方法在附录 7 中进行介绍。

直接分析法和计算长度法基本稳定性要求与具体规定比较如表 C-C1.1（表 8.9-1）所示。

基本稳定性要求与具体规定的比较 表 8.9-1

基本要求		直接分析法（DM）规定	有效长度法（ELM）规定
(1)考虑所有变形		C2.1(a)考虑所有变形(包括弯曲、剪切和轴向变形，以及导致结构位移的所有其他构件和连接变形)	与 DM 相同(参考 C2.1)
(2)考虑二阶效应(包括 P-Δ 和 P-δ)		C2.1(b)考虑二阶效应(P-Δ 和 P-δ)[b]	与 DM 相同(参考 C2.1)
(3)考虑几何缺陷 这包括节点位置缺陷[a]（影响结构响应）和构件缺陷（影响结构响应和构件强度）	结构整体缺陷对结构响应的影响	C2.2(a)直接建模或 C2.2(b)假想荷载	与 DM 第二种方法相同(参考 C2.2b)
	构件缺陷对结构响应的影响	包括在 C2.3 中规定的刚度折减中	在构件强度校核中，采用侧移屈曲分析中的 $L_c=KL$ 来考虑所有这些影响。请注意，DM 和 ELM 之间的区别是： • DM 在分析中使用折减的刚度；在构件强度校核中使用 $L_c=L$ • ELM 在分析中使用全刚度，在构件强度校核中使用侧移屈曲分析中的 $L_c=KL$
	构件缺陷对构件强度的影响	包括在构件强度公式中，取 $L_c=L$	
(4)考虑由于非弹性导致的刚度折减 这会影响结构响应和构件强度	刚度折减对结构响应的影响	包括在 C2.3 中规定的刚度折减中	
	刚度折减对构件强度的影响	包括在构件强度公式中，取 $L_c=L$	
(5)考虑强度和刚度的不确定性 这会影响结构响应和构件强度	刚度/强度不确定性对结构响应的影响	包括在 C2.3 中规定的刚度折减中	
	刚度/强度不确定性对构件强度的影响	包括在构件强度公式中，$L_c=L$	

[a] 一般"节点位置缺陷"是指柱的不垂直度，即结构整体缺陷。

[b] 二阶效应可以通过计算 P-Δ 和 P-δ 分析或通过附录 8 中规定的近似方法（使用 B_1 和 B_2 乘数）来考虑。

2. C2 需求强度计算

直接分析法需按照 C2.1 节要求确定构件的需求强度，在分析过程中需按照 C2.2 节考虑初始缺陷和 C2.3 节考虑刚度折减。

直接分析法通过将几何缺陷和刚度折减的影响直接纳入结构分析中，可以更准确地确定结构中的荷载效应。这也允许在计算梁柱平面内强度时取 $K=1.0$。

1）C2.1 一般要求

对于直接分析设计方法，结构分析应符合下列要求：

（1）分析应考虑构件弯曲、剪切和轴向构件变形，以及导致结构位移的所有其他构件和连接变形。同时应考虑结构刚度折减对稳定性的影响，如 C2.3 节所述。

（2）分析应为二阶分析，同时考虑 $P\text{-}\Delta$ 和 $P\text{-}\delta$ 效应。当结构满足以下条件时可不考虑 $P\text{-}\delta$ 效应影响，而通过附录 8 中定义的 B_1 乘数进行构件所需强度计算以满足 $P\text{-}\delta$ 效应要求：①结构主要通过垂直柱、墙或框架承担重力荷载；②结构最大二阶位移与最大一阶位移之比≤1.7；③在结构平移方向上，作为抗弯框架一部分的柱支撑所承担的重力荷载不超过总重力荷载的三分之一。

（3）分析应考虑可能影响结构稳定性的所有重力和其他荷载。

（4）对于 LRFD 设计，应在 LRFD 荷载组合下进行二阶分析。对于 ASD 设计，应在 1.6 倍 ASD 荷载组合下进行二阶分析，且结果应除以 1.6 以获得构件需求强度。

2）C2.2 初始缺陷

目前的稳定性设计中构件内力通过二阶弹性分析计算得到，在这种情况下，结构变形后的几何结构满足平衡方程。结构中的初始缺陷，如不垂直度、材料和制造公差，会产生额外的不稳定影响。

在直接分析中应考虑初始缺陷对结构稳定性的影响。本节所说的缺陷是构件节点位置缺陷（即整体缺陷），这种缺陷是由柱不垂直度导致的初始缺陷。不需要考虑单个构件的初始不平直度引起的缺陷（即构件缺陷），附录 1 第 1.2 节在高等分析设计方法中介绍了构件缺陷的考虑方法。

在直接分析方法发展和校准中，按照"AISC Code of Standard Practice"中允许的最大材料、制造和安装公差定义初始几何缺陷：构件不平直度取 $L/1000$，其中 L 为构件支撑点或框架点之间的构件长度；结构不垂直度取 $H/500$，其中 H 为楼层高度。

附录 1 第 1.2 节中，对直接分析法进行了拓展。若直接分析中对构件缺陷和整体缺陷进行直接建模模拟，则采用横截面抗压强度进行轴心抗压设计，相当于在计算构件抗压强度 P_n 时有效构件长度 $L_c=0$。

考虑初始缺陷的要求仅适用于强度极限状态的分析。在大多数情况下，在正常使用条件下的分析时（如漂移、挠度和振动），不需要考虑初始缺陷。

结构初始缺陷可通过直接建模方法（C2.2a 节）或假想荷载法（C2.2b 节）来考虑。

对于主要通过垂直柱、墙或框架承担重力荷载的结构，可采用施加假想荷载的方法考虑初始缺陷对系统稳定性的影响。结构名义荷载施加方式如下：

（1）假想水平荷载应施加在所有结构标高上，并与其他侧向荷载叠加。

（2）任意标高处的假想荷载 N_i 的分布与重力荷载的分布方式相同，并施加在产生最大失稳效应的方向上。

（3）式(C2-1)中假想荷载系数 0.002 基于楼层初始最大垂直偏差率为 $1/500$；如果其他最大垂直偏差率合理也可按照其他标准进行调整。

（4）当结构所有楼层最大二阶位移与最大一阶位移之比≤1.7 时，可仅在重力荷载组合下施加假想荷载。

3）C2.3 刚度折减

构件中残余应力引起的局部屈服会在强度极限状态下导致结构出现软化，并进一步产生额外的失稳效应。

在计算构件需求强度时需使用折减的刚度进行分析，如下所示：

（1）所有有助于结构稳定的构件均采用刚度折减系数 0.8。

（2）对于构件的抗弯刚度还应考虑附加系数 τ_b。

（3）对于主要通过名义垂直柱、墙或框架承担重力荷载的结构，若所有钢构件施加了 $N_i=0.001\alpha Y_i$ 的假想水平荷载，当 $\alpha P_r/P_{ns}>0.5$ 时，可取 $\tau_b=1.0$。

（4）如果结构构件由除钢材以外的材料组成并且该种材料有助于提高结构稳定性，当其他材料相关规范要求更大的刚度折减时，需要按照对应规范进行考虑。

直接分析方法中使用了简化的刚度折减方法（即 $EI=0.8\tau_b EI$、$EA=0.8\tau_b EA$），主要出于以下两个原因：（1）对于细长构件，其极限状态由弹性稳定性决定，刚度折减系数 0.8 可保证构件可用强度等于弹性稳定极限的 0.8 倍，大致相当于有效长度法中细长柱设计规定中的安全冗余度；（2）对于中长柱或短柱，$0.8\tau_b$ 的刚度折减系数，说明在构件达到设计强度之前的非弹性软化，系数 τ_b 类似于柱曲线中的非弹性刚度折减系数，用于说明高压缩荷载（$\alpha P_r>0.5P_{ns}$）下的刚度损失，系数 0.8 用于说明轴向压缩和弯曲组合下的额外软化。

如果在分析中考虑了其他结构构件（连接件、柱脚、充当横隔梁的水平桁架）的刚度，则这些构件的刚度也应折减。刚度折减可保守地取为 $EA=0.8EA$ 或 $EI=0.8EI$。

如果混凝土或砌体剪力墙或其他非钢构件有助于结构的稳定性，并且这些构件的适用规范或标准规定了更大的刚度折减，则应采用更大的折减系数。

刚度调整仅适用于强度和稳定极限状态的分析，不适用于其他基于刚度的分析，如位移、挠度、振动和周期确定等。

3. C3 可用强度计算

对于直接分析方法，根据第 D～I 章中有关规定计算构件可用强度，根据第 J～K 章中有关规定计算连接件的可用强度。不需要额外考虑结构整体稳定性。所有构件的有效长度应视为无支撑长度，用于确定构件计算长度的支撑点应具有足够的刚度和强度。

参考文献：

[1] www. aisc. org. ANSI/AISC 360-16 Specification for Structural Steel Buildings. 2016.

点评：本文对美标 AISC360-16 CHAPTER C 关于稳定性分析以及直接分析设计方法的主要内容进行了简介。可以看出中、美两国的钢结构设计方法还是存在不少差异性的。

8.10 美标钢结构稳定性分析方法介绍（二）

作者：贾苏

发布时间：2021 年 4 月 2 日

问题：能介绍一下美标的钢结构稳定性分析方法吗？

本文对 AISC360-16 附录 1 中的高等分析设计方法（DESIGN BY ADVANCED A-NALYSIS）进行了介绍，为便于理解含义及背景，部分条文说明在 方框 中介绍。

高等分析设计方法并不特指某一种方法，而是相对第 C 章而言，指代比直接分析设计方法更复杂的分析方法，允许工程师在保证结构设计可靠度不小于现有方法的基础上采用更加先进的分析设计手段进行结构稳定性设计，通过数值分析手段（如有限元法）代替规范中的某些极限状态规定。

AISC360-16 附录 1 允许采用更先进的手段进行结构分析：包括直接模拟结构和构件的初始缺陷并允许考虑构件和连接件局部屈服导致的内力重分布。

主要内容如下：

（1）一般要求（General Requirements）；

（2）弹性分析设计（Design by Elastic Analysis）；

（3）非弹性分析设计（Design by Inelastic Analysis）。

1. 一般要求

高等分析设计方法应确保结构在其变形形状下满足平衡条件，包括弯曲、剪切、轴向、扭转变形以及对结构变形有影响的所有其他构件和连接件的变形。

高等分析设计方法应根据 B3.1 节要求，采用荷载抗力系数法（LRFD）进行设计。

2. 弹性分析设计

即直接模拟结构和构件初始缺陷的二阶弹性分析方法，计算要求如下。

> 说明：
>
> 　　传统的设计方法通过分析确定构件的需求强度、通过规范公式确保构件具有足够的可用强度。设计人员常用的传统二阶分析方法考虑了弯曲中的 P-Δ 和 P-δ 效应，但通常不能确保结构变形后的几何体仍满足平衡条件，也不能考虑扭转效应以及扭转效应导致的额外的二阶效应（通常在设计过程中近似考虑）。
>
> 　　随着越来越复杂的分析软件的使用，可将设计方法进行拓展，为工程师提供更多的机会来更好地处理复杂的设计问题。
>
> 　　采用严格的二阶弹性分析，结构在变形后的位置满足平衡方程，结合足够的刚度折减来模拟材料潜在的非弹性特点，结果表明当结构或任何构件接近不稳定状态时，挠度、内力和弯矩将变得无限大。由于结构的不稳定状态可通过分析得到，可将结构强度设计简化为构件截面强度设计。
>
> 　　在这种设计方法中，设计师必须确保分析软件能够充分反映结构的各种二阶效应。
>
> 　　这种新的设计方法对于一些受压构件无支撑长度并不明确的问题非常有用。例如，拱形结构在轴向荷载下的面内屈曲效应，或者矮桁架（小马桁架）中没有面外支撑的上弦杆分析。对于这些类型的问题，设计师可以按照本附录的规定进行严格的二阶弹性分析，避免直接考虑轴向加载受压构件的计算长度计算，同时使用构件横截面强度进行构件极限状态设计。

　　1）一般稳定性要求

若满足本节要求，允许采用直接模拟结构和构件初始缺陷的二阶弹性分析方法进行设计。除需满足第 C1 节所有要求外，还应在与 LRFD 荷载组合对应的荷载水平上计算所有荷载效应。

应考虑扭转效应的影响，包括对构件变形和二阶效应的影响。

> 说明：
>
> 相比传统的二阶分析方法，本节方法包括了扭曲和扭转效应的要求。

本方法仅适用于双对称构件，包括工字钢、高速钢和箱形截面。除非有证据表明本方法适用于其他构件类型。

> 说明：
>
> 该方法目前仅限于双对称截面。设计师若使用单轴对称形状或其他形状，需确保正确模拟构件扭转效应，并保证与第 C 章中规定的传统设计方法和第 D～K 章中包含的其他设计要求相当的设计可靠度。

2）需求强度计算

采用直接模拟结构和构件初始缺陷的二阶弹性分析方法进行设计应根据第 C2 节要求计算结构构件的需求强度，同时需满足以下条件。

（1）一般分析要求

结构分析还应符合以下要求：

① 应考虑构件扭转变形。

② 应考虑几何非线性，包括适用于结构的 P-Δ、P-δ 和扭转效应。不允许使用附录 8 中的近似二阶分析方法。

③ 应直接模拟初始缺陷的影响，包括整体缺陷和构件缺陷。初始缺陷应为设计中所需考虑的最大量；初始缺陷的模式应确保其为所考虑的荷载组合提供最大的失稳效应。不允许使用名义荷载来模拟任何类型的初始缺陷。整体缺陷应满足《AISC 建筑和桥梁钢结构标准施工规范》或其他规程中规定的允许施工公差，若结构整体缺陷已知则根据实际缺陷值。构件缺陷通常取 1/1000。

> 说明：
>
> 当构件承受横向荷载并包含初始缺陷时，会产生垂直于加载平面的扭曲。研究结果表明，二阶内力对构件缺陷的大小非常敏感，尤其是在构件出现扭曲的情况下。
>
> 如果在结构分析中考虑了构件扭转引起的附加二阶效应，则可直接使用其横截面强度进行轴向受压构件设计，而不考虑计算长度引起的构件弯曲或弯扭屈曲。

（2）刚度调整

在计算构件需求强度的分析中应考虑第 C2.3 节中规定的刚度折减。刚度折减系数取 $0.8\tau_b$，应对所有有利于结构稳定的刚度进行折减。不允许使用名义荷载法来计算 τ_b。

所有构件均应进行刚度折减，包括构件横截面扭转特性。一种简单的考虑刚度折减的方法是将材料弹性模量 E 和剪切模量 G 折减 $0.8\tau_b$，从而使构件截面几何特性保持不变。

某些情况下，仅对部分构件进行刚度折减会导致结构在荷载作用下变形失真，可通过对所有构件（包括对结构稳定没有贡献的构件）进行刚度折减来避免。

> 说明：
>
> 　　构件中残余应力引起的局部屈服会在强度极限状态下产生软化，并进一步增大失稳效应。本节提供的设计方法类似第 C 章中提出的直接分析方法，并根据塑性分布分析进行校准，该塑性分布分析考虑了屈服在构件横截面和构件长度上的扩展，假设残余应力分布符合 Lehigh 模式，在翼缘尖端的最大压应力值为 $0.3F_y$。
>
> 　　本节使用折减刚度计算（$EI=0.8\tau_b EI$ 和 $EA=0.8EA$），与第 C 章的直接分析方法类似，不同的是本节对扭转刚度也需要进行 0.8 倍折减，以便在分析中正确考虑扭转效应。系数 τ_b 类似于柱承载力曲线中的非弹性刚度折减系数，用于表示高压力荷载（$\alpha P_r > 0.5P_y$）下的刚度损失，折减系数 0.8 用于表示轴向压缩和弯曲组合下的额外软化。
>
> 　　刚度折减仅适用于强度和稳定极限状态的分析，不适用于其他基于刚度的条件和标准的分析，如漂移、挠度、振动和周期确定。
>
> 　　如果混凝土剪力墙或其他非钢构件有助于提高结构的稳定性，并且这些构件的适用规范或标准规定了更大的刚度折减，应按其规定采用。

　　3）可用强度计算

　　构件和连接件的可用强度应根据第 D～K 章（如适用）的规定进行计算，不需要再考虑结构整体稳定性。

　　构件标称抗压强度 P_n 可为横截面抗压强度 $F_y A_g$，对细长构件取为 $F_y A_e$，其中 A_e 在 E7 节中定义。

> 说明：
>
> 　　在计算构件名义抗压强度 P_n 时，需要考虑局部屈曲的影响。由于在结构分析中直接考虑了有效长度系数 K 和轴向荷载构件中长度效应引起的构件屈曲，不需要考虑构件长度引起的屈曲。名义弯曲强度 M_n 由第 F 章确定。并应在沿构件长度的所有点上验算构件可用强度。
>
> 　　当梁、柱依靠支撑保证稳定时，支撑构件应作为抗侧力系统的一部分包含在分析中。

3. 非弹性分析设计

　　本部分设计方法独立于弹性分析设计。

> 说明：
>
> 　　本节介绍钢结构非弹性分析和设计的相关规定，包括连续梁、框架、支撑框架和组合系统。本附录允许使用更广泛的非弹性分析方法，从传统的塑性设计方法到更先进的非线性有限元分析方法。非弹性分析设计方法是第 C 章直接分析方法（二阶弹性分析）的扩展。

　　1）一般要求

　　结构、构件和连接件的设计强度应等于或超过非弹性分析确定的需求强度。本节规定不适用于抗震设计（抗震设计参考 AISC341-16 和 ASCE/SEI7-16，本文不再赘述）。

非弹性分析应考虑：（1）构件弯曲、剪切、轴向和扭转变形，以及可能导致结构变形的所有其他构件和连接变形；（2）二阶效应（包括 $P\text{-}\Delta$、$P\text{-}\delta$ 和扭转效应）；（3）几何缺陷；（4）非弹性导致的刚度降低，包括残余应力引起的横截面部分屈服；（5）结构、构件和连接强度和刚度的不确定性。

如果设计方法提供了相当或更高的可靠度水平，设计方法所能考虑到的构件强度极限状态不受本规范相应规定的约束；设计方法所不能考虑到的构件强度极限状态应使用第 D~K 章的相应规定进行评估。

连接件应符合第 B3.4 节的要求。

受非弹性变形影响的构件和连接件应具有与结构预期性能一致的延性。不允许因构件或连接件断裂而导致的内力重分布。

任何满足上述强度要求、延性要求和分析要求的非弹性计算方法均可采用。

> 说明：
>
> 　　当非弹性分析所得到的构件强度极限状态与上述要求相当或更高时，将不再受本规范相应规定的约束。非弹性分析未考虑到的强度极限状态应使用第 D~K 章的相关规定进行评估。例如，第 E3 节提供了细长构件弯曲下的名义抗压强度计算公式，由这些公式确定的强度考虑了许多因素，包括受压构件的初始缺陷、制造过程中的残余应力以及由于二阶效应和截面部分屈服而导致的弯曲刚度降低，如果将这些因素直接纳入非弹性分析中，并且可以确保具有可比性或更高的可靠性，则无需按照第 E3 节评估截面强度。换言之，非弹性分析将直接得到构件弯曲的极限状态，并据此评估设计可靠度。另一个例子，假设非弹性分析不能模拟弯扭屈曲，则需要根据第 E4 节的规定进行弯扭屈曲强度的评估。
>
> 　　连接件必须具有足够的强度和延性，以承受需求荷载下的内力和变形。连接件的相关设计规定是从塑性理论发展而来的，并通过广泛的试验进行了验证。因此，满足这些规定的连接件本质上适合用于基于非弹性分析的结构设计。
>
> 　　非弹性分析方法既包括二阶非弹性框架结构分析，也包括对单个构件进行的基于连续体的非线性有限元分析。

2）延性要求

应确保所有进入屈服的构件和连接件非弹性变形小于或等于其非弹性变形能力。采用塑性铰的钢构件应满足以下要求。

> 说明：
>
> 　　由于非弹性分析可考虑由于构件和连接件等结构构件屈服而产生的内力重新分布，因此这些构件必须具有足够的延性，并且能够在满足非弹性变形要求的同时保持其设计强度。影响构件非弹性变形能力的因素包括：材料性能、截面、构件长细比和无支撑长度。保证构件具有足够延性的方法有两种：（1）限制上述影响因素，如本节内容所述；（2）直接比较实际非弹性变形需求与非弹性变形能力。

（1）材料

塑性铰构件的屈服应力 F_y 不得超过 65ksi（450MPa）。

（2）截面

塑性铰位置处构件的横截面应为双对称截面，其受压元件的宽厚比不超过 λ_{pd}，其中 λ_{pd} 等于表 B4.1b 中的 λ_p。

> 说明：
> 　　为确保塑性铰位置构件的延性，仅允许采用双对称截面。一般来说，单角钢、T 形和双角钢截面不允许用于塑性设计，因为在突出翼缘受压时，其非弹性转动能力较差。

（3）无支撑长度

在包含塑性铰的构件段中，横向无支撑长度 L_b 不得超过 L_{pd}。对于仅受挠曲或受挠曲和轴向拉力影响的构件，L_b 应取为承受受压翼板横向位移的支撑点之间的长度，或防止横截面扭曲的支撑点之间的长度。对于承受弯曲和轴向压缩的构件，L_b 应取为支撑点之间的长度，以抵抗短轴方向的横向位移和横截面的扭曲。

（4）轴力

为确保受压塑性铰构件的延性，受压设计强度不得超过 $0.75F_yA_g$。

> 说明：
> 　　因为没有进行足够的研究来确保承受高轴力的构件具有足够的非弹性转动能力。

3）分析要求

结构分析应满足一般要求。

例外情况：对于不受轴向压缩的连续梁，允许进行一阶非弹性分析或塑性分析，并免除下述（1）、（2）的要求。

> 说明：
> 　　不受轴向荷载作用的连续支撑梁可通过一阶非弹性分析（传统的塑性分析和设计）进行设计。

（1）材料参数和屈服准则

除下述（3）规定外，所有钢构件和连接件最小屈服应力 F_y 和刚度应考虑 0.9 的折减系数。

非弹性分析应考虑轴力、长轴弯矩和短轴弯矩的共同作用。

构件横截面的塑性强度应通过以轴力、长轴弯矩和短轴弯矩表示的理想弹塑性屈服准则来表示，或采用理想弹塑性本构关系。

> 说明：
> 　　该方法包括了结构、构件、连接件强度和刚度不确定性的影响。屈服强度和构件刚度的折减系数相当于与弹性设计中抗力系数的作用（E 和 F 章中的构件抗力系数取 0.9）。当结构由单个构件组成或结构抗力严重依赖于单个构件时，该系数是合适的。其他条件下考虑折减系数 0.9 是相对保守的，因为刚度折减将导致结构更大的变形，进而增大结构二阶效应。
> 　　分析过程中，不允许采用塑性硬化模型，因为这会增大构件横截面的塑性强度。

（2）几何缺陷

应直接模拟初始缺陷的影响，包括整体缺陷和构件缺陷。初始缺陷应为设计中所应考虑的最大值；初始缺陷模式应能提供最大的失稳效应。

> **说明：**
>
> 初始缺陷的影响与以下三个因素相关：①构件轴力和弯矩的相对大小；②构件是否受到单向弯曲或反向弯曲；③构件长细比。

（3）残余应力和局部屈服效应

应考虑残余应力和局部屈服的影响。可通过直接建模或第 C2.3 节规定的构件刚度折减实现。

如果使用第 C2.3 节的规定，则在分析和验算中需要满足以下条件：

①（1）中规定的刚度折减系数 0.9 应替换为第 C2.3 节中规定的弹性模量 E 折减 0.8；

②在理想弹塑性屈服准则下，构件轴力、长轴弯矩和短轴弯矩应满足方程式（H1-1a）和式（H1-1b）中定义的截面强度极限，其中 $P_c = 0.9P_y$、$M_{cx} = 0.9M_{px}$、$M_{cy} = 0.9M_{py}$。

> **说明：**
>
> 由于构件塑性截面模量与弹性截面模量存在差异，构件在塑性铰形成之前发生的部分屈服可能会显著降低构件的抗弯刚度，尤其对于工字钢发生短轴弯曲的情况下。弯曲刚度的变化可能导致力的重新分布和二阶效应的增加，因此需要在非弹性分析中加以考虑。
>
> 钢材在制造过程中的不均匀冷却会导致构件截面上产生热残余应力，残余应力会进一步加剧截面部分屈服的影响。由于残余应力的大小和分布取决于构件制造过程和截面几何结构，因此不可能指定一个用于所有非弹性分析的单一理想分布模式。一般，最大压缩残余应力为屈服应力的 30%～50%。

参考文献：

[1] ANSI/AISC 360-16 Specification for Structural Steel Buildings. 2016. www.aisc.org

点评：向其他国家先进的标准学习，同时更要加强基础性的科研工作，敢于创新，敢于为人先，才能从追赶走向超越。在土木工程领域，我们仍然知之甚少，非线性是一扇大门，打开后会有很大的技术进步空间，加油！